普通高等教育智能飞行器系列教材

航空发动机数字孪生的技术原理

肖　洪　王栋欢　王奉明　史经纬　编著

U0787187

科学出版社
北　京

内 容 简 介

本书是作者在西北工业大学、剑桥大学等多所高等院校的科研成果结晶,汇聚了作者及其合作者融合纯数学理论、人工智能技术和航空发动机工程的数学思维、理论与方法研究的最新成果。本书介绍了航空发动机数字孪生的基本概念、数字孪生的建模方法、数字孪生的工程应用等关键核心技术,也包括整机数字化试验程序、数字孪生模型构建训练与验证、智能算法与航空发动机数据结合的关键要素等技术进展。

本书适用于航空发动机领域高年级本科生和研究生学习,也可供相关领域的工程技术人员作为数字化、智能化方向的参考用书。

图书在版编目(CIP)数据

航空发动机数字孪生的技术原理 / 肖洪等编著.
北京 : 科学出版社, 2024. 12. -- (普通高等教育智能飞行器系列教材). -- ISBN 978-7-03-080622-2

Ⅰ. V23

中国国家版本馆 CIP 数据核字第 2024RN2541 号

责任编辑: 胡文治 / 责任校对: 谭宏宇
责任印制: 黄晓鸣 / 封面设计: 迷底书装

科学出版社 出版
北京东黄城根北街 16 号
邮政编码: 100717
http: //www.sciencep.com

南京展望文化发展有限公司排版
广东虎彩云印刷有限公司印刷
科学出版社发行 各地新华书店经销

*

2024 年 12 月第 一 版 开本: 787×1092 1/16
2025 年 11 月第二次印刷 印张: 18 3/4
字数: 433 000

定价: 90.00 元

(如有印装质量问题,我社负责调换)

丛 书 序

星河瑰丽，宇宙浩瀚。从辽阔的天空到广袤的宇宙，人类对飞行、对未知的探索从未停歇。一路走来，探索的路上充满了好奇、勇气和创新。航空航天技术广泛融入了人类生活，成为了推动社会发展、提升国家竞争力的关键力量。面向“航空强国”“航天强国”的战略需求，如何培养优秀的拔尖人才十分关键。

“普通高等教育智能飞行器系列教材”的编写是一项非常具有前瞻性和战略意义的工作，旨在适应新时代航空航天领域与智能技术融合发展的趋势，发挥教材在人才培养中的关键作用，牵引带动航空航天领域的核心课程、实践项目、高水平教学团队建设，与新兴智能领域接轨，革新传统航空航天专业学科，加快培养航空航天领域新时代卓越工程科技人才。

该系列教材坚持目标导向、问题导向和效果导向，按照“国防军工精神铸魂、智能飞行器领域优势高校共融、校企协同共建、高层次人才最新科研成果进教材”的思路，构建“工程单位提需求创背景、学校筑基础拔创新、协同提升质量”的教材建设新机制，联合国内航空航天领域著名高校和科研院所成体系规划和建设。系列教材建设团队成功入选了教育部“战略性新兴领域‘十四五’高等教育教材体系建设团队”。

在教材建设过程中，持续深化国防军工特色文化内涵，建立了智能航空航天专业知识和课程思政育人同向同行的教材体系；以系列教材的校企共建模式为牵引，全面带动校企课程、实践实训基地建设，加大实验实践设计内容，将实际工程案例纳入教材，指导学生解决实际工程问题、增强动手能力，打通“从专业理论知识到工程实际应用问题解决方案、再到产品落地”的卓越工程师人才培养全流程，有力推动了航空航天教育体系的革新与升级。

希望该系列教材的出版，能够全面引领和促进我国智能飞行器领域的人才培养工作，为该领域的发展注入新的动力和活力，为我国国防科技和航空航天事业发展作出重要贡献！

侯晓

中国工程院院士　侯晓

前　言

航空发动机被誉为现代工业皇冠上的“明珠”，是一个国家科技、工业和国防实力的重要体现，是国家安全和大国地位的重要战略保障。但是，近年来随着人工智能、大数据、数字孪生、物联网等数字化智能化技术已从独立技术方向转化为技术生态系统，航空发动机领域也面临着数智化转型的新机遇和新挑战。特别是航空发动机在设计、材料、制造、分析、测试、验证、运行到维护的全生命周期内产生大量数据，如何收集数据、如何过滤、如何分类、如何整合、如何分析、如何比较到如何验证的整个流程，重新定义和诠释了航空发动机未来的发展和研制思路。

在数字化智能化技术体系中，数字孪生是一种值得关注的新兴技术，有望成为航空发动机数字化智能化转型中的核心技术之一。在传统概念理解中，数字孪生是一种集成了多物理量、多空间尺度的数字化技术，其运用物理知识、传感器数据和运行历史，镜像出对应物理对象的生存状态，即在数字空间建立与物理世界对应的动态镜像模型，具有实时同步、忠实映射、高保真度特性。基于数字孪生技术可以开展数字试验、健康管理、数字维护、险情预警、延期服役、反向设计、智能控制、流程优化和优选优配等诸多工作，进而缩短研发周期、降低试验成本、提升装备安全并实现精准快速维护等。近年来，各大国在多因素驱动下全力推动了数字孪生技术的发展和应用，已形成清晰的战略目标，引发了一系列变革。

但航空发动机相关数据属于典型的高维小样本数据，其加工、装配、性能参数维数多且物理意义复杂，数据样本量少。例如，针对发动机装配个体数字孪生模型构建的数据集往往仅包含少量工作循环数据，无法涵盖航空发动机全包线工况；针对装配故障识别模型构建的数据集往往仅有故障发生时刻的少量故障数据，故障因素复杂且难以判别；针对航空发动机装试数据分析模型，数据往往集中于一组离散的航空发动机装配数据且仅针对一组试车试验性能数据。若不加以特殊处理和设计，常规深度学习模型将面临维数爆炸和过拟合等问题，阻碍数字孪生技术在航空发动机领域的发展与应用。加工、装配、试验、运行、维护数据映射着航空发动机的真实性能，理论上是可通过关联规则、相关系数、深度学习等方法认知发动机零件物理状态、装配技术状态、试验性能之间的关联关系。然而，由于加工数据、装配数据、运行数据中蕴含的关系和规律尚不清楚，航空发动机加工状态、装配状态和运行性能之间尚无法建立双向映射关系，使数字孪生建模缺乏可靠的物理依据，这成为航空发动机数字孪生技术推广应用的技术瓶颈。本书的出版在于厘清航空发动机数字孪生的技术思路，特别是澄清数字孪生与传统仿真、机理建模和数据驱动之间的区别和联系。本书以航空发动机整机为对象，全面阐述航空发动机数字孪生建模的技术实现路径和基本人工智能知识。

本书的撰写得到了剑桥大学工程系、剑桥大学纯数学系、韩国庆尚国立大学机械与航空系等诸多机构的协助和支持。书中大量成果是与团队王占学教授、周莉教授、张晓博教授、邓文剑副研究员、黄盛副教授的合作结晶，特别得益于本人指导的林志富、姜雷博、唐轲、于艾洋、肖达盛、梁宇峰、周磊、游瑞、陈果、宋硕等同学的学位论文工作，同时本书的配图、文字等方面的工作得到了团队其他成员的帮助和支持，在此对他们的辛勤工作表示感谢。同时也感谢肖钰清同学在本书文字校对、公式编辑和图片美化过程中卓有成效的工作。

本书的初衷在于抛砖引玉，希望引起读者对航空发动机数字孪生理念的讨论。书中很多观点也仅是一家之言，难免存在不足之处，恳请读者批评指正，对此，作者必将感激不尽。

肖　洪

2024 年 11 月 4 日

目　录

第 1 章

数字孪生概况

数字孪生概况

近年来,以物联网、大数据、人工智能和数字化等新兴技术为代表的工业 4.0 正逐渐掀起第四次工业革命的浪潮。对于工业 4.0 的认知人们也基本达成共识,认为其在适应性、互联性、认知能力、生产力和效能等方面相比于传统工业技术均有着显著提升[1,2]。同时,工业 4.0 也使得智能元素能够无缝融入装备运行环境,并通过智能网络框架实现装备和物理系统的同时监测和管理,促进物理世界与数字世界的高效融合[3,4]。因此,人们一般认为工业 4.0 不仅仅是技术的演进,更是一种全新的工业范式,将深刻影响未来工业特别是装备制造业的发展方向和模式。数字孪生(digital twin, DT)是工业 4.0 中重要的概念之一,作为物理对象的数字替代物,通过数字模型和数据交换功能在虚实互联将会发挥重要作用[5]。数字孪生桥接了物理世界与数字世界,为设计、制造、运行、维护等装备诸领域提供了全新的思维和发展方式[6]。

本章将从数字孪生的概念、数字孪生发展历史、数字孪生关键技术及数字孪生应用四个方面进行介绍。

第一节　数字孪生基础概念

一、数字孪生的定义

对于数字孪生存在着众多定义,但人们一般认为第一个明确定义是由美国国家航空航天局(National Aeronautics and Space Administration, NASA)提出。NASA 认为数字孪生是一个规模化、物理统一、高保真的数字系统,利用可获得的最佳模型(物理模型、行为模型等)以及更新的信息数据来模拟其物理孪生设备的全生命周期活动[7]。至此,后续对于数字孪生的定义都明确提到使用物理、运行和演化模型来模拟所关注对象的全生命周期状况。值得注意的是,Schluse 等[8]在其工作中给出了新的定义,人们开始将智能技术引入数字孪生,并利用其来预测系统的物理行为和故障。

自 NASA 定义数字孪生以来,人们对于数字孪生的理解虽然略有不同,但基本都在 NASA 给出的概念范畴。Lee 等[9]的数字孪生建模工作首次将各类元素模型耦合,提出了云平台统一调度的理念。Majumdar 等[10]的工作中给出了唯象框架模型,进一步确保了定量数据的交互运行。值得一提的是,Schroeder 等[11]的工作首次提出了将数字孪生网络与物理系统网络相融合的思路。文献[12]中对数字孪生的概念进行了较为全面的总结,给出了更为广泛的数字孪生概念。Negri 等[13]认为数字孪生是一个颗粒度高度规模化、虚实物理机理统一、高效实时保真映射的系统,其可以通过数字线程(digital thread)实现系统数据传输,进而获得最佳模型(物理模型、行为模型等)以及更新的信息数据来模拟其真实孪生对象的全生命周期的行为和操作。该数字孪生的概念被广泛认可,其对数字孪生的理解不仅仅在于理解的广泛且完整,而且包括数字孪生的所有主要特征和元素,并规定了数字孪生性能的主要特征。值得强调的是,与 NASA 最初给出的定义略有不同,该定义可以拓展至不同领域使用,其不仅仅是反映装备整机的全生命周期,而且是反映装备所包含元素、部件或系统的生命周期。

二、数字孪生的分类

数字孪生的概念最早在智能制造中得到推广应用,特别是其优势在管理流程的框架中得到充分发挥[14],已成为决策和资源管理的重要组成部分,且具备状态检查、决策修改和对物理对象进行行为预测的能力。数字孪生主要分为以下两类:

(1) 面向流程的数字孪生:这类数字孪生旨在反映和预测过程系统特别是装备制造流程在其生命周期内的行为。应用领域广泛涵盖城市建设、加工制造、物流规划等领域,其能力包括监控流程系统以通过数字孪生模型优化过程、流程,实现系统流程最优,大幅度提高生产效率。正是由于这类先进的模拟和分析能力,面向流程的数字孪生逐渐成为各行业改进、优化、运营的重要工具。

(2) 面向产品的数字孪生:这类数字孪生集中于扫描、建模和管理与特定产品生命周期相关的数据信息。最初,这一概念是由 NASA 引入,面向产品的数字孪生主要用于控制飞行器的整个生命周期,是通过传感器捕获的信息以及实时的数据获取,精确在数字空间反映飞行器的行为[15]。

本书以具体航空发动机的数字孪生建模为例,主要集中于面向产品的数字孪生这一范畴进行阐述。

三、数字孪生的特征

人们一般认为数字孪生具备的特征[16]如下。

(1) 实时映射:数字孪生内部存在两个世界,即物理世界和数字世界。数字世界反映了物理世界的真实状态,并且基于两个世界之间的数据交互,使其保持同步。

(2) 通信与融合:它包括以下几个方面。① 在物理世界中的通信与融合。数字孪生作为一个完整统一的系统,整合了整个孪生生命周期中产生的信息,实现信息的反馈。② 存储历史信息和当前实时信息之间的通信与融合,使得信息数据更可靠和完整,从而更好地充分利用。③ 物理世界和数字世界之间的通信与融合。两个世界之间存在双向关系,允许它们之间进行信息数据交换[17]。

(3) 自我更新:数字孪生能够实时更新和修改信息,通过与物理世界的信息对比,产生直接、连续和更优的模型调整[18]。

同时,人们也普遍认为数字孪生具备如下优点[19-21]。

(1) 实时监控、控制和数据获取:数字孪生实现了物理系统和数字系统之间的实时同步,允许持续监控和数据更新,为业务决策提供所需的即时数据,并能够在必要时对物理系统进行最佳控制。

(2) 远程访问支持业务连续性:数字孪生可远程访问,即使在物理系统中断时,仍能让所有相关方进行高效协作。

(3) 效率提高:数字孪生在物理系统实施之前,能够便捷地进行多种场景和案例的测试,为业务提供验证平台,预先尝试解决方案并部署最佳选择,以提升整体系统效率。

(4) 高度信息化的决策支持:将所有实时数据整合到同一平台,并能便捷访问以供数据分析工具使用,有助于更迅速、更智能、更高效地进行业务决策。

(5) 预测性维护和优化调度:数字孪生结合人工智能和机器学习技术,能够进行预测和评估最佳维护时间,从而避免运行中断。此外,人工智能技术还能优化调度流程,提高生产效率。

(6) 增强的风险评估:数字孪生允许在虚拟环境中测试各种解决方案,并进行分析评估这些解决方案的成效,但不会影响物理系统的正常运行。

数字孪生的上述优势使得其在现代工业中具有重要的应用前景,并预期能够显著提升生产效率和决策的智能化水平。

第二节　数字孪生发展历史

2003 年, Grieves 首次提出“镜像空间模型”的概念,但这一模型在当时并没有引起人们的充分关注。2005 年, Grieves 再次提出了数字孪生理念,在该理念中包括了虚拟模型、物理实体和两者之间连接的传输模型,此模型能实现物理产品的数字化表达,实现产品全生命周期数据的有效管理[22,23]。2010 年,NASA 利用数字孪生概念对在轨飞行系统进行全面诊断和预测,以保障在轨飞行系统的操作安全。随后,范德比尔特大学的 Li 等[24]提出了面向机翼健康监测数字孪生的动态贝叶斯网络,以预测裂纹增长的概率。2015 年,西门子公司将数字孪生技术由飞行器军事领域推广到一般工业制造领域,以提高制造业生产的质量和效率[25]。在航空发动机领域,美国通用电气公司基于发展的 Predix 云平台构建了数字孪生体,该平台集成了复合事件处理(complex event processing, CEP)、分析引擎、云计算架构等诸多系统,旨在收集、分析和利用系统生产和正在生产的海量数据以实现对发动机的实时监控、及时检查和预测性维护[26]。与此同时,普惠(P&W)公司也推出了航空发动机数字化服务平台 EngineWise[27],利用物联网、大数据分析和人工智能等技术,对发动机的健康状态进行实时监测和分析。罗罗(Rolls - Royce)公司于 2018 年公布了其智能航空发动机愿景[28],并借助数字智能化技术建立发动机的互联学习系统,使航空发动机具备了更强的情景感知和理解能力。航空发动机制造公司的智能化技术如图 1 - 1 所示。

在制造业数字孪生工程实践领域,Grieves 提供的制造过程数字孪生的见解尤为值得关注。Grieves 等[29]提出了产品设计的数字孪生原型(digital twin prototype, DTP)和反映实际产品状态的数字孪生实例(digital twin instance, DTI)的理念。特别是 Grieves 提出了第三元素即数字孪生聚合(digital twin aggregate, DTA),其结合了多个 DTI 并允许数字孪生再生计算。与此同时,Saddik[30]将数字孪生的范围扩展到多媒体领域,并关注了物理世

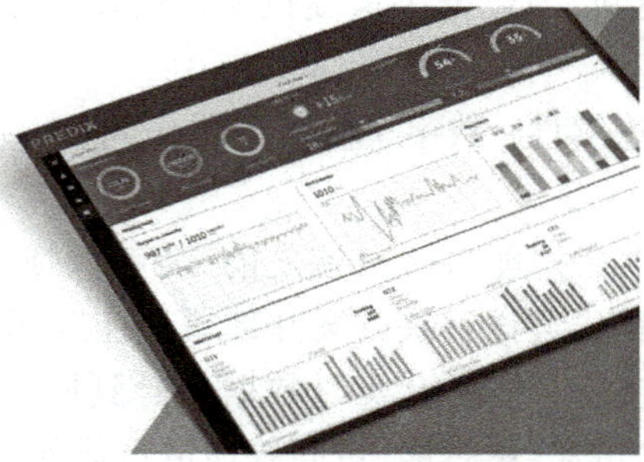

(a) GE开发的Predix平台

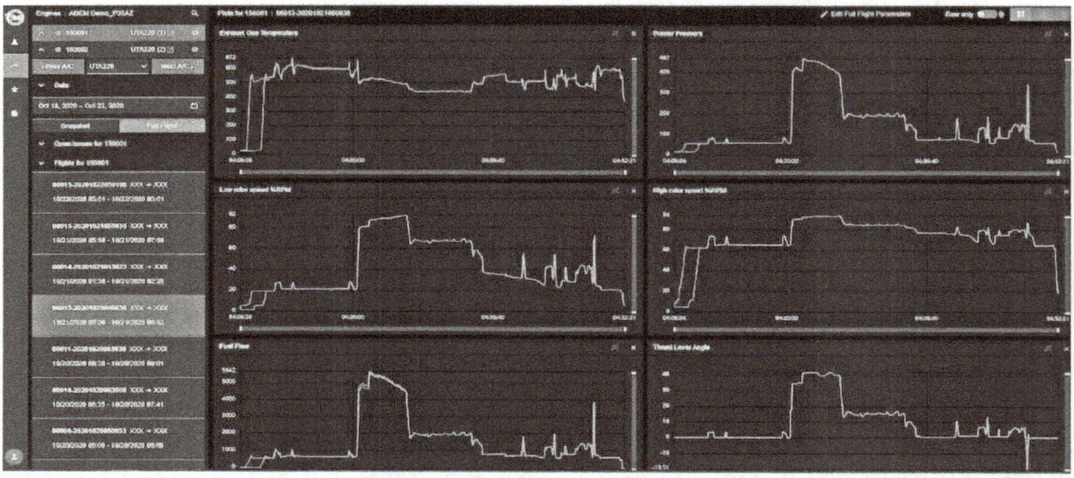

(b) 普惠数字化服务平台EngineWise

图 1－1　航空发动机制造公司的智能化技术

界和虚拟世界之间的数据传输。

近年来数字孪生的兴起，其在制造、建筑和医疗保健领域得到了广泛的推广应用[31-33]。西门子将数字孪生的概念应用于物流、医疗保健和建筑等诸领域，将数字孪生在产品开发中的发展思路应用于物流网络，利用智能模拟和咨询模型，在全生命周期内通过可能的供应链场景运行，基于真实的企业数据展示所有决策的影响[34]。同时，西门子还创建了医疗设施的数字孪生系统，以找出改进过程缺陷、优化流程、提高患者体验、降低运营成本和提高护理价值的途径[35]。西门子也利用建筑信息模型创建数字孪生，实现确保人员安全、提供实时信息、指导和提升基础设施利用效率，并且还降低了温室气体排放[36]。

在数字孪生领域，微软也从制造和自动化领域开始进军该市场，其特点是将其数字孪生产品与包括 Microsoft Azure 和 Microsoft Hololens 在内的现有服务进行了高效融合[37]。而这两项服务都极具特色，前者是全球的领先云服务之一，后者是一种先进的增强现实(augmented reality, AR)设备，可以将数字孪生叠加到物理世界上进行可视化展示。随后，微软将应用重点扩大到利用新推出的 Azure Digital Twins 进行智能建筑和空间管理[38]。为了在开放社区中推广数字孪生技术，微软还公开了数字孪生定义语言(digital twin definition language, DTDL)的规范，使其成为定义各种数字孪生及其关系的共同规则[38]。

2015 年,达索开始着手开发 Virtual Singapore。这是一个在虚拟空间中具有语义和属性的逼真、多层耦合的三维(3D)模型[39]。达索通过三个阶段构建了 Virtual Singapore:Virtualize(对土地、建筑物等进行 3D 建模)、Visualize(整合附加数据并使其成为 VR/AR)和 Venturise(用于建模和仿真的开放架构)[40]。Virtual Singapore 的方法首次创建了一个静态城市数字孪生作为虚拟世界的基础,然后在基础之上添加其他数据信息。

2011 年以来,欧洲未来互联网伙伴关系公司 FIWARE 开始致力于开发用于交换有关实体及其上下文理解的信息平台。该平台的核心元素是上下文代理,用于查找和交换有关实体的信息。自 2018 年以来,所开发的开放移动联盟(Open Mobile Alliance, OMA)标准下一代服务接口(next generation service interface, NGSI)已经通过新兴概念进行了增强,包括语义信息(本体论)、关系(以实现开放链接数据)、现代信息模型(使用 JSON - LD)和修订的应用程序编程接口(application programming interface, API)(例如,扩展到时空查询,以实现使用分页进行高效数据传输,进行联邦查询等)。新的 NGSI - LD 标准由全新的"上下文信息管理(context information management, CIM)"工业规范组定义。2020 年后,FIWARE 开始扩展该规范以适应数字孪生的需求,其目标是构建一个全球互联操作的数字孪生建模和执行系统,并能实现大规模的数字孪生计算。NGSI - LD 作为欧洲连接设施(Connecting Europe Facility, CEF)计划的一部分已被欧洲委员会采纳,在印度[作为印度城市数据交换(Indian urban data exchange, IUDX)的基石],韩国[作为城市枢纽(City Hub)计划的战略国家智慧城市项目的一部分]和日本[作为战略创新促进(Strategic Innovation Promotion, SIP)项目的一部分,该项目遵循 Society 5.0 标准的智慧城市参考架构并作为超级城市(Super City)项目的基础]也均有推广应用。

值得高度赞扬的是,我国学者在数字孪生领域也做出了巨大贡献并引领了该学科的发展。北京航空航天大学陶飞教授等[41]于 2017 年提出了数字孪生车间的概念,探讨了车间信息世界和物理世界的链接,并系统阐述了数字孪生车间的基本组成和运行原理。2018 年陶飞教授等学者继续提出数字孪生驱动的 6 条应用准则和 14 类应用,引导产业界进一步思考如何将数字孪生理论应用落地[42]。更进一步,如图 1 - 2 所示,陶飞教授等[43]于 2019 年提出了数字孪生五维概念模型,将数字孪生应用分为物理实体、虚拟实体、服务、孪生数据、连接 5 个维度,为数字孪生模型在 10 大领域的落地方案提供参考标准。综合数字孪生技术发展历程,其脉络可表述为图 1 - 3 所示。在此期间,庄存波等[44]提出数字孪生技术有助于解决产品全生命周期中数据管理问题,建立了产品数字孪生体的体系结构,并结合产品生产的各个实施阶段提出了产品数字孪生体的概念。丁华等[45]将深度学习应用到数字孪生领域,基于高逼真度的孪生模型,实现采煤机在线可视化,完成采煤机健康状态检测和关键零件剩余寿命预测。武颖等[46]为了解决复杂产品装配的时效性、预测性差等问题,构建由物理车间、虚拟车间和车间生产管理系统三者协同工作的孪

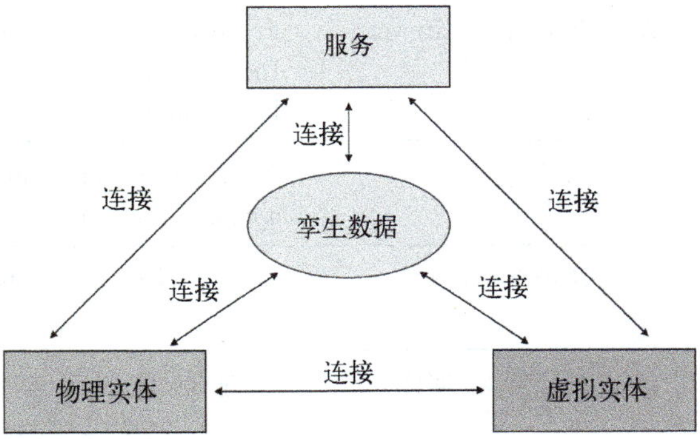

图 1 - 2　数字孪生五维概念模型

生模型,同时结合 Markov 方法,实现装配过程质量数据的采集、分析、反馈以及预测,通过搭建质量管控平台,以实例验证了其准确性,在装配数字孪生领域,西北工业大学孙惠斌教授也做出了极其重要的贡献。表 1-1 展示了数字孪生技术发展过程中的重要文献。

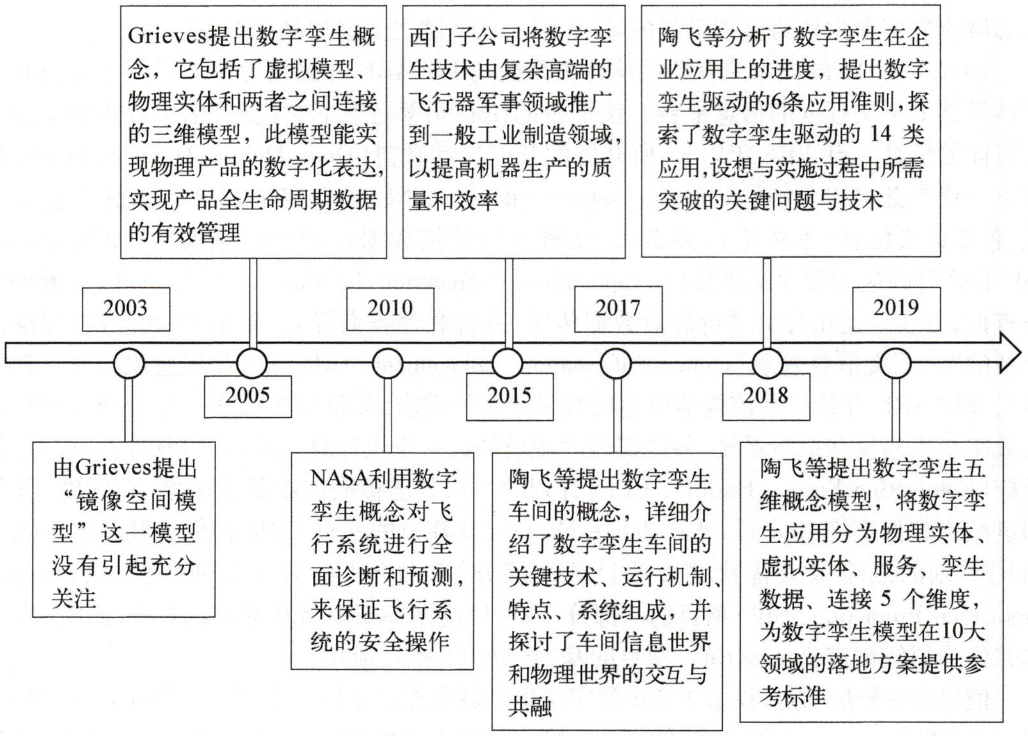

图 1-3　数字孪生发展脉络

表 1-1　数字孪生技术发展过程中的重要文献

序号	时间	作　者	文 献 名 称	研 究 内 容
1	2005 年	Grieves	Product lifecycle management: The new paradigm for enterprises	提出“镜像空间模型”
2	2006 年	Grieves	Product lifecycle management: Driving the next generation of lean thinking	提出数字孪生概念
3	2017 年	Li 等	A dynamic Bayesian network approach for digital twin	提出了面向机翼健康监测数字孪生的动态贝叶斯网络
4	2016 年	汪郡	西门子推出 MindSphere 开放工业云	将数字孪生技术由复杂高端的飞行器军事领域推广到一般工业制造领域
5	2017 年	何江	工业互联网架构实例分析——以 GE 公司 Predix 为例	基于云平台 Predix 构建数字孪生体,来实现对发动机的实时监控、及时检查和预测性维护

续　表

序号	时间	作　者	文 献 名 称	研 究 内 容
6	2017 年	陶飞等	数字孪生车间——一种未来车间运行新模式	北京航空航天大学的陶飞等人在2017 年提出了数字孪生车间的概念，探讨了车间信息世界和物理世界的链接，并系统阐述了数字孪生车间的基本组成和运行原理
7	2017 年	庄存波等	产品数字孪生体的内涵、体系结构及其发展趋势	提出数字孪生技术有助于解决产品全生命周期中数据管理问题，建立了产品数字孪生体的体系结构，并结合产品生产的各个实施阶段提出了产品数字孪生体的概念
8	2017 年	Microsoft Services	The promise of a digital twin strategy	从制造和工厂自动化领域开始进军数字孪生市场
9	2017 年	Dassault Systemes	Smart cities in the age of experience	首次创建了一个静态城市数字孪生作为虚拟世界的基础，然后在基础之上添加其他必要的信息
10	2018 年	陶飞等	数字孪生及其应用探索	提出数字孪生驱动的 6 条应用准则和 14 类应用，引导学者们进一步思考如何将数字孪生理论落地
11	2018 年	Saddik	Digital twins：The convergence of multimedia technologies	将数字孪生的范围扩展到多媒体领域，并关注物理世界和虚拟世界之间的数据传输
12	2019 年	陶飞等	数字孪生五维模型及十大领域应用	提出数字孪生五维概念模型
13	2019 年	武颖等	基于数字孪生技术的复杂产品装配过程质量管控方法	构建由实体车间、仿真车间和车间生产管理系统三者协同工作的孪生车间模型，同时结合 Markov 方法，实现装配过程质量数据的采集、分析、反馈以及预测
14	2020 年	丁华等	数字孪生与深度学习融合驱动的采煤机健康状态预测	将深度学习应用到数字孪生领域，基于高逼真度的孪生仿真模型，实现采煤机在线可视化，完成采煤机健康状态检测和关键零件剩余寿命预测

第三节　数字孪生关键技术

数字孪生在实施过程中也面临诸多关键技术的挑战，主要集中在数据相关技术、数字孪生建模技术和基于模型的实时预测技术三个方面。

一、数据相关技术

数据作为数字孪生的基础,需通过各种传感器、测量仪器、射频识别(radio frequency identification, RFID)标签、摄像头和扫描仪等设备进行采集。然后,数据应以实时或准实时的方式进行传输。然而,数字孪生所需的数据通常具有大量、高速和多样性的特点,将其传输到云服务器可能面临成本高昂和网络负担过重的问题。

为了应对这些挑战,边缘计算成为一种理想的解决方案。边缘计算允许在数据产生的源头进行初步的处理和分析,从而减少对中心服务器的依赖,降低网络流量并减少数据泄露的风险。此外,5G 技术的普及使得实时数据传输成为可能,进一步增强了数字孪生系统的响应速度和效率。

除了数据的实时传输和处理外,数据映射和数据融合也是实现数字孪生的关键技术。数据映射技术[如可扩展标记语言(extensible markup language, XML)],用于将采集到的不同格式和来源的数据转换为统一的数据模型,便于系统理解和处理。数据融合则涉及将来自不同源头的数据整合为统一完整的数据集,以支持数字孪生系统对物理世界的精确建模和预测。

综上所述,有效管理和利用数据是数字孪生成功实施的基础,需要综合运用边缘计算、5G 技术及数据映射和数据融合技术,以确保系统能够实时、准确地反映和预测物理世界的状态和变化。

在该领域有诸多文献值得参考。He 等[47]研究了数字孪生中实时和多源数据采集的工业物联网应用以及相关的信号处理算法。他们的研究聚焦于如何有效地从多个物理设备和传感器中采集数据,以反映物理世界的状态和变化。Ala - Laurinaho[48]则探讨了哪些应用层协议和通信技术最适合用于从物理孪生传输传感器数据到数字孪生系统。他们开发的平台可以较为便利地添加传感器,并通过互联网远程配置接口。在该研究中,测试评估的应用层协议包括 HTTP、MQTT、CoAP、XMPP、AMQP、DDS 和 OPC UA,这些协议各自具有不同的特点和优势,可根据需求选择最适合的协议来保证数据传输的效率和安全性。同时,该研究中还涉及多种通信技术的分析,如 4G、5G、NB - IoT、LoRaWAN、Sigfox、蓝牙、802.11 ah、802.11n、ZigBee、Z - Wave 和 WirelessHART。这些技术在覆盖范围、功耗、传输速率和设备互操作性等方面各有不同,可根据具体应用场景的需求选择合适的技术方案。Angrish 等[49]使用文档型非结构化数据库模式(MongoDB)来存储来自各种机器的数据流,这种方法有效地处理大量非结构化数据,并支持实时查询和分析需求。

总体而言,数字孪生系统的成功实施依赖于高效的数据采集、处理和传输技术,以及标准化的数据接口来确保系统的整合性和数据的一致性。不同领域和设备产生的数据具有不同的类型和格式,需要通过标准化的数据接口将这些原始数据转换为适用于数字孪生的统一数据格式。

二、数字孪生建模技术

模型是数字孪生技术的核心。数字孪生的模型包括数据模型和知识模型。数据模型使用智能方法通过已知的输入和输出进行训练。知识模型需要对物理实体的属性及其相互作用有着全面且深入的理解。因此,多物理学特别是基于知识的建模对于数字孪生的高保真至关重要。

数字孪生模型解决的另一个关键问题是虚拟模型与物理对象的复杂行为之间的矛盾。一种折中的方法是以模块化方式实现灵活建模。Negri 等[50]提议在仿真模型中添加黑盒模块。只有在需要时才激活数字孪生的不同行为模型。这些模块通过标准接口与仿真模型进行交互。为了平衡计算工作量和准确性[51],在创建复杂系统的数字孪生模型之前,工程师应确定哪些组件对系统的功能至关重要,并定义每个组件的建模级别。因此,人们经常建议根据不同的建模级别构建数字孪生的高保真模型。

对于复杂的制造现象,Ghosh 等[52]使用隐马尔可夫模型来构建数字孪生模型。这些模型通过离散状态及其转移概率来封装现象的动力学特性。Sun 等[53]将理论模型和物理模型融合起来,用于高精度产品的装配。理论模型采用基于模型的定义(model based definition, MBD)技术,而物理模型则通过点云扫描构建。对于复杂的制造系统,Lu 等[54]研究了资源虚拟化作为创建智能工厂数字孪生的关键技术。推荐使用语义网语言 OWL 和 Jena 进行建模。大多数研究人员认为,数字孪生建模通常可以从基于物理的建模学习,使用数据的黑盒建模或结合物理、数据和知识的灰盒建模也是可行的。

三、基于模型的实时预测技术

实时预测是数字孪生的一个重要技术方向。实时预测使虚拟模型能够与物理实体进行双向实时交互。为了实现双向交互,Schroeder 等[11]基于 AutomationML 提出了一个交换模型,用于在异构系统之间便捷交换数据,其做法是数据交换属性被放置在物联网中间件中,其他系统可以访问这些属性。Talkhestani 等[55]将 Anchor－Point 定义为跨学科领域中的机电元件数据,基于 PLM IT 平台和 Anchor－Point 方法,可以系统地检测数字模型与物理系统之间的机电数据结构的差异。

与传统仿真不同,数字孪生的实时预测使用的是从物理空间通过物联网收集和记录的物理系统的实时数据[56]。Qi 等[57]推荐使用图像识别和激光测量技术来测量物理世界的参数,并使用电气控制、可编程控制、嵌入式控制和网络控制技术来控制物理世界。通过深入的文献回顾,可以发现大部分现有工作集中在单向数据流上,即从物理到数字的数据流。在执行数字孪生实时预测后,从数字到物理的数据流需要进行更深入的研究。

多物理学、多尺度实时预测是数字孪生的重要目标之一。因此,需要研究不同学科之间的定量不确定性和接口。有人认为,数字孪生必须整合涉及的各个学科、不同细节级别和生命周期阶段的仿真模型[58]。数字孪生应该为不同模型和数据提供接口,并保持它们的一致性和相互关联性。解决多尺度、多物理学问题的一种策略是沿着学科对解决域进行划分,并通过接口交换数据[59]。关于数字孪生多物理学仿真的现有工作通常将不同模型的集成视为简单的输入-输出,展现出比传统方法更好的结果。然而,在某些应用场景中,不同学科之间的相互影响是不可忽略的,需要适当解决不同的时间和空间尺度问题。当然是不是数字孪生必须以仿真为主的观点也值得探讨,对此本书作者持有不同观点。本书作者认为,对于复杂装备特别是本书涉及的航空发动机这类热力机械,仿真并不适合于航空发动机整机数字孪生建模。

第四节　数字孪生应用

现有研究表明,数字孪生可以与多个领域良好融合,赋能其数智化转型进程。虽最初起源于航空航天领域,但如今在工业 4.0、智慧城市和孪生医疗等领域也得到了应用,成为科技企业关注的焦点。以下将介绍其在智慧工厂、智慧城市、孪生医疗以及航空航天领域的应用发展,如图 1－4 所示。

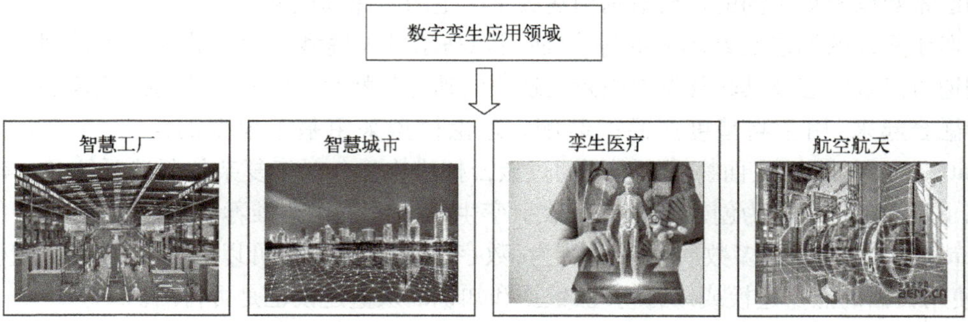

图 1－4　数字孪生应用领域图

一、智慧工厂领域

数字孪生在以智能制造为主的工业领域逐渐兴起,特别是在"互联网+制造""工业 4.0"和"中国制造 2025"等智能制造发展战略中占据重要的地位。在智能工厂领域,数字孪生利用传感器采集实时数据并充分利用历史数据,以完成物理实体全生命周期的数字化映射[13]。数字孪生技术也可应用于智能工厂产品的设计[60]、运维[61]、制造、服务、回收等环节。在该领域,值得关注的进展很多。如 Aivaliotis 等[62]提出的基于数字孪生的机械设备剩余使用寿命预测以对制造设备进行预测性维护;陶飞等提出的数字孪生车间的概念[41]并首次提出的数字孪生五维模型[42]。

二、智慧城市领域

随着建筑信息建模(building information modeling, BIM)技术、物联网、人工智能、5G 技术的发展,数字孪生城市也成为研究应用的热点,促进了城市智能化的发展。基于数字孪生的智慧城市主要具有精准映射、虚实交互、软件定义、智能干预等特征。利用城市信息模型技术、大量摄像头的实时监控和历史数据分析,实现交通疏导、工程项目管理、外来人口登记、基础设施管理、警力消防调度等功能。在该领域,诸多进展值得关注。刘占省等[63]提出了一种基于数字孪生的公共场所消防疏散动态引导方法。Niu 等[64]提出工程智能化概念,提出工程的目标和构成,分析了智能建造与传统建造的异同。樊启祥等[65]论述了智能建造的定义和特征,结合以往的智能建造实践,提出了优化闭环控制理论。

三、孪生医疗领域

将数字孪生应用至医疗领域,可以有效预防疾病、提高临床诊断水平、降低手术风险,大幅度提高医疗服务的效率与质量。通过穿戴式传感器、新型医疗检测、历史病历、人体数据采集，可建模出多维多尺度的高保真虚拟人体。医护人员可以获取人体多源数据，更准确地判断人体患病概率，而且可以进行手术虚拟验证以及提供个性化医疗保健等服务。在该领域，侯增广等[66]提出数字孪生技术将会是医疗领域发展的一个有效切入点。陶飞等[43]提出基于数字孪生医疗领域五维模型，分别是生物人体、虚拟人体、孪生数据、医疗服务健康和实时数据连接。

四、航空航天领域

数字孪生技术最早也是应用于军事航天领域。航空航天系统具有研发难度大、制造技术复杂、产品型号多、产品价值高、制造数量少、试错成本高等特点，而这些正是数字孪生发挥长处的地方。美国空军研究实验室（Air Force Research Laboratory，AFRL）和美国国家航空航天局（NASA）共同提出了未来飞行器的数字孪生范例，认为数字孪生是一种集成的、多物理、多尺度的概率仿真模型，能够利用物理实体通过传感器采集数据来反映与该模型对应的实体的状态，以用于对飞行系统进行全面诊断和预测，并进行可靠性预测和剩余寿命估测[67]。

吴浩等[68]提出了基于数字孪生的火箭结构设计制造与验证技术，较之以前增加了虚拟映射、模型驱动和数字管理等要素，缩短运载火箭的全生命周期。熊明兰等[69]提出基于数字孪生的民机运行安全系统体系架构，研究了该架构的民机子系统、民机维修、民机运行环境及人员的建模方式、数据采集和实时映射。本书作者将数字孪生应用于航空发动机诸多领域[70-73]，大幅度节省了人力、物力、财力。

第五节　本 章 小 结

本章首先介绍了数字孪生的基本概念，包括其定义、分类及主要特征。接着，详细探讨了数字孪生技术的研究历史和发展进程。随后，重点介绍了数字孪生涉及的关键技术，如数据相关技术、数字孪生建模技术和基于模型的实时预测技术。最后，对数字孪生在智慧工厂、智慧城市、孪生医疗和航空航天四个领域的应用进行了简要概述。

习　题

1.1　航空发动机数字化试验所用数字孪生模型的构建是基于流程的数字孪生建模构建还是基于面向产品的数字孪生建模构建？

1.2　数据相关技术涉及哪些关键点？其各自作用是什么？

1.3　数字孪生和仿真、物理机理建模有何区别和联系？

1.4　基于模型的实时预测技术的作用是什么？其在健康管理中主要应用于哪些领域？

1.5　智慧工厂中用到的数字孪生技术是哪一类数字孪生？请说明理由。

参 考 文 献

[1]　Henning K, Johannes H, Ariane H, et al. Recommendations for implementing the strategic initiative INDUSTRIE 4.0:

Securing the future of German manufacturing industry[R]. Forschungsunion, 2013.

[2] Redelinghuys A J H, Kruger K, Basson A. A six-layer architecture for digital twins with aggregation[M]. Berlin: Springer, 2019.

[3] Lee J, Bagheri B, Kao H-A. A cyber-physical systems architecture for industry 4.0-based manufacturing systems[J]. Manufacturing Letters, 2015, 3: 18-23.

[4] Kritzinger W, Karner M, Traar G, et al. Digital twin in manufacturing: A categorical literature review and classification [J]. IFAC-PapersOnLine, 2018, 51(11): 1016-1022.

[5] Schluse M, Rossmann J. From simulation to experimentable digital twins: Simulation-based development and operation of complex technical systems [C]. 2016 IEEE International Symposium on Systems Engineering (ISSE), Edinburgh, 2016.

[6] Qi Q L, Tao F. Digital twin and big data towards smart manufacturing and industry 4.0: 360 degree comparison[J]. IEEE Access, 2018, 6: 3585-3593.

[7] Shafto M, Conroy M, Doyle R, et al. Modeling, simulation, information technology & processing roadmap[R]. National Aeronautics and Space Administration, 2012.

[8] Schluse M, Atorf L, Rossmann J. Experimentable digital twins for model-based systems engineering and simulation-based development[C]. 2017 Annual IEEE International Systems Conference, Montreal, 2017.

[9] Lee J, Lapira E, Bagheri B, et al. Recent advances and trends in predictive manufacturing systems in big data environment[J]. Manufacturing Letters, 2013, 1(1): 38-41.

[10] Majumdar P K, FaisalHaider M, Reifsnider K. Multi-physics response of structural composites and framework for modeling using material geometry[C]. 54th AIAA/ASME/ASCE/AHS/ASC Structures, Structural Dynamics, and Materials Conference, Boston, 2013.

[11] Schroeder G N, Steinmetz C, Pereira C E, et al. Digital twin data modeling with automationML and a communication methodology for data exchange[J]. IFAC-PapersOnLine, 2016, 49(30): 12-17.

[12] Kraft E M. The air force digital thread/digital twin-life cycle integration and use of computational and experimental knowledge[C]. 54th AIAA Aerospace Sciences Meeting, San Diego, 2016.

[13] Negri E, Fumagalli L, Macchi M. A review of the roles of digital twin in cps-based production systems[J]. Procedia Manufacturing, 2017, 11: 939-948.

[14] Cardin O, Castagna P, Couedel D, et al. Energy-aware resources in digital twin: The case of injection moulding machines[M]. Berlin: Springer, 2019.

[15] Wang H-K, Haynes R, Huang H-Z, et al. The use of high-performance fatigue mechanics and the extended Kalman/particle filters, for diagnostics and prognostics of aircraft structures[J]. CMES: Computer Modeling in Engineering & Sciences, 2015, 105(1): 1-24.

[16] Tao F, Cheng J F, Qi Q L, et al. Digital twin-driven product design, manufacturing and service with big data[J]. The International Journal of Advanced Manufacturing Technology, 2018, 94(9-12): 3563-3576.

[17] Gabor T, Belzner L, Kiermeier M, et al. A simulation-based architecture for smart cyber-physical systems[C]. 2016 IEEE International Conference on Autonomic Computing (ICAC), Wuerzburg, 2016.

[18] Tuegel E J, Ingraffea A R, Eason T G, et al. Reengineering aircraft structural life prediction using a digital twin[R]. International Journal of Aerospace Engineering, 2011.

[19] Oracle.Digital twins for IoT applications: A comprehensive approach to implementing IoT digital twins[EB/OL]. http://www.oracle.com/us/solutions/internetofthings/digital-twins-for-iot-apps-wp-3491953.pdf[2019-01-01].

[20] Rasheed A, San O, Kvamsdal T.Digital twin: Values, challenges and enablers from a modeling perspective[J]. IEEE

Access, 2020, 8: 21980 - 22012.

[21] Khajavi S, Motlagh N H, Jaribion A, et al.Digital twin: Vision, benefits, boundaries, and creation for buildings[J]. IEEE Access, 2019, 7: 147406 - 147419.

[22] Grieves M. Product lifecycle management: The new paradigm for enterprises[J]. International Journal of Product Development, 2005, 2(1 - 2): 71 - 84.

[23] Grieves M. Product lifecycle management: Driving the next generation of lean thinking[M]. New York: McGraw-Hill Companies, 2006.

[24] Li C Z, Mahadevan S, Ling Y, et al. A dynamic Bayesian network approach for digital twin[C]. Proceedings of the 19th AIAA Non-deterministic Approaches Conference, Grapevine, 2017.

[25] 汪郡.西门子推出 MindSphere 开放工业云[J].轻工机械,2016(3): 48.

[26] 何江.工业互联网架构实例分析——以 GE 公司 Predix 为例[J].信息通信,2017(11): 140 - 142.

[27] Tang H, Zhang H. Study on IoT big data direction in civil aviation[C]. Artificial Intelligence and Security: 8th International Conference, Qinghai, 2022.

[28] Ullah M A, Yastrebova A, Mikhaylov K, et al. Situational awareness for autonomous ships in the arctic: mMTC direct-to-satellite connectivity[J]. IEEE Communications Magazine, 2022, 60(6): 32 - 38.

[29] Grieves M, Vickers J. Digital twin: Mitigating unpredictable, undesirable emergent behavior in complex systems[M]. Berlin: Springer, 2016.

[30] Saddik A E.Digital twins: The convergence of multimedia technologies[J]. IEEE Multimedia, 2018, 25(2): 87 - 92.

[31] Tao F, Zhang H, Liu A, et al. Digital twin in industry: State-of-the-Art[J]. IEEE Transactions on Industrial Informatics, 2019, 15(4): 2405 - 2415.

[32] Barricelli B R, Casiraghi E, Fogli D. A survey on digital twin: Definitions, characteristics, applications, and design implications[J]. IEEE Access, 2019, 7: 167653 - 167671.

[33] General Electric. The digital twin: Compressing time to value for digital industrial companies[EB/OL]. https://www.ge.com/digital/sites/default/fles/download_assets/The Digital-Twin_Compressing-Time-to-Value-for-Digital-Industrial-Companies.pdf[2023 - 01 - 22].

[34] Siemens Digital Logistics.The digital twin a new dimension in logistics[EB/OL]. https://resources.sw.siemens.com/en-US/white-paper-the-digital-twin[2023 - 01 - 22].

[35] Siemens Healthcare. The value of digital twin technology[EB/OL]. https://cdn0. scrvt. com/39b415fb07de4d9656c7b516d8e2d907/1800000007115634/143ec96042c1/Siemens-Healthineers_Whitepaper_Digital-Twin-Technology3_1 - 800000007115634.pdf[2023 - 01 - 22].

[36] Siemens Switzerland. Digital twin-driving business value throughout the building life cycle[EB/OL]. https://new.siemens.com/global/en/products/buildings/contact/digit-altwin.html[2023 - 01 - 22].

[37] Microsoft Services. The promise of a digital twin strategy[EB/OL]. https://info.microsoft.com/rs/157 - GQE-382/images/Microso-ft%27s%20Digital%20Twin%20%27How-To%27%20Whitepaper.pdf[2023 - 01 - 22].

[38] Microsoft. Powering Microsoft smart buildings with Microsoft Azure digital twins[EB/OL]. https://www.microsoft.com/insidetrack/blog/powering-microsoft-smart-buildings-with-microsoft-azure-digital-twins/[2023 - 06 - 27].

[39] Microsoft Azure. Digital twins definition language (DTDL)[EB/OL]. https://github. com/Azure/opendigitaltwins-dtdl/blob/master/DTDL/v2/dtdlv2.md[2023 - 01 - 22].

[40] Dassault Systemes. Smart cities in the age of experience[EB/OL]. https://www. slideshare. net/LuciaGarcia71/alexandre-parilusyan[2023 - 01 - 22].

[41] 陶飞,张萌,程江峰,等.数字孪生车间——一种未来车间运行新模式[J].计算机集成制造系统,2017,23(1):

1－9.

[42] 陶飞，刘蔚然，刘检华，等.数字孪生及其应用探索[J].计算机集成制造系统，2018，24(1)：1－18.

[43] 陶飞，刘蔚然，张萌，等.数字孪生五维模型及十大领域应用[J].计算机集成制造系统，2019，25(1)：1－18.

[44] 庄存波，刘检华，熊辉，等.产品数字孪生体的内涵、体系结构及其发展趋势[J].计算机集成制造系统，2017，23(4)：753－768.

[45] 丁华，杨亮亮，杨兆建，等.数字孪生与深度学习融合驱动的采煤机健康状态预测[J].中国机械工程，2020，31(7)：815－823.

[46] 武颖，姚丽亚，熊辉，等.基于数字孪生技术的复杂产品装配过程质量管控方法[J].计算机集成制造系统，2019，25(6)：1568－1575.

[47] He Y, Guo J, Zheng X. From surveillance to digital twin: Challenges and recent advances of signal processing for industrial internet of things[J]. IEEE Signal Processing Magazine, 2018, 35: 120－129.

[48] Ala-Laurinaho R. Sensor data transmission from a physical twin to a digital twin[D]. Helsinki: Aalto University, 2019.

[49] Angrish A, Starly B, Lee Y S, et al. A flexible data schema and system architecture for the virtualization of manufacturing machines (VMM)[J]. Journal of Manufacturing Systems, 2017, 45: 236－247.

[50] Negri E, Fumagalli L, Cimino C, et al. FMU-supported simulation for CPS digital twin[J]. Procedia Manufacturing, 2019, 28: 201－206.

[51] Aivaliotis P, Georgoulias K, Arkouli Z, et al. Methodology for enabling digital twin using advanced physics-based modelling in predictive maintenance[J]. Procedia CIRP, 2019, 81: 417－422.

[52] Ghosh A K, Ullah AMM S, Kubo A. Hidden Markov model-based digital twin construction for futuristic manufacturing systems[J]. Artificial Intelligence for Engineering Design, Analysis and Manufacturing, 2019, 33: 317－331.

[53] Sun X, Bao J, Li J, et al. A digital twin-driven approach for the assembly-commissioning of high precision products [J]. Robotics and Computer-Integrated Manufacturing, 2020, 61: 1－14.

[54] Lu Y, Xu X. Resource virtualization: A core technology for developing cyber-physical production systems[J]. Journal of Manufacturing Systems, 2018, 47: 128－140.

[55] Talkhestani B A, Jazdi N, Schloegl W, et al. Consistency check to synchronize the digital twin of manufacturing automation based on anchor points[J]. Procedia CIRP, 2018, 72: 159－164.

[56] Tan Y, Yang W, Yoshida K, et al. Application of IoT-aided simulation to manufacturing systems in cyber-physical system[J]. Machines, 2019, 7(1): 2.

[57] Qi Q, Tao F, Hu T, et al. Enabling technologies and tools for digital twin[J]. Journal of Manufacturing Systems, 2021, 58: 3－21.

[58] Boschert S, Rosen R. Digital twin—the simulation aspect[M]. Berlin: Springer, 2016.

[59] Tuegel E J, Ingraffea A R, Eason T G, et al. Reengineering aircraft structural life prediction using a digital twin[J]. International Journal of Aerospace Engineering, 2011, 2011: 1－14.

[60] Söderberg R, Wärmefjord K, Carlson J S, et al. Toward a digital twin for real-time geometry assurance in individualized production[J]. CIRP Annals, 2017, 66(1): 137－140.

[61] 孙萌萌.飞机总装配生产线数字孪生系统若干关键技术研究[D].杭州：浙江大学，2019.

[62] Aivaliotis P, Georgoulias K, Chryssolouris G. The use of digital twin for predictive maintenance in manufacturing[J]. International Journal of Computer Integrated Manufacturing, 2019, 32(11): 1067－1080.

[63] 刘占省，张安山，王文思，等.数字孪生驱动的冬奥场馆消防安全动态疏散方法[J].同济大学学报(自然科学版)，2020，48(7)：962－971.

[64] Niu Y H, Lu W S, Chen K, et al. Smart construction objects[J]. Journal of Computing in Civil Engineering, 2016, 30

(4)：04015070.

[65]　樊启祥，林鹏，魏鹏程，等.智能建造闭环控制理论[J].清华大学学报(自然科学版)，2021，61(7)：660－670.

[66]　侯增广，赵新刚，程龙，等.康复机器人与智能辅助系统的研究进展[J].自动化学报，2016，42(12)：1765－1779.

[67]　Grieves M. Product lifecycle management：Driving the next generation of lean thinking[M]. New York：McGraw-Hill Companies，2006.

[68]　吴浩，杨帆，王斌，等.基于数字孪生的火箭结构设计制造与验证技术研究[J].宇航总体技术，2021，5(2)：7－13.

[69]　熊明兰，王华伟.基于数字孪生的民机运行安全框架体系设计[J].计算机集成制造系统，2022，28(8)：2291－2301.

[70]　Xiao D，Xiao H，Li R，et al. Application of physical-structure-driven deep learning and compensation methods in aircraft engine health management[J]. Engineering Applications of Artificial Intelligence，2024，136：109024.

[71]　Xiao D，Lin Z，Yu A，et al. Data-driven method embedded physical knowledge for entire lifecycle degradation monitoring in aircraft engines[J]. Reliability Engineering and System Safety，2024，247：110100.

[72]　肖洪，史经纬，王栋欢，等.图解航空发动机数字孪生[M].西安：西北工业大学出版社，2023.

[73]　肖洪，林志富，于艾洋，等.图解航空发动机数字试验[M].西安：西北工业大学出版社，2023.

航空发动机数字孪生基础知识

第2章

航空发动机数字孪生基础知识

第一节　航空发动机数字孪生概念

近年来随着人工智能、大数据、数字孪生、物联网等[1-4]数字化、智能化技术已从独立技术方向转化为技术生态系统，航空发动机面临着数字智能化转型的新机遇与新挑战。数字孪生作为航空发动机数字化智能化技术体系重要的组成部分[5-11]，在航空发动机海量数据的挖掘分析和综合应用中扮演了极其重要的角色[12]，已经成为航空发动机数字智能化转型的重要技术手段。通过第1章概述，我们了解到数字孪生是一种将物理流程或产品数字化的方法。如果按数字化的对象分类，人们一般认为可把数字孪生分为面向流程的和面向产品的数字孪生，如图2-1所示。面向流程的数字孪生强调流程的一一映射。例如，把流程中每一环节的高精度模型通过数字主线链接，数据通信在各高精度模型之间展开，基于此方法建立的数字孪生模型可进行流程设计方案的数字化试验和流程优化，进而大幅度提高效率，其在数字化工厂、数字化车间等领域中将会发挥着重要作用。面向产品的数字孪生强调数字孪生模型与物理实体的一一映射。例如，面向航空发动机这一产品在数字空间建立一个高精度数字化模型，该模型可以代替航空发动机进行各类

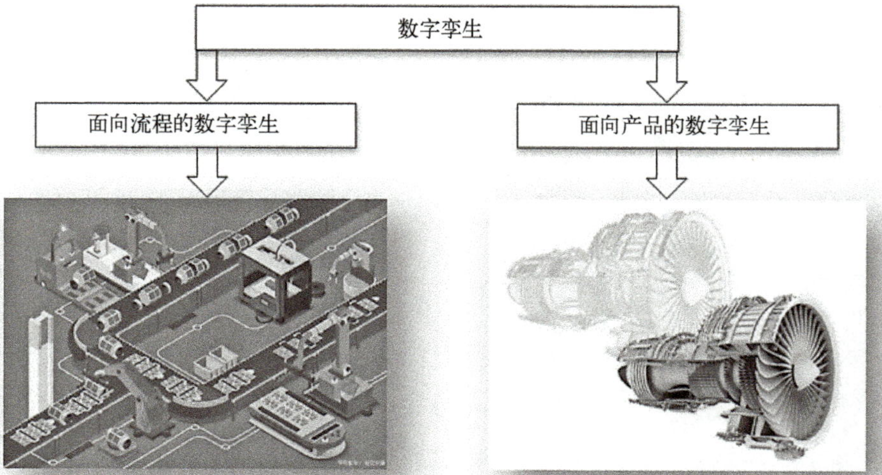

图2-1　数字孪生模型的分类

风险故障试验、周期性试验和决策实验等，其在数字设计、数字试验、智能制造、故障诊断、健康管理、智能控制等领域中均会发挥重要作用。本书不涉及工厂车间的流程优化配置，而是重点讲述航空发动机的数字孪生建模，因此全书内容是基于面向产品的数字孪生技术思路。

基于上述理解，面向产品的数字孪生模型需要在几何结构、物理构造、运行机理、物理规律和性能演化五个维度上完成对物理实体的一一映射[13,14]，如图 2-2 所示。对于具体某一型号的航空发动机而言，一旦设计定型，尽管存在磨损等运行维护因素，其几何结构和物理构造不再会发生大规模变化。因此为了降低数字孪生模型的建模难度，针对具体型号的航空发动机可以考虑前期舍弃几何结构和物理构造等因素，优先建立运行机理、物理规律和性能演化从物理空间到数字空间的一一映射，该类模型有时候称为性能数字孪生模型。俄罗斯 2022 年 7 月 5 日公布，JSC UEC 已经完成 AI-222-25 发动机数字孪生项目的第二阶段，其认证测试数据也是用于验证数字模型，也没有强调几何结构和物理构造的一一映射[15]。

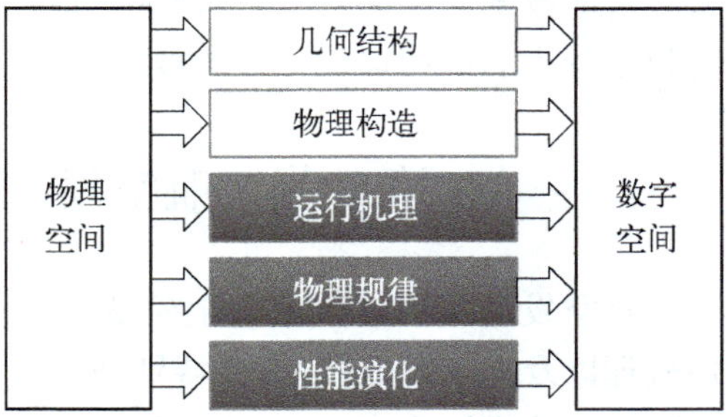

图 2-2　数字孪生模型映射

但是也并不意味着性能数字孪生模型不考虑加工公差、装配公差等几何因素，这些几何因素可以在性能演化中加入。如果将不同类型航空发动机的几何结构、物理构造等几何因素加入，例如，根据遄达、RB211、CFM 系列发动机的设计数据、制造数据、试验数据、运行数据、维护数据训练模型，使之具备设计功能，即将新设计发动机几何数据输入后可快速预测其性能，该类模型一般认为是航空发动机大模型。航空发动机大模型的技术内容，将在作者的后续其他专著中介绍，不在本教材的范围之内。

航空发动机性能数字孪生模型强调通过有限的试验、运行和维护等系列数据，通过和人工智能技术融合快速建立航空发动机多元异构参数间的数字映射，实现运行机理、物理规律和性能演化在数字空间的动态高精度匹配[16,17]。其可在航空发动机全生命周期如影相随，在各个阶段均会发挥不可替代的重要作用[18, 19]。在航空发动机的论证阶段，利用性能数字孪生模型构建基于物理特性的设计理念，模拟不同环境下的发动机性能分析，可提供方案权衡分析。在航空发动机研制阶段，利用性能数字孪生模型开展数字化试验鉴定，实现设计的快速分析、试错和迭代，提高工程质量，加快研制进程（典型案例如 GE 和罗罗公司利用数字化平台进行的新型部件/发动机试验研究[20, 21]，德国宇航中心使用 GTlab 数字框架[22-24]进行航空发动机的初步设计）。在航空发动机生产阶段，基于研制阶段得到的性能数字孪生模型，构建数字化的生产流程和软硬件基础条件，自动采集分析生产数据。在航空发动机运行阶段，通过传感器实时获知任务和状态信息，融入设计、试验和维护阶段的性能数字孪生模型实现依据飞参数据的模型重构，根据环境信息和任务需求实现巡航状态下的自主寻优、险情隐患下的提前预警、应急状态下的最佳决策。在航空发动机保障阶段，通过机载传感器获知状态信息，在此基础上构建融入了制造使用和维修数据的性能数字孪生模型[25, 26]；建立数据架构驱动的维修规则，通过对传感器实时数据和历史数据的持续在线及离线分析，对航空发动机个体进行有针对性的维修规划，实现基于预测性分析的精确维修保障[27]。

综述，航空发动机性能数字孪生模型在发动机各阶段均能发挥重要作用，是未来技术革新的重要手段之一。而在性能数字孪生模型的构建过程中，人工智能技术的融入以突破传统仿真和建模的技术能力边界是值得关注的新兴研究方向之一[28]。其中，如何将人工智能技术与发动机数据、物理机理和知识融合，以强调性能数字孪生模型对发动机物理规律、运行机理和性能演化的完整映射，是构建模型重要的技术难题。基于此，本书首先以发动机性能数字孪生模型构建过程中的人工智能技术融入作为介绍的重点，以期实现人工智能技术与发动机数据、物理机理在数字空间的高度融合，构建高保真的数字模型，为数字孪生的应用提供亟须的技术基础。

第二节　航空发动机性能建模的传统方法

航空发动机性能数字孪生模型的构建需要高度融合航空发动机数据、航空发动机物理机理以及人工智能技术，并特别强调人工智能技术架构与航空发动机物理架构的融合匹配。在建模过程中，人工智能技术的应用是关键也是核心因素。为了全面了解建模过程的发展历程，并特别对比航空发动机性能数字孪生建模与传统航空发动机性能建模的区别，本章首先总结航空发动机性能建模技术，进而逐步扩展到航空发动机性能数字孪生建模，以及用到的人工智能技术。

传统的航空发动机性能建模为基于物理机理的仿真方法，依赖于对发动机内部物理过程的详细建模，通过数学方程或数理模型来描述流动、燃烧、传热等热力学过程。该类建模主要包括了部件级模型、整机全三维仿真和多维度模型这三类技术途径。

一、部件级模型

航空发动机部件级模型是以零维性能仿真为基础的发动机物理机理的总体性能模型，其发展历史较长，使用也较为广泛。部件级模型根据发动机的各大部件的特性如风扇、压气机特性图等建立对应的物理模型，通过部件间的共同工作关系实现部件与部件的数据连接，通过发动机共同工作方程实现整机性能仿真。随着建模技术的演化发展，部件级建模向两大方向发展。一是通用性建模，表现为针对不同类型发动机开展性能建模研究，如江天牧等[29]建立了考虑离合器动态特性的推进系统模式转换过程性能仿真模型，张明阳等[30]发展了变循环涡扇冲压组合发动机性能仿真建模方法，以及开式转子发动机[31]、自适应循环发动机[32]等性能仿真建模方法。二是模型的精细化研究，包括考虑进气畸变[33]、热惯性[34]、叶尖间隙[35]等，以提高发动机部件级性能模型精度。

二、整机全三维仿真

航空发动机整机全三维仿真是一种综合运用计算流体力学、燃烧学、热力学等多个领域的仿真技术，以预期全面模拟航空发动机的三维性能。其中，核心机[36]流场全三维仿真、微型涡喷发动机[37]流场全三维仿真、涡扇发动机整机流场稳态全三维仿真[38]已有文献报道。在整机全三维仿真中,部件交界面数据传递以及整机全三维匹配技术是其中的关键技术难点[39,40]。英国拉夫堡大学[41]采用了不同软件系统对发动机关键部件进行了全三维仿真,基于内存的方法处理交界面数据,进而进行部件耦合计算,完成了整机全三维仿真。英国帝国理工学院的卡尔内瓦莱等采用了混合平面方法处理级间数据交换,并综合采用了不同求解器仿真气路和空气系统,完成了整机全三维仿真[42]。整机全三维仿真耗费资源巨大,对于考虑三维、黏性、非稳态流场的发动机整机全三维仿真,每秒需要大约 10 的 12 次方浮点运算,需要在超级计算机上才能实现[43]。

三、多维度模型

由于航空发动机内部流动是三维过程,零维的部件级模型在反映高维效应时不可避免地存在信息缺失。相较于发动机整机全三维仿真,拓展部件级模型在高维上的可信度研究成熟不少[44]。一部分研究通过将部件或子系统高维度高精度仿真模型集成到发动机部件级模型,进而发展多维度模型以提高性能仿真精度,一般把这类方法称为维度缩放[45]。维度缩放主要包含三种方法,特性图修正、特性图替换以及部件嵌入。特性图修正通过部件的高维仿真模型计算数据,对部件特性图进行修正;特性图替换则是直接用部件高维仿真计算获得的特性替换掉原先部件特性图[46];部件嵌入则是直接获取部件特性,高维仿真模型计算过程直接参与发动机零维部件级模型的仿真迭代过程之中[47]。

第三节　航空发动机性能数字孪生建模

航空发动机性能数字孪生建模虽然与航空发动机性能建模有着逻辑关联,但在建模思路上更加强调人工智能算法逻辑架构的融入。尤其是近年来随着人工智能算法的发展,人们逐渐将人工智能特别是深度学习等新技术应用于构建发动机性能数字孪生模型中。GE 公司借助机器学习系统,每秒可完成 10GB 数据的分析以更新数字孪生模型[48],对发动机的性能进行预测,提前识别和消除潜在的风险,避免由此造成的空中停车和非计划换发。2016 年起,罗罗公司开展“航空发动机性能数字孪生”研究,用航空发动机性能数字孪生模型来替代传统的离线、在线模型,已形成了包含性能衰退评估、离线/在线预测和健康管理、故障诊断、参数在线预估、虚拟测试等能力。在性能数字孪生模型的构建过程中,如何处理人工智能技术与航空发动机数据、航空发动机物理机理之间的关系是建模过程面临的重点难题。为解决该技术难题,目前的主流技术路径包括两类:一是纯数据驱动的方法,即将发动机海量数据送入人工智能黑箱模型直接训练性能模型;二是基于数据驱动和物理机理的混合方法,即在人工智能技术中融入物理机理,进而通过数据驱动该混合模型。

一、纯数据驱动的方法

数据驱动是一种直接基于数据进行模型构建、分析和决策的方法。数据驱动与传统的基于物理机理建模的方法不同,其强调直接通过对数据的分析和挖掘来获取模型的关键信息。

在数据驱动方法中，人工神经网络能够从数据中学习到不同层次的特征和表示，捕捉数据中的复杂模式和关系，被广泛应用于发动机的性能建模。Torella 等[49]为了探讨核心机的空气系统对于航空发动机整机性能的影响程度，利用数据训练了两种结构的人工神经网络，并探讨了神经网络模型隐藏层数和训练算法对模型精度的影响。Badihi 等[50]利用 Simulink - MATLAB 建立的模型产生数据，建立了映射发动机燃烧室参数与燃油流量的神经网络。周奎[51]在研究反映压气机动态特性的神经网络模型时，对模型的输入参数进行了选择。同时为了反映压气机的动态特性，周奎将前时刻的神经网络输出作为当前时刻神经网络的输入参数一并进行模型的训练。近年来，研究者还通过将神经网络结合修正器[52]、灰色模型[53]来提升模型的精度；同时也有研究使用先进的时序性网络架构[54]和改进神经网络模型的训练方法[55]，提高模型对于实时数据的响应，以实时跟踪发动机的性能。

此外有研究表明，数据驱动方法能够在模拟发动机性能的同时，也可通过学习数据中的模式和异常，进一步实现对故障的诊断和预测。张士强[56]在建立基于深度学习网络的故障诊断模型时，更加关注了深度学习网络中的参数设置对于网络训练收敛速度、模型最终精度的影响。该研究在深度学习网络外嵌套了优化算法。中国科学技术大学季文强等[57]将深度学习网络作为编码器进行寿命预测，其通过训练输入维度与输出维度相同的深度学习网络，重构输入数据信息，从而减小了训练误差。哈尔滨工业大学的钟诗胜团队基于深度神经网络对发动机的剩余寿命预测和发动机性能退化开展了相应研究[58-60]。

二、数据驱动和物理机理的混合方法

纯数据驱动建模方式的优势是从建模对象的个体数据出发，同时能够结合个体的实时数据进行实时更新，耦合个体所有可监测子系统或子部件，保持模型对个体性能的真实映射和实时跟踪。纯数据驱动建模方式的这些优势是传统物理模型难以实现的，但是传统物理模型的优势也是明显的，其物理机理明确，可以通过物理机理对结果进行解释，而这恰巧又是纯数据驱动建模所欠缺的。因此，结合两种建模方式的方法机理，进行混合方式的建模，是航空发动机数字孪生建模的主要发展方向。

数据驱动和物理机理混合模型的发展旨在充分发挥基于物理机理方法和数据驱动方法的优势，以实现更精确、全面的发动机性能建模和工况监测。20 世纪 70 年代初，模拟和数字电子控制装置的出现实现了航空发动机性能的在线监控功能[61]。数字式电子控制系统具有了更多的自检测功能，将发动机数字模型嵌入控制系统以实时监测发动机性能。该数字模型是一种实时机载模型，具有自适应功能，能够利用传感器的测量数据修正发动机模型参数[62]，可用于提供非测量参数的更准确估计值。该实时机载模型由分段线性化的发动机部件级模型和用于自动调整模型的参数辨识系统组成。卡尔曼滤波器和神经网络是常用的参数辨识方法。为了保证卡尔曼滤波器适用于全包线范围内，研究者开发了诸如扩展卡尔曼滤波器[63-65]、常值增益扩展卡尔曼滤波等方法[66]。为了减小卡尔曼滤波器对参数估计的偏差，通常采用部件/系统的健康参数线性组合调整参数向量以减少用于参数估计的维数。在该类建模中，发动机机载动态模型的精度对参数估计至关重要。补偿算法通常是在固定状态下训练的，在包含工作点的区域该模型具有较高的精度，但该精度很难覆盖到整个飞行包线。国内针对卡尔曼滤波器在航空发动机的应用也进行了大量研究,如刘小勇等[67]针对卡尔曼滤波器在航空发动机参数估计中的发散问题开展了研究,黄辉先等[68]提出的渐消卡尔曼滤波器以减小历史测量数据带来的偏差。张书刚[69]则基于卡尔曼滤波器的在线性能跟踪架构,融合了在线故障诊断模型。在 NASA 的 eSTORM 模型[70, 71]中,通过神经网络模型作为补偿器修正了发动机部件级模型,以提高精度。相较于卡尔曼滤波器,在具有复杂关系和不确定性的系统中,神经网络能够更好地处理复杂的输入输出映射关系,从而可提高修正的精度以实现对发动机实时状态的准确跟踪。Xu 等[72]提出了一种将部件级模型和极限学习机结合的混合建模方法,用于提高涡扇发动机模型的稳态和瞬态仿真精度。

对比性能数字孪生建模方法与传统发动机性能建模方法(图 2－3)。可以看出,传统发动机性能建模基于工程理解、数学模型和物理方程,对发动机的气动、热力学、结构等方面进行建模。该建模方式通常在设计和研发阶段使用,以提供对不同设计参数和变化的初步估算,用于方案初步验证和设计优化。而性能数字孪生模型是利用人工智能技术,基于发动机数据创建的虚拟模型,更能反映发动机由于制造、加工等偏差所造成的性能个性化差异,以及发动机在运行过程中的性能状态。传统方法构建的航空发动机模型可能是基于简化的物理方程,而数字孪生模型整合了更多的数据和信息,提供更准确、全面的系统行为预测。此外,数字孪生模型可以基于实时数据不断更新,提供更及时的系统状态评估,通过与实际系统的持续交互进行改进,而现有的模型更依赖于静态的输入数据。因此,相较于传统航空发动机性能的部件级模型,性能数字孪生模型的优势主要体现在实时、适应性强等方面,性能数字孪生模型能在发动机运行维护阶段提供更为准确的航空发动机性能跟踪和分析。

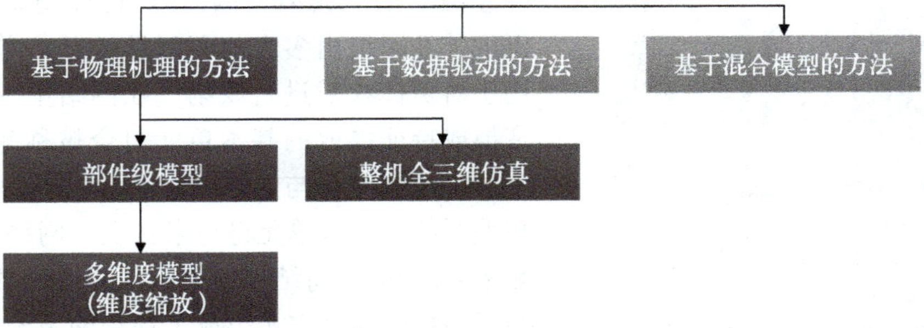

图 2－3　航空发动机的性能建模方法

第四节　航空发动机数字孪生建模的人工智能技术

在航空发动机数字孪生的数据驱动、数据驱动和物理机理混合驱动的建模过程中,人工智能技术的应用,特别是网络架构设计和网络优化技术,发挥了关键作用。在一定程度上,人工神经网络架构设计和优化技术的进展直接决定了数据驱动、数据驱动和物理机理混合驱动两类方法的应用和效果。基于此,本章对相关的人工智能技术进展进行详细的阐述。

一、神经网络架构

早期的物理建模严格遵循物理数学方程的约束，但由于实际建模时受到客观条件的限制，需要在平衡模型复杂度的同时舍弃一定的精度。随着概率论、统计学、逼近论等诸多学科的发展和完善，基于人工智能技术的建模方法也逐渐兴起，给物理建模提供了一条新的技术路径。人工智能技术是一门让机器具有智能行动、决策的科学，涉及多个子领域。其中，机器学习是人工智能技术的重要分支，是一种让机器从数据中自动学习和优化的方法，而人工神经网络是一种典型的机器学习方法。人工神经网络一般也称为神经网络，由简单的基本单元组成，通过连接权重和激活函数来实现对数据的强非线性映射和抽象。在机器学习中，深度学习是其中的一个重要分支，其主要特点是使用深层次的神经网络来实现学习和模式识别。上述技术体系的层次结构如图 2-4 所示。

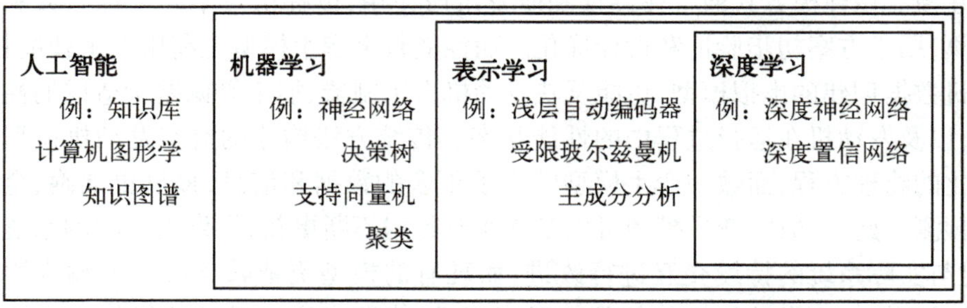

图 2-4　人工智能技术的层次结构图

深度神经网络(deep neural networks, DNN)是神经网络中的典型案例，其结构如图 2-5 所示。深度神经网络由多个相互联结的基本单元组成，用于对目标参数进行映射。在网络中，执行特定变换或特征提取的基本单元组合被称为隐含层。为了实现网络层与层之间的数据传递，一组附带权值系数的基本单元将与来自上一网络层的输出相乘并求和，并将结果传递给非线性函数，网络层与网络层的连接方式组成了神经网络架构。神经网络架构通过数据进行训练，形成神经网络模型。神经网络训练指的是通过数据和基于导数链式法则的反向传递(back propagation, BP)[73]算法调整基本单元的权值系数。网络架构是数据在神经网络中的传递路径，决定了神经网络的性能表现。因此，设计适宜的神经网络架构对于应用神经网络至关重要，如图像识别[74]、语音识别[75]、行人检测[76]和图像分割[77]等领域中，应用的神经网络架构设计各不相同，以期获得最佳模型性能。

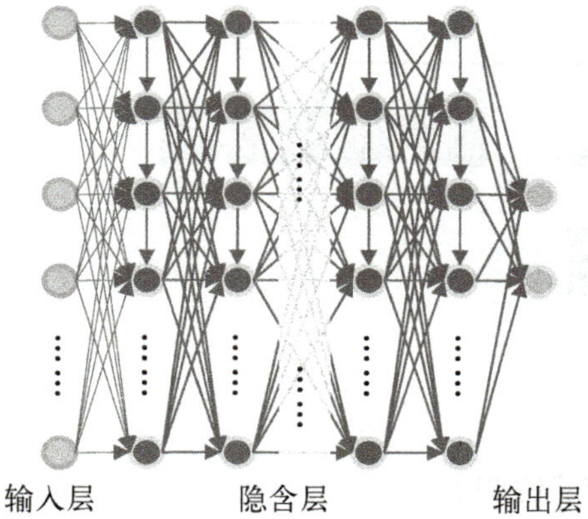

图 2-5　深度神经网络

1）网络架构的深度与宽度

对于最简单的神经网络架构，Hornik 等[78]和 Cybenko[79]在 1989 年提出了“万能近似定理”,表明仅具有一层激活函数隐含层和一层线性计算层的神经网络,只要其中隐含层的基本单元数量足够多,它可以以任意精度近似任何一个有限维空间到另一个有限维空间的 Borel 可测函数。然而,Barron[80] 在 1993 年研究了单层网络架构近似一大类函数所需的单元数量,结果显示：为达到可接受的性能精度,需要高达指数数量的基本单元。2010 年,Hinton[81] 给出了网络架构中基本单元数量的设置建议,但该设置方式有一定的通用性限制,只能在特定的网络架构和工程应用中生效。此外,在面对高维问题时,如图像、语音、视频等输入下,加权求和式的单元连接形式会由于输入参数的激增导致基本单元数量需求的激增,模型容量(基本单元总数)变得十分庞大而难以训练。由于单层隐含层的神经网络性能表现有限,研究者通过不同的网络层组合方式形成多层隐含层的神经网络,拓展了网络架构的深度和宽度,以期提升神经网络的性能表现。

神经网络架构的深度是指网络层级的数量,而宽度则表示每一层中基本单元的数量,两者的设计需要在模型容量、计算效率和学习能力之间取得平衡。2012 年,Krizhevsky 等[82] 提出的 AlexNet 网络架构包括五层卷积层和三层全连接层,对网络架构的深度与图像分类效果进行了探索,结果表明深度的增加有效地提高了分类的精确度。2014 年,由牛津大学计算视觉组合和 Google 公司的 DeepMind 研究员共同研发的 VGGNet[83],则深入研究了卷积神经网络的深度与性能的关系,架构深度达 16 层。然而,一些研究表明,一味地增加网络层数并非是提高性能的有效途径,反而可能导致网络收敛速度减缓甚至图像分类准确度下降[84, 85]。解决这一问题的办法之一是 2016 年 He 等[86] 设计的 ResNet 网络架构,通过引入“残差表示”概念[87],构建了残差学习模块。这一模块在常规单元连接形式上添加了恒等变换连接,使得网络在图像分类的精确度上升,深化了架构设计的深度,也催生了一系列更深层次的神经网络架构,如 ResNeXt[88]、Wide - ResNet[89]、Res - ResNet[90] 等。

网络架构的深度虽带来了性能上的提升,却也导致了梯度消失/爆炸、过拟合等问题的解决难度加剧。在面对这些挑战时,设计网络架构的宽度成为一种解决方法。2015 年,Szegedy[91] 提出了一种深度学习网络 GoogLeNet,采用了 Inception 模块构建网络架构。该模块能够高效地利用计算资源,在相同的计算量下能够获取更多的特征,从而提升网络性能。Inception 模块的灵感来源于网络分块[92] 的思想,通过采用最小卷积核降维的同时扩大了识别特征的尺度。在此基础上,MobileNets 则采用了一种更加宽的网络架构,减少了参数量从而满足移动端的应用需求[93]。

目前,网络架构的宽度和深度对于神经网络性能的影响并未明确孰轻孰重。研究表明神经网络的性能更加敏感于架构深度的调整,而调整宽度则更有利于提升神经网络训练[94, 95]。在 2016 年,Veit 等[96] 对 ResNet 进行训练时,发现数值传递主要发生在恒等变化这一分支。同年,Wu 等[97] 在此基础上进一步探究了恒等变换在深度网络架构中的作用,认为残差学习模块近似加宽了网络架构。2017 年,基于上述研究成果,Huang 等[98] 设计了 DenseNet 网络架构：对每一网络层都单独添加一个指向其他网络层的恒等变换,这种设计使得模型更加稳定且收敛更快。另外,对抗生成网络(generative adversarial nets, GAN)[99] 和注意力机制[100] 等新颖的架构设计,也针对传统网络架构存在的问题或局限性提出了创新性设计。上述的网络架构设计模块见图 2 - 6。

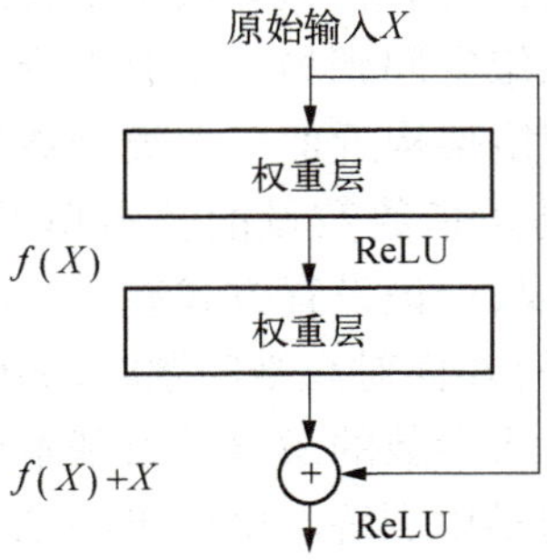

(a) Residual模块

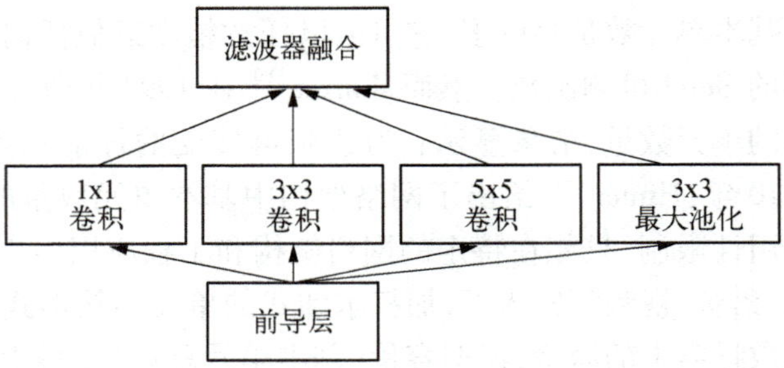

(b) Inception模块

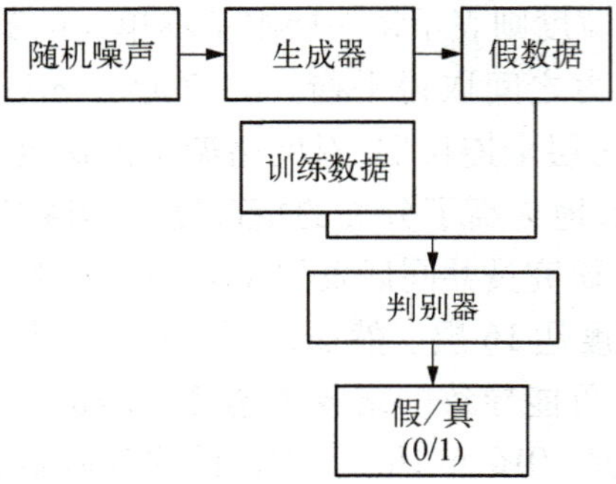

(c) 生成对抗式网络GAN

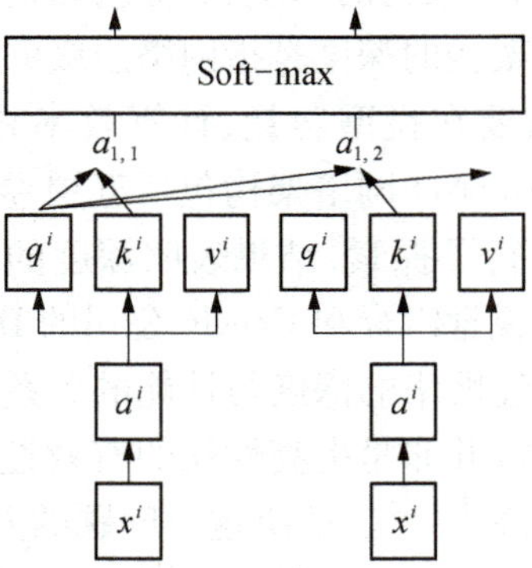

(d) 注意力机制

图 2-6 神经网络架构的设计模块

网络架构深度和宽度的发展,提升了基于数据驱动方法的发动机建模能力。Fentaye等[101]提出了一种基于模块化卷积网络的发动机建模方法,能够用于预测由于性能下降而导致的发动机性能变化,在需要时建立新的基线模型,并生成故障特征。Hong 等[102]基于深度学习网络架构构建了不同的发动机性能模型,用于预测发动机的排气温度,该架构下的模型具有更高的精度和鲁棒性。Mohammadreza 等[103]研究了飞行马赫数、飞行高度、燃料类型和进气温度对 F135-PW-100 发动机推力、推进效率等参数的影响,并基于深度网络架构构建了预测上述参数的智能模型。Dursun 等[104]则是通过深度网络架构构建了用于预测发动机在起飞阶段的排放参数的模型。Xiong 等[105]给出了一种将数据驱动与长短期记忆(long short-term memory, LSTM)模型相结合的深度学习方法,构建了用于发动机剩余寿命预测和发动机故障检测的隐式数字孪生模型,提高了发动机预测性维护的效果。

2) 物理知识嵌入网络

在传统神经网络架构设计下,借助大数据的支持,神经网络模型取得了显著的效果。然而,纯粹依赖数据驱动的神经网络模型在实际应用中,特别是在科学和工程领域,仍存在许多局限性。例如,通过这种方式构建的神经网络模型不够稳健,也缺乏可解释性,甚至可能违反物理约束或常识等[106-108]。为了解决在工程应用中,神经网络模型的准确性受到其架构和数据质量问题限制的情况,涌现了许多尝试将物理知识与神经网络模型相结合的方法[109]。这种方法是一种数据驱动和物理机制混合驱动的方法,也被称为物理知识嵌入网络方法。

根据物理知识对神经网络架构设计的约束强度对物理知识嵌入网络方法进行分类，有强约束物理知识的代数约束，以及弱约束的直观物理约束等。代数约束通过数学表达式等直接集成到神经网络架构中，例如，将可微分的物理公式直接作为神经网络中的网络层[110-113]，或是在目标函数中引入代数约束来设计网络架构[114-117]。此外，还有将物理模型用于评估神经网络模型性能[118, 119]的方法，来引入物理知识的。直观物理约束下的物理知识嵌入网络方法，是通过将建模对象的直观结构等作为先验知识，融入神经网络架构设计中，通过明确的物理信息对神经网络的输入层和隐含层等[120-122]进行设计指导。上述物理知识嵌入网络的方法，为神经网络在复杂工程领域的应用提供了更为可靠和可解释的解决方案。如图 2-7 所示，在面对工程应用问题时，将物理知识嵌入网络的架构设计中，不仅有助于提高模型的稳健性和可解释性，还能更好地符合实际问题的物理规律，从而更有效地应对挑战。

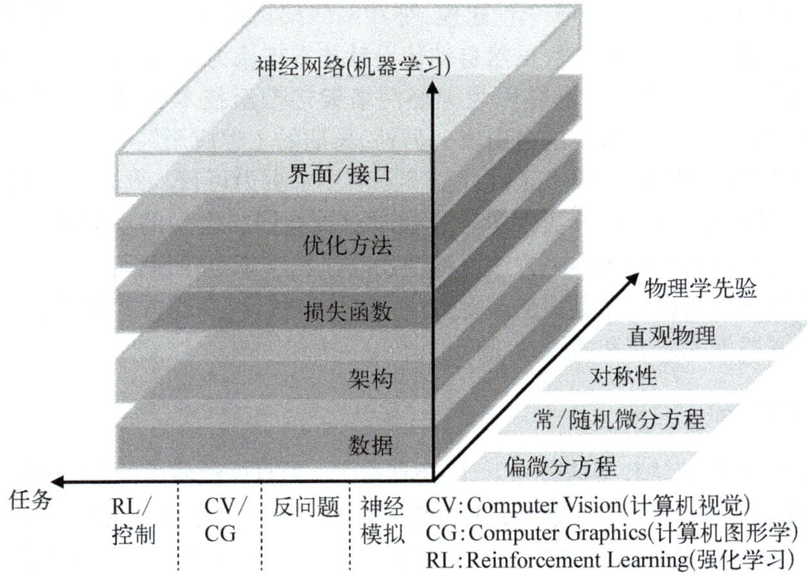

图 2-7　物理知识与神经网络模型的结合[109]

在航空发动机建模领域中，发动机物理机理模型是最常被嵌入网络模型的发动机物理知识[123]。Manuel 等[124]将发动机物理机理模型与深度学习算法相结合，利用物理机理模型对未观测到的参数进行推断，增强模型的输入空间以提高模型的表示能力，从而实现更准确地基于模型的发动机故障检测。发动机物理机理模型的输出还能与发动机传感器读数作为混合输入，用于构建基于物理信息的损失函数来训练网络模型，以消除模型的物理不一致性[125]。Li 等[126]将发动机的传感器关系表示为流程图，把发动机传感器相关的物理知识转换为可嵌入深度学习网络模型的向量，以此增强网络模型的输入空间，从而提升了模型预测发动机剩余使用寿命的精度和稳定性。此外，不同方法对发动机物理知识的表示和嵌入网络的方式有很大的不同，但主要是为学习算法提供来自物理知识的额外信息，在神经网络架构中集成物理约束以改变模型的可解释性和提升模型的推断能力[127]。

3）架构设计自动化

除了上述人工设计的神经网络架构外，为了获取适用于工业平台部署的高效紧凑的网络架构，神经网络架构搜索（neural architecture search, NAS）技术[128]应运而生。与多数搜索算法类似，神经网络架构搜索同样需要定义搜索空间，并通过搜索策略进行架构的搭建并评估，根据评估结果进行新轮次的搜索。2017 年，Baker 等[129]运用强化学习设计了神经网络架构，形成了在搜索空间中性能最优的神经网络模型。由于早期网络架构多为链式结构，搜索空间主要包含了网络的层数、网络的类型和相关的超参数。随着网络架构的拓宽带来的性能提升，网络架构搜索空间也进一步拓宽。此外，由于神经网络架构搜索与其他搜索问题本质相同，因此启发式的进化算法[130, 131]和基于梯度的优化方法[132, 133]也均被应用于设计神经网络架构，以期减少搜索次数获取最优神经网络架构。然而，由于网络架构的性能评估需要进行网络训练后才能进行，一次搜索结果就需要进行一次完整的神经网络训练，这使得计算资源成为研究神经网络架构搜索技术的门槛。

对于航空发动机的性能数字孪生建模，神经网络架构设计面临着自动化和人工设计两种主要方法的抉择。当前阶段，虽然自动化设计技术被认为是未来的发展方向，但人工设计仍然是主要的实践手段。这是因为神经网络架构搜索技术在硬件需求方面存在挑战，限制了研究者在想法转换上的自由度。另外，长期的工程应用经验积累为人工设计网络架构提供了宝贵的指导，使得人工设计在实际应用中更为可行。此外，航空发动机具有高度复杂的物理特性，因此在其数字孪生建模时对神经网络模型的稳健性和解释性提出了更高的要求，物理知识嵌入网络方法为航空发动机数字孪生建模提供了一种解决方案。然而，具体的网络架构设计需要根据航空发动机的物理知识表达方式和数据源特性进行调整，是一个需要深入研究和实践的难点。

二、神经网络算法

目前在神经网络算法和架构研究上，已经有一些成熟且广泛使用的算法及架构，下面将主要介绍在航空发动机数字孪生建模过程中常用的神经网络算法以及架构。这些算法和架构包括：多层感知器、循环神经网络、卷积神经网络、自编码器网络、生成对抗网络、注意力机制、Transformer 架构和物理信息神经网络（physics-informed neural network, PINN）架构。

1. 多层感知器

多层感知器是一种使用频率最多的神经网络，几乎所有新兴的神经网络算法或者架构都离不开多层感知器的计算原理。多层感知器的基本单元为“M－P 神经元模型”，如图 2－8 所示。M－P 神经元模型由 McCulloch 和 Pitts 在 1943 年提出，其模拟生物中神经元的“兴奋”原理：即在生物神经网络中，神经元和神经元相互连接，当一个神经元兴奋时，就会向其他相连的神经元发送化学物质，改变这些神经元内电位，当电位超过其兴奋阈值时，这些神经元也会兴奋起来，

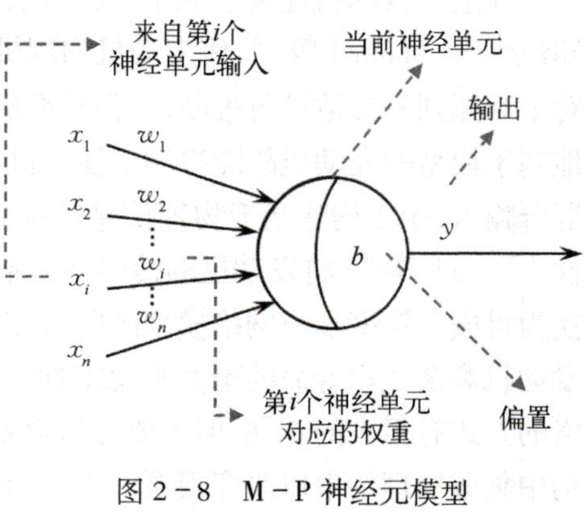

图 2－8　M－P 神经元模型

从而也向其相连神经元传递化学物质。

在图 2－8 所示的神经元模型中，其输出 y 和输入$[x_1, x_2, \cdots, x_i, x_n]$之间的计算公式为：$y = f\left(\sum_{i=1}^{n} w_i x_i + b\right)$。其中，$f$ 代表激活函数，常用的激活函数包括：Sigmoid 函数、tanh 函数、ReLU 函数等，其函数图像如图 2－9 所示。这些激活函数在其他神经网络算法和架构中也被普遍使用。

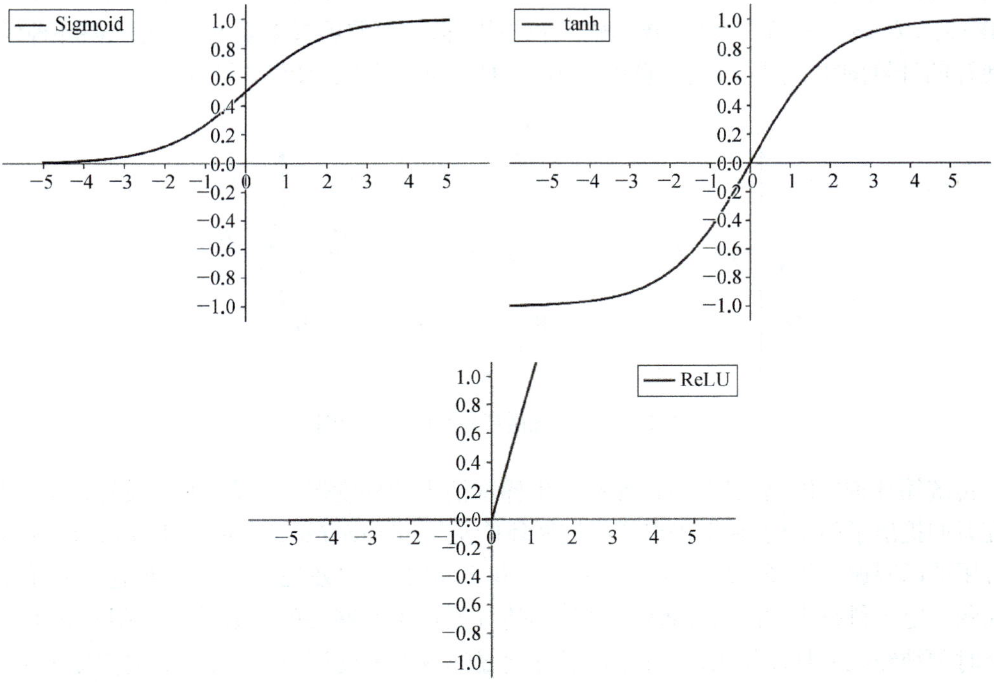

图 2－9　Sigmoid、tanh 和 ReLU 函数图像

多层感知器就是由多个上述的神经元按照一定的层次结构连接得到的。以包含两个隐含层的多层感知器为例，其结构如图 2－10 所示。

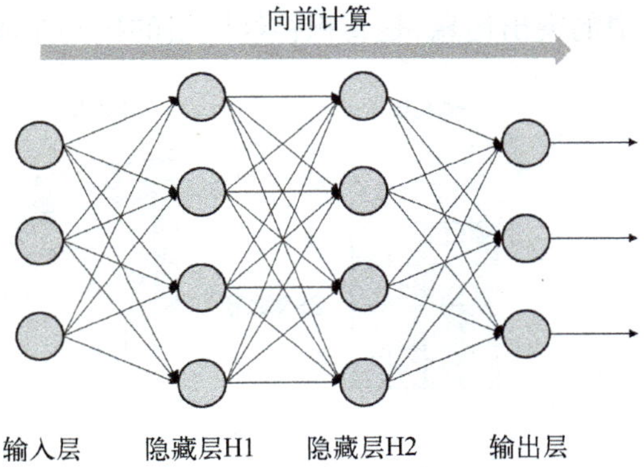

图 2－10　多层感知器结构图

通过增加多层感知器神经网络中的隐藏层层数，可以增加整个多层感知网络的层数，增加神经网络的可训练参数个数，提高神经网络模型的表达能力。多层感知器神经网络中，由于每层的神经元之间不存在信息传递，同时层与层之间的信息传递也是单方向向前的，因此这类神经网络也被称为“多层前馈神经网络”。

2. 循环神经网络(recurrent neural network, RNN)

在神经网络的应用中，大量的实际任务需要处理序列化数据，例如，语音合成、音乐生成、时间序列预测、视频分析等。在序列化数据中，数据的产生在时间维度上有着固定的先后顺序，相邻的数据都是相互联系的，并非相互独立。尽管标准的多层前馈神经网络具有强大的表达能力，但是其强烈依赖于样本独立性假设。如果每个样本都是独立生成的，那么使用多层前馈神经网络是没有问题的，但是在序列化数据中，样本并非相互独立。循环神经网络就是一类能够有效处理序列化数据的神经网络算法。与标准的多层前馈神经网络不同，循环神经网络可以计算动态历史长度的数据对当前时刻状态的影响。标准的循环神经网络结构如图 2－11 所示。针对 t 时刻神经元的计算，其更新公式为：$h_t = \sigma(\boldsymbol{W} \cdot x_t + \boldsymbol{U} \cdot h_{t-1} + b)$。其中，$\boldsymbol{W}$ 为输入权重矩阵，$\boldsymbol{U}$ 为循环权重矩阵，在传统循环神经网络展开的计算图中，不同时刻计算中的 $\boldsymbol{W}$ 和 $\boldsymbol{U}$ 相同，即“参数共享机制”。

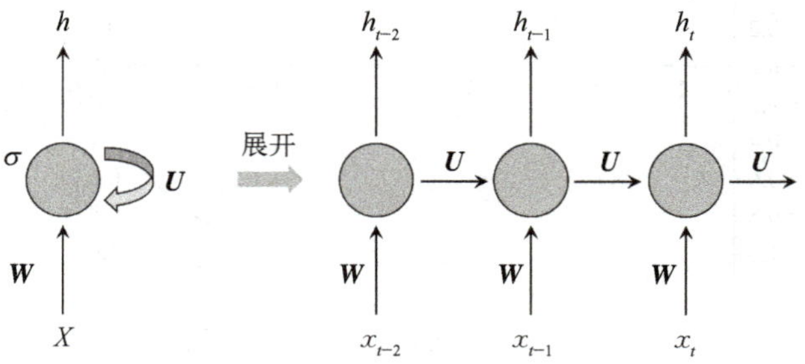

图 2－11　传统循环神经网络结构图

传统循环神经网络在训练时，容易发生梯度消失和梯度爆炸问题，为了缓解这类问题，研究者们提出了门结构，相继提出了门控循环单元（gated recurrent unit，GRU）和 LSTM 这两类常用的门限循环神经网络算法。尤其是 LSTM 算法，其有效地缓解了梯度消失和梯度爆炸问题。电子科技大学的研究者们[134]认为传统循环神经网络的参数共享机制不利于理解各个时刻神经元的具体作用，以及加剧了梯度爆炸或者梯度消失问题，因此他们提出了“独立循环神经网络（independently recurrent neural network，IndRNN）”结构，引入了哈达玛积算子，对循环权重的共享机制进行了改进，使各个时刻的神经元具有不同的循环权重。

3. 卷积神经网络

卷积神经网络是一种包含卷积计算，具有深度结构的前馈神经网络，其结构一般包含卷积层、池化层和全连接层，如图 2－12 所示。卷积层通过卷积核的卷积操作，提取数据中的突出信息，是卷积神经网络的核心步骤，具有局部感知、权值共享和平移不变性等特

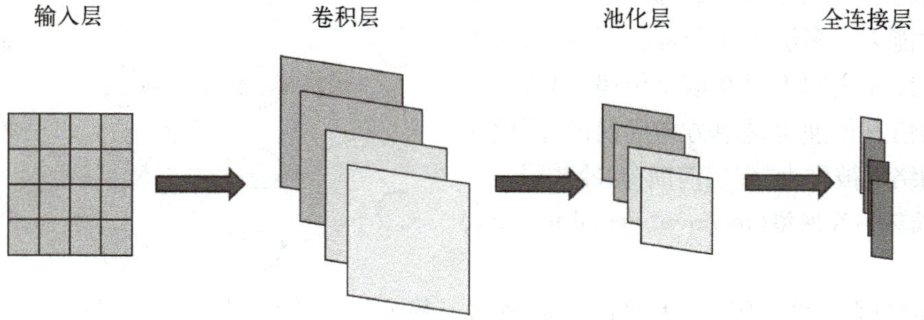

图 2－12　卷积神经网络结构图

点。经典的卷积神经网络架构包括 UNet、LeNet、AlexNet、ZFNet、GoogleNet、VGGNet 等。这些模型目前在图像识别、目标检测和定位、人脸识别等领域得到了广泛的应用。

卷积神经网络也可用于处理序列化数据，DeepMind 团队提出了一种基于空洞因果卷积式的语音生成模型 WaveNet，其也可被用于时间序列的预测。Bai 等[135]提出了一种时间卷积网络（temporal convolutional network, TCN），利用因果卷积和空洞卷积，以及残差卷积的跳越连接，它可以适应时序数据的有序性，并可以提供更加宽广的时域感受野用于时序建模。Liu 等[136]提出了一种样本卷积与交互网络（sample convolution and interaction network, SCINet），也可用于时间序列建模。

4. 自编码器网络

自编码器（autoencoder, AE）网络在 1987 年被 LeCun 第一次提出，其架构中包含两个部分：基于神经网络的编码器（encoder）和解码器（decoder），如图 2－13 所示。自编码器网络最初的应用目标是特征降维和特征学习，其输入层和输出层节点数保持一致，目标是对输入进行重构，即最小化输出和输入之间的差异，属于无监督学习。在自编码器网络架构的基础上，一些变形的自编码器网络被提出，常用的包括：降噪自编码器（denoising autoencoder, DAE），稀疏自编码器（sparse autoencoder, SAE），卷积自编码器（convolutional autoencoder, C－AE），收缩自编码器（contractive autoencoder, CAE）和变分自编码器（variational autoencoder, VAE）等。

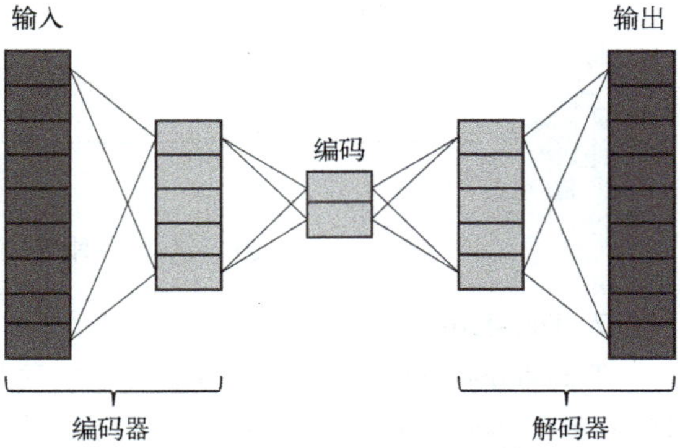

图 2－13　自编码器网络架构

5. 生成对抗网络

生成对抗网络（generative adversarial network, GAN）是一种无监督学习方法，其通过两个神经网络的相互博弈的方式进行学习，该方法由 Ian Goodfellow 在 2014 年提出。生成对抗网络由一个生成网络与一个判别网络组成。生成网络从潜在空间中随机取样作为输入，其输出结果需要尽量模仿训练集中的真实样本。判别网络的输入则为真实样本或生成网络的输出，其目的是将生成网络的输出从真实样本中尽可能分辨出来。而生成网络则要尽可能地欺骗判别网络。两个网络相互对抗、不断调整参数，最终目的是使判别网络无法判断生成网络的输出结果是否真实。目前常用的生成对抗网络架构包括：深度卷积生成对抗网络（deep convolutional GAN, DCGAN）、具有梯度惩罚的 Wasserstein GAN、Loss－Sensitive GAN 等。这些网络架构被应用于 3D 对象生成、医学、流行病、图像处理、人脸识别、纹理传输和流量控制等领域。生成式对抗网络架构也可用于序列化建模：Mogren[137]提出了一种 C－RNN－GAN 架构，可用于音乐的生成；Lin 等[138]提出了一种 RankGAN 架构，可用于自然语言处理；北京大学的 Yan 等[139]提出了一种序列化 GAN，可用于文本生成；等等。

6. 注意力机制

注意力机制是深度学习领域非常重要的一种架构，注意力机制的设计灵感来源于人类的思维模式，即在处理大量信息时会倾向于专注其中特征突出的部分，一种统一的注意力机制架构如图 2－14 所示。注意力机制可以有效地提取数据中的显著信息，根据输入数据中各部分的不同重要程度而分配不同的权重，使整个模型更准确地从全局中提取重点。Bahdanau 等[140]提出了一种注意力模型 RNNsearch，第一次将注意力机制应用于机器翻译领域。Luong 等[141]提出了一种计算成本较低的点积注意力机制，在机器翻译任务中也有较好的表现。Vaswani 等[142]通过增加比例因子，提出了一种缩放点积注意力机制，以及自注意力机制。Zhou 等[143]在自注意力机制的基础上，提出了一种 ProbSparse 自注意力机制。目前注意力机制在深度学习建模中被广泛使用，特别是深度学习大模型。

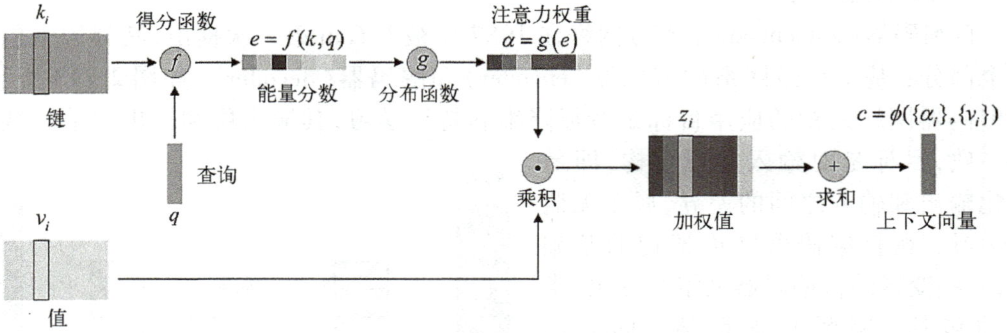

图 2－14　一种统一的注意力机制架构

7. Transformer 架构

Transformer 架构是一种采用多头自注意力机制的深度学习模型，与循环神经网络一样，Transformer 架构旨在处理序列化数据，可应用于翻译、文本摘要等任务。而与循环神经网络不同的是，Transformer 能够一次性处理所有输入数据。注意力机制可以为输入序列中的任意位置提供上下文。如果输入数据是自然语言，则 Transformer 不必像循环神经网络一样一次只处理一个单词，这种架构允许更多的并行计算，并以此减少训练时间。Transformer 架构使用编码器-解码器架构，编码器由逐层迭代处理输入的编码层组成，而解码器则由对编码器的输出执行相同操作的解码层组成，其模型架构如图 2－15 所示。在 Transformer 架构的基础上，一些变形架构被提出，例如，用于长时间序列预测的自相关分解变换器（decomposition transformers with auto-correlation，Autoformer）架构和采用 ProbSparse 自注意力机制的 Informer 架构。目前，基于 Transformer 架构的深度学习大模型已经被广泛应用于人机交互、图像生成、视频生成、机器翻译、智能驾驶等领域。

8. PINN 架构

上述的各种神经网络算法和架构，都是数据驱动的深度学习方法，训练过程需要大量的数据样本；而内嵌 PINN 是一种可以不需要训练数据样本，或者能在稀疏数据样本下完成模型训练的深度学习架构。PINN 将一般物理定律的先验知识以正则化的方式用于神经网络训练以限制解空间的大小，通过将先验信息嵌入神经网络，不仅增强了可用数据的信息利用，使得算法能够学习到正确的解，并且也能在训练样本数量较少的情况下提升模型的泛化性能。PINN 的典型用途是求解偏微分方程，大多数系统动力学的物理定律都可以用偏微分方程来描述，如 Navier-Stokes 方程。PINN 在神经网络训练过程中利用了物理

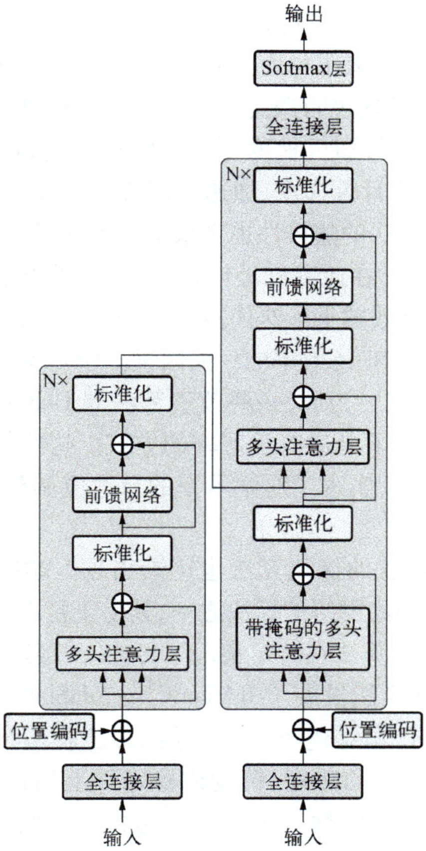

图 2－15　Transformer 架构

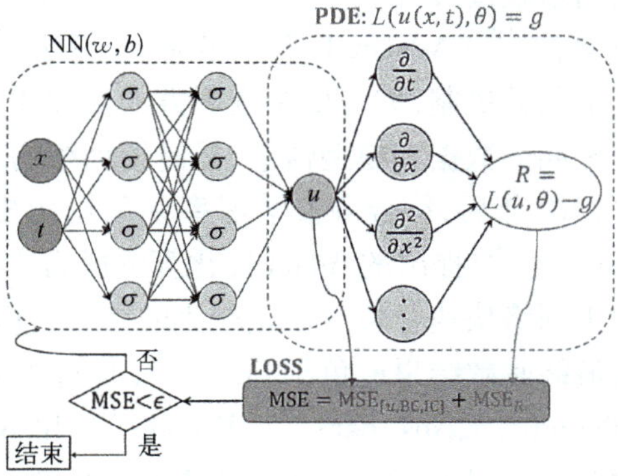

图 2－16　PINN 架构

控制方程，将控制方程融入损失函数之中，其一般架构如图 2－16 所示。神经网络的输入为偏微分方程的自变量 $(x,\ t)$，输出为待求解的偏微分方程在自变量 $(x,\ t)$ 处的函数值 $u(x,\ t)$，由于神经网络训练时正确的 $u(x,\ t)$ 是未知的，为了使得神经网络输出的 $u(x,\ t)$ 正确，在训练时将 $u(x,\ t)$ 满足的偏微分方程的残差作为迭代误差目标即 $R = L(u,\ \theta) - g$，迭代训练神经网络直至误差满足精度要求，神经网络即实现了在没有标签数据的情况下对物理控制方程的学习，使神经网络嵌入了物理知识。PINN 架构的神经网络部分，可以基于多层感知器、循环神经网络、卷积神经网络等进行自由化设计。目前，PINN 在计算流体力学、天气建模等领域得到了广泛关注。

三、神经网络训练

神经网络训练技术旨在提高神经网络在复杂问题中的性能、稳定性和泛化能力。通过网络优化算法，能够更好地调整基本单元数值，提高神经网络模型的性能，并使模型在处理各种实际应用场景时更具适应性。

梯度下降(gradient descent, GD)算法是一种用于最优化问题的迭代优化方法。在神经网络中，它被应用于调整网络基本单元以最小化损失函数。该算法的核心思想是通过计算损失函数关于基本单元的梯度，然后沿着梯度的反方向更新，以减小损失值。这一过程不断迭代,直到达到损失函数的局部最小值或收敛到一个可接受的量级。梯度下降算法的两个主要组成要素是迭代方向和迭代步长,分别代表了梯度方向和参数更新的幅度。

为了提高训练神经网络的效率,人们对梯度下降算法的迭代方向和迭代步长进行了改进,形成了一系列新的优化算法。在迭代方向方面,随机梯度下降(stochastic gradient descent, SGD)算法[144]通过随机选取部分训练数据集计算梯度,加速了训练的收敛,尤其适用于在大规模数据上训练大型模型。然而,SGD 算法的随机性也带来了一定的局限性,因此一些改进方法如动量法[145]和 Momentum 算法[146]在此基础上应运而生,该类方法通过增加动量项以代表梯度的下降速度累计量,从而有效减小了迭代振荡,加速了训练。

迭代步长,即神经网络训练中的学习率,也是影响训练效率的一大因素。学习率过小导致网络收敛缓慢,过大可能使迭代跳过全局最优点。为此,一些改进算法如 Delta-bar-delta 算法[147]、AdaGrad[148]、RMSProp 算法[149]等提出了自适应学习率的方式。这些算法通过不同的机制,如历史梯度平方的加权平移平均等,实现了对学习率的自适应调整,以适应不同的数据和模型情景,提高了训练的效果。

2010 年后,综合调整学习率并采用历史梯度信息的优化算法也逐渐出现。2014 年 Kingma 等[150]提出的 Adam 优化算法成为主流训练神经网络的算法之一,其易于精细调整有助于网络快速收敛至误差较小的结果。由于 Adam 算法在特定情况下可能不收敛[151],或是最终收敛结果逊色于 SGD[152],人们基于 Adam 算法发展了 RAdam[153]、AdaShift[154]、AdaBound[155]、NosAdam[156]、EAdam[157]和 AdaBelief[158]等优秀算法。然而,工程应用表明,相较于 Adam 算法,衍生算法并未体现出特别明显的速度、精度或稳定性上的优势。为了对神经网络训练过程加速,且保证收敛的精度和稳定性,Zeng 等[159]考虑了前期训练使用 Adam 算法,后期训练切换至 SGD 的策略。Xu 等[160]、Loshchilov 等[161]选择在 SGD 算法中加入对学习率的重启策略,让模型训练速度追上 Adam,同时保留 SGD 的泛化能力。上述策略的关键在于学习率的设置,考虑到 Adam 算法自适应学习率的优势,以及 SGD 算法在固定学习率下的鲁棒性,因而出现了周期性调整学习率的方法[162]。

基于梯度下降算法及其衍生的优化算法,其本质属于一阶算法。相比之下,牛顿法则是一种高阶算法,通过使用海塞矩阵计算参数的二阶偏导,能有效地搜索迭代方向,在收敛速度上快于一阶算法。然而,牛顿法在处理大规模神经网络模型时面临着计算量急剧增加的问题。为解决这一问题,许多高阶算法集中于对海塞矩阵及其逆矩阵近似处理,其中包括拟牛顿法[163]、共轭梯度算法[164]、自然梯度下降法[165]、K－FAC 算法[166]、Levenberg－Marquardt(L－M)算法[167]等。相较于一阶的梯度下降算法,高阶或近似高阶算法在收敛速度上具有一定优势,但需要更多的计算内存,主要用于训练小规模的神经网络。此外,高阶算法一般应用于凸优化问题,而神经网络模型通常不符合此类问题的特性。因此,在选择神经网络优化算法时,需要权衡不同算法的收敛精度和计算消耗,结合具体问题和数据特征,以实现神经网络的高效训练。

神经网络在数字孪生建模中发挥了关键作用,而神经网络优化技术对神经网络的训练和性能提升起到至关重要的作用。在数字孪生建模中,神经网络优化技术通过调整神经网络的参数,对神经网络的性能进行优化。这包括了梯度下降算法、自适应算法(如 Adam、RMSProp 等)以及其他高阶优化算法等。这些技术的应用使得神经网络能够更好地适应工程系统的动态特性和复杂性,提高了数字孪生建模的准确性和泛化性。

第五节　本 章 小 结

综上所述,可以看出当前构建性能数字孪生模型的方法主要为数据驱动、数据与物理机理混合驱动的方法(简称混合驱动方法)。数据驱动方法直接使用成熟的人工智能算法架构,对海量数据进行组织、整合和提炼,形成模型。数据驱动方法在构建航空发动机性能数字孪生模型时具有简单快速的优势,但在以下方面存在一些限制:首先,航空发动机热力学工作过程涉及复杂的非线性特性和物理规律,而仅依赖数据驱动方法可能很难准确捕捉这些特性;其次,数据驱动方法通常对大规模、高维度的数据敏感,而在航空发动机领域,一次性获取足够丰富的数据面临巨大挑战,尤其是一次性获取全生命周期和覆盖工况范围的航空发动机数据难度极大;最后,对于需要在飞行和维护中确保高度安全性和可解释性的工程应用场景,纯粹的数据驱动方法很难满足高安全性和可解释性的要求。

对于航空发动机性能数字孪生建模,数据与物理机理混合驱动方法又可分为模型驱动和物理知识嵌入网络两类方式。模型驱动是指通过人工智能技术来完善历史和实时数据对发动机物理模型影响的方法,人工智能技术使得物理模型更加准确,越来越逼近于真实物理过程。但针对模型驱动方法建立发动机性能数字孪生模型,其核心是建立高维度、宽工况、全生命周期下的航空发动机物理模型。受限于气路、滑油、附件一体化物理模型的发展进程,这类物理模型需要投入大量的人力物力。

物理知识嵌入网络方法是指在人工智能算法架构,特别是神经网络架构中引入先验的物理知识,以提高模型的性能和解释性。该方法避开了物理建模的人为因素,将航空发动机物理知识融入人工神经网络架构设计,具备可解释性。本书以物理知识嵌入网络方法进行航空发动机性能数字孪生建模的介绍。

习　题

2.1　航空发动机数字孪生建模应关心哪些维度?装配信息应该如何融入?

2.2　数据驱动和数据物理机理混合驱动的核心区别是什么?

2.3　如图 1 所示为 M－P 神经元模型,其输出 y 和输入 $[x_1, x_2, \cdots, x_i, x_n]$ 之间的计算公式为:$y = f\left(\sum_{i=1}^{n} w_i x_i + b\right)$。其中,$f$ 代表激活函数。假设采用 Sigmoid 函数,请针对 5 层感知器推导出第一层的反向传播公式。

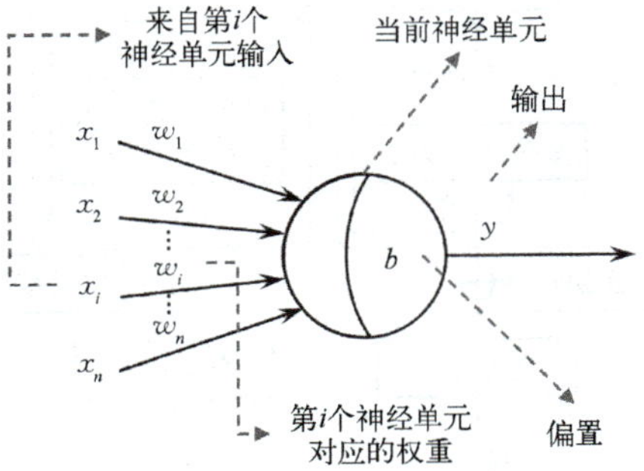

图 1　M－P 神经元模型

2.4 图 2 为 PINN 架构，如果约束方程为航空发动机部件模型，请设计模型融入方法并推导算法流程。

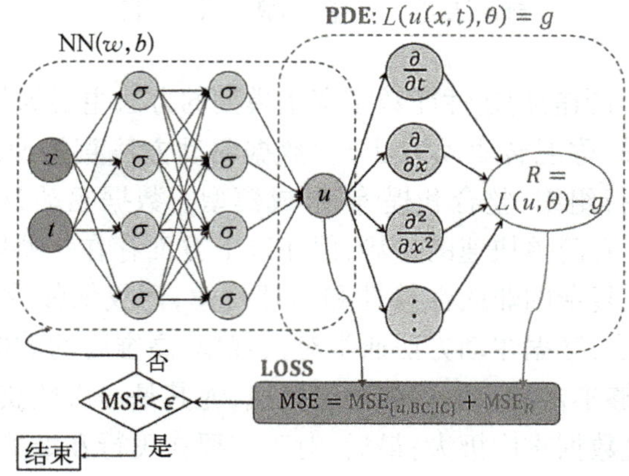

图 2 PINN 架构

2.5 图 3 为 Transformer 架构，该架构完全没有融入物理知识。请设计一个航空发动机结构信息模型融入该架构。

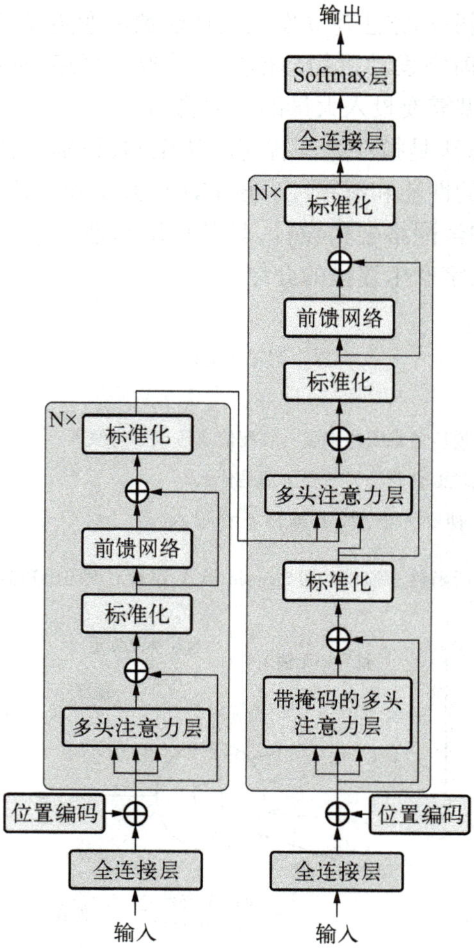

图 3 Transformer 架构

2.6　传统循环神经网络在训练时，容易发生梯度消失和梯度爆炸问题，为了缓解这类问题，研究者们提出了门结构，相继提出了 GRU 和 LSTM 这两类门限循环神经网络算法。假设航空发动机试验数据测试间隔为 10 ms，以 1 h 试验数据训练，请说明针对航空发动机试验数据建模，该两类门限循环神经网络还会发生梯度爆炸吗？并说明理由。

2.7　标准的循环神经网络结构中，针对 t 时刻神经元的计算，其更新公式为：$h_t = \sigma(\boldsymbol{W} \cdot x_t + \boldsymbol{U} \cdot h_{t-1} + b)$。其中，$\boldsymbol{W}$ 为输入权重矩阵，$\boldsymbol{U}$ 为循环权重矩阵。不同时刻计算中的 $\boldsymbol{W}$ 和 $\boldsymbol{U}$ 是否相同？请给出如此设计带来的影响，以公式推导验证给出说明。

2.8　数据驱动进行航空发动机数字孪生建模的优势和劣势在哪儿？

2.9　基于模型的系统工程(model-based systems engineering，MBSE)在航空发动机数字孪生建模过程中如何实现？

2.10　航空发动机整机数字孪生建模能否以机理模型为主？请详细说明理由。

参考文献

[1] Mohammed M, Abdulrahman A A, Bashir S, et al. Requirements of the smart factory system: A survey and perspective[J]. Machines, 2018, 6(2): 23.

[2] Qi Q L, Tao F. Digital twin and big data towards smart manufacturing and industry 4.0: 360 degree comparison[J]. IEEE Access, 2018, 6: 3585-3593.

[3] 闫卉，罗欣伟，赵天翊.大型企业数字化转型问题思考及建议——基于 GE 数字化转型案例[J].中国市场，2021，2：183-185.

[4] Moritz G, Chantal S, Li Y, et al. Modeling and implementation of a digital twin of material flows based on physics simulation[J]. Journal of Manufacturing Systems, 2021, 58: 231-245.

[5] Xiong M, Wang H. Digital twin applications in aviation industry: A review[J]. The International Journal of Advanced Manufacturing Technology, 2022, 121(9-10): 5677-5692.

[6] Adhikari M S, Thakur N, Malik P K. Data analytics for smart grids applications—a key to smart city development: Advanced digital twin technology: Opportunity and challenges[M]. Berlin: Springer, 2023.

[7] Tang H, Zhang H. Artificial intelligence and security: Study on IoT big data direction in civil aviation[C]. Artificial Intelligence and Security: 8th International Conference, Qinghai, 2022.

[8] Ullah M A, Yastrebova A, Mikhaylov K, et al. Situational awareness for autonomous ships in the arctic: mMTC direct-to-satellite connectivity[J]. IEEE Communications Magazine, 2022, 60(6): 32-38.

[9] Grieves M W. Product lifecycle management: The new paradigm for enterprises[J]. International Journal of Product Development, 2005, 2(1-2): 71-84.

[10] Grieves M W. Product lifecycle management: Driving the next generation of lean thinking[M]. New York: McGraw-Hill Companies, 2006.

[11] Shafto M, Conroy M, Doyle R, et al. DRAFT modeling, simulation, information technology and processing roadmap aera 11[R]. Washington, DC: NASA, 2010.

[12] 刘芳，刘琪，黄美晨，等.数字孪生：跨界赋能于多领域智能的新应用[J].计算机系统应用，2023，32(8)：31-41.

[13] 陶飞，刘蔚然，张萌，等.数字孪生五维模型及十大领域应用[J].计算机集成制造系统，2019，25(1)：1-18.

[14] Tao F, Xiao B, Qi Q, et al. Digital twin modeling[J]. Journal of Manufacturing Systems, 2022, 64: 372-389.

[15] 高静轩.俄罗斯燃气涡轮发动机数字孪生进展[J].航空发动机，2023，49(5)：83-88.

[16] Li L, Aslam S, Wileman A, et al. Digital twin in aerospace industry: A gentle introduction[J]. IEEE Access, 2022, 10: 9543-9562.

[17] Singh V, Hari S K S, Tsai T, et al. Simulation driven design and test for safety of AI based autonomous vehicles[C].

2021 IEEE/CVF Conference on Computer Vision and Pattern Recognition Workshops (CVPRW), Nashville, 2021.

[18] Aliramezani M, Koch C R, Shahbakhti M. Modeling, diagnostics, optimization, and control of internal combustion engines via modern machine learning techniques: A review and future directions [J]. Progress in Energy and Combustion Science, 2022, 88: 100967.

[19] Department of Defense. Digital engineering strategy[R]. Washington, DC: Office of the Deputy Assistant Secretary of Defense for Systems Engineering, 2018.

[20] 王乐,周军,崔艳林.数字孪生在航空发动机领域的应用分析[J].航空动力,2020,5: 63-66.

[21] Keskin A, Fox R. The road to a digital twin for fan-blade off and thermally enabled structural analyses of aero engines [C]. Proceedings of the ASME Turbo Expo 2022: Turbomachinery Technical Conference and Exposition, Rotterdam, 2022.

[22] Nagel B, Böhnke D, Gollnick V, et al. Communication in aircraft design: Can we establish a common language[C]. 28th International Congress of the Aeronautical Sciences, Brisbane, 2012.

[23] Reitenbach S, Vieweg M, Becker R, et al. Collaborative aircraft engine preliminary design using a virtual engine platform, Part A: Architecture and methodology[C]. AIAA Scitech 2020 Forum, Orlando, 2020.

[24] Reitenbach S, Vieweg M, Becker R, et al. Collaborative aircraft engine preliminary design using a virtual engine platform, Part B: Application[C]. AIAA Scitech 2020 Forum, Orlando, 2020.

[25] De Giorgi M G, Campilongo S, Ficarella A. A diagnostics tool for aero-engines health monitoring using machine learning technique[J]. Energy Procedia, 2018, 148: 860-867.

[26] Zhang Y, Xin Y, Liu Z W, et al. Health status assessment and remaining useful life prediction of aero-engine based on BiGRU and MMoE[J]. Reliability Engineering and System Safety, 2022, 220: 108263.

[27] Toothman M, Braun B, Bury S J, et al. A digital twin framework for prognostics and health management[J]. Computers in Industry, 2023, 150: 103948.

[28] Ritto T G, Rochinha F A. Digital twin, physics-based model, and machine learning applied to damage detection in structures[J]. Mechanical Systems and Signal Processing, 2021, 155: 107614.

[29] 江天牧,张晓博,王占学.STOVL 推进系统模式转换过程建模及分析[J].航空动力学报,2023,38(6): 1403-1413.

[30] 张明阳,周莉,王占学,等.外并联式 TBCC 发动机模态转换性能模拟与分析[J].推进技术,2018,39(11): 2429-2437.

[31] 张紫煜,张晓博,周莉,等.考虑污染物排放的开式转子发动机总体性能建模及分析研究[J].推进技术,2024,45(3): 41-52.

[32] Hao W, Wang Z, Zhang X, et al. Acceleration technique for global optimization of a variable cycle engine [J]. Aerospace Science and Technology, 2022, 129: 107792.

[33] Kurzke J. Effects of inlet flow distortion on the performance of aircraft gas turbines [J]. Journal of Engineering for Gas Turbines and Power, 2008, 130(4): 1-7.

[34] Vieweg M, Wolters F, Becker R G. Comparison of a heat soakage model with turbofan transient engine data [C]. ASME Turbo Expo 2017: Turbomachinery Technical Conference and Exposition, Charlotte, 2017.

[35] Nielsen A E, Moll C W, Staudacher S. Modeling and validation of the thermal effects on gas turbine transients[J]. Journal of Engineering for Gas Turbines and Power, 2005, 127(3): 564-572.

[36] Orlov M Y, Lukachey S V, Anisimov V M. Investigation of the effect of the non-uniform flow distribution after compressor of gas turbine engine on inlet parameters of the turbine[C]. IOP Conference Series: Materials Science and Engineering, Samara, 2018.

[37] Teixeira M, Romagnosi L, Mezine M. A methodology for fully-coupled CFD engine simulations, applied to a micro gas turbine engine[C]. ASME Turbo Expo 2018: Turbomachinery Technical Conference and Exposition, New York, 2018.

[38] Turner M. Lessons learned from the GE90 3-D full engine simulations [C]. 48th AIAA Aerospace Sciences Meeting Including the New Horizons Forum and Aerospace Exposition, Orlando, 2010.

[39] 曹建国.航空发动机仿真技术研究现状、挑战和展望[J].推进技术,2018,39(5):961-970.

[40] 曹建国.数字化转型下航空发动机仿真技术发展机遇及应用展望[J].系统仿真学报,2023,35(1):1-10.

[41] Legrenzi P, Kannany K V, Paggz G J. Simple and robust framework for coupled aerothermal gas turbine simulation using low-Mach and compressible industrial CFD solvers [C]. 54th AIAA Aerospace Sciences Meeting, San Diego, 2016.

[42] Wang F. Whole aero-engine meshing and CFD simulation[D]. London: Imperial College, 2013.

[43] Pinto R N, Afzal A, D'Souza L V, et al. Computational fluid dynamics in turbomachinery: A review of state of the art [J]. Archives of Computational Methods in Engineering, 2017, 24(3): 467-479.

[44] Pachidis V A, Pilidis P, Alexander T, et al. Advanced performance simulation of a turbofan engine intake[J]. Journal of Propulsion and Power, 2006, 22(1): 201-205.

[45] Follen G. Numerical zooming between a NPSS engine system simulation and a one-dimensional high compressor analysis code[R]. NASA/TM-2000-209913, 2000.

[46] Xu Y, Yan C, Piao Y. Analysis of discrepancies between 3-D coupled and uncoupled schemes based on CFD in full engine simulation[J]. Aerospace Science and Technology, 2022, 131: 107978.

[47] Xu Z, Tang H, Cong J, et al. An efficient multi-fidelity simulation method for adaptive cycle engine ejector nozzle performance evaluation[J]. Aerospace Science and Technology, 2022, 124: 107568.

[48] Rode U. Digital twin - analytic engine for the digital power plant[J]. VGB PowerTech, 2018, 98(3): 69-74.

[49] Torella G, Gamma F, Plamesano G. Neural networks for the study of gas turbine engines air system[C]. International Gas Turbine Congress, Tokyo, 2003.

[50] Badihi H, Shahriari A, Naghsh A. Artificial neural network application to fuel flow function for demanded jet engine performance[C]. Proceedings of IEEE Aerospace Conference, Big Sky, 2009.

[51] 周奎.神经网络在燃气轮机建模仿真和性能监测中的应用[D].北京:清华大学,2017.

[52] Wang Q, Wu K Y, Zhang T, et al. Aerodynamic modeling and parameter estimation from QAR data of an airplane approaching a high-altitude airport[J]. Chinese Journal of Aeronautics, 2012, 25(3): 361-371.

[53] Li R, Pan S, Fang H, et al. Fault prediction technology of civil aircraft based on QAR data[C]. 2017 International Conference on Sensing, Diagnostics, Prognostics, and Control (SDPC), Shanghai, 2017.

[54] Luo W, Wu Z, Chen C. An aircraft fuel flow model of cruise phase based on LSTM and QAR data[C]. 13th International Symposium on Computational Intelligence and Design (ISCID), Hangzhou, 2020.

[55] Ren L H, Ye Z F, Zhu Y, et al. Aero-engine on-board model based on big quick access recorder data[J]. Proceedings of the Institution of Mechanical Engineers, Part G: Journal of Aerospace Engineering, 2023, 237(4): 824-834.

[56] 张士强.基于深度学习的故障诊断技术研究[D].哈尔滨:哈尔滨工业大学,2018.

[57] Ji W Q, Jian C, Yi C. Remaining useful life prediction for mechanical equipment based on temporal convolutional network [C]. 14th IEEE International Conference on Electronic Measurement & Instruments (ICEMI), Changsha, 2019.

[58] 谢晓龙.航空发动机性能评价与衰退预测方法研究[D].哈尔滨:哈尔滨工业大学,2016.

[59] 王月.基于孪生神经网络的航空发动机故障诊断方法[D].哈尔滨:哈尔滨工业大学,2021.

[60] 雷达.基于智能学习模型的民航发动机健康状态预测研究[D].哈尔滨:哈尔滨工业大学,2013.

[61] Rotaru C, Edu R L, Andres-Mihaila M, et al. Applications of multivariable control techniques to aircraft gas turbine engines[J]. Review of the Air Force Academy, 2014(2): 45 - 50.

[62] Luppold R H, Roman J R, Gallops G W, et al. Estimating in-flight engine performance variations using Kalman filter concepts[C]. 25th Joint Propulsion Conference, Monterey, 2013.

[63] Antoniou C, Ben-Akiva M, Koutsopoulos H N. Nonlinear Kalman filtering algorithms for on-line calibration of dynamic traffic assignment models[J]. IEEE Transactions on Intelligent Transportation Systems, 2007, 8(4): 661 - 670.

[64] Hsieh C S. General two-stage extended Kalman filters[J]. IEEE Transactions on Automatic Control, 2003, 48(2): 289 - 293.

[65] Zhe D, Zheng Y. A novel extended Kalman filter for a class of nonlinear systems[J]. Progress in Natural Science: Materials International, 2006, 9: 912 - 918.

[66] Kobayashi T, Simon D L, Litt J S. Application of a constant gain extended Kalman filter for in-flight estimation of aircraft engine performance parameters[C]. ASME Turbo Expo 2005: Power for Land, Sea, and Air, Cleveland, 2005.

[67] 刘小勇,樊思齐.自适应卡尔曼滤波在航空发动机参数估计中的应用[J].航空动力学报,1995,3: 101 - 103.

[68] 黄辉先,任科明,李燕,等.基于渐消卡尔曼滤波算法的航空发动机参数估计方法[J].计算机应用,2013,33(10): 2993 - 2995.

[69] 张书刚.民用涡扇发动机在线健康诊断关键技术研究[D].西安: 西北工业大学,2014.

[70] Volponi A, Simon D L. Enhanced self tuning on-board real-time model (eSTORM) for aircraft engine performance health tracking[R]. NASA/CR-2008 - 215272, 2008.

[71] Brotherton T, Volponi A, Luppold R, et al. eSTORM: Enhanced self tuning on-board real-time engine model[C]. 2003 IEEE Aerospace Conference Proceedings, Big Sky, 2003.

[72] Xu M, Wang J, Liu J, et al. An improved hybrid modeling method based on extreme learning machine for gas turbine engine[J]. Aerospace Science and Technology, 2020, 107: 1 - 13.

[73] Rumelhart D E, Hinton G E, Williams R J. Learning representations by back-propagating errors[J]. Nature, 1986, 323: 533 - 536.

[74] Mohammmad U F, Almekkawy M. Automated detection of liver steatosis in ultrasound images using convolutional neural networks[J]. The Journal of the Acoustical Society of America, 2021, 149(4): 114 - 115.

[75] Hinton G, Deng L, Yu D, et al. Deep neural networks for acoustic modeling in speech recognition: The shared views of four research groups[J]. IEEE Signal Processing Magazine, 2012, 29(6): 82 - 97.

[76] Sermanet P, Kavukcuoglu K, Chintala S, et al. Pedestrian detection with unsupervised multi-stage feature learning[C]. 2013 IEEE Conference on Computer Vision and Pattern Recognition, Portland, 2013.

[77] Couprie C, Farabet C, Najman L, et al. Indoor semantic segmentation using depth information[DB/OL]. https://arxiv.org/abs/1301.3572 [2023 - 12 - 20].

[78] Hornik K M, Stinchcomb M, White H. Multilayer feedforward networks are universal approximator[J]. Neural Networks, 1989, 2(5): 359 - 366.

[79] Cybenko G. Approximation by superpositions of a sigmoidal function[J]. Mathematics of Control, Signals and Systems, 1989, 2(4): 303 - 314.

[80] Barron A R. Universal approximation bounds for superpositions of a sigmoidal function[J]. IEEE Transactions on Information Theory, 1993, 39(3): 930 - 945.

[81] Hinton G. A practical guide to training restricted Boltzmann machines[J]. Momentum, 2010, 9(1): 926 - 947.

[82]　Krizhevsky A, Sutskever I, Hinton G E. ImageNet classification with deep convolutional neural networks [J]. Communications of the ACM, 2017, 60(6): 84-90.

[83]　Karen S, Andrew Z. Very deep convolutional networks for large-scale image recognition [DB/OL]. https://arxiv.org/abs/arXiv: 1409.1556 [2023-12-20].

[84]　He K, Sun J. Convolutional neural networks at constrained time cost [C]. 2015 IEEE Conference on Computer Vision and Pattern Recognition (CVPR), Boston, 2015.

[85]　Srivastava R K, Greff K, Jürgen S. Highway networks [DB/OL]. https://arxiv.org/abs/1505.00387 [2023-12-20].

[86]　He K, Zhang X, Ren S, et al. Deep residual learning for image recognition [C]. 2016 IEEE Conference on Computer Vision and Pattern Recognition (CVPR), Las Vegas, 2016.

[87]　Orhan A E, Pitkow X. Skip connections eliminate singularities [DB/OL]. https://arxiv.org/abs/1701.09175 [2023-12-20].

[88]　Xie S, Girshick R, Dollár P, et al. Aggregated residual transformations for deep neural networks [C]. 2017 IEEE Conference on Computer Vision and Pattern Recognition (CVPR), Honolulu, 2016.

[89]　Zagoruyko S, Komodakis N. Wide residual networks [DB/OL]. https://arxiv.org/abs/1605.07146v1 [2023-12-20].

[90]　Zhang K, Sun M, Han X, et al. Residual networks of residual networks: Multilevel residual networks [J]. IEEE Transactions on Circuits and Systems for Video Technology, 2018, 28(6): 1303-1314.

[91]　Szegedy C. Going deeper with convolutions [C]. 2015 IEEE Conference on Computer Vision and Pattern Recognition (CVPR), Boston, 2015.

[92]　Lin M, Chen Q, Yan S. Network in network [DB/OL]. https://arxiv.org/abs/1312.4400 [2023-12-20].

[93]　Howard A G, Zhu M, Chen B, et al. MobileNets: Efficient convolutional neural networks for mobile vision applications [DB/OL]. https://www.arxiv.org/abs/1704. 04861 [2023-12-20].

[94]　Eldan R, Shamir O. The power of depth for feedforward neural networks [DB/OL]. https://arxiv.org/abs/1512.03965 [2023-12-20].

[95]　Lu Z, Pu H, Wang F, et al. The expressive power of neural networks: A view from the width [DB/OL]. https://arxiv.org/abs/1709.02540 [2020-12-20].

[96]　Veit A, Wilber M, Belongie S. Residual networks are exponential ensembles of relatively shallow networks [DB/OL]. https://arxiv.org/abs/1605.06431 [2023-12-20].

[97]　Wu Z, Shen C, Hengel A V D. Wider or deeper: Revisiting the ResNet model for visual recognition [DB/OL]. https://arxiv.org/abs/1611.10080 [2023-12-20].

[98]　Huang G, Liu Z, van der Maaten L, et al. Densely connected convolutional networks [C]. 2017 IEEE Conference on Computer Vision and Pattern Recognition (CVPR), Honolulu, 2017.

[99]　Goodfellow I, Pouget-Abadie J, Mirza M, et at. Generative adversarial nets [C]. Proceedings of the International Conference on Neural Information Processing Systems (NIPS 2014), Cambridge, 2014.

[100]　Vaswani A, Shazeer N, Parmar N, et al. Attention is all you need [C]. 31st International Conference on Neural Information Processing Systems, Long Beach, 2017.

[101]　Fentaye A D, Zaccaria V, Kyprianidis K. Aircraft engine performance monitoring and diagnostics based on deep convolutional neural networks [J]. Machines, 2021, 9(12): 337.

[102]　Hong C W, Kim J. Exhaust temperature prediction for gas turbine performance estimation by using deep learning [J]. Journal of Electrical Engineering and Technology, 2023, 18(1): 3117-3125.

[103]　Mohammadreza S, Amir H R, Mahdi A, et al. Predicting the energy and exergy performance of F135 PW100 turbofan engine via deep learning approach [J]. Energy Conversion and Management, 2022, 265: 115775.

[104] Dursun O, Toraman S, Aygun H. Deep learning approach for prediction of exergy and emission parameters of commercial high bypass turbofan engines [J]. Environmental Science and Pollution Research, 2023, 30(10): 27539-27559.

[105] Xiong M, Wang H, Fu Q, et al. Digital twin-driven aero-engine intelligent predictive maintenance [J]. The International Journal of Advanced Manufacturing Technology, 2021, 114: 3751-3761.

[106] Viana F A C, Nascimento R G, Dourado A, et al. Estimating model inadequacy in ordinary differential equations with physics-informed neural networks[J]. Computers and Structures, 2021, 245: 106458.

[107] Yucesan Y A, Viana F A C. Hybrid physics-informed neural networks for main bearing fatigue prognosis with visual grease inspection[J]. Computers in Industry, 2021, 125: 103386.

[108] Fink O, Wang Q, Svensen M, et al. Potential, challenges and future directions for deep learning in prognostics and health management applications[J]. Engineering Applications of Artificial Intelligence, 2020, 92: 103678.

[109] Hao Z K, Liu S M, Zhang Y C, et al. Physics-Informed machine learning: A survey on problems, methods and applications[DB/OL]. https://arxiv.org/abs/2211.08064[2023-12-20].

[110] Haakon R, Suraj P, Adil R, et al. Physics guided neural networks for modelling of non-linear dynamics[J]. Neural Networks, 2022, 154: 333-345.

[111] Amos B, Kolter J Z. OptNet: Differentiable optimization as a layer in neural networks[DB/OL]. https://arxiv.org/abs/1703.00443[2023-12-20].

[112] de Avila Belbute-Peres F, Smith K, Allen K, et al. Advances in neural information processing systems: End-to-end differentiable physics for learning and control[C]. 32nd International Conference on Neural Information Processing Systems, Montreal, 2018.

[113] Yu Y, Yao H, Liu Y. Structural dynamics simulation using a novel physics-guided machine learning method[J]. Engineering Applications of Artificial Intelligence, 2020, 96: 103947.

[114] Raissi M, Perdikaris P, Karniadakis G E. Physics-informed neural networks: A deep learning framework for solving forward and inverse problems involving nonlinear partial differential equations[J]. Journal of Computational Physics, 2019, 378: 686-707.

[115] Zobeiry N, Humfeld K D. A physics-informed machine learning approach for solving heat transfer equation in advanced manufacturing and engineering applications [J]. Engineering Applications of Artificial Intelligence, 2021, 101: 104232.

[116] Arnold F, King R. State-space modeling for control based on physics-informed neural networks [J]. Engineering Applications of Artificial Intelligence, 2021, 101: 104195.

[117] Shen S, Lu H, Sadoughi M, et al. A physics-informed deep learning approach for bearing fault detection [J]. Engineering Applications of Artificial Intelligence, 2021, 103: 104295.

[118] Kang R Y, Mu T T, Liatsis P. Physics-driven ML-based modelling for correcting inverse estimation [DB/OL]. https://arxiv.org/abs/2309.13985[2023-12-20].

[119] Kang R Y, Kyritsis D, Liatsis P. Self-validated physics-embedding network: A general framework for inverse modelling[DB/OL]. https://arxiv.org/abs/2210.06071[2023-12-20].

[120] Weinan E, Han J, Jentzen A. Deep learning-based numerical methods for high-dimensional parabolic partial differential equations and backward stochastic differential equations [J]. Communications in Mathematics and Statistics, 2017, 5: 349-380.

[121] Monga V, Li Y, Eldar Y C. Algorithm unrolling: Interpretable, efficient deep learning for signal and image processing [J]. IEEE Signal Processing Magazine, 2021, 38(2): 18-44.

[122] Song P, Verinaz-Jadan H, Howe C L, et al. Light-field microscopy for the optical imaging of neuronal activity: When model-based methods meet data-driven approaches[J]. IEEE Signal Processing Magazine, 2022, 39(2): 58-72.

[123] Manuel A C, Kulkarni C, Goebel K, et al. Fusing physics-based and deep learning models for prognostics[J]. Reliability Engineering and System Safety, 2022, 217: 107961.

[124] Manuel A C, Kulkarni C, Goebel K, et al. Hybrid deep fault detection and isolation: Combining deep neural networks and system performance models[J]. International Journal of Prognostics and Health Management, 2019, 10(4): 1-19.

[125] Li H, Gou L, Li H, et al. Physics-guided neural network model for aeroengine control system sensor fault diagnosis under dynamic conditions[J]. Aerospace, 2023, 10(7): 644.

[126] Li Y, Chen Y, Hu Z, et al. Remaining useful life prediction of aero-engine enabled by fusing knowledge and deep learning models[J]. Reliability Engineering and System Safety, 2023, 229: 108869.

[127] Fink O, Wang Q, Svensén M, et al. Potential, challenges and future directions for deep learning in prognostics and health management applications[J]. Engineering Applications of Artificial Intelligence, 2020, 92: 103678.

[128] Barret Z, Quoc V Le. Neural architecture search with reinforcement learning[DB/OL]. https://arxiv.org/abs/1611.01578[2023-12-20].

[129] Baker B, Gupta O, Naik N, et al. Designing neural network architectures using reinforcement learning[DB/OL]. https://arxiv.org/abs/1611.02167 [2023-12-20].

[130] Esteban R, Sherry M, Andrew S, et al. Large-scale evolution of image classifiers[DB/OL]. https://arxiv.org/abs/1703.01041[2023-12-20].

[131] Real E, Aggarwal A, Huang Y, et al. Regularized evolution for image classifier architecture search[DB/OL]. https://arxiv.org/abs/1802.01548[2023-12-20].

[132] Luo R Q, Fei T, Tao Q. Neural architecture optimization[DB/OL]. https://arxiv.org/abs/1808.07233[2023-12-20].

[133] Liu H, Simonyan K, Yang Y. DARTS: Differentiable architecture search[DB/OL]. https://arxiv.org/abs/1806.09055[2023-12-20].

[134] Li S, Li W, Cook C, et al. Independently recurrent neural network (IndRNN): Building a longer and deeper RNN[C]. 2018 IEEE/CVF Conference on Computer Vision and Pattern Recognition, Salt Lake City, 2018.

[135] Bai S J, Kolter J Z, Koltun V. An empirical evaluation of generic convolutional and recurrent networks for sequence modeling [EB/OL]. https://www.semanticscholar.org/reader/921196c32213a229245a9705ee4768bc941e7a26 [2024-12-01].

[136] Liu M, Zeng A, Chen M, et al. SCINet: Time series modeling and forecasting with sample convolution and interaction [C]. 36th Conference on Neural Information Processing Systems(NeurIPS 2022), New Orleans, 2022.

[137] Mogren O. C-RNN-GAN: Continuous recurrent neural networks with adversarial training[C]. Constructive Machine Learning Workshop (NIPS 2016), Barcelona, 2016.

[138] Lin K, Li D, He X, et al. Adversarial ranking for language generation[C]. 31st Conference on Neural Information Processing Systems (NIPS 2017), Long Beach, 2017.

[139] Yan Y, Shen G, Zhang S, et al. Sequence generative adversarial nets with a conditional discriminator[J]. Neurocomputing, 2021, 429: 69-76.

[140] Bahdanau D, Cho K, Bengio Y. Neural machine translation by jointly learning to align and translate[C]. International Conference on Learning Representations 2015, San Diego, 2015.

[141] Luong T, Pham H, Manning C D. Effective approaches to attention-based neural machine translation[C]. Proceedings

of the 2015 Conference on Empirical Methods in Natural Language Processing, Lisbon, 2015.

[142] Vaswani A, Shazeer N, Parmar N, et al. Attention is all you need[C]. 31st Conference on Neural Information Processing Systems (NIPS 2017), Long Beach, 2017.

[143] Zhou H, Zhang S, Peng J, et al. Informer: Beyond efficient transformer for long sequence time-series forecasting[J]. Proceedings of the AAAI Conference on Artificial Intelligence, 2021, 35(12): 11106-11115.

[144] Bottou L. Online algorithms and stochastic approximations[M]. Cambridge: Cambridge University Press, 1998.

[145] Polyak B T. Some methods of speeding up the convergence of iteration methods[J]. USSR Computational Mathematics and Mathematical Physics, 1964, 4(5): 1-17.

[146] Sutskever I, Martens J, Dahl G, et al. On the importance of initialization and momentum in deep learning[C]. 30th International Conference on International Conference on Machine Learning (ICML'13), Atlanta, 2013.

[147] Jacobs R A. Increased rates of convergence through learning rate adaptation[J]. Neural Networks, 1988, 1(4): 295-307.

[148] Duchi J C, Hazan E, Singer Y. Adaptive subgradient methods adaptive subgradient methods for online learning and stochastic optimization[J]. Journal of Machine Learning Research, 2011, 12: 2121-2159.

[149] Tieleman T, Hinton G. Lecture 6.5—RMSProp: Divide the gradient by a running average of its recent magnitude[J]. COURSERA: Neural Networks for Machine Learning, 2012, 4(2): 26-31.

[150] Kingma D, Ba J. Adam: A method for stochastic optimization[DB/OL]. https://arxiv.org/abs/1412.6980[2023-12-20].

[151] Reddi S J, Kale S, Kumar S. On the convergence of adam and beyond[DB/OL]. https://arxiv.org/abs/1904.09237[2023-12-20].

[152] Wilson A C, Roelofs R, Stern M, et al. The marginal value of adaptive gradient methods in machine learning[DB/OL]. https://arxiv.org/abs/1705.08292[2023-12-20].

[153] Liu L, Jiang H, He P, et al. On the variance of the adaptive learning rate and beyond[DB/OL]. https://arxiv.org/abs/1908.03265[2023-12-20].

[154] Zhou Z, Zhang Q, Lu G, et al. AdaShift: Decorrelation and convergence of adaptive learning rate methods[DB/OL]. https://arxiv.org/abs/1810.00143[2023-12-20].

[155] Luo L, Xiong Y, Liu Y, et al. Adaptive gradient methods with dynamic bound of learning rate[DB/OL]. https://arxiv.org/abs/1902.09843[2023-12-20].

[156] Huang H, Wang C, Dong B. Nostalgic adam: Weighting more of the past gradients when designing the adaptive learning rate[DB/OL]. https://arxiv.org/abs/1805.07557[2023-12-20].

[157] Yuan W, Gao K X. EAdam optimizer: How epsilon impact adam[DB/OL]. https://arxiv.org/abs/2011.02150[2023-12-20].

[158] Zhuang J T, Tang T, Ding Y F, et al. AdaBelief optimizer: Adapting stepsizes by the belief in observed gradients[DB/OL]. https://arxiv.org/abs/2010.07468[2023-12-20].

[159] Zeng K, Liu J, Jiang Z, et al. A decreasing scaling transition scheme from adam to SGD[J]. Advanced Theory and Simulations, 2022, 5(7): 1-10.

[160] Xu G, Cao H, Dong Y, et al. Stochastic gradient descent with step cosine warm restarts for pathological lymph node image classification via PET/CT images[C]. 2020 IEEE 5th International Conference on Signal and Image Processing (ICSIP), Nanjing, 2020.

[161] Loshchilov I, Hutter F. Fixing weight decay regularization in adam[DB/OL]. https://arxiv.org/abs/1711.05101[2023-10-25].

[162] Frisk O, Dormann F, Lillelund C M, et al. Super-convergence and differential privacy: Training faster with better privacy guarantees[C]. 55th Annual Conference on Information Sciences and Systems (CISS), Baltimore, 2021.

[163] Likas A, Stafylopatis A. Training the random neural network using quasi-Newton methods[J]. European Journal of Operational Research, 2000, 126(2): 331－339.

[164] Haider A, Zhang C, Kreyssig F L, et al. A distributed optimization framework combining natural gradient with Hessian-free for discriminative sequence training[J]. Neural Networks, 2021, 143: 537－549.

[165] Rattray M, Saad D. Analysis of natural gradient descent for multilayer neural networks[J]. Physical Review E, 1999, 59(4): 4523－4532.

[166] Ma L, Montague G, Ye J, et al. Inefficiency of K-FAC for large batch size training[J]. Proceedings of the AAAI Conference on Artificial Intelligence, 2020, 34(4): 5053－5060.

[167] Alirahmi S M, Mousavi S F, Ahmadi P, et al.Soft computing analysis of a compressed air energy storage and SOFC system via different artificial neural network architecture and tri-objective grey wolf optimization[J]. Energy, 2021, 121(4): 12－29.

第 3 章

基于物理知识嵌入网络方法的航空发动机数字孪生架构

基于物理知识嵌入网络方法的航空发动机数字孪生架构

物理知识嵌入智能网络是航空发动机性能数字孪生建模的一种方法，其需要明确两大问题，一是确定哪些发动机物理知识需要且可以嵌入网络。航空发动机是高度耦合气动、热力、机械的复杂热力机械，在物理知识嵌入网络中，需要明确嵌入哪些物理参数、方程或规律，这对于模型的准确性和全面性至关重要。二是如何有效地将发动机物理知识嵌入人工神经网络架构。在建模过程中，需要设计架构将发动机工作机理融入神经网络的设计中，以在模型训练过程中更好地理解和捕捉物理知识。本章将针对上述两大问题进行详细的阐述。

第一节　航空发动机物理机理建模理念融入智能网络的信息提取

典型的航空发动机气路部件系统主要包括：进气系统（进气道）、压缩系统（风扇、压气机）、热源系统（燃烧室、加力燃烧室）、做功系统（高、低压涡轮）和排气系统（尾喷管）。图 3－1 展示了带加力混合排气涡扇发动机的布局。航空发动机的工作流程为：空气持续被吸入压缩系统，经压缩增压后进入燃烧室，在燃烧室内喷油燃烧，形成高温高压燃气，随后燃气进入做功系统膨胀做功，最终通过喷管排出。其中的膨胀功被分为了两部分，一部分通过轴传给了压气机使其转动，另一部分膨胀功对外输出。

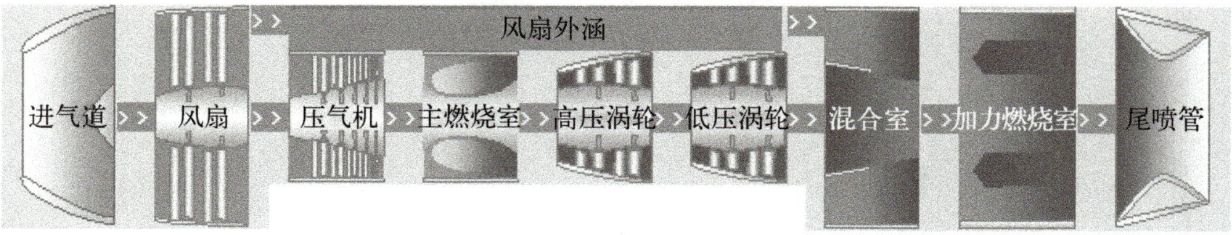

图 3－1　带加力混合排气涡扇发动机布局图

航空燃气涡轮发动机本质上是一种热力机械，它采用空气作为工质，进行着压缩、加热、膨胀和放热等热力过程。热力机械模型的建立不可避免需要利用数学模型，航空发动机的建模也不例外。针对航空发动机建立的总体性能数学模型，包括了两大部分。一部分是沿发动机各气路部件的气动热力计算模型，另一部分是建立反映发动机稳态、动态工作中各个部件共同工作关系的共同工作方程。在进行数学模型的求解时，首先需要考虑气动热力计算模型。这一部分涉及对发动机各气路部件的热力特性进行详细建模。其次，共同工作方程的建立是整个数学模型的关键步骤。这些方程需要能够描述发动机在稳态和动态工作中各个部件之间的协同关系。在仿真过程中，数学模型的求解主要通过在各个部件模型上寻找气路部件匹配的共同工作点来实现。这需要对各个部件的参数进行调整，以使它们在共同工作点上协同工作。部件的进出口截面则成为参数传递接口，通过这些接口，各个部件之间的信息得以传递，使整个发动机模型能够在仿真中达到协同工作的状态。

本节介绍航空发动机的非设计点性能仿真过程，其目的在于从中学习机理模型建模方法，以期得到可用于嵌入性能数字孪生智能网络的物理知识。航空发动机非设计点仿真的过程是确定过程参数随飞行条件、大气条件以及油门杆位置的变化关系，而后通过非设计点热力计算获得发动机非设计点的性能。以混合排气涡扇发动机的非设计点仿真为例，在单参数控制规律（如控制高压压气机相对换算转速）下，其热力循环计算假定的未知量为 7 个，分别是涵道比、风扇压比、风扇相对换算转速、压气机压比、燃烧室出口总温、高压涡轮落压比、低压涡轮落压比（实际计算中可将以上变量在设计点处的值作为其初始值）。在进行非设计点多点计算时，为了加快非设计点计算的收敛速度，可以将以上变量在上一个计算点的计算结果作为下一个计算点的初始值。对于以上变量的求取，主要是根据发动机部件的共同工作要求，使发动机在非设计点工作时必须满足如下七个平衡方程：

（1）风扇内涵出口与高压压气机进口流量连续；

（2）燃烧室出口与高压涡轮入口流量连续；

（3）高压涡轮出口与低压涡轮入口流量连续；

（4）混合室掺混气流的静压平衡；

（5）风扇与低压涡轮功率平衡；

（6）压气机与高压涡轮功率平衡；

（7）混合室出口与喷管入口流量连续。

以上七个平衡方程构成了发动机非设计点计算的平衡方程组，可写成如下形式：

$$\begin{cases} E_1 = f_1(X_1,\ X_2,\ \cdots,\ X_7) \\ E_2 = f_2(X_1,\ X_2,\ \cdots,\ X_7) \\ \qquad\vdots \\ E_7 = f_7(X_1,\ X_2,\ \cdots,\ X_7) \end{cases} \tag{3-1}$$

式中，$X_1 \sim X_7$ 为七个变量，$E_1 \sim E_7$ 为七个变量的偏差函数。方程组（3－1）通常使用 Newton－Raphson 法进行迭代求解，当七个变量的偏差函数小于某设定精度值时，即可求出七个变量值。偏差函数表示通过两种方法计算同一物理量的相对误差。流量连续平衡方程中的物理量为流量，静压平衡的物理量为静压。压气机和涡轮的流量残差表示上游部件传递给部件进口的流量与通过部件特性图计算而来的流量之间的相对误差。混合室的静压残差表示混合室内/外涵进口来流静压的相对误差。喷管的流量残差表示上游部件传递给喷管进口的流量与喷管通过背压(亚临界状态)或喉道面积(超临界状态)计算而来的流量之间的相对误差。

本节以计算压气机流量为例,简要描述通过部件特性图计算物理量的方法。一般来说,部件特性可通过部件试验获得,但是部件试验与整机试验在试验环境、测试方法、进出口流场等多方面往往存在差异。因此,由部件试验获得的部件特性一般不能直接应用于整机计算,需经过整机试验数据的修正耦合后才能用于整机计算,该部分不是本节的重点内容,此处不展开描述对部件特性图的获取方法。如图 3-2 所示为压气机的部件特性图,通常表示为不同换算转速下,进口换算流量、增压比和等熵效率之间的关系。通过部件特性图计算物理量,一般首先初始假设压气机压比,在给定控制规律下(此处假定为压气机转速已知)通过插值计算获得压气机的换算流量。在该过程中,一般引入插值辅助变量 β 来表示数据点在转速线上的相对位置。其余部件物理量也可在对应部件特性图上进行类似计算。

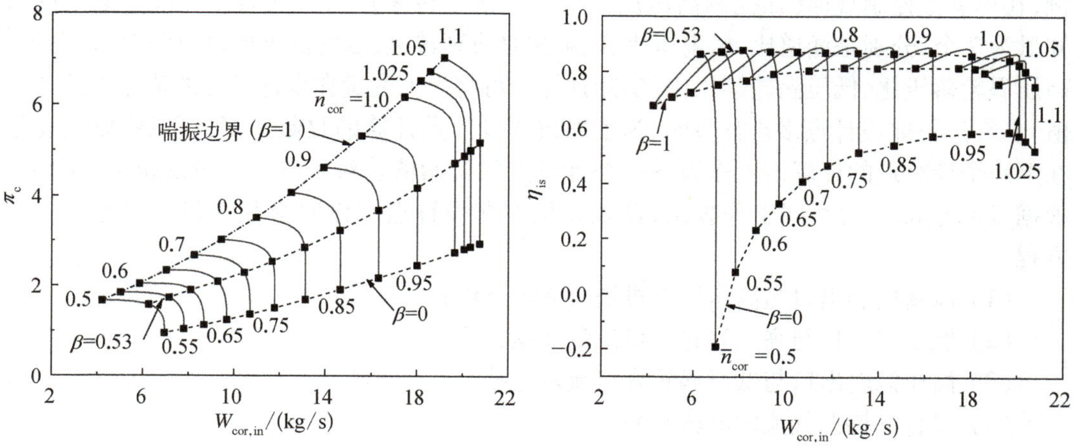

(a) 增压比-进口换算流量

(b) 等熵效率-进口换算流量

图 3-2 压气机的部件特性图

共同工作方程也不是一成不变的,发动机类型不同其共同工作方程必然不同。即使是同一类型的航空发动机,在针对具体问题时可能会由于部件几何调节、部件特性变化等,而改变共同工作方程中变量的选择。对于发动机的动态建模而言,需要在稳态模型基础上考虑转子转动惯量、部件容积效应、传热过程以及叶轮机械部件叶尖间隙变化等因素,上述内容均不是本章讨论的重点,相关讨论可参考文献[1-3]。

航空发动机的物理机理模型能够较好地反映发动机的物理过程,也具有较高的精度。同时,该模型根据发动机内部的流体力学、工程热力学等相关物理知识构建,可靠性较高。总结航空发动机的物理机理建模过程,梳理出如下航空发动机的物理知识:一是输入为飞行条件以得到环境参数,输出为性能参数包括各截面的热力学参数;二是发动机整机是各个部件系统的组合,在模型上用部件特性代替各自对应的物理部件;三是发动机的物理工作过程是各部件匹配,在仿真过程中通过共同工作方程求解获得各部件特性图上的共同工作点。上述三点即输入输出、物理整机细化为各部件特性/模型的组合、共同工作求解是各部件特性不断搜寻的过程。上述物理知识可作为嵌入智能网络的内容。

第二节　神经网络基础理论

与常规数学建模不同，机器学习的本质是从已有经验或者给定数据中学习，从而能够完成对应的复杂任务。常见的机器学习方法包括监督学习、无监督学习、半监督学习和强化学习等。无论是监督学习、无监督学习还是强化学习，可以归结为在任务 T 上一个函数 f 对数据/环境的学习反馈，大致流程归结为如图 3－3 所示。

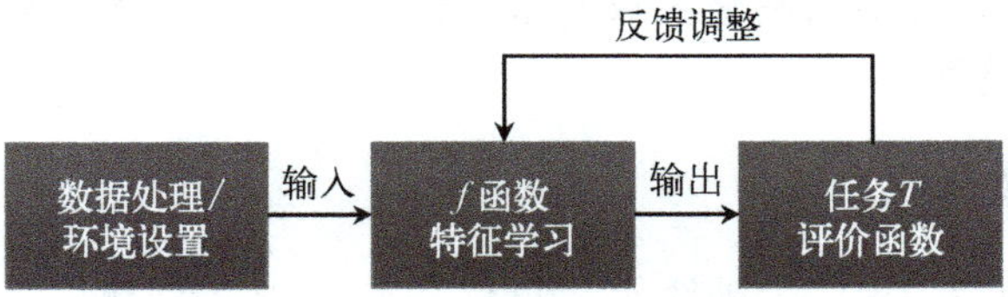

图 3－3　学习任务的流程

航空发动机性能数字孪生模型是在数字空间对发动机性能的完整映射，受到数据条件的限制，同时为了加速训练过程，模型的学习方式一般采用监督学习。具体而言，假设 D 是一个含有 n 条数据的带标签数据集，数据集中的每个数据均由一个 d 维参数张量 $x \in X \in R^d$ 和唯一对应的 Z 维参数标签 $y \in Y \in R^z$ 组成，即 $D=\{(x_1, y_1), (x_2, y_2), \cdots, (x_n, y_n)\}$。存在一个真实函数 $h: X \rightarrow Y$，而监督学习的目的就是希望用空间 H 的一个函数 f 来逼近真实函数 h，即利用数据集 D 来寻找在最佳参数组合 θ^* 下的函数 f^*。在寻找的过程中，针对任务 T 的某种度量方法来反馈调整参数 θ。在真实函数 h 未知的情况下，如何选择函数 f 来逼近成为监督学习的基本问题。以奥卡姆剃刀（Occam's razor）原理为例，说明如何选择与数据集 D 相一致的函数 f。例如，假说空间（hypothesis space）H 是 $x^5 + 3x^2 + 2$ 形式的多项式集合，图 3－4（a）表明能够通过简单的线性函数可以拟合这些数据。这类的拟合由于是基于现有数据的拟合，在未知的数据上很可能会出现不尽如人

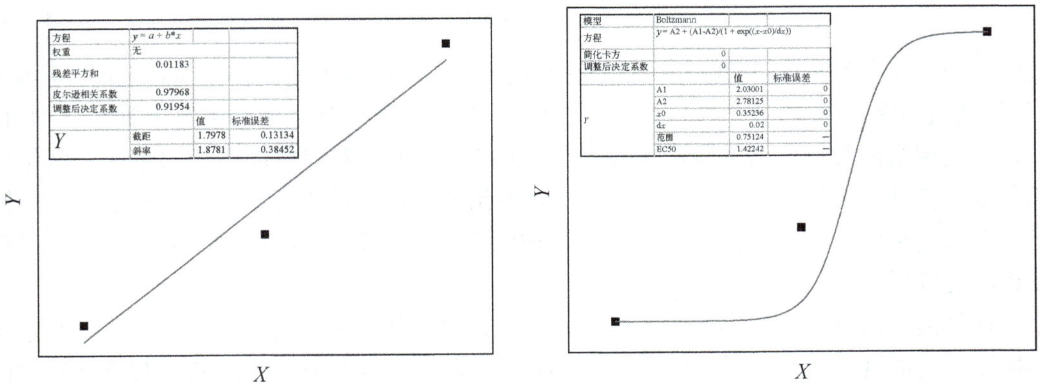

(a) 线性函数　　(b) 非线性函数

图 3－4　假说空间下少量数据的拟合

意的结果,因此无法推广至较为复杂的数据空间。但若是基于系统复杂的前提,选取如图3-4(b)的非线性函数来逼近真实函数,似乎也不能发现数据背后隐含的规律,其泛化能力受到质疑。为了在映射现有训练数据能力和新数据泛化能力之间取得较好的平衡,通常需要对系统复杂性提前作出预判,增加了系统建模的人为因素。而神经网络模型灵活的结构,为系统复杂性的自由匹配提供了技术路径。

本节力图用神经网络模型来表示未知函数 f。其前提基础工作是对任务 T 的数据集 D 进行数据处理,如特征选取、数据清洗等。处理后的数据集张量 x 输入构造的神经网络模型。模型输出值与试验值(即训练数据集中对应数据张量 x 的张量 y)之间的差异采用合适的数学方法进行数据处理,处理后的函数被称为损失函数 L。在训练过程中,一般基于损失函数最小化的目标不断调整参数 θ 来迭代训练神经网络模型,以获取最佳参数组合 θ^* 下的神经网络模型。

一、神经网络的基本单元

传统神经网络的结构由多个神经元/节点/基本单元组成,基本单元通过有向链相连接。最简单的基本单元如图3-5所示。基本单元 j 通过有向链来接收来自基本单元 i 的信息,每一条有向链都对应其数值权重 w_{ij} 与它相关联,权重的大小表明了信息的接收强度。每一个单元都有一个偏置值 b_j 来表明单元的初始状态,而为了统一公式也被称作为哑输入,并规定其输入值为1,相关联的权重被设置为 w_0。基本单元首先计算输入的加权和:

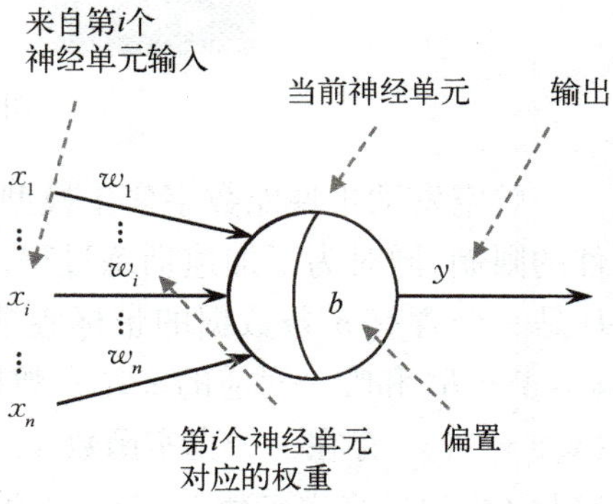

图3-5 神经/基本单元的构造

$$y_j = \sum_{i=0}^{n} w_j a_i \tag{3-2}$$

式中,y_j 表示基本单元 j 的输入加权和;a_i 表示与基本单元 j 相连的基本单元 i 的输出。然后在该和之上施加一个激活函数(activation function) a_f 来导出输出值:

$$a_j = a_f(y_j) \tag{3-3}$$

式中,a_j 表示基本单元 j 的输出。常用的激活函数有Sigmoid函数、tanh函数、ReLU函数等,其函数图像如图3-6所示。值得一提的是,虽然早期的神经网络借鉴了神经科学,但现代神经网络的发展已基本脱离了神经科学的范畴,研究者们更加关注的是神经网络的抽象数学特征。神经元的这种结构使得神经网络能够通过训练神经单元的权值来决定网络模型的复杂度,当相应的权值接近0时,被激活的神经单元数目减少,神经网络的复杂度也随之降低。

神经网络的结构指的是组织基本单元的形式以及基本单元之间的连接方式。基本单元按照一定的规则和结构进行组织,可以形成不同的神经网络层,以此实现对不同特性的映射。目前常用的神经网络层包括全连接层、卷积层以及循环神经网络层等。因此,常规神经网络模型的构建方式,可以看作是不同神经网络层的相互拼接。

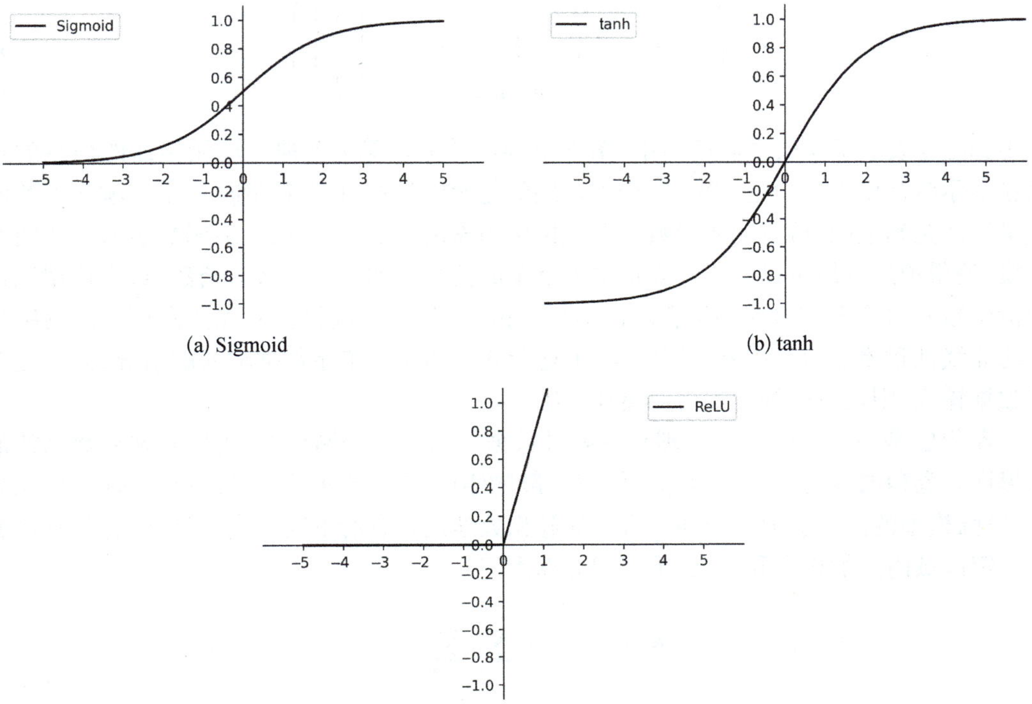

(a) Sigmoid　(b) tanh　(c) ReLU

图 3－6　常用激活函数

二、神经网络层

全连接层是神经网络中的一种基本层结构，其中每个神经元都与前一层的所有神经元相连，每条连接都有一个权重，通过对输入进行加权和求和，然后应用激活函数产生输出。其核心操作即为矩阵向量的乘积：

$$\boldsymbol{Y} = \boldsymbol{W} \cdot \boldsymbol{X} \tag{3-4}$$

$$\begin{bmatrix} y_1 \\ \vdots \\ y_j \end{bmatrix} = \begin{bmatrix} w_{11} & \cdots & w_{1j} \\ \vdots & \ddots & \vdots \\ w_{i1} & \cdots & w_{ij} \end{bmatrix}^{\mathrm{T}} \cdot \begin{bmatrix} x_1 \\ \vdots \\ x_i \end{bmatrix} \tag{3-5}$$

式中，$\boldsymbol{X}$ 表示维度为 i 的输入向量；$\boldsymbol{Y}$ 表示维度为 j 的输出向量；$\boldsymbol{W}$ 为基本单元的权重矩阵，其大小为 $i \times j$，其中 w_{ij} 表示第 i 个神经单元向第 j 个神经单元传递的信息的权值。

考虑一个有 n 层全连接层、输入向量维度为 i、输出向量维度为 j 的神经网络，其矩阵运算：

$$\begin{bmatrix} y_1 \\ \vdots \\ y_j \end{bmatrix} = f_n\left(\left(\begin{bmatrix} w_{n,11} & \cdots & w_{n,j1} \\ \vdots & \ddots & \vdots \\ w_{n,k1} & \cdots & w_{n,jk} \end{bmatrix}^{\mathrm{T}} \cdots f_2\left(\left(\begin{bmatrix} w_{2,11} & \cdots & w_{2,1k} \\ \vdots & \ddots & \vdots \\ w_{2,k1} & \cdots & w_{2,kk} \end{bmatrix}^{\mathrm{T}}\right.\right.\right.$$

$$\cdot f_1\left(\left(\begin{bmatrix} w_{1,\,11} & \cdots & w_{1,\,k1} \\ \vdots & \ddots & \vdots \\ w_{1,\,i1} & \cdots & w_{1,\,ki} \end{bmatrix}^{\mathrm{T}} \cdot \begin{bmatrix} x_1 \\ \vdots \\ x_i \end{bmatrix}\right)\right)\right) \tag{3-6}$$

式中，$w_{n,\,kl}$ 表示第 n 层全连接层中，第 k 个神经单元向第 l 个神经单元传递的信息的权值；f 表示激活函数。由上式可知，全连接层的超参数是权重矩阵的维度，由于输入参数的向量维度是确定的，待定的超参数为全连接层的输出维度。此外，激活函数引入了非线性变换，使得神经网络可以学习和表示更为复杂的关系。如果没有激活函数（或者使用线性激活函数），多个全连接层的组合理论上可以由一层全连接层代替，无法发挥神经网络强大的非线性建模能力。需要说明的是，上述公式仅适用于单条数据输入的情况，如果是多条数据输入，则运算的维度都需要增加一维。

卷积层是一种专门用来处理具有高维数据结构的神经网络层，可以实现对数据特征的提取。卷积层运用了卷积运算来代替一般的矩阵乘法运算，能有效地减少基本单元数量，增强模型的泛化能力。与通常含义的卷积数学运算有所不同，在卷积层中卷积是数据在一定区域内的加权求和，以二维卷积运算为例：

$$S(u,\,v) = (\boldsymbol{I} * \boldsymbol{K})(u,\,v) = \sum_{i=-\infty}^{\infty}\sum_{j=-\infty}^{\infty} x_{i,\,j} \cdot k_{u-i,\,v-j}\chi(i,\,j)$$
$$\chi(i,\,j) = \begin{cases} 1, & 0 \leqslant i,\,j \leqslant n \\ 0, & \text{其他} \end{cases} \tag{3-7}$$

式中，$*$ 是卷积运算符号；S 为卷积运算输出；$\boldsymbol{I}$、$\boldsymbol{K}$ 分别表示输入矩阵和卷积核矩阵；$x_{i,\,j}$ 是输入矩阵的参数分量；n 表示卷积核滑动步长。以二维张量为例，演示该卷积运算过程（步长 n 为 1）：

$$\begin{aligned} \boldsymbol{I} * \boldsymbol{K} &= \begin{bmatrix} a & b & c \\ d & e & f \\ g & h & i \end{bmatrix} * \begin{bmatrix} x & y \\ z & w \end{bmatrix} \\ &= \begin{bmatrix} ax + by + dz + ew & bx + cy + ez + fw \\ dx + ey + gz + hw & ex + fy + hz + iw \end{bmatrix} \end{aligned} \tag{3-8}$$

全连接层在处理高维数据问题时有明显的三个缺点，首先是高维度数据展开为向量会丢失信息，其次是参数过多、效率低下，同时大量的参数也会导致学习的过拟合。卷积运算则依靠稀疏交互（sparse interactions）、参数共享（parameter sharing）的思想改进了上述不足。

在全连接层中，参数矩阵中每一个单独的参数都描述了一个输入单元与一个输出单元的交互。这意味着每一个输出单元与每一个输入单元都产生交互。然而，卷积运算的稀疏交互让每个输出单元只与输入单元的一个局部区域连接。该连接的空间大小一般称为神经元的感受视野，该空间的大小也就是卷积核的尺寸，是一个超参数。再有，全连接层中当计算一层的输出时，权重矩阵的每一个元素只使用一次，一个网络含有绑定的权重系数，而卷积核则多次作用在输入参数的每一个位置上。这使得卷积层具有了强大的特征提取能力，可以有效地捕捉输入数据中的局部模式。

循环神经网络层是一类用于处理序列数据的神经网络层。如上文所述，全连接层的参数矩阵中每一个输入单元都与输出单元交互，导致不同序列长度、不同位置的参数不能在序列数据中共享，数据所包含的参数在时间/空间上的关系等信息无法被获取。而循环神经网络层的内部包含循环连接，允许信息在网络内部进行传递。该设计使得循环神经网络层可以对不同长度的序列数据进行处理，并捕捉其中的时序等信息。

一般地，任何包含递归和循环的计算过程都可以成为构建循环神经网络层的一部分。一个简单的循环神经网络层包括一个输入层和一个循环体，循环体的输出既作为循环神经网络层的输出，又作为循环神经网络层的当前状态，用于循环计算。展开简单的循环神经网络层的计算过程可以得知，随着参数共享特征的加深，网络会变得更深，如图 3－7 所示。其第 t 步矩阵运算为

$$\boldsymbol{h}_t = f(\boldsymbol{x}_t,\ \boldsymbol{h}_{t-1},\ \boldsymbol{w}) \tag{3-9}$$

$$\begin{bmatrix} h_{t,1} \\ \vdots \\ h_{t,n} \end{bmatrix} = [x_{t,1},\ x_{t,d},\ \cdots,\ h_{t-1,1},\ \cdots,\ h_{t-1,n}] \begin{bmatrix} w_{1,1} & \cdots & w_{1,n} \\ \vdots & \ddots & \vdots \\ w_{(d+n),1} & \cdots & w_{(d+n),n} \end{bmatrix} \tag{3-10}$$

式中，$\boldsymbol{h}_t$ 和 $\boldsymbol{x}_t$ 分别表示第 t 次运算的输出、输入向量；$\boldsymbol{w}$ 为运算函数的待求变量矩阵；$f(\cdot)$ 表示递归函数，此处为简单的矩阵乘积；d 和 n 分别表示输入、输出向量的维度。

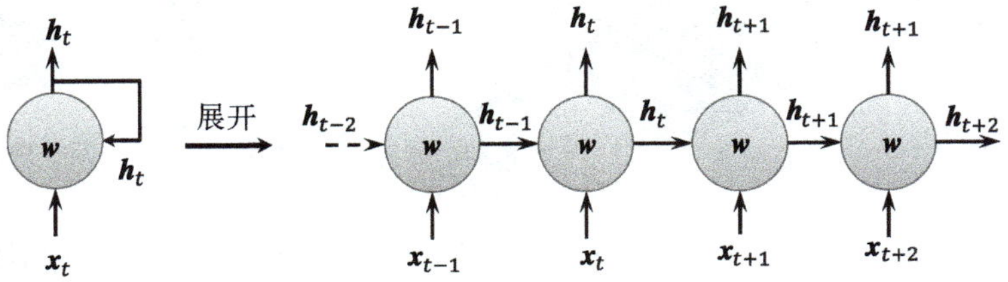

图 3－7　循环神经网络层的计算过程

传统循环神经网络层会随着循环次数的增加，变得难以训练。这是由于信息的弥散和消失，以及重复应用同一非线性函数引起的梯度灵敏度爆炸/消失造成的，这种情况也被称为长期依赖关系[4]。LSTM 网络通过在自循环中引入门单元来控制信息流，能够更有效地处理长期依赖关系。LSTM 层对递归结构进行了改进，能根据输入参数和递归结构的状态进行信息筛选，通过门控函数对数据流实施控制，保证信息的有效传递。典型的 LSTM 存在三种类型的门循环单元：遗忘门、输入门和输出门，各门控以及 LSTM 的输出公式如下：

$$f_t = \sigma(W_f[\boldsymbol{h}_{t-1},\ \boldsymbol{x}_t] + b_f) \tag{3-11}$$

$$i_t = \sigma(W_i[\boldsymbol{h}_{t-1},\ \boldsymbol{x}_t] + b_i) \tag{3-12}$$

$$O_t = \sigma(W_o[\boldsymbol{h}_{t-1}, \boldsymbol{x}_t] + b_o) \tag{3-13}$$

$$\begin{cases}\tilde{C}_t = \tanh(W_c[\boldsymbol{h}_{t-1}, \boldsymbol{x}_t] + b_c) \\ C_t = f_t \otimes C_{t-1} + i_t \otimes \tilde{C}_t \\ \boldsymbol{h}_t = O_t \otimes \tanh(C_t)\end{cases} \tag{3-14}$$

式中，b 是神经网络偏置值；W 为门循环单元的训练权值；$\boldsymbol{x}$ 表示细胞单元的输入向量；$\boldsymbol{h}$ 则是细胞单元的输出向量；t 为循环体的当前迭代计算的步数；f、i、O 分别表示遗忘门、输入门和输出门的相关参数。遗忘门通过读取一个新的输入向量来确定丢弃的信息量，并输出一个值在 0 到 1 之间的向量。输出值越接近 1，将保留更多来自新输入的信息。此外，新输入由输入门读取，它的作用与遗忘门类似，将会筛选新输入的信息。输出门则根据当前单元的状态和输入信息的量，确定要传输的信息。

全连接层、卷积层和循环神经网络层具有不同的侧重点，导致它们对输入数据格式有不同的要求。全连接层期望平坦的输入向量，适用于映射输入参数和输出参数在数值上的关联关系。卷积层适用于具有空间结构的多维数组，通过卷积核在输入上滑动提取特征，保留了空间关系。循环神经网络层通过在时间步上迭代，主要用于捕捉序列数据中的时序关系。图 3－8 是全连接层、卷积层以及循环神经网络层的常见输入数据格式。

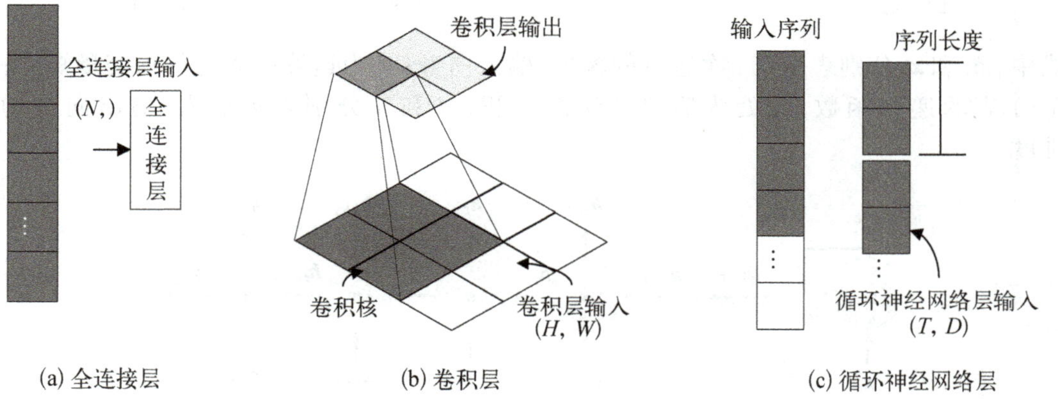

图 3－8 神经网络层的输入数据格式

三、反向传递

神经网络的训练包含两个主要阶段，前向传递（forward propagation）和反向传递（back propagation）。当使用神经网络接收输入 x 并产生输出 y 时，数据的信息通过每个基本单元计算，并按照其单向链接的方向输出。输入 x 提供初始信息，然后传递到每一层的基本单元，最终产生 y，这一过程称为前向传递。在进行网络训练过程中，前向传递持续直到基本单元的输出指向用于产生标量来衡量计算误差的损失函数 L。反向传递是指将损失函数中的误差信息从输出层传递回网络的输入层，通过链式法则计算每个基本单元对于整体损失的贡献。这个过程中，误差信息沿着网络的连接路径反向传播，用于调整每个基本单元的参数，以最小化整体损失，实现模型的学习和优化。为了便于描述反向传递，引

入一个简单表达式的计算图(图 3-9),简单表达式为

$$\begin{aligned} \text{loss} &= L(y, y') \\ y &= f(x_2, w_2) \\ x_2 &= f(x_1, w_1) \end{aligned} \tag{3-15}$$

根据链式法则,计算表达式输出 loss 对权值 w 的偏导:

$$\begin{aligned} \frac{\partial L}{\partial w_2} &= \frac{\partial L}{\partial y} \cdot \frac{\partial y}{\partial w_2} = \nabla_L \cdot x_2 \\ \frac{\partial L}{\partial w_1} &= \frac{\partial L}{\partial y} \cdot \frac{\partial y}{\partial x_2} \cdot \frac{\partial x_2}{\partial w_1} = \nabla_L \cdot w_2 \cdot x_1 \end{aligned} \tag{3-16}$$

根据链式法则,计算表达式输出 loss 对输入 x 的偏导:

$$\begin{aligned} \frac{\partial L}{\partial x_2} &= \frac{\partial L}{\partial y} \cdot \frac{\partial y}{\partial x_2} = \nabla_L \cdot w_2 \\ \frac{\partial L}{\partial x_1} &= \frac{\partial L}{\partial y} \cdot \frac{\partial y}{\partial x_2} \cdot \frac{\partial x_2}{\partial x_1} = \nabla_L \cdot w_2 \cdot w_1 \end{aligned} \tag{3-17}$$

式中, y' 表示数据标签值,为模型映射的目标参数; $L(\cdot)$ 表示损失函数,用于计算数据标签与计算图输出之间的误差; $f(\cdot)$ 是函数关系式,可以是复杂函数,此处为推导方便,表示为乘积关系; ∇_L 则是由损失函数计算获得的梯度值。

观察式(3-16)和式(3-17)有

$$\begin{aligned} \frac{\partial L}{\partial x_2} &= \nabla_L \cdot w_2 = G_2 \\ \frac{\partial L}{\partial w_1} &= \nabla_L \cdot w_2 \cdot x_1 = G_2 \cdot \frac{\partial x_2}{\partial w_1} = G_1 \\ \frac{\partial L}{\partial x_1} &= \nabla_L \cdot w_2 \cdot w_1 = G_2 \cdot \frac{\partial x_2}{\partial x_1} \end{aligned} \tag{3-18}$$

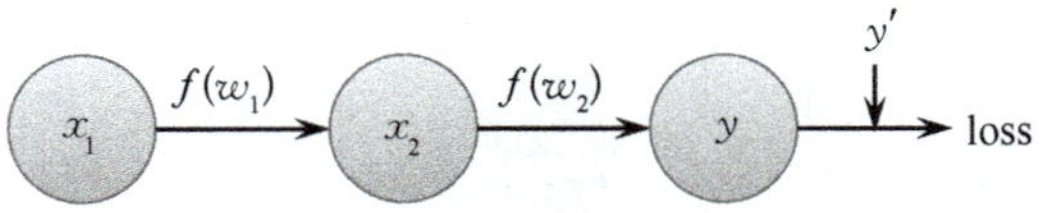

图 3-9　单向计算图

上述计算图的变量表示为标量,可扩展至神经网络模型中的向量、矩阵。总结式(3-18)的计算规律,可以得到传递的损失在基本单元中的迭代式,因此直接给出由多层全连接层架构下的神经网络模型的反向传递算法(算法 1)。从中可以看出,神经网络模型的前向传递过程中传递的是数据的信息,反向传递过程中传递的是误差的信息。更复杂地,计算图的变量可以描述为张量,按计算图中的基本单元链接顺序进行求导,则可以推导出卷积层、循环神经网络层等复杂网络的反向传递算法。

算法 1　神经网络模型的反向传递梯度计算
考虑一个由 l 层全连接层构造的神经网络模型，且每层全连接层后使用一个可导的非线性函数 f 作为激活函数，全连接层和激活函数的对应序号以 k 表示。全连接层的权值矩阵为 $\boldsymbol{W}$，其输出为 h；激活函数输出为 a；输入为 x 和对应的标签为 y，损失函数为 L
前向传递计算完成后，深度神经网络输出 y'，计算损失函数层的梯度： $g \leftarrow \nabla_{y'} J = \nabla_{y'} L(y, y')$ for $k = l, 1$ do $g \leftarrow \nabla_{a^k} J = g * f'(a^k)$ 计算权值矩阵的梯度，并用梯度算法（优化算法）更新权值矩阵： $\nabla_{W^k} J = g\,(h^{k-1})^{\mathrm{T}}$ $g \leftarrow \nabla_{h^{k-1}} J = (W^k)^{\mathrm{T}} g$ end

第三节　航空发动机物理知识与智能网络架构的融合技术

随着人工智能技术的发展，包括机器学习在内的数据科学，成为除了实验科学、基于模型的科学和计算科学之外的第四种科学范式，并逐渐成为航空发动机领域的强有力工具。包括神经网络在内的传统机器学习方法仅使用数据进行训练，被称作数据驱动的机器学习方法。为了更好地理解哪些应用可以从数据驱动的机器学习方法中获益最多，通过从可用数据的多寡与已知物理知识的多少（即对有关问题建模所需的假设条件量）来考虑问题[5]。相应的数据量与物理知识的空间分布如图 3－10 所示。在航空发动机领域，对于大数据问题，数据驱动的机器学习能够有效地实现涡轮叶片损伤的检测；对于物理原理完全已知的问题，可借助描述守恒定律的差分/代数方程对发动机部件元件进行流场计算。而当面临已知部分物理知识和数据，需要进行预测的情况时，则需构建性能数字孪生模型，本节将详细阐述航空发动机物理知识与智能网络架构融合技术。

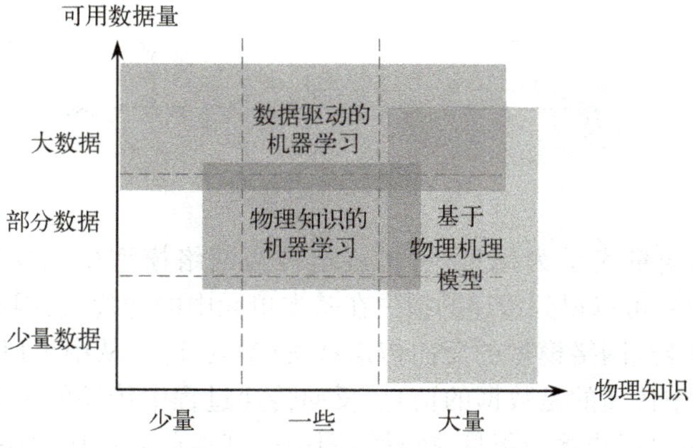

图 3－10　数据量与物理知识的空间分布

物理机理融入发动机的性能数字孪生建模，按照融入方式可分为以模型为核心的模型驱动方法和以神经网络架构为核心的物理知识嵌入网络方法。前者倾向于模型，后者倾向于物理知识和智能网络，如图 3－11 所示。模型驱动方法的主要方式是将发动机物理机理模型和数据驱动模型串联或并联，如图 3－12 所示。在模型驱动方法中，物理机理模型提供了对发动机行为的深入理解，数据驱动模型则学习复杂的非线性关系提高整体模型的精度。模型驱动方法中物理机理模型参与了整个建模过程，保留了模型的物理解释性，但受限于物理模型复杂性等因素而研发周期长，且需要不断更新物理机理模型以适应系统的变化。物理知识嵌入神经网络，是将相关领域的知识作为先验信息融入神经网络模型中，以提高模型的性能、鲁棒性和解释性。相较于模型驱动的方法，物理知识嵌入网络方法避免了物理建模的人为因素影响，模型具有灵活性且方便维护，更贴合发动机运行维护方面的需求。

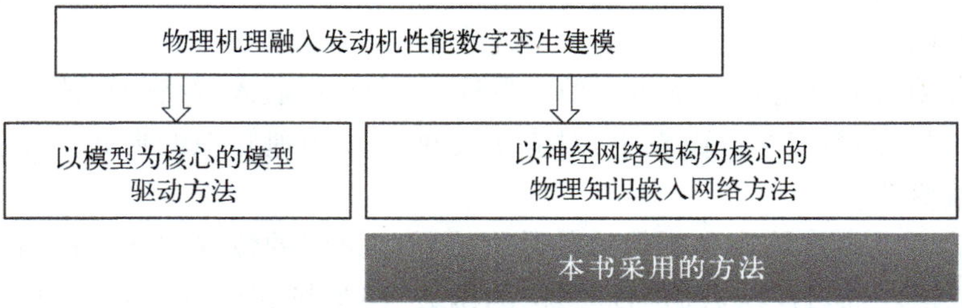

图 3－11　物理机理融入发动机性能数字孪生建模方法分类

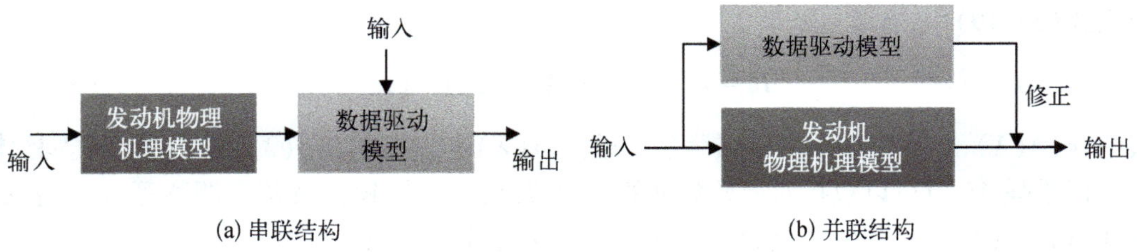

图 3－12　模型驱动方法的串并联结构

一、方法分析

神经网络架构通过层次化的结构学习输入数据的复杂特征，并通过训练优化参数以实现对目标参数的准确预测。在理想情况下，监督学习中的神经网络训练旨在最小化期望风险。期望风险是指模型在整个输入空间上的平均损失，其中损失量是神经网络模型在给定输入上产生的错误或差异的度量。获取研究对象在整个输入空间的数据样本是困难的，通常以局部最优代替全局最优，用经验风险最小化代替期望风险最小化。经验风险即训练集中所有数据样本的损失函数平均值。最小化经验风险会使得神经网络无限依赖于训练数据样本，数据的质与量成为决定神经网络模型精度的关键因素。为了获得假设空间中一个泛化错误较低的理想神经网络模型，引入了结构风险来限制模型对数据的依赖。结构风险是在经验风险的基础上引入了参数的正则化，来约束模型的能力，使其不过分地最小化经验风险,从而提升模型的泛化能力。而物理知识嵌入神经网络,可以看作是参数正则化的一种,通过先验知识控制了神经网络模型的复杂度。因此,物理知识嵌入神经网络在数学上可能涉及不同的具体实现,但可以尝试用以下一般性的数学形式总结。

假设存在一个纯粹数据驱动的神经网络模型f,并有一个表示物理知识的函数g,它描述了系统的物理行为。通过将这两方面结合,形成一个联合的损失函数:

$$L_t = L_d + \lambda \cdot R_p \tag{3-19}$$

式中,L_d是基于输入输出数据的损失函数,用于模型映射训练数据;R_p是物理知识的损失项,通过比较模型输出和实际物理知识的偏差来引入物理知识,其可以是输出与物理方程的残差,如$g(f(X))$;λ是权衡数据驱动和物理知识损失项的权重。通过上述形式将数据驱动和物理知识引入了一个共同的训练目标,使得模型在训练过程中既能映射数据,又能符合领域专业的物理知识。在具体的应用中,L_d和R_p的形式会根据具体问题和物理规律的性质而有所调整。

以构造发动机的性能数字孪生模型为目标,物理知识嵌入网络的形式可以从数据、网络架构设计、损失函数三个方面着手,对应于三种内嵌物理知识的形式:观察偏倚、归纳偏倚和学习偏倚[6]。

观察偏倚可以通过体现基础物理的数据或精心设计的数据增强直接引入,以覆盖学习任务的输入域。通过反映数据物理结构的函数、向量场和运算符来加强对守恒定理的遵守和对称性等物理规律的情况。其中最为代表的是图像识别的数据增强[7]。假设一组物理知识$g(X, Y)=0$,其中X是输入数据,Y是输出,而$A(X)$表示数据增强的操作,将其引入式(3-19)中,有

$$L_t = L_d + \lambda \cdot g(A(X), f(X)) \tag{3-20}$$

式中,$g(A(X), f(X))$表示数据增强后的输入$A(X)$和模型输出$f(X)$之间的差异。具体的数据增强$A(X)$可以包括对原始数据的缩放、旋转、剪裁、镜像及灰度调整等,可以表示为$A(X)=T(X, \theta)$,其中T是数据增强的操作,θ是操作参数。

归纳偏倚着重于对机器学习模型架构的定制,通过设计一个隐含的强制执行特定知识的专门架构,来保证所寻求的预测隐含地满足一组给定的物理规律,通过以某些数学约束的形式表示。归纳偏倚的形式可以假设为物理知识的方程$g(X, Y)=0$,其中X是输入数据,Y是输出。将方程的残差引入神经网络的输出层:

$$O_p = f(X) + \lambda \cdot g(X, f(X)) \tag{3-21}$$

式中,O_p表示神经网络的输出层。上式表明了神经网络的输出不仅取决于数据驱动$f(X)$部分,还取决于满足物理方程$g(X, f(X))$部分。包含上述输出层的网络模型会被训练来使整个输出最小化,包括数据驱动损失和物理知识的残差。归纳偏倚[8, 9]主要的思路是以数学物理方程为基础,特定的基本单元作为物理参数含义,网络的结构设计体现了数学物理方程的计算符号。以简单的方程为例理解该方法。$ax_1 + bx_2 + cx_3 = y$是模型对象遵守的物理规则,以线性代数的方式解析后,以x_1、x_2、x_3作为神经网络的输入,y是神经网络的输出,系数a、b、c作为神经网络节点并赋予物理意义,按归纳偏倚设计的思

路将该层加入至网络结构中，如图 3－13 所示。

学习偏倚引入合适的损失函数、约束来干预模型的训练阶段，以明确支持收敛到符合基础物理的解[10, 11]。以物理知识融入损失函数来描述学习偏倚的形式，考虑监督学习问题下神经网络的目标是学习一个映射函数 f，将输入数据 X 映射到目标输出 Y。假设存在一个描述了系统物理规律的物理方程 $g(X, Y)=0$，将其加入神经网络的损失函数中有

$$L_t = L_d + \lambda \cdot g(X, f(X)) \tag{3-22}$$

式中，λ 是正则项权重；L_d 是基于数据的损失函数；$g(X, f(X))$ 表示神经网络输出 $f(X)$ 与物理方程 $g(X, Y)=0$ 之间的差异。目前在计算流体力学领域，基于学习偏倚所构造的 PINN 备受关注[12–14]，其是将 N－S 方程的微分形式作为约束条件融入神经网络模型的损失函数设计中获得的，即上式 $g(X, Y)=0$ 为 N－S 方程的微分形式。值得注意的是，学习偏倚的方式并不针对神经网络的主体架构，其在架构设计方面采用的是成熟的神经网络层，主要是对输出端的基本单元处理或设定特定的物理意义，通过损失函数来限制模型的训练过程。比如文献[15]，其中的网络架构如图 3－14 所示。

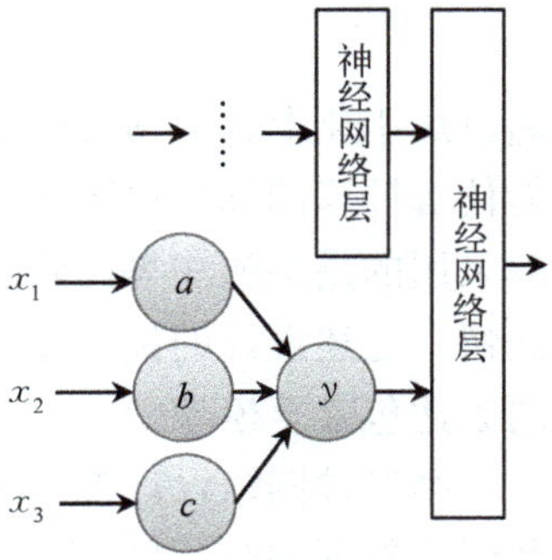

图 3－13　归纳偏倚设计网络架构简例

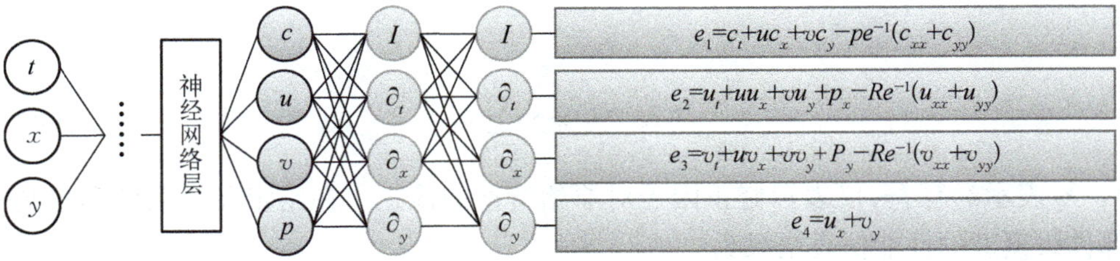

图 3－14　N－S 方程的信息神经网络架构

针对航空发动机领域，分析上述三种形式下的物理知识嵌入网络方法是否适用于构建发动机性能数字孪生模型。观察偏倚是通过数据增强的方式补充样本空间，以此嵌入物理知识的，但由于一次性获取大量的航空发动机数据是构建性能数字孪生模型的挑战之一，因此需考虑除引入数据外的其他方式来实现物理知识的嵌入。

归纳偏倚的核心是通过数学物理方程来干预神经网络模型的架构设计，而涉及性能模拟的发动机部件系统耦合的方程繁多且复杂，难以构筑至神经网络的架构中。学习偏倚的核心与归纳偏倚一样，都集中在数学物理方程上，其面临与归纳偏倚相似的阻碍。不同的是，学习偏倚干预的是神经网络模型的训练阶段。本节参照 PINN 方法，给出两种基于学习偏倚思路的网络设计，以进一步分析如何将物理知识嵌入网络以构造发动机性能数字孪生模型。

第一种网络设计是根据发动机部件共同工作构造的偏差函数，用神经网络模型来学习函数中需要迭代的变量，而偏差函数作为损失函数对训练过程干预。设偏差函数为 $B(x, \theta)$，其中 x 是输入，θ 是需要迭代的变量。神经网络模型为 $F(x; \phi)$，其中 ϕ 是神经网络的参数。则该设计下的损失函数可以表示为

$$L(\theta, \phi) = B(x, \theta) + F(x; \phi) \tag{3-23}$$

通过最小化上式的损失函数使模型能够更好地映射发动机的特性。上述思路与发动机性能仿真计算的部件法区别在于获取迭代变量数值的方式以及迭代求解的算法。部件法求解采用的是牛顿法等高阶迭代格式,收敛速度上比神经网络模型采用的一阶梯度下降算法快。上述设计的优势在于通过数据避开了对发动机部件特性图的需求,并将性能衰退的表达包含至模型中。

第二种网络设计参照了模型驱动的并联结构。并联结构下,神经网络模型通过历史和试验数据训练,可以直接用于修正性能仿真模型的结果,或是修正部件特性图。直接修正性能仿真模型的网络只能反馈整机信息,无法获取部件性能的变化。而设计的架构由航空发动机的零维气动性能仿真模型和修正航空发动机部件特性的神经网络模型构成,如图 3-15 所示。由于各部件特性的衰退因子没有测量数据,无法作为神经网络模型的目标参数,修正部件特性图的网络是作用在部件特性图上,因此由发动机物理机理模型的解来调整网络的参数。假设 C_{ori} 为发动机部件级模型的原始特性, C_{cor} 为修正后的特性, $NN(X; \theta)$ 为神经网络模型的输出, θ 表示部件特性的修正因子,即

$$NN(X; \theta) = \{\theta_1, \theta_2, \cdots, \theta_n\} \tag{3-24}$$

式中, n 是修正因子的数量; θ 是神经网络模型的参数。发动机部件级模型的修正特性即为

$$C_{cor} = C_{ori} * \sum_{i=1}^{n} \theta_i \tag{3-25}$$

式中, $*$ 表示运算符,仅表示修正因子对原始特性的修正。在给定飞行条件和控制规律后,部件级模型的性能仿真结果为

$$S_{sim} = M(C_{cor}) \tag{3-26}$$

式中, M 表示发动机的零维气动性能仿真模型。因此,用于调整神经网络模型的损失函数即为

$$L(\theta) = f(M(C_{cor}), S_t) \tag{3-27}$$

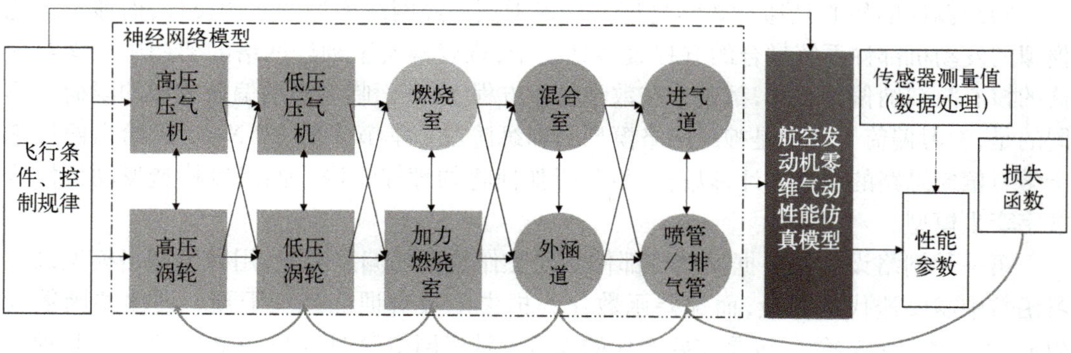

图 3-15 基于发动机零维气动性能仿真模型的模型驱动架构

式中，S_t表示发动机的实际性能参数。通过物理机理方程与损失函数的结合，在网络中引入了物理知识。此处仅考虑了发动机气路系统。为了耦合航空发动机各系统对发动机气路气动性能的影响，就需要不断对物理机理模型进行改进。

综上，上述的讨论涵盖了发动机的共同工作、部件特性，以及物理机理方程等发动机物理知识嵌入网络的方法。上述方法中通过明确的数学物理公式将物理知识嵌入了神经网络中，数学物理表达式给出的因果关系增强了神经网络的可解释性。但正是由于依赖数学物理公式，当难以给出复杂系统耦合以及性能衰退等情况的明确表达式时，方法研究受阻。此外，在期望通过物理知识的嵌入对神经网络训练起到约束的同时，对于发动机性能数字孪生模型而言，更关注于物理知识对网络架构设计的影响。而当前描述气路、空气、滑油、附件等系统一体化的物理机理方程和模型有待探究，延长了这类物理知识嵌入网络方法的研究周期。

因此，以构建航空发动机的性能数字孪生模型为目的，本节将航空发动机的物理知识嵌入神经网络时，不以数学物理方程为嵌入网络的主要内容，并且嵌入的物理知识能够表征以下内容：不仅能考虑发动机气路的性能，还将各种发动机系统纳入，完整考虑所有系统的共同工作状态，能单独表征部件、系统的特性。

二、基于参数相似性结构的物理知识嵌入网络方法

物理知识嵌入网络方法首先需要明确可以用于嵌入网络的物理知识。在航空发动机的试验中，测量了环境参数、控制参数和性能参数。通过这些参数与发动机整机性能和各部件特性的关联，实现对航空发动机性能的评估，以帮助研究者进行发动机设计改进、维修等工作。航空发动机的工作过程中，所有的部件和系统相互关联，在确定的航空发动机物理结构下，以共同协同工作的状态运行。因此，在不引入数学物理方程且考虑发动机部件、系统协同耦合的前提下，将航空发动机参数、航空发动机物理结构作为物理知识嵌入智能网络。

接着，需要确定航空发动机物理知识的嵌入方式。航空发动机参数与航空发动机部件、系统特性相关联，物理结构约束了航空发动机部件、系统之间的信息交界面。因此，航空发动机物理知识嵌入网络的方式为：基于相邻输入参数学习航空发动机各个部件、系统的各自规律，网络的数据传递与物理系统部件间的耦合相互关联。该方式以测量参数之间的关系来表示特定的部件和系统，结合航空发动机物理结构干预神经网络的架构设计，称为“参数相似性结构嵌入方法”，以此方法嵌入网络的架构称为“基于参数相似性的网络架构”，简称“基于参数的网络架构”。基于参数的网络架构以航空发动机工作过程中部件/系统之间的物理结构连接为主要架构，由建模对象，即航空发动机的物理结构、数据驱动的训练方式和神经网络架构组成，不涉及任何的数学物理方程。

基于参数相似性结构嵌入方法形成网络架构的第一步是，依据物理信息划分神经网络模型架构的层次结构。根据航空发动机的物理架构，网络架构被分为三层：物理信息输入层、耦合层和参数映射层。网络架构的示意如图 3－16 所示。物理信息输入层对应于航空发动机的部件和系统，用于学习发动机部件和系统的特性。耦合层反映了航空发动机部件和系统如何共同工作，同时对物理信息输入层的学习状态施加影响。物理信息

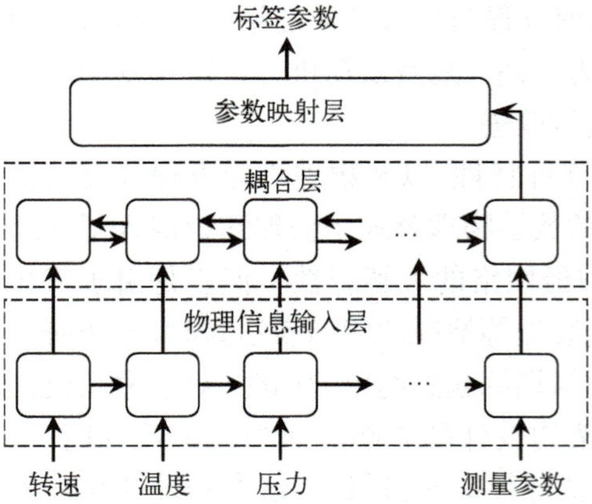

图 3-16 基于参数的物理知识嵌入网络架构

输入层是神经网络模型获取航空发动机单个部件、系统特征的途径，受到耦合层中整机耦合对部件特性表现的约束。整个数字架构的顶层是参数映射层，它建立了耦合层的抽象特征与航空发动机参数之间的关系，是物理知识网络架构转向发动机性能数字孪生模型的接口。

构造上述数字化架构的重点是根据航空发动机的物理结构来定制物理信息输入层。神经网络层的基本单元存储着关键信息，但纯粹由数据驱动训练而来的信息是无任何规则约束且不具备可解释性和物理含义的。因此，通过对输入层的参数、输入结构进行物理信息的干预，赋予基本单元物理含义从而将物理知识嵌入网络。参考航空发动机的物理结构，将航空发动机整机拆分成气路各主要部件、滑油系统、空气系统以及附件系统等，并以此将航空发动机的测量参数按上述物理结构的划分进行归纳，物理信息输入层以测量参数来表示发动机不同部件截面处的状态，参数关系表示特定的部件或系统，进而实现对航空发动机参数和物理信息的聚类。航空发动机的主要结构可分为滑油系统、引气系统、控制系统，以及气路系统的所有部件。对从地面试车、高空试车和飞行试验中收集的参数聚类。每个聚类分类代表航空发动机结构中的相应部件或系统。根据应用场景选取性能数字孪生模型的目标参数，并过滤每个分类中的冗余聚类参数。通过此步，能直接筛选出该网络架构的输入参数，不再需要进行额外的参数选择。至此，限定了物理信息输入层的输入参数需满足的两个条件，一是规定为可测量参数/传感器参数，通过性能仿真计算而不能通过试验测量的参数暂时不予考虑，可测量参数才能体现航空发动机的状态并实现数字空间与物理空间的交互；二是参数是根据航空发动机的物理结构分类获得，能够快速地从聚类参数中选取代表部件/系统特性的参数，从而过滤掉冗余参数，减少计算工作量。

构建物理信息输入层的下一步是对上述的聚类参数进行组合，将具有串行结构的单层神经网络与航空发动机的物理结构信息相融合。此层中，所有串行结构的神经网络被分为部件组和系统组，并与聚类参数一一对应。部件组的顺序参照航空发动机气路系统主流部件的顺序进行排列，形成该网络层的主干结构。参照系统与主流部件的关联关系将发动机系统对应的网络组插入至排列顺序中。实质上，所有串行结构的神经网络共用一组基本单元，将该组基本单元视为控制体表征发动机部件内介质的状态，数据不断对该组基本单元进行权重调整。该层中的串行结构网络接收了依照特定排列顺序的参数，记录和学习参数对应的部件/系统特性，位于模型架构的底层。

物理信息输入层仅考虑了邻近部件中，上游部件对下游部件的影响，而状态耦合层反映了航空发动机部件和系统的共同工作。物理信息输入层中每一次计算的输出，除了用于该神经网络层的自更新，还保留至耦合层。当物理信息输入层的计算结束后，再依次按照物理信息输入层的计算顺序进一步耦合。假设 $NN(x;\ \theta)$ 为物理信息输入层的神经网络，其中 x 为输入参数，θ 是神经网络的参数。由于该层神经网络涉及多个时间步的输入,每个时间步对应于发动机的不同部件,则 x_i 表示第 i 个输入向量,其中 i 对应于不同的发动机部件,且输入顺序参照发动机主流流经部件的顺序,有

$$h_i = \mathrm{NN}(x_i,\ h_{i-1};\ \theta) \tag{3-28}$$

式中,h_i 是第 i 个网络的输出。这个过程中,x_i 包含了物理知识,其中的每个元素对应于不同发动机部件的参数。耦合层的神经网络为 $\mathrm{CP}(x;\ \alpha)$,其中 α 为该神经网络的参数,网络的输出为

$$H_i = \mathrm{CP}(h_{i-1},\ h_i,\ H_{i-1};\ \alpha) \tag{3-29}$$

式中,i 与物理信息输入层的时间步对应。耦合层使得网络可以学习到不同部件之间的关系,通过训练网络 α 将学习到如何有效地表示发动机部件和系统之间的复杂关系。上述网络架构整合了数据驱动和物理知识,提供了深层次映射航空发动机性能的能力。

三、动态性能表征

航空发动机在制造、服役和维修过程中产生了海量数据,这些数据为分析航空发动机的性能状态提供了基础。数据中记录的参数包含气动热力学参数和控制参数,例如,发动机部件的截面温度、压力等。然而,测量的参数只能表征航空发动机单一时刻的状态,仅以上述参数作为性能数字孪生模型的输入,则很难表征发动机的动态特性。通常,数据驱动模型会将先前模型的输出作为下一次计算的输入,与输入参数合并后再运算,作为学习航空发动机动态特性的一种方法。但是,物理知识嵌入网络架构以此类方法进行扩展时,会破坏物理输入层表征的物理含义,物理信息在架构中就失去了应有的作用。这是因为性能数字孪生模型的目标参数一般包含了推力、耗油率等整机性能参数,而整机性能参数无法融入物理输入层中。因此需要考虑添加额外的参数来表征性能数字孪生模型的动态特性。

添加的参数需要满足以下条件:一是便于用测量参数进行计算;二是能够代表发动机状态的参数;三是添加的参数能够融入物理输入层,不破坏架构物理含义。综合考虑,转速关于时间的函数作为额外的添加参数是合适的,见表达式(3-30)。首先,在航空发动机中,相对于温度和压力等参数的测量,转速的获取途径更为直接和可靠。转速测量直接反映发动机旋转部件的运动情况,不受到液体或气体介质的影响,因此在某些情况下更易于实现。此外,转速作为被控参数,更能全面表征发动机整体状态。再有,转速关于时间的函数可以与物理输入层适配,能与聚类参数一同表征发动机状态。而整机性能参数,如推力和功率,是不可测量的,不符合物理信息输入层的结构。

$$\Delta_t = f(n_i,\ t) \quad i = (l,\ h) \quad t \in R^+ \tag{3-30}$$

第四节　基于参数相似性嵌入架构的数字模型构建

物理信息层是基于参数相似性嵌入架构的核心。在物理信息层中,首先保证航空发动机的可测量参数排列顺序与气路系统主流部件的顺序一致。而后,为了表征发动机的动态特性,构造的转速非线性函数参数存在两种排列位置:一种是将构造的参数放置在

所有参数的前端,以表征上一时刻发动机的性能状态;另一种则是作为代表部件的参数,同相关的聚类参数输入至对应的并行结构中。

以双轴涡喷发动机为例,简要描述模型架构中的物理信息输入层的结构,如图 3-17 所示。假设输入至并行结构的参数向量均为 1,构造的非线性函数是参数序列中的第一个输入,接着按照进气道、风扇、高压压气机、燃烧室、高压涡轮和低压涡轮的顺序排列聚类参数。表征滑油系统的聚类参数分别插于风扇与高压压气机之间和高压涡轮与低压涡轮之间。至此,完成了物理信息输入层架构的输入参数排列,筛选了网络架构的输入参数,不再需要进行额外的参数选择。耦合层接受物理信息输入层的所有输出,因此耦合层的并行结构数量等同于物理信息输入层的结构数量,此例中的数量均为 8。

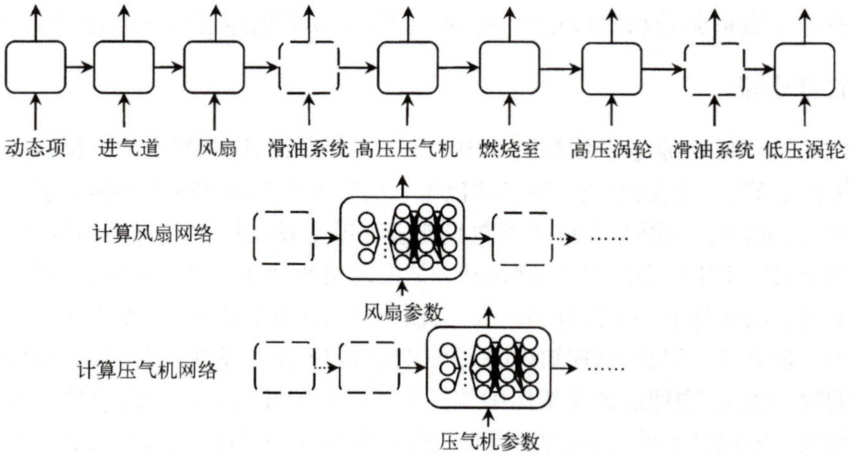

图 3-17　物理信息输入层的结构

为了构建具体的发动机性能数字孪生模型,需要确定架构中的神经网络层。采用成熟的神经网络去构建模型是一种快捷的方式。对于物理信息输入层的结构考虑双向的循环神经网络。展开的循环神经网络是一种并行结构,与物理信息输入层的结构相匹配。并且,与单向的循环神经网络相比,双向的循环神经网络考虑了输入参数顺序的作用,减小了表征同一部件的不同测量参数次序对模型性能的影响。耦合层的神经网络与物理信息输入层一致,一方面是将部件和系统的抽象特征耦合,另一方面是需要接收物理信息输入层的输出维度。映射层则使用全连接层,用于映射耦合输出与目标参数之间的映射关系。

一般来说,循环神经网络用于学习序列数据的信息,循环神经网络的单元循环次数决定了序列数据的长度。输入参数的数量与神经网络的基本单元数相关联,冗余参数的加入会增加模型的复杂度从而延长模型的训练时间,而被忽略的参数可能是模型的关键输入,造成参数缺失不能充分表征特性的问题。循环神经网络层需要调整网络的基本单元数,以平衡神经网络的训练时间与收敛精度。因此,确定循环神经网络的单元循环次数是应用循环神经网络的重要一步。而应用在物理知识嵌入网络架构中的神经网络层,其超参数和输入参数都会受到一定的约束。

由于航空发动机物理知识的嵌入,架构中所采用的循环神经网络层的序列数,等同于部件/系统的参数数量之和,且序列数据的维度含义由原先表示时间序列改变成空间序列。对于序列数据,作为网络输入时需要确定三个维度:第一个维度表示批次,即一次性输入至网络的条目数;第二个维度为序列长度,即循环神经网络中单元的循环次数;第三个维度表示序列数据的向量维度。由于维度含义的改变,序列数据的序列长度为部件/系统的参数数量。再有,常规情况下需要一系列的验算来确立序列特征的顺序,而在物理嵌入的网络架构中则根据航空发动机的类型可直接固定。物理信息输入层中的序列数据的特征维度,有两种确定途径,包括双参数输入和单参数输入两类形式。如果记录的参数可以成对聚类为部件参数或系统参数,则双参数形式的输入优于单参数输入。通常,记录的部件参数会考虑温度和压力,此类情况下应用双参数输入更合适,其余情况下单参数输入更加简便。故对于单参数输入,其序列数据的序列长度等于部件参数、系统参数,以及表征动态的构建参数数目之和,特征维度固定为 1;而对于双参数输入形式,序列长度则为部件、系统个数之和加 1,特征维度固定为 2。两种参数输入格式的示意如图 3-18 所示。

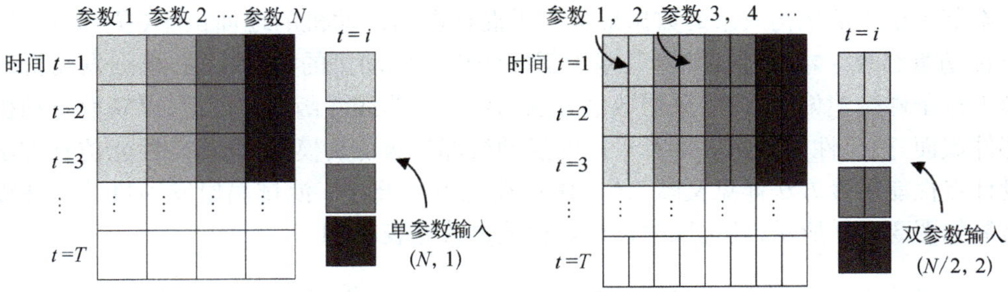

(a) 单参数输入　　(b) 双参数输入

图 3-18　物理信息输入层下的序列数据输入格式

第五节　模型测试与分析

一、评价指标

为了验证基于参数的物理嵌入网络架构的有效性,对比分析基于物理知识嵌入网络的方式和纯数据驱动的方式,采用航空发动机的数据构建各自的性能数字孪生模型,以部件、整机性能参数的实时跟踪预测效果进行对比验证。一般地,训练模型的主要流程为:划分数据集并进行数据处理,设置模型、数据及训练过程的超参数,根据应用问题选择合适的损失函数和优化器对模型进行训练,根据性能评价指标评估模型的精度、稳定性等。一般地,训练性能数字孪生模型的损失函数为均方误差(mean square error, MSE):

$$E_{\mathrm{MSE}} = \frac{1}{n}\sum_{i=1}^{n}(y_{i,\,\mathrm{temp}} - y_{i,\,t})^2 \tag{3-31}$$

式中, E_{MSE} 表示在单次训练过程中模型接收的所有输入向量的均方误差;n 是单次训练过程中输入向量的总数; $y_{i,\,t}$ 是第 i 个数据点的标签向量; $y_{i,\,\mathrm{temp}}$ 是第 i 个数据点在模型训练过程中的输出向量。由于模型训练涉及函数求导运算,因此为了计算和编程便捷,在不影响训练结果的前提下通常将式(3-31)除以常数 2。后续,如无特别说明,模型训练的损失函数默认选用均方误差并执行此处理。衡量模型的性能指标采用平均相对误差(average relative error, ARE)和最大相对误差(maximum relative error, MRE):

$$R_i = \left|\frac{y_{i,p} - y_{i,t}}{y_{i,t}}\right|, i = 1, 2, \cdots, N \tag{3-32}$$

$$R_m = \max(R_i, i = 1, 2, \cdots, N) \tag{3-33}$$

$$R_a = \frac{1}{N}\sum_{i=1}^{N}(R_i) \tag{3-34}$$

式中,R_i为数据 i 的相对误差值;R_m为最大相对误差;R_a为平均相对误差;N 是用于评价模型的测试集数据总量;$y_{i,p}$是模型对测试集数据的实时预测;$y_{i,t}$为测试集数据的标签向量。

二、基于零维模型性能仿真数据的架构验证

本节用于验证架构效果的数据集来源于混排涡扇发动机的地面试车($H=0$ m, $Ma=0$)性能仿真结果。本次性能仿真是基于部件法构建发动机的零维模型,根据发动机部件共同工作条件构建偏差方程,采用数值方法迭代求解非线性函数方程组,以获取发动机的各部件截面、整机性能参数。本章采用的发动机部件级仿真模型、设计点性能仿真方法及非设计点性能仿真方法详见文献[16-18],在此不再赘述。混排涡扇发动机的部件级模型布局如图 3-19 所示,其选取的设计点相关参数见表 3-1。

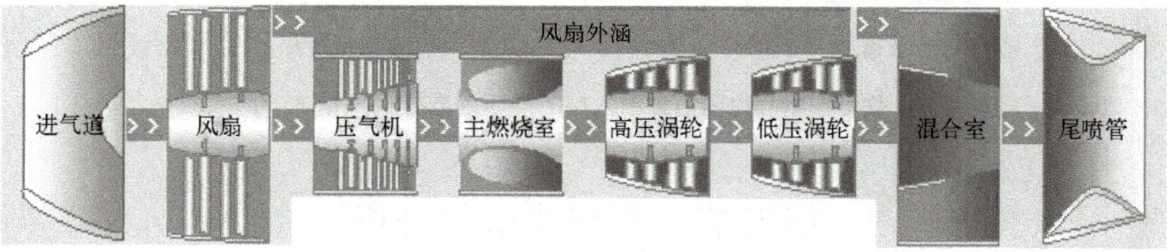

图 3-19 混排涡扇发动机的部件级模型布局图

表 3-1 混排涡扇发动机设计参数及数值

设 计 参 数	数 值
发动机进口流量/(kg/s)	130.0
风扇压比	3.30
风扇等熵效率	0.85
风扇涵道比	0.46
压气机压比	6.00
压气机效率	0.85
燃烧室出口总温/K	1 700
燃烧效率	0.99
高压涡轮效率	0.90
低压涡轮效率	0.91

训练数据集包含了发动机从慢车到最大状态，再到慢车状态的连续过程的数据。训练数据用于构建基于参数架构的数字孪生模型和传统数据驱动模型。测试数据集由四段不同于训练集控制规律的仿真结果组成，用于评估模型的性能。模型的目标参数为航空发动机的推力和耗油率，其在训练集和测试集的趋势见图 3－20。模型的输入参数主要包括可测量的部件进、出口的总温、总压等，具体的输入参数和目标参数见表 3－2。由于推力和耗油率之间的量级差距较大，需要对数据进行归一化，以避免网络模型训练过程中，损失函数被量级大的目标参数主导而忽视对其他目标参数的学习。

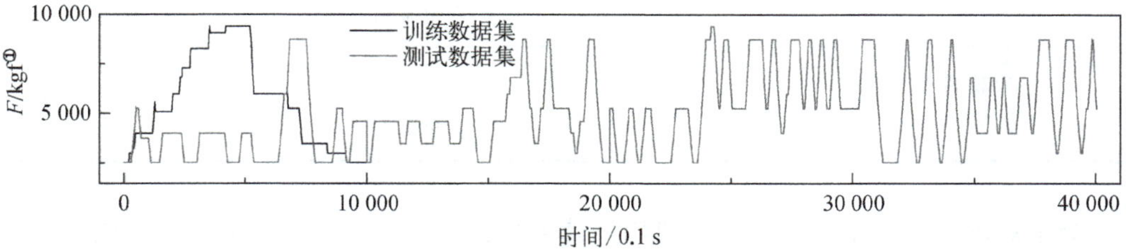

(a) 推力

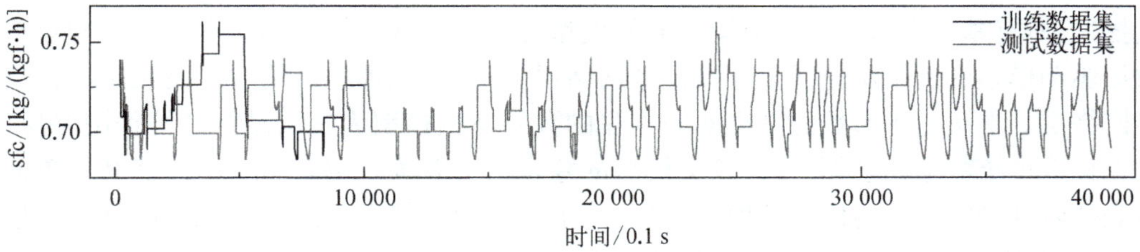

(b) 耗油率

图 3－20　数据集中的目标参数数值

表 3－2　模型的输入、目标参数

参 数 类 型	参数/部件截面
总温	进气道出口 风扇内外涵道出口 压气机出口 低压涡轮出口 混合室内/外涵进口 混合室出口
总压	进气道出口 风扇内外涵道出口 压气机出口 低压涡轮出口

① 1 kgf = 9.806 65 N。

续 表

参数类型	参数/部件截面
总压	混合室内/外涵进口 混合室出口
控制/被控参数	低压转速 高压转速 燃油流量
整机性能参数	推力 耗油率

为了对比分析基于参数的网络架构构建的发动机性能数字孪生模型的精度，基于传统数据驱动的网络架构形成了对比模型，验证物理知识嵌入对于网络架构的效果。为简化描述，所有基于参数的网络架构形成的模型统称为参数架构模型。本节用于构建传统数据驱动模型的网络层包括全连接神经网络层、一维卷积神经网络层以及长短期记忆神经网络层。本次基于参数的网络架构构建的数字孪生模型为三层结构的神经网络层，因此在构造传统数据驱动模型时，该类模型的隐含层主要为三层。模型的网络基本单元总数表征着神经网络架构模型的模型容量，为了突出物理知识对网络架构中网络层连接的约束作用，需要确定用于对比的模型的基本单元数量。考虑到全连接的基本单元连接方式是基础的单元连接设计，因此本节以三层全连接神经网络层构建了三个传统数据驱动模型，作为基准模型进行模型容量的试验计算，以计算时间和基准模型的精度作为衡量标准，为后续对比模型的基本单元总数设置提供参考。为保证基准模型的精度，将基准模型的基本单元总数设置为训练样本的倍数，并在神经网络层之间添加随机丢弃（dropout）层来防止过拟合。基准模型的参数设置见表 3－3，其中模型的下标表征模型容量的大小，即 s、m、b 分别表示模型容量从小到大；模型架构按顺序依次为输入层－全连接层－ReLU 激活函数层－dropout 层－全连接层－ReLU 激活函数层－dropout 层－全连接层（输出层）。

表 3－3 基准模型的参数设置

模型	参数总数	输入	Dense	dropout	Dense	dropout	Dense
FNN_s	109 602	17	500	0.3	200	0.3	2
FNN_m	260 502	17	500	0.3	500	0.3	2
FNN_b	310 802	17	500	0.3	600	0.3	2

数据预处理、模型架构搭建和模型的超参数设置完成后，需要初始化模型并设置训练的优化器和损失函数，具体见表 3－4。表中，轮次（epoch）指的是整个训练数据集被模型遍历一次的过程，其定义了学习算法在整个训练数据集中的工作次数；批量大小（batch size)表示单次传递给模型用以训练的数据个数;序列长度为循环神经网络层中循环结构体的迭代次数;一般地,包含循环神经网络层的模型其优化器选用 RMSProp,其余选用 Adam;权值初始化参考文献[19]。训练过程是基于梯度下降算法执行的,具有随机性,故为了降低该随机性对测试结果的影响,每个基准模型均独立运算 5 次,统计多次模型训练的相对误差作为最终的性能指标。

表 3－4　模型训练参数的设置

参　数	设　置
批量大小(batch size)	20
优化器	Adam/RMSProp
轮次(epoch)	200
权值初始化	glorot-uniform
偏置初始化	zeros
序列长度	10

表 3－5 给出了验证模型的参数设置,建立了不同网络层数的传统数据驱动模型和基于参数的网络架构模型。表中的模型结构给出了各模型的网络层数、网络结构以及网络的输出节点数,其中的数字由小到大分别表示全连接层、双向长短期记忆网络、一维卷积网络层、物理信息输入层和耦合层,且每一个网络层都紧跟着一层随机丢弃层;网络结构括号的数字代表该网络的输出节点和随机丢弃层的丢弃率。例如,FNN_f模型的结构表示为,输入层接收 17 维的参数向量,经由第一个全连接层后输出 500 维的参数向量,训练过程中将随机掩盖该全连接层的 30%的基本节点数,输出的参数向量在经由第二个和第三个全连接层的运算后,最终在输出层得到二维的参数向量作为模型的目标参数向量,在第二、三个全连接层的计算过程中均随机掩盖该层 30%的基本节点数。PiP 表示由基于参数的网络架构构建的数字孪生模型。验证模型的架构组成见图 3－21。在备注一栏,架构中用到长短期记忆网络层或卷积网络层的模型,其数字表示序列长度或一维卷积核的大小。本节中,参数相似性的网络架构不涉及这两个参数,因此在网络模型精度的参数化分析中不会涉及这两个参数。所有验证模型均采用相同的优化算法和初始化条件且独立运算 5 次。

表 3－5　验证模型的参数设置

模型名称	模型架构组成	基本单元数	备注
FNN_f	输入(17)－1(500, 0.3)－1(300, 0.3)－1(200, 0.3)-输出(2)	219 902	—
FNN_v	输入(17)－1(500, 0.3)－1(300, 0.3)－1(200, 0.3)－1(200, 0.3)-输出(2)	260 102	—
$LSTM_m$	输入(17)－2(64, 0.3)－2(112, 0.3)-输出(2)	258 370	10
$LSTM_{ml}$	输入(19)－2(64, 0.3)－2(128, 0.3)-输出(2)	306 690	10

续 表

模型名称	模型架构组成	基本单元数	备注
$LSTM_{bl}$	输入(17)-2(64, 0.3)-2(128, 0.3)-输出(2)	305 666	10
CNN_s	输入(17)-3(128, 0.3)-2(96, 0.3)-输出(2)	184 194	5
CNN_m	输入(17)-3(128, 0.3)-2(128, 0.3)-输出(2)	274 690	5
CNN_f	输入(17)-3(128, 0.3)-2(112, 0.3)-1(128, 0.3)-输出(2)	256 002	5
PiP_s	输入(19)-4(64, 0.3)-5(64, 0.3)-输出(2)	132 866	—
PiP_{m1}	输入(19)-4(64, 0.3)-5(128, 0.3)-输出(2)	297 474	—
PiP_{m2}	输入(19)-4(128, 0.3)-5(64, 0.3)-输出(2)	297 730	—
PiP_{ml}	输入(17)-4(64, 0.3)-5(128, 0.3)-输出(2)	297 474	—
PiP_b	输入(19)-4(128, 0.3)-5(128, 0.3)-输出(2)	527 874	—

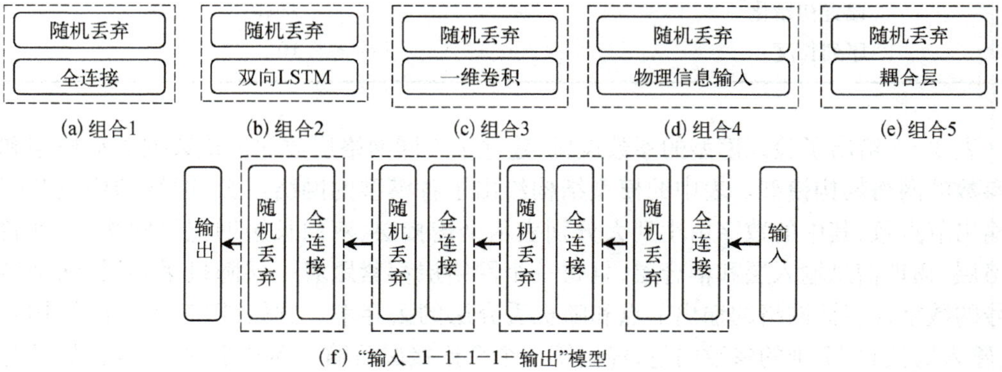

图 3-21 验证模型的架构组成

表 3-6 和表 3-7 分别给出了基准模型在测试集上的推力、耗油率跟踪误差统计结果。对比基准模型的统计结果可以观察到,三个基准模型在推力、耗油率的跟踪预测上,平均相对误差和最大相对误差的平均统计量相同。但 FNN_s 在预测推力参数时,其标准差远高于其他两个模型,表明在该模型容量下基准模型的稳定性不足。因此,后续构建的模型,其基本单元总数在 FNN_m 和 FNN_b 之间,以保证模型参数预测的性能对比能突出架构的作用。

表 3-6 航空发动机的性能数字孪生模型在测试集上对于推力参数跟踪的性能表现

推力									
模型名称	ARE/%				MRE/%				训练时间/s
	Min	Max	Ave	Std.	Min	Max	Ave	Std.	
FNN_s	3.594 4	8.441 1	5.148 0	1.901 1	9.055 3	23.340 8	12.805 7	6.067 8	198
FNN_m	3.710 4	7.372 7	5.258 3	1.356 9	10.591 5	14.654 1	12.480 0	1.515 4	363
FNN_b	3.941 4	6.671 0	5.341 1	1.098 5	12.188 8	14.017 6	13.050 2	0.769 3	687

续 表

推力									
模型名称	ARE/%				MRE/%				训练时间/s
	Min	Max	Ave	Std.	Min	Max	Ave	Std.	
FNN_f	5.246 0	6.675 1	5.915 5	0.543 1	12.082 0	17.443 9	14.605 6	2.089 6	278
FNN_v	5.627 6	9.344 3	7.603 3	1.558 0	15.834 0	22.557 1	18.263 7	2.635 5	329
$LSTM_m$	0.502 3	0.819 8	0.648 5	0.122 5	28.088 4	41.541 2	33.519 3	5.095 8	1 401
$LSTM_{ml}$	0.352 7	0.969 6	0.536 7	0.251 7	29.364 3	49.825 2	34.457 3	8.643 1	1 548
$LSTM_{bl}$	0.621 5	1.046 9	0.815 3	0.152 4	27.995 7	35.065 9	31.196 2	2.636 3	1 567
CNN_s	4.067 7	7.664 5	5.878 4	1.459 9	27.315 2	32.083 6	29.868 6	2.100 0	708
CNN_m	3.906 6	7.067 6	5.637 1	1.413 3	25.228 5	32.152 5	27.851 8	2.775 5	740
CNN_f	6.213 0	7.749 3	7.064 5	0.623 1	27.047 3	37.168 8	32.262 6	4.281 4	733
PiP_s	0.593 1	1.631 5	0.990 2	0.439 6	1.787 7	3.957 0	3.019 3	0.782 4	2 237
PiP_{m1}	0.713 8	1.791 4	1.036 1	0.431 3	1.862 2	4.652 1	2.829 9	1.260 7	2 569
PiP_{m2}	0.484 7	1.921 0	1.081 2	0.645 2	1.779 0	4.976 8	2.826 1	1.351 0	2 471
PiP_{ml}	0.602 6	1.523 5	1.228 4	0.366 3	2.193 5	6.023 5	3.643 0	1.818 5	2 392
PiP_b	0.398 8	1.079 5	0.816 6	0.263 3	1.686 5	3.164 7	2.547 8	0.731 4	3 823

表3-7 航空发动机的性能数字孪生模型在测试集上对于耗油率参数跟踪的性能表现

耗油率									
模型名称	ARE/%				MRE/%				测试时间/s
	Min	Max	Ave	Std.	Min	Max	Ave	Std.	
FNN_s	8.291 0	9.278 2	8.814 7	0.360 0	23.814 5	29.694 5	26.283 7	2.238 8	21
FNN_m	7.028 3	11.317 6	8.843 9	1.776 4	23.605 4	29.560 9	27.414 3	2.773 2	43
FNN_b	6.953 1	11.408 7	8.701 6	2.068 1	24.639 6	29.121 9	27.928 9	1.898 3	42
FNN_f	7.468 2	7.990 1	7.722 7	0.240 4	27.128 4	31.034 8	28.837 9	1.524 4	35
FNN_v	7.576 7	11.344 6	8.629 5	1.588 2	30.111 4	32.640 8	31.254 3	1.148 7	45
$LSTM_m$	1.885 0	3.056 0	2.394 2	0.483 8	36.699 8	56.271 8	46.121 8	8.280 1	81
$LSTM_{ml}$	0.463 9	1.248 0	0.830 0	0.343 6	24.024 3	24.408 1	24.312 3	0.162 2	76
$LSTM_{bl}$	1.791 7	5.068 5	3.125 7	1.242 4	30.926 3	46.209 3	36.961 8	6.462 7	102
CNN_s	7.868 7	9.048 6	8.147 5	0.506 5	27.742 4	30.725 7	29.191 5	1.167 9	44
CNN_m	8.090 8	10.966 3	9.066 9	1.221 0	27.023 3	33.159 2	29.417 6	2.737 4	45

续 表

模型名称	ARE/%				MRE/%				测试时间/s
耗油率									
	Min	Max	Ave	Std.	Min	Max	Ave	Std.	
CNN_f	6.362 4	8.629 1	7.164 8	0.963 9	33.892 1	51.182 1	42.201 3	7.107 3	62
PiP_s	0.608 6	0.799 3	0.657 2	0.081 8	3.082 0	5.986 2	4.274 0	1.232 3	163
PiP_{m1}	0.478 6	1.335 7	1.014 8	0.326 8	3.766 4	6.402 2	4.778 8	1.078 0	127
PiP_{m2}	0.674 7	1.641 8	1.092 3	0.368 3	3.205 3	5.925 7	4.388 3	1.150 7	132
PiP_{ml}	0.676 5	1.277 0	0.826 2	0.253 2	5.394 5	10.195 8	6.794 9	1.963 6	115
PiP_b	0.512 5	1.318 7	0.893 1	0.357 5	3.095 7	5.678 9	4.260 8	0.934 1	131

表 3－6 和表 3－7 给出了验证模型对于推力、耗油率目标参数预测的误差统计。图 3－22、图 3－23 给出了验证模型在测试集上对发动机性能参数的实时跟踪；图 3－24 是关于验证模型在模型性能指标上的雷达图；图 3－25 给出了验证模型在测试集上关于性能参数的平均相对误差统计值。

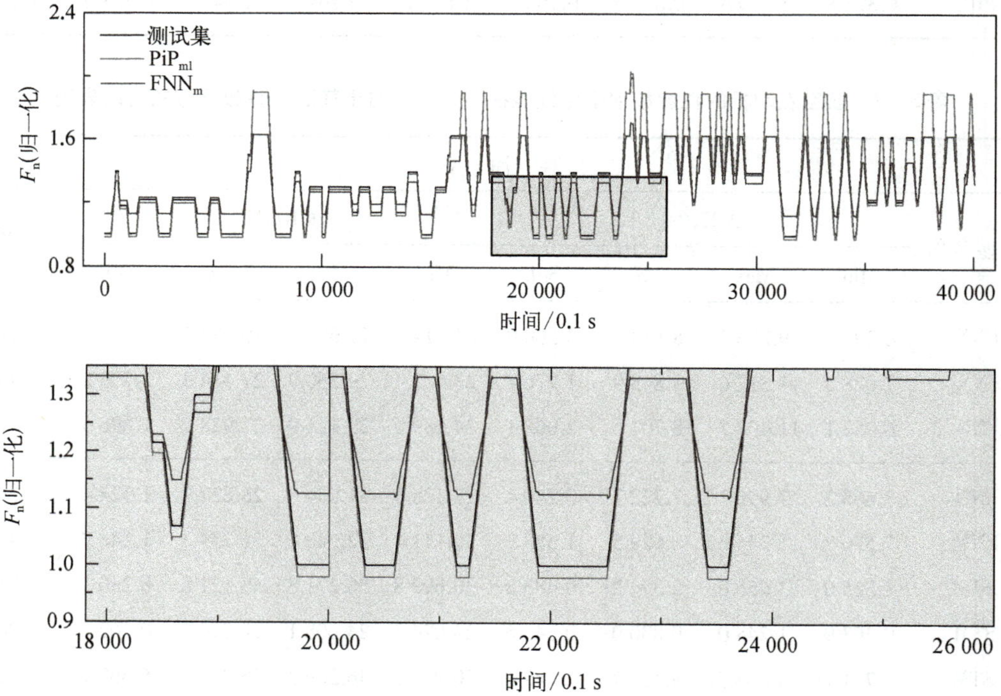

(a) PiP模型与FNN模型

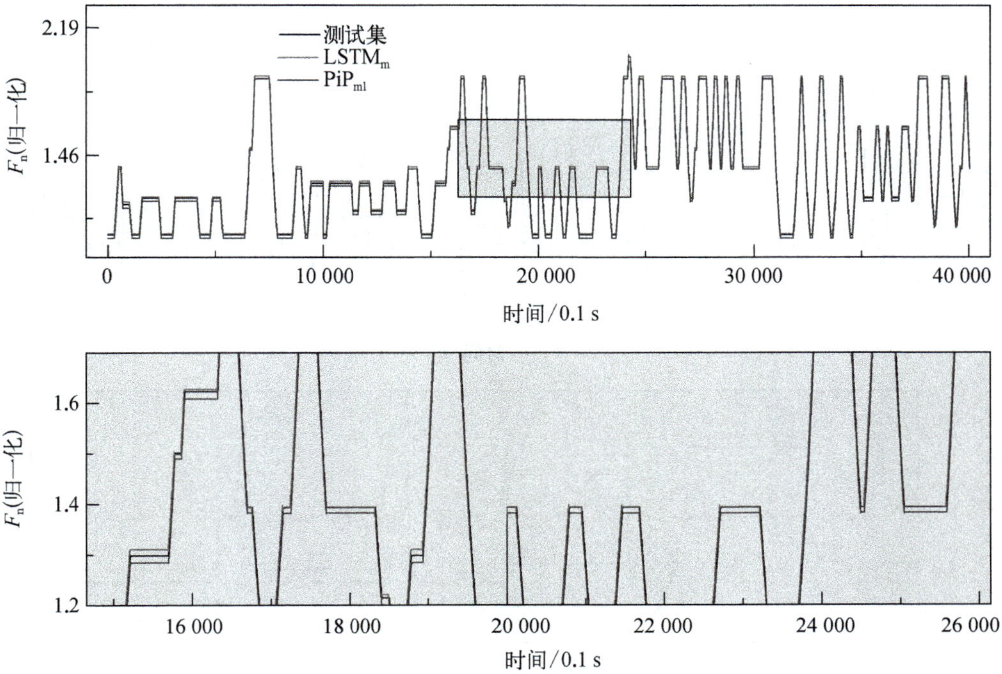

(b) PiP模型与LSTM模型

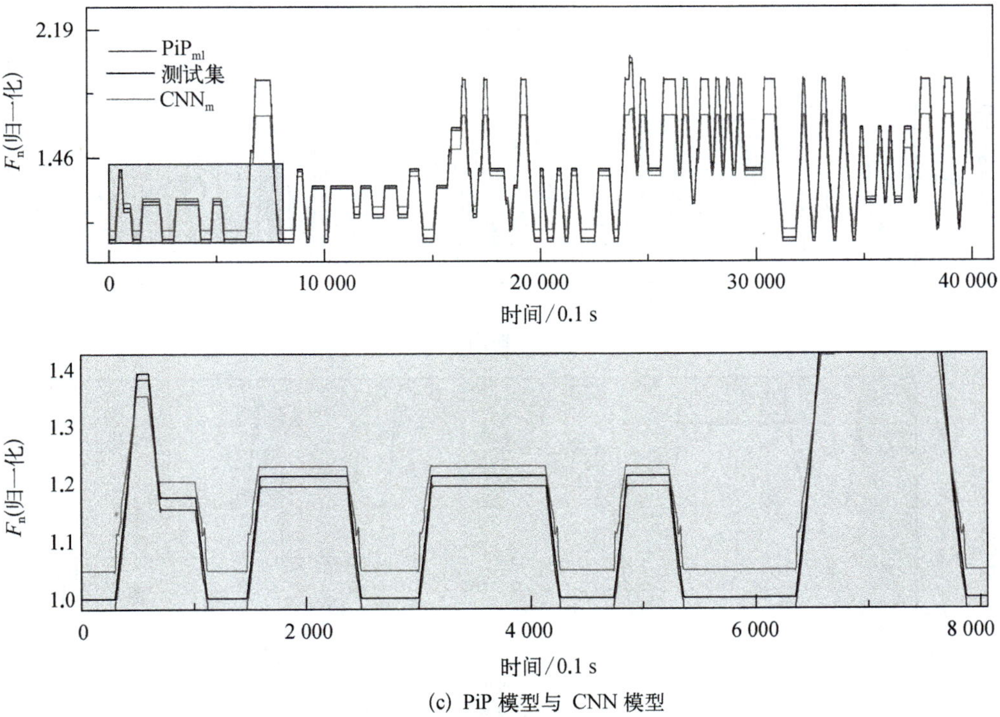

(c) PiP 模型与 CNN 模型

图 3-22　模型在测试集上对推力的实时跟踪

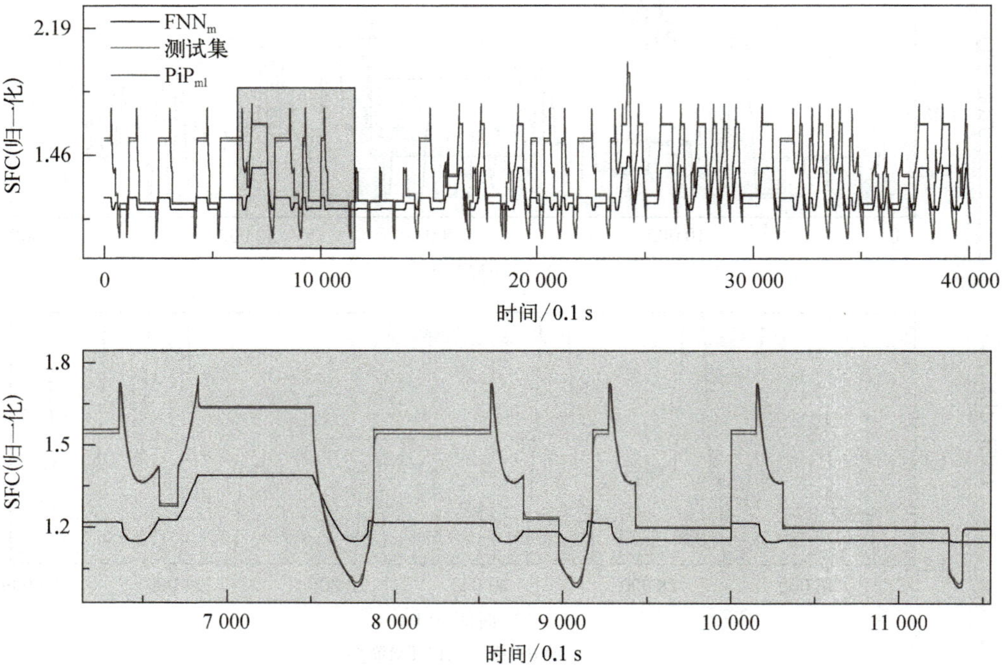

(a) PiP模型与FNN模型

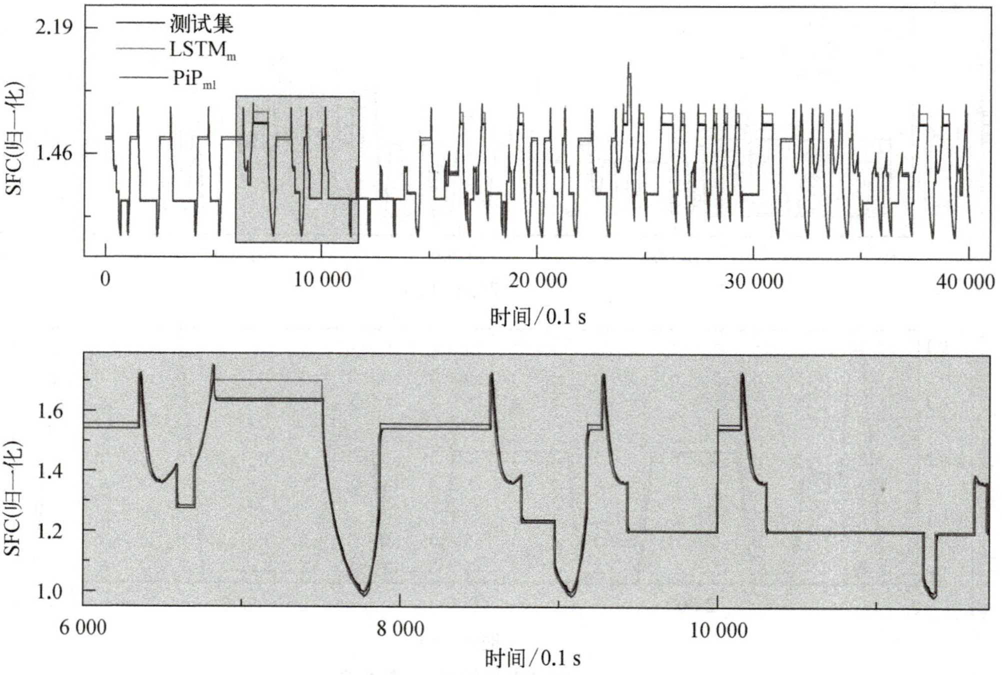

(b) PiP模型与LSTM模型

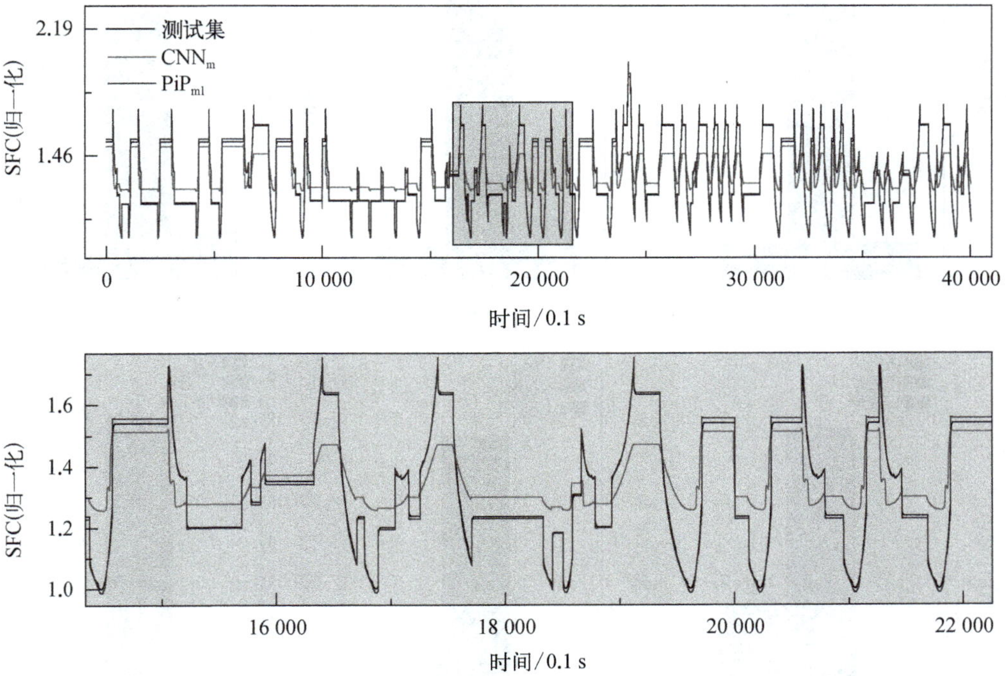

(c) PiP模型与CNN模型

图 3-23　模型在测试集上对耗油率的实时跟踪

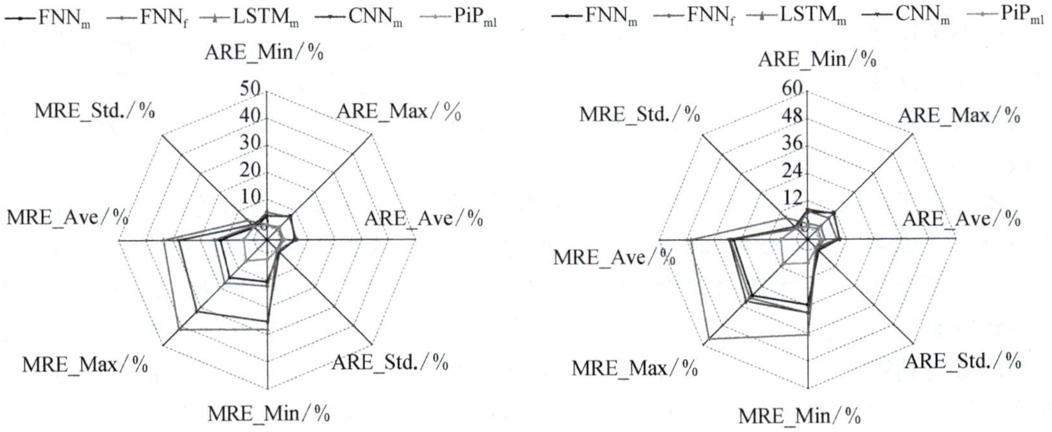

(a) 推力　　(b) 耗油率

图 3-24　模型性能指标统计值的雷达图

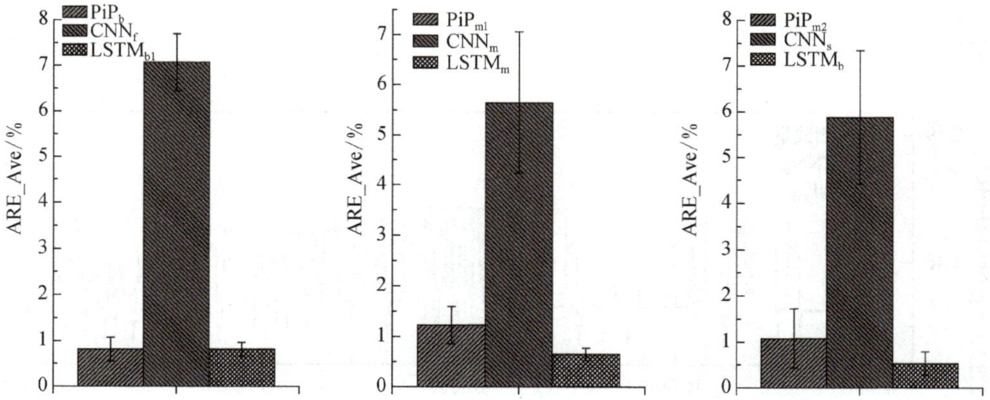

(a) 推力

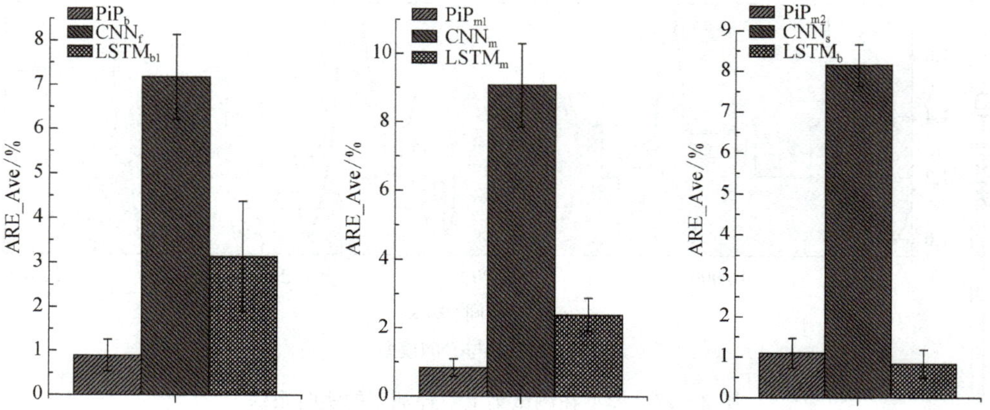

(b) 耗油率

图 3－25　验证模型在测试集中的相对平均误差统计值

综合上述图表可以看出，相较于传统数据驱动架构构建的模型，基于参数网络架构构建的发动机性能数字孪生模型在整机性能参数的预测上优于前者，后者实时预测推力的平均相对误差和最大相对误差最小约为 0.82%、2.55%，实时预测耗油率的平均相对误差和最大相对误差最小约为 0.66%、4.27%。

本节基于不同网络架构，实现了用于推力、耗油率实时跟踪预测的发动机性能数字孪生模型。模型的全局精度和局部精度通过平均相对误差和最大相对误差两个性能指标评价，模型的稳定性由标准差来评价。模型性能指标的统计结果表明，传统数据驱动网络架构构建的验证模型，其预测参数的平均相对误差很小。以长短期记忆网络层构建的验证模型能够达到很高的精度。表明越复杂的网络架构模型，其平均相对误差越小。传统数据驱动架构的验证模型，其预测推力参数的标准差小，但预测耗油率参数的标准差大，且预测参数的最大相对误差大。结合图 3－22、图 3－23 可以看出，最大相对误差主要出现在发动机的最大状态，以及发动机由非稳态转变为稳态后的数据点。此外，网络结构越复杂，模型预测参数的最大相对误差越大，而在平均相对误差指标上表现最好的模型，其最大相对误差反而最高。相较于验证模型，参数架构模型除了在推力的平均相对误差指标上略高于以循环神经网络为主的验证模型，在精度和稳定性上有着显著的优势。尤其是后者预测参数的最大相对误差远小于数据驱动的验证模型。

参数架构模型的最大相对误差远小于传统数据驱动网络架构的验证模型。参数架构模型与传统长短期记忆网络模型的主要区别是，输入层中对于输入参数的处理方式。对比这两个模型的性能指标，可以看出参数架构模型在预测整机性能参数上更为稳定。传统数据驱动模型的训练和测试时间较短，而参数架构模型的训练时间约为前者训练时间的 20 倍，测试时间则是 7 倍。然而，当训练数据量增大时，两者训练时间的差距减小。

对比基本单元总数在 FNN_m 和 FNN_b 模型之间的传统数据驱动验证模型。在模型容量相近的情况下，模型的预测精度主要受网络结构的影响。网络结构对输入参数的处理很重要，采用全连接神经网络的输入层上并未考虑参数的时间或空间的关联关系，因此其模型预测精度最差。卷积神经网络层虽然考虑了输入参数在空间的关联关系，但对模型性能的提升甚小。对比 CNN_m 和 $LSTM_m$ 模型的结构，两者都采用了双向长短期记忆网络层，两者的区别在于输入层网络的选择。参数架构中的物理信息输入层嵌入了物理知识，其输入参数的顺序需要参考航空发动机的物理结构，因此不同于 $LSTM_m$ 模型处理输入参数的方式。对比两种模型在参数预测上的性能指标，参数架构中的输入层使得模型具有高精度、高稳定性。

为了进一步分析参数架构模型的基本单元总数对模型的影响，在参数架构模型中，增加物理信息输入层或耦合层的输出向量维度来调节模型容量。由统计结果可知，对比改变基本单元总数前的模型，单独增加物理信息输入层或耦合层的输出向量维度，改变后的模型预测参数的性能没有产生质变，后者的平均相对误差和最大相对误差相较于前者变化小。然而，随着模型容量的增加，模型的稳定性降低，且模型的性能指标统计中的最大值上升。同时改变两层网络的输出向量维度来增加模型容量，虽然降低了模型预测推力的最大相对误差，但增加了模型的训练时间。因此，需要分配好物理信息输入层和耦合层的基本单元总数，以保证模型的稳定性。

分别对比 PiP_m、PiP_{ml} 和 $LSTM_m$、$LSTM_{ml}$ 两组模型，可以看出将时间函数项作为输入参数，降低了模型预测参数的平均相对误差和最大相对误差，其中，最大相对误差降低的幅度在 50%左右。在传统数据驱动模型中增加时间函数项作为输入，主要提升了模型对于耗油率参数的预测精度。时间函数项加入模型的输入，会全面提升参数架构模型在整机参数实时跟踪上的性能表现，其明显降低了模型预测参数的最大相对误差。

三、模型应用能力的试验数据验证

通过上述的性能仿真数据，验证了基于参数的网络架构的有效性，即物理信息能够简化神经网络架构的设计，并提高模型的精度。然而，仿真数据具有一定的局限性：① 航空发动机试验中传感器采集的数据存在噪声，且不同的传感器其噪声分布不一致；② 发动机的零维性能仿真模型主要对航空发动机的气路系统进行性能仿真，不包含如滑油系统、附件系统等，缺少其他系统对于发动机性能的影响信息。本节采用航空发动机的试验数据，通过基于参数的网络架构构建发动机的性能数字孪生模型，并将该模型用作虚拟传感器，以验证架构在实际应用环境的有效性。

提升航空发动机压气机压比是提升航空发动机整机性能的一种常用方式，但这种方式会使得压气机变得不稳定。在这种情况下就需要加强对压气机出口总压的监测。增加传感器数量是提升监测该参数能力最直接的方法,但增加物理传感器可能会因为成本高昂或是安装位置的限制而受到制约。此外,增加物理传感器会涉及发动机物理结构设计等因素。利用虚拟传感器代替物理传感器执行测量功能是一种解决方式。虚拟传感器是利用现有传感器数据来推断或预测所需的传感器信息的一种技术手段。因此,以构建压气机出口总压的虚拟传感器来验证基于参数的网络架构模型的应用能力。

采用某型涡轴发动机的试验数据,基于参数的网络架构构建实时预测压气机出口总压的航空发动机性能数字孪生模型,并将该模型作为测量压力的虚拟传感器。随机挑选了试验数据并将其分为训练数据集和测试数据集,且训练数据集与测试数据集交集为空。其中,用于训练基于参数的网络架构模型包含 40 次的试验数据,训练传统数据驱动的网络架构模型包含 50 次的试验数据,为的是尽可能包含更多的工况。测试数据集包含 80 次的试验数据。涡轴发动机的主要部件包括进气道、低压压气机(low pressure compressor, LPC)、高压压气机(high pressure compressor, HPC)、燃烧室、高压涡轮(high pressure turbine, HPT)、动力涡轮和喷管。因此,根据发动机物理结构选取的输入参数按以下顺序进行排列:进气温度、进气压力、燃气涡轮转速、动力涡轮转速、动力涡轮功率、导叶角度、滑油温度和滑油压力。上述参数与时间函数项一同作为架构模型的输入,用于实时预测高压压气机出口的总压。

为了确定基于参数的架构模型中神经网络层的基本单元数,分析了在双参数输入形式下不同基本单元数对模型精度的影响,结果如表 3-8 所示。表中的基本单元设置数值分别表示物理信息输入层和耦合层中的基本单元数。在所有的基本单元设置算例下,ARE 均小于标准值,考虑到模型的目标为跟踪高压压气机出口的总压,性能指标 MRE 的数值更为关键,因此本章选取算例结果中 MRE 最小但 ARE 最大的算例,作为其他模型的基本单元设置参考。在选定的基本单元设置下,对比了双参数输入的架构模型与传统网络架构模型在测试集上的性能表现,结果如表 3-9 所示。由表可知,基于参数的架构模型在 MRE 和 ARE 上远小于传统数据驱动网络模型,且 MRE 小于 5%。

表 3-8 双参数输入下模型的基本单元数设置

相对误差	基本单元设置		
	(64,64)	(64,128)	(128,128)
MRE/%	5.045 0	4.890 0	4.944 0
ARE/%	0.640 1	0.796 5	0.614 4

表 3-9 基于参数的架构模型与传统网络架构模型在测试集上的性能对比

模型	相对误差		测试集包含的试验次数
	MRE/%	ARE/%	
双参数输入架构模型	4.89	0.796 5	80
传统网络架构模型	7.84	3.026	80

此外,本章对比了双参数输入形式、单参数输入形式下的参数架构模型以及传统网络模型在测试数据集上的性能表现。为简化表述,依次用 Dual Input、Single Input 和人工神经网络(artificial neural networks, ANN)概括上述模型。图 3-26、图 3-27 给出了各模型对于高压压气机出口总压参数的实时跟踪,图 3-28 给出了各模型在测试数据集上的相对误差分布。表 3-10 给出了各模型在不同状态测试数据下的相对误差,其中 Ngc 表示燃气涡轮转速,并根据该转速的变化率作为判定依据判断测试数据所表示的发动机运行

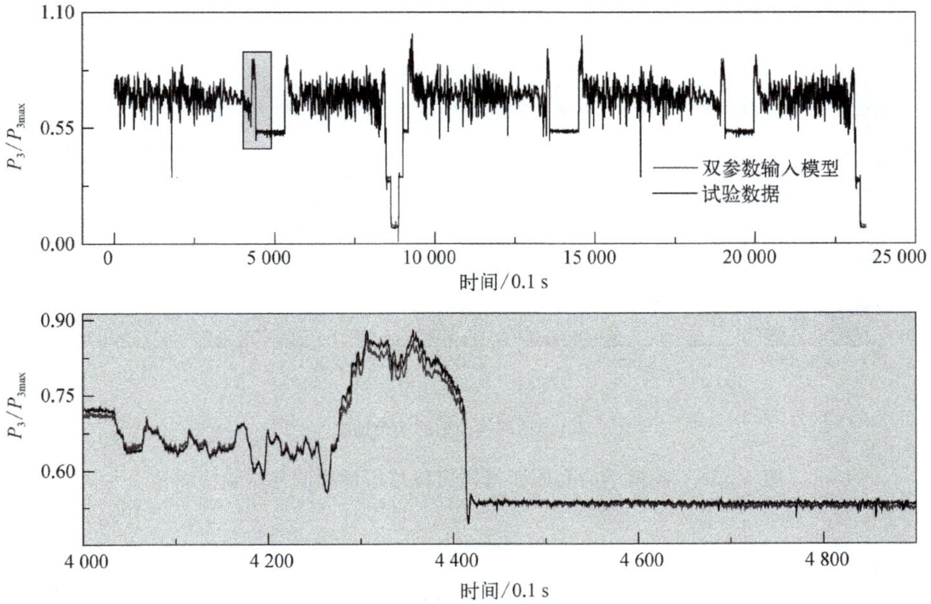

(a) 双参数输入模型的实时预测

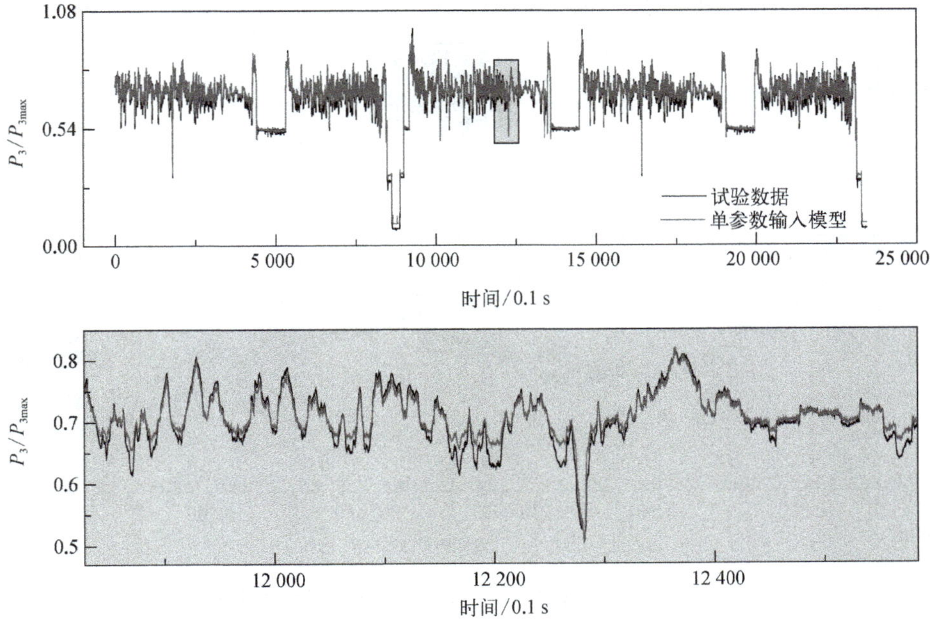

(b) 单参数输入模型的实时预测

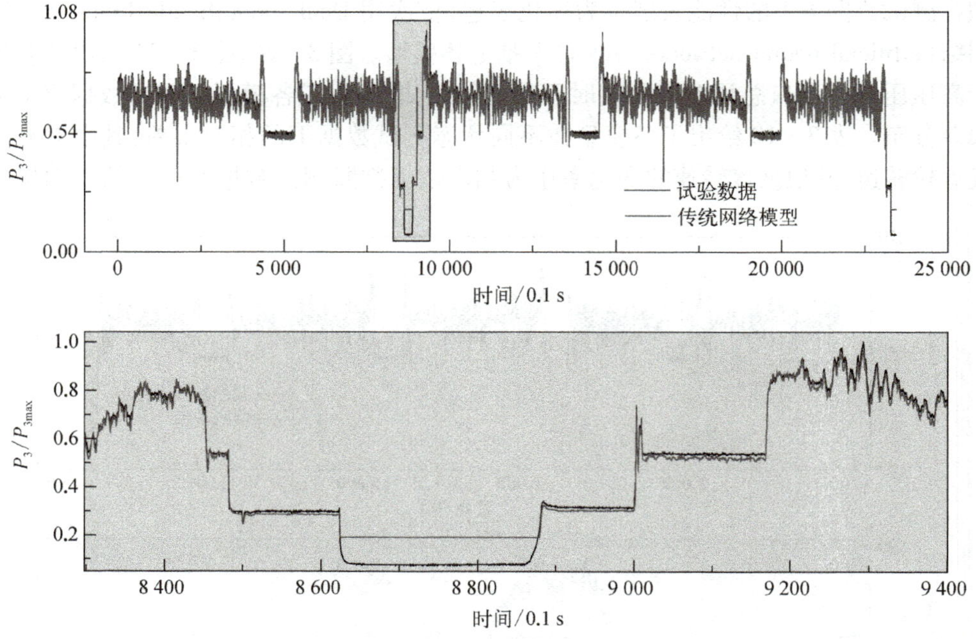

(c) 传统网络模型的实时预测

图 3－26　各模型的高压压气机出口总压预测值与试验值对比

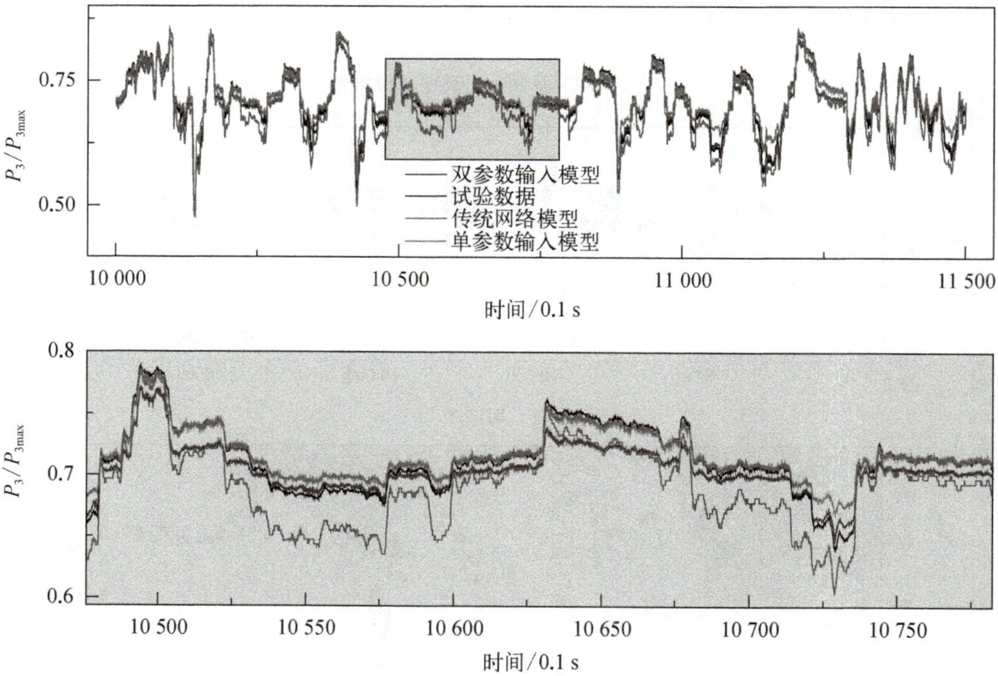

图 3－27　各网络架构模型在[10 050,11 550]区间内的实时预测

状态；而图 3－29 与图 3－30 则分别给出了各模型在稳态/非稳态数据预测的相对误差分布及稳态数据预测值的线序列图。

表 3－10　稳态与非稳态下各模型的相对误差统计结果

运行状态	模　　型	相对误差				测试样本量
		Min/%	Max/%	Ave/%	Std./%	
Ngc>55	Dual Input	2.329×10^{-5}	21.995 26	1.521 28	1.106 46	223 100
	Single Input	$9.826\ 36\times10^{-7}$	32.485 58	1.617 87	1.919 6	
	ANN	0	20.819 11	2.824 29	1.574 83	
Ngc>55 & 稳态	Dual Input	1.28×10^{-5}	7.738 08	1.492 31	1.089 41	160 001
	Single Input	$9.826\ 36\times10^{-7}$	15.915 27	1.569 79	1.831 57	
	ANN	0	6.370 88	2.838 52	1.538 96	
Ngc>55 & 非稳态	Dual Input	7.47×10^{-5}	21.995 26	1.614 31	1.166 87	68 001
	Single Input	$7.547\ 06\times10^{-6}$	27.485 58	1.811 77	2.140 55	
	ANN	0	20.819 11	2.742 43	1.659 78	

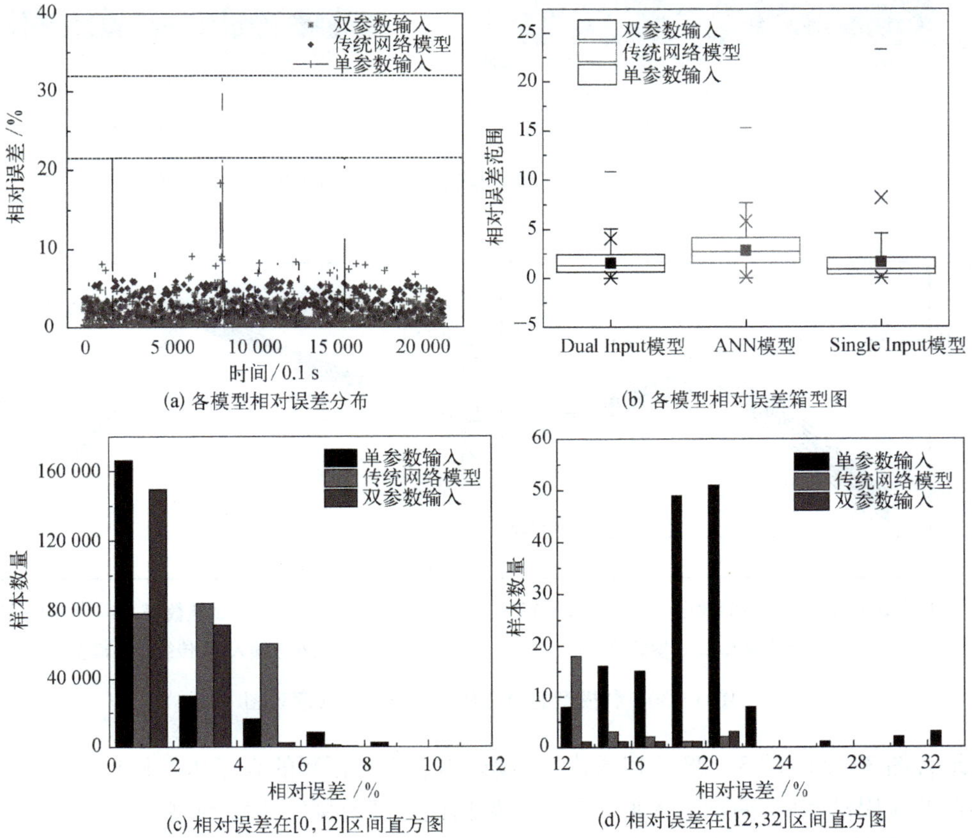

图 3－28　各模型在测试数据集的相对误差分布

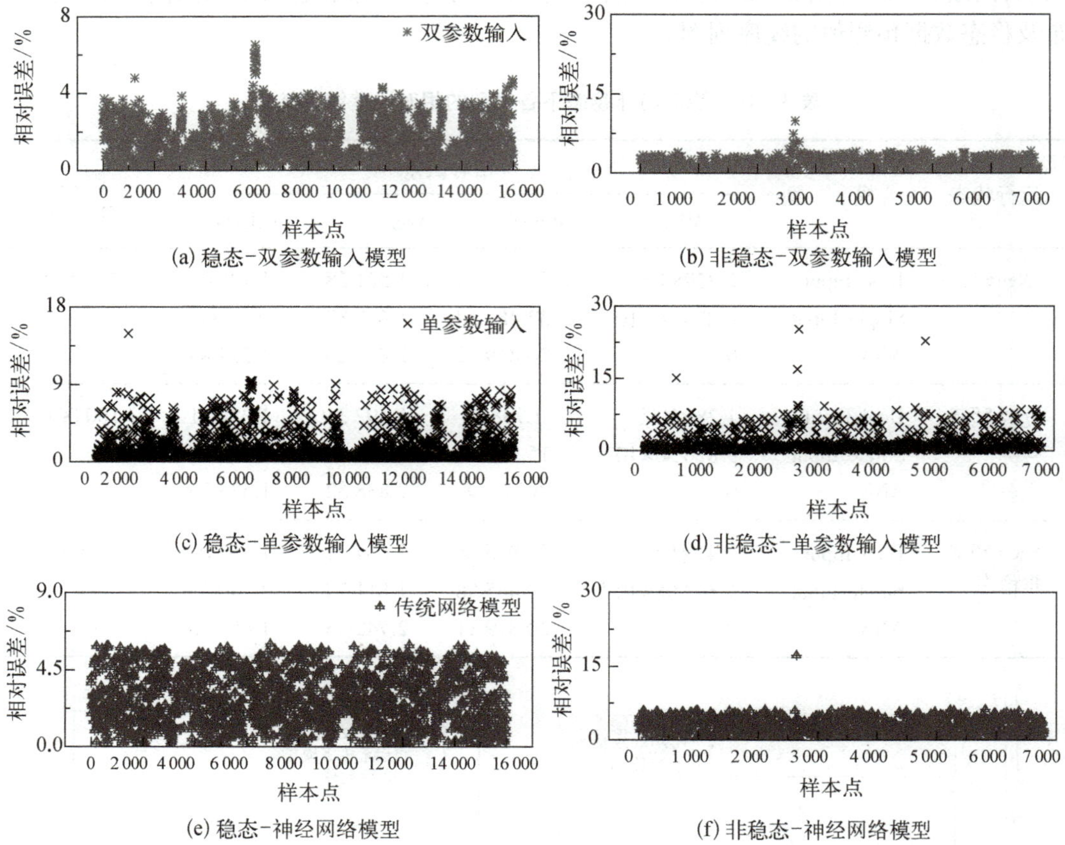

图 3-29　各模型在稳态数据与非稳态数据预测的相对误差分布

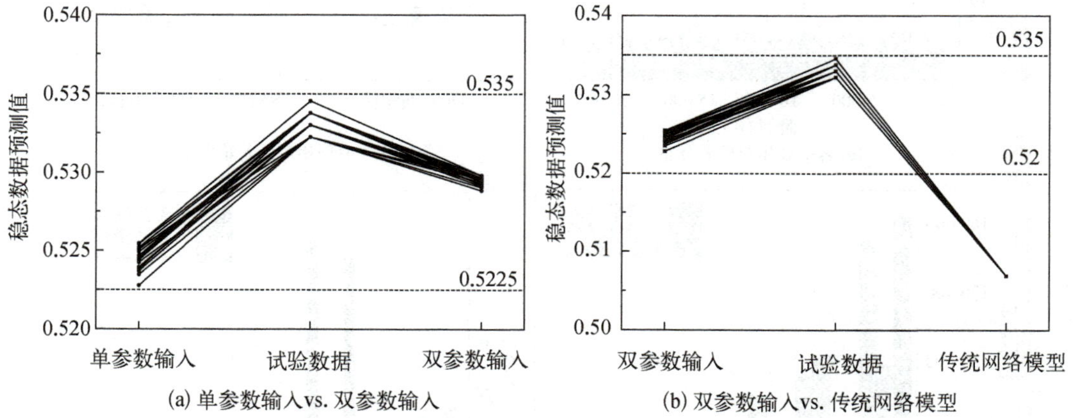

图 3-30　各模型的稳态数据预测值的线序列图

结合图 3-26~图 3-28 可以看出,在设计用于实时预测的高压压气机出口总压虚拟传感器的应用模型中,两种输入形式的参数架构模型都能紧密跟踪预测目标参数。Single Input 模型参数预测值大于测试数据,而 ANN 则难以跟上目标参数的变化规律,特别是目标参数变化急剧的区域,ANN 预测的极值与测试数据存在较大误差。由模型的误差分布图和箱型图可以看出,两种输入形式的参数架构模型的平均相对误差小于传统网络模型的平均相对误差,但三种模型均出现了异常值,且出现异常的数据点位置相同。因此可以判断,异常数据点的位置是测试数据集中各个试验数据末尾与开头的连接位置。而异常结果是由于数据在时序上不连续造成的。

由直方图可以看出,单/双参数输入模型的预测误差小于 5%的测试样本占总样本的 95%以上。双参数输入模型的预测值中,预测相对误差大于 12%的数据样本量少,而单参数输入架构的预测相对误差大的数据样本量远多于传统网络模型的数据样本量,意味着双参数输入架构较单参数输入架构更具稳定性,双参数输入形式能够在利用物理架构进行约束的前提下,减缓网络架构对输入参数顺序的依赖性。

根据航空发动机的运行状态筛选预测结果,结合表 3－10、图 3－29 以及图 3－30 可知,三种模型都能实时跟踪航空发动机稳态下的压气机出口总压变化。其中,Single Input 存在较大的误差异常值,传统网络模型的 ARE 约为参数架构模型的两倍。对比发动机的非稳态下模型实时跟踪预测参数的 ARE,参数架构模型依旧比传统网络模型更适用于压气机出口总压的实时跟踪。图 3－30 是截取了部分稳态数据区间,纵坐标表示各模型的实时预测值以及测试数据值,通过对应样本点的模型预测值与试验数据进行相连,观察直线的密集程度和交叉来判断模型的稳定性。由图可以观察到,模型预测值与试验数据连线的斜率越小则表明预测越准确,试验采集的稳态数据是在小范围内波动的,参数架构模型其预测值波动与试验数据相近,可以在一定范围内紧密跟踪目标参数。相比之下,传统网络模型预测数值的波动较大,模型的预测结果指向了多个试验值,表明模型不稳定。

综上所述,基于参数的网络架构模型可以很好地实时预测稳态/非稳态下的高压压气机出口总压,即该架构下的航空发动机性能数字孪生模型更适用于形成虚拟传感器用于监测参数。由于双参数输入可以很好地匹配本次算例特征,因此双参数输入的模型性能优于单参数输入形式模型的性能,且双参数输入形式较单参数输入形式模型更稳定。各模型预测异常值的出现可能是由于数据集记录数据的连续性,而单参数输入的架构对参数输入顺序更加敏感,因此误差的异常值大于常规架构模型。

第六节　本章小结

如前所述,本章首先介绍了航空发动机物理机理模型,总结了可嵌入网络的航空发动机物理知识。其次,介绍了传统数据驱动的神经网络模型架构和训练方式,并通过梳理和分析常见的神经网络内嵌物理知识的方法,总结了适用于构建航空发动机性能数字孪生模型的物理知识嵌入网络方法的两大要点。随后,给出了基于参数相似性的物理知识嵌入网络方法和架构,建立了航空发动机性能数字孪生模型。最后,采用航空发动机性能的仿真数据和试验数据,验证了该模型在部件、整机性能参数实时跟踪的准确性及稳定性。

习　题

3.1　梳理航空发动机物理机理建模过程,哪些航空发动机物理知识可嵌入智能网络?

3.2 全连接层、卷积层和循环神经网络层各有什么特点？分别适用于哪些场景？

3.3 LSTM 单元的架构是什么？如何解决梯度消失问题？

3.4 本章提到三种物理知识嵌入网络的方法，是否都适用于构建发动机性能数字孪生模型？请详细说明理由。

3.5 简述构建基于参数相似性嵌入架构的数字模型的步骤。如何表征发动机的动态性能？

3.6 简述衡量性能数字孪生模型的性能指标有哪些？

3.7 以双轴混排涡扇发动机为例，分别构建基于参数架构的数字孪生模型和传统数据驱动模型。

3.8 以双轴涡喷发动机为例，简要描述模型架构中的物理信息输入层的结构。

3.9 作为网络结构输入数据，应明确哪些维度信息？

3.10 简述单参数输入模型和双参数输入模型。

参考文献

[1] 王新月.气体动力学基础[M].西安：西北工业大学出版社，2006.

[2] Walsh P P, Fletcher P. Gas turbine performance[M]. 2nd ed.Oxford: Blackwell Science Ltd, 2004.

[3] Kurzke J. How to get component maps for aircraft gas turbine performance calculations[R]. ASME - 96 - GT - 164, 1996.

[4] Bengio Y. Learning long-term dependencies with gradient descent is difficult[J]. IEEE Transactions on Neural Networks, 1994, 5(2): 157 - 166.

[5] Tartakovsky A M, Marrero C O, Perdikaris P, et al. Physics-informed deep neural networks for learning parameters and constitutive relationships in subsurface flow problems[J]. Water Resources Research, 2020, 56(5): 1 - 16.

[6] Karniadakis G E, Kevrekidis I G, Lu L, et al. Physics-informed machine learning[J]. Nature Reviews Physics, 2021, 3: 422 - 440.

[7] David A V D, Meng X L. The art of data augmentation[J]. Journal of Computational and Graphical Statistics, 2001, 10: 1 - 50.

[8] Michael M B, Joan B, Yann L C, et al. Geometric deep learning: Going beyond euclidean data[J]. IEEE Signal Processing Magazine, 2017, 34: 18 - 42.

[9] Cohen T S, Weiler M, Kicanaoglu B, et al. Gauge equivariant convolutional networks and the icosahedral CNN[J]. Proceedings of Machine Learn Research, 2019, 97: 1321 - 1330.

[10] Yang L, Zhang D, Karniadakis G E. Physics-informed generative adversarial networks for stochastic differential equations[J]. Siam Journal on Scientific Computing, 2020, 42: 292 - 317.

[11] Zhang D, Guo L, Karniadakis G E. Learning in modal space: Solving time-dependent stochastic PDEs using physics-informed neural networks[J]. Siam Journal on Scientific Computing, 2020, 42: 639 - 665.

[12] Raissi M, Perdikaris P, Karniadakis G E. Physics-informed neural networks: A deep learning framework for solving forward and inverse problems involving nonlinear partial differential equations[J]. Journal of Computational Physics, 2019, 378: 686 - 707.

[13] Wang J X, Wu J, Ling J, et al. A comprehensive physics-informed machine learning framework for predictive turbulence modeling[EB/OL]. https://arxiv.org/abs/ 1701.07102[2023 - 12 - 20].

[14] Raissi M, Karniadakis G E. Hidden physics models: Machine learning of nonlinear partial differential equations[J]. Journal of Computational Physics, 2018, 357: 125 - 141.

[15] Maziar R, Alireza Y, George Em K. Hidden fluid mechanics: Learning velocity and pressure fields from flow visualizations[J]. Science, 2020, 367(6481): 1026 - 1030.

[16] Kurzke J, Haliliwell I. Propulsion and power: An exploration of gas turbine performance modeling[M]. Berlin: Springer, 2018: 529-541.

[17] 张明阳,王占学,刘增文,等.*Ma*4 一级内并联式 TBCC 发动机模态转换性能分析[J].推进技术,2017,38(2): 315-322.

[18] 郝旺,王占学,张晓博,等.基于自适应差分进化算法的变循环发动机模型求解方法研究[J].推进技术,2021,42(9): 2011-2021.

[19] Glorot X, Bengio Y. Understanding the difficulty of training deep feedforward neural networks[J]. Journal of Machine Learning Research, 2010, 9: 249-256.

物理层次耦合的航空发动机性能数字孪生模型架构

第 4 章

物理层次耦合的航空发动机性能数字孪生模型架构

航空发动机性能数字孪生模型是采用发动机地面试车、高空台试验、机载等数据，在数字空间中对发动机性能的映射。高保真性和强迁移性是性能数字孪生模型的重要特性。高保真性强调物理实体性能与数字空间模型性能一一对应，强迁移性强调不同阶段数字模型的知识迁移。前者是后者的必备基础，而后者涉及迁移学习模型的构建与验证，是一个长期发展的过程，因此本章论述的重点为前者，即性能数字孪生模型的高保真性。本书第 3 章介绍的基于参数相似性的物理知识嵌入网络架构，其优点是构建模型方便快捷，并且架构中仅用一套网络来学习部件、系统的特性，在超参数设置上简单。但新一代发动机诸如自适应循环发动机等具有先进多涵道且结构系统复杂，此时单靠参数很难表征该发动机部件、系统之间的强耦合关系，导致基于参数相似性的物理知识嵌入架构较难表征出数字孪生模型的高保真空间匹配性能，从而直接影响性能数字孪生模型的应用效果，特别是对于性能数字孪生模型的一大应用即整机数字化试验，这种不利影响更为剧烈。基于以上原因，必须在基于参数相似性物理知识嵌入的基础上嵌入更多的物理知识，以构建更加具备高保真特性的性能数字孪生模型，这也是本章的重点内容。

如何将物理层次和知识融入性能数字孪生模型是本章内容的出发点。受传统航空发动机总体性能部件法建模的启发，本章将进一步优化参数相似性的物理知识嵌入网络方法，给出一种融合物理层次的航空发动机物理知识嵌入网络方法，该方法模块化发动机部件、系统的特性，通过数据传递连接所有子模块，形成统一的发动机数字化架构。

第一节　域分解的发动机物理知识嵌入网络方法

域分解法是一种用于求解大规模数学方程的数值方法。该方法主要应用于偏微分方程的数值求解，特别是在并行计算领域应用较为广泛。域分解法的基本思想是将整个计算区域分割成若干个小的子域，然后在每个子域上进行独立的求解，最后通过一些协调策略将各个子域的解进行耦合。

航空发动机本体包含了气路系统、空气系统、滑油系统、附件系统和控制系统等，以涡扇发动机为例，其中的气路系统又包括了进气道、风扇、压气机、外涵道、燃烧室、高低压涡轮和尾喷管等部件。随着航空发动机技术的革新换代，气路系统的部件逐渐增多，流路变得更加复杂,导致系统与系统之间的耦合关系变得更为复杂。为了更好地在数字空间匹配这种系统间逐渐高度耦合的复杂性,本节引入了域分解法的思想。在基于参数相似性的嵌入网络架构中,采用域分解法依据物理层次对物理信息输入层进行细化,实现数字空间的神经网络模块与物理空间的部件/系统的一一对应(包括位置关系和共同工作匹配关系的一一对应)。此外,域分解下的神经网络模块是并行的,使得替换网络结构更为便捷,提高了建模的灵活性。基于发动机物理结构层次和共同工作的协调策略,将各子神经网络模块联结,形成一个既能处理复杂系统耦合性,又具备层次性和可替代性的数字网络架构。

一、部件系统的耦合分析与网络架构

域分解的发动机物理知识嵌入网络方法,主要包括如下步骤：首先,将整个发动机部件和系统层次按物理机理分割成若干个小的子域;然后,根据形成的子域,通过网络形成对应于发动机部件、系统的计算子域;最后,通过气流流经发动机主流顺序的策略将各个子域的输出整合起来。上述步骤中,形成的计算子域为部件/系统组件网络层,将子域的解整合的网络层为耦合网络层。域分解的发动机物理知识嵌入网络架构,是以映射发动机部件/系统的特性优先的架构,为方便讨论,简称为域并行结构的网络架构。参照基于参数相似结构的网络架构,域分解网络架构由部件/系统组件网络层、耦合网络层以及映射网络层三大部分组成,见图 4－1。部件/系统组件层将输入参数抽象表示后,输出航空发动机部件/系统的特征信息单向连接至耦合网络层。耦合网络层的作用是学习部件、系统之间的相互作用关系,将部件、系统离散的抽象特征耦合,以表征发动机的性能状态。最终由映射层将耦合特征与目标参数进行关联。整个网络架构层与层之间为单向连接,通过物理信息的干预而限定网络层数和网络层的作用,规定了在表示学习过程中抽象特征的内容。

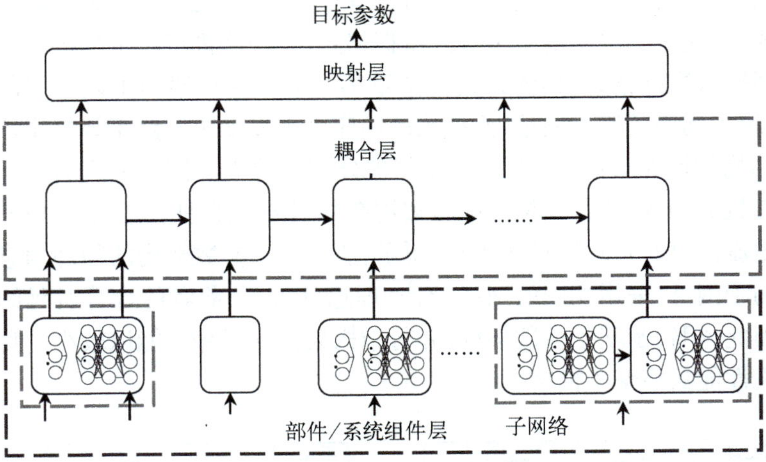

图 4－1　域分解的航空发动机物理知识嵌入网络架构

整个网络架构中,部件/系统组件层由多个互不相连的子神经网络组成。每个子网络代表航空发动机的物理部件或系统,称为部件/系统学习网络。该层中各个子网络的排列顺序参照了发动机的物理结构。为了更好地模拟发动机实际物理工作过程,建立了滑油系统、附件系统以及控制系统等对应的子网络。所有的子网络为并行结构,且均单向连接至耦合层，直接由耦合层处理部件/系统的关系，避免在子网络间相互传递参数而使整个网络复杂化。在该架构中，发动机的物理结构对网络架构中子网络的数量和连接方式起先导作用。具体表现为：各子网络仅读取对应部件/系统的测量参数，不相关的输入参数不会被其他子网络直接处理，减少了各子网络的基本单元数需求；部件/系统组件层中子网络的个数与航空发动机的测量参数聚类个数相同，直接筛选出了输入参数。

假设子网络为 $\mathrm{NN}_i = (x;\ \theta_i)$，其中 i 表示发动机部件/系统，θ_i 是对应子网络的参数。仅考虑核心机来表示物理知识嵌入网络的形式，子网络计算有

$$h_{\mathrm{cop}} = \mathrm{NN}_{\mathrm{cop}}(x_{\mathrm{cop}};\ \theta_{\mathrm{cop}}) \tag{4-1}$$

$$h_{\mathrm{cob}} = \mathrm{NN}_{\mathrm{cob}}(x_{\mathrm{cob}};\ \theta_{\mathrm{cob}}) \tag{4-2}$$

$$h_{\mathrm{tub}} = \mathrm{NN}_{\mathrm{tub}}(x_{\mathrm{tub}};\ \theta_{\mathrm{tub}}) \tag{4-3}$$

式中，下标 cop、cob、tub 分别表示压气机、燃烧室和涡轮。耦合层的计算为

$$O_{cp} = f(H_T) = \mathrm{CP}(h_t,\ h_{t-1};\ \theta) \tag{4-4}$$

式中，O_{cp} 为耦合层的输出；$\mathrm{CP}(h_t,\ h_{t-1};\ \theta)$ 表示耦合层中处理单次计算的神经网络；t 表示发动机部件/系统；T 表示发动机气路系统主流部件顺序。上述架构设计将发动机的部件特性计算、物理结构作为物理知识嵌入了网络，在训练过程中，通过调整权重使得每个子网络都学习了对应部件的特征表示，并逐渐学习到部件/系统之间的耦合关系。

对比基于参数的网络架构，处理被聚类的输入参数的子网络是相互独立的，即表征各部件/系统的子网络是可以采用不同的单元数或连接方式。在并行结构架构中，独立子网络的输入参数没有输入顺序的要求，且被聚类的输入参数数据是在同一时刻统一被各子网络处理。因此，所有子网络的输入参数可以有多种形式，无论是传统循环神经网络层的输入数据格式，还是全连接层的扁平输入数据格式，子网络都可以根据模型容量和计算效率等外因选择输入数据格式，具体讨论见本章第二节。并行架构中耦合层的输入参数来自各部件/系统子网络的输出向量，而接收的顺序则由发动机气路系统的主流部件顺序决定。在并行结构的网络架构中，数据流先是被分散由独立子网络处理后，再逐步整合的。相较于基于参数的架构，并行结构的网络架构在数据流的处理上，少了一段时序处理。两种架构的数据流计算时延对比见图 4-2 所示，假定基于参数架构的物理信息输入层和并行结构架构的子网络，采用相同的网络结构，理想分析下，前者的计算时延约是后者的部件个数倍。因此，相较于基于参数架构，并行结构架构的优势是能以较小的计算时延构建复杂的发动机性能数字孪生模型。

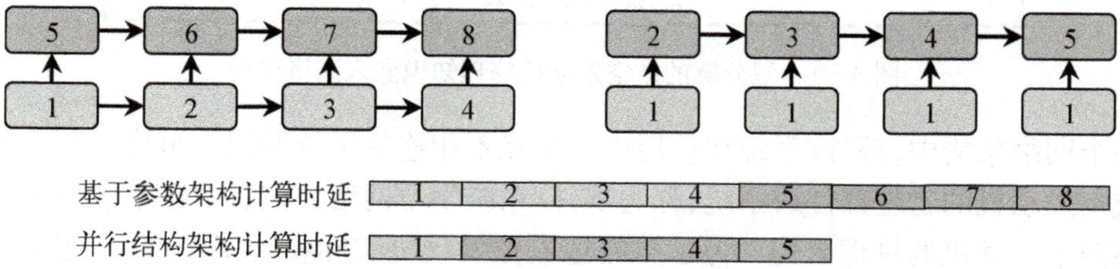

图 4-2　两种物理嵌入架构的计算时延对比

本节以双轴混排涡扇航空发动机为例，描述并行结构的网络架构，架构如图 4-3 所示。根据发动机类型的物理结构构建其各部件/系统的子网络，将各子网络根据物理结构在发动机气路系统中的顺序排列，并将测量的参数输入对应的子网络。图 4-3 所示的架构由 9 个部件、系统的子网络组成，按发动机的气路系统主流部件顺序依次为进气道部件网络、风扇部件网络、压气机部件网络、燃烧室部件网络、涡轮部件网络、混合室部件网络、喷管部件网络、外涵道部件网络和滑油系统网络。此外，为了表征航空发动机的动态性能变化，参考基于参数的网络架构添加了时间相关性网络作为部件/系统组件网络层的前端。通常，时间相关性网络的输入参数为转速的时间函数项。为了形成发动机性能数字孪生模型，采用映射网络作为回归器将物理嵌入网络架构与目标参数关联。

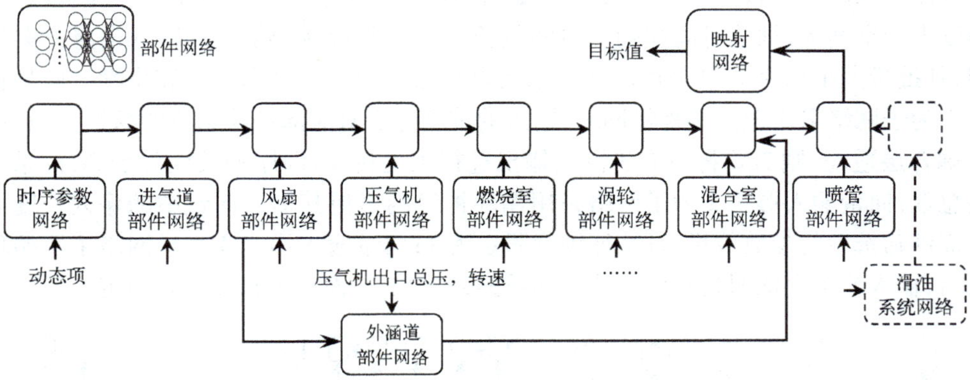

图 4-3　双轴混排涡扇航空发动机的并行结构网络架构

二、部件/系统组件层

部件/系统组件层作为数字化架构中接收输入参数的网络层，在模型的训练中起到了重要的作用。在网络层中，需要考虑测量参数空间和时间序列的影响，最直接的方法之一是使用成熟的神经网络。部件/系统组件层中，各子网络可以采用不同的网络结构。为了减少子网络与耦合层在输入输出向量上的维度匹配，一般各子网络的网络结构相同。

部件组件层主要将部件/系统的相关输入参数抽象成发动机部件/系统特征信息，可以选择全连接网络层或循环神经网络层作为子网络的网络结构。在模型规模能够支撑起对训练数据的映射前提下，子网络采用全连接网络层的优势是模型训练和模型响应时间短，但需要补充额外的信息来表征时序特性。而子网络采用循环神经网络层则不需要额外补充时序信息，但以此构建的模型，其训练和响应时间长。因此有以下几种子网络和耦合层的网络匹配方案。

(1) 部件组件层采用全连接神经网络，耦合层采用双向长短期记忆网络，部件组件层的输出特征按照发动机的物理结构依次送入耦合层，并补充以时间函数项为输入参数的组件层作为首项以表征时序特征。由于全连接层的输出特征维度与循环神经网络层所需的输入参数维度不匹配，因此还需要进行额外的合并操作以匹配特征的维度。

(2) 部件组件层和耦合层均采用双向长短期记忆网络。各部件组件层输入向量由参数在时间顺序上的堆叠组成，即采用常规的循环神经网络参数输入方式。同样，各部件组件层的输出维度要统一以符合耦合层的输入需求。由于常规的循环神经网络参数输入方式包含了对时间特性的表征,因此不需要额外增加时间函数项。该方案的模型其训练时间较上一个方案模型会有很大的增加,且部件组件层的时间序列长度需要不断调整。

(3) 部件组件层和耦合层均采用双向长短期记忆网络,但该网络的输入形式为物理信息输入层的输入形式。该方案能减少使用循环神经网络所附带的模型规模增大问题,但要增加时间项作为参数输入。此外,该方案模型更容易在架构纵向上进行扩展。如考虑起动阶段性能数字孪生,只需要在原架构上额外增加起动机子网络即可。该起动机部件组件层以起动机转速等参数作为输入,其输出指向压气机部件子网络。该输入形式下能更好考虑起动机转速在时间上的变化影响,也方便架构的输入、输出参数连接。

选用的匹配方案根据具体应用条件决定。模型结构越复杂,可调整的超参数增多,模型精度上升空间大,训练时间和响应时间越长。基于并行结构架构的输入向量方案见图4-4,其批量大小均为1,括号内的数字依次表示输入向量的序列长度和维度。向量输入形式1为子网络采用全连接神经网络,输入的维度等于对应部件筛选后的参数数量,而为了与耦合层适配,则需要将所有子网络输出进行维度转换,即序列长度等于部件/系统子网络总数;向量输入形式2为子网络采用循环神经网络但其输入向量中的序列长度等于对应部件筛选后的参数数量,且特征维度固定为1;向量输入形式3为子网络采用循环神经网络,输入的维度依旧是对应部件筛选后的参数数量,而序列长度需要给定。

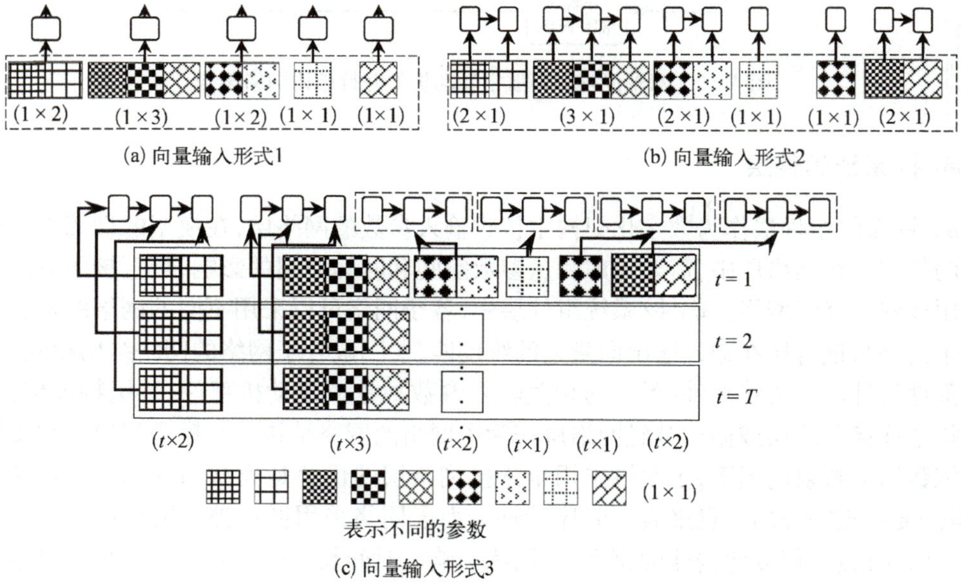

图4-4 基于并行结构架构的输入向量方案

第二节 深度协同的发动机物理知识嵌入网络方法

设计特征提取方法或设计用于学习特征的神经网络时,通常是分离出能够解释观察数据变化的关键因素。实际应用中,多个关键因素会同时影响着能够观察到的所有数据。

深度神经网络则通过其他较为简单的特征来表示多个特征因素。本节将航空发动机物理结构与深度网络架构相融合,通过将深度学习抽象表示能力与发动机部件级建模思想相结合,构建一种以表征发动机部件、系统协同工作的层次化物理知识嵌入网络架构。

一、深度神经网络分析与网络架构

深度学习是一种表示学习方法,不仅能学习样本数据的内在规律,还能通过其他简单的表示来表达复杂的特征。深度神经网络作为实现深度学习的一种方式,包含多个隐含层,每个隐含层都可以对输入数据进行非线性变换和抽象,从而捕获数据中存在的复杂耦合关系和隐含规律。在深度神经网络中,度量模型深度的方式是基于评估模型架构所需执行的顺序指令的数目。然而,正如计算机程序的长度不存在单一的正确性一样,架构的深度也不存在单一的正确值。简单的深度神经网络模型是网络层级的简单叠加,但在层级叠加的数目上并未作出限定。一般地,神经网络模型中执行的顺序指令数目大于二,都可以称为深度神经网络。由于可执行的顺序指令增多,深度神经网络可以利用多种神经网络结构(如卷积层、循环神经网络层等)来抽象出不同类型和形式的特性,从而实现对数据的多模态和多层次的分析和挖掘。

在结合深度学习网络架构构建发动机物理知识嵌入网络架构时,需要考虑两个关键问题。一是如何分散输入参数来减小单层隐含层的基本单元数。航空发动机试车记录的参数种类繁多,包括压力、温度、转速、振动、电流、各种形式的开关量和预警值等数百项繁杂参数。按照传统的输入参数形式,即使使用特征降维的方法来减少输入参数的数量,输入参数的维度还是很大,从而影响模型的构建和训练。二是如何决定深度学习网络中的顺序指令和执行流程。

本节给出一种深度协同的发动机物理知识嵌入网络方法,构建的整个深度网络用于学习发动机部件、系统的共同工作关系,再通过参数相似性结构来表征出特定网络层所学习的部件、系统特性。以此物理知识嵌入网络方法形成的架构,简称为深度协同架构。该架构由多个网络层堆叠而成,当初始参数向量输入最前端网络层后,通过深度顺序指令计算层层的抽象特征,来映射目标参数。相比于并行结构的网络架构,深度协同的架构取消了耦合层,将航空发动机的部件、系统耦合关系由神经网络连接关系表征。与并行架构类似,在数字空间中,深度协同的架构的网络层都与物理空间的发动机部件、系统层级一一对应。但不同的是,该架构中网络层的输入输出由部件、系统在物理上的连接关系决定。

因此,深度协同架构由两部分组成:发动机气路系统的主流部件对应的神经网络层,涵道和系统对应的神经网络层。发动机气路系统的主流部件对应的神经网络层,按发动机的物理结构关系进行连接,形成深度协同架构的主体,而涵道和系统对应的神经网络层则根据部件、系统在物理上的连接关系决定主体的位置。因此,深度协同的网络架构的顺序指令计算个数,等于发动机气路系统的主流部件数目。为方便描述,把所有的部件/系统对应的网络层称为组件网络层。

相较于传统的深度学习网络,深度架构中不再采用单一的神经网络输入层来接收所有的输入参数,而是将各参数根据其测量位置归类到各对应部件/系统网络层中,即各部件/系统网络层的输入由该组件网络层的上游组件网络层抽象后的特征与该网络层对应的测量参数共同组成。因此,物理知识的嵌入限定了输入至组件网络层的参数,从而约束了组件网络层的输出表示,并减小了无关参数对组件网络层的影响。整个深度协同的网络架构包含了两个等效关系,各个组件网络层的响应等效于部件/系统的性能,组件网络之间的匹配映射等效于发动机部件/系统工作匹配关系。

在深度协同的网络架构中,有两种表示发动机动态特性的方式。第一种是组件网络层采用任一时序网络层,如长短期记忆网络层。第二种是将被控参数的时间函数项作为参数输入。有两种添加该参数的方法:一是添加时序组件网络层并置于深度协同架构的主体最前端,时间函数项作为该网络层的输入;二是将时间函数项与环境参数一同作为最前端组件网络的输入。为了映射深度协同的网络架构与目标参数的关系,需要在架构主体的末端添加回归器。

假设 $\mathrm{NN}_i(x_i,\ \mathrm{NN}_{i-1},\ \sum H_k;\ \theta_i)$ 表示深度协同架构中单一部件/系统的组件网络层,其中 i 表示单一部件/系统,x_i为对应部件/系统的输入参数,θ_i为网络参数,H_k表示与该组件网络层单向链接的网络输出,整个网络架构学习的共同工作关系为

$$F_d = f(\mathrm{NN}_i,\ \mathrm{NN}_k) \tag{4-5}$$

式中,F_d表示网络架构的输出;i 表示发动机气路部件;k 表示系统或外涵道部件等。因此,整个网络架构就反映了发动机部件系统之间的关联关系,在训练过程中确定组件网络所表征的部件、系统特性。

下面以双轴混合排气涡扇航空发动机为例简要描述本节的深度结构的航空发动机物理嵌入网络架构。首先,根据航空发动机的气路系统主流部件确定深度协同的网络架构的主体。双轴混合排气涡扇发动机的气路系统主流部件有进气道、风扇、压气机、燃烧室、高压涡轮、低压涡轮、混合室和喷管八个部件。在数字空间中构建与物理空间的部件对应的组件网络层,共八个部件组件网络层。按照物理空间中的部件连接关系,将对应的组件网络层连接,形成深度协同的网络架构的主体。然后,添加涵道部件的组件网络层,该组件网络层的输入端与风扇组件网络层相连接,其输出端与混合室的组件网络层相连接。添加空气系统、滑油系统和控制系统的组件网络层,以扩展深度协同的网络架构。各组件网络层的输入、输出连接由发动机在物理结构上的关系决定,图 4-5 给出了示例下的深

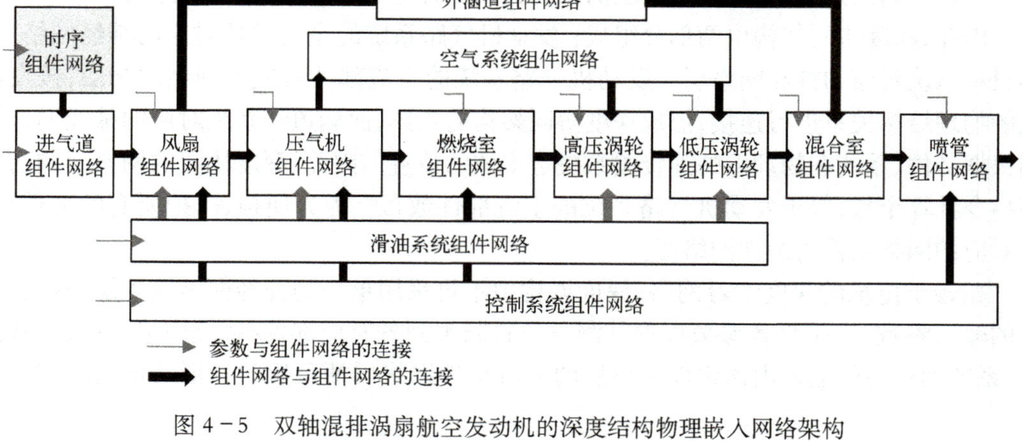

图 4-5 双轴混排涡扇航空发动机的深度结构物理嵌入网络架构

度协同架构。若考虑发动机起动过程,则添加起动组件网络层,其输入起动机转速加速度与转速等相关参数,输出端与高压涡轮组件网络层相连接。最后,在架构的主体最前端,添加时序组件网络层;在架构的主体末端,添加映射层形成完整的深度协同的网络架构。

二、对应组件网络的输出形式

通常,传统数据驱动网络架构的多输出形式有两种：一是架构输出层输出包含多个节点的向量;二是在架构的特定隐含层分支出多个单一节点的输出层结构。上述两种多输出形式主要区别在于输出参数的含义不同,其架构的多输出形式见图 4－6。由图可观察到,节点向量的多输出形式的隐含层单元是完全共用的,基本单元在学习过程中包含了单元向量的多输出关系;而分支单一输出形式的隐含层单元分为共用部分和私有部分。常规的多输出形式将输出参数与输出参数、输出参数与输入参数之间的关系隐性表达,导致隐含节点数量难以预先度量。而深度协同的网络架构具有两个等效关系,在这两个等效关系的影响下,可以将输入参数与输出参数的关系显性化。因此,深度协同的网络架构用于多个发动机性能参数的实时预测时,存在两种输出形式,一种采用传统数据驱动的网络架构的多输出形式;另一种则是对应组件网络层的输出形式,即部件、系统相关的目标参数由对应的组件网络层直接映射,整机性能的目标参数由映射层映射。

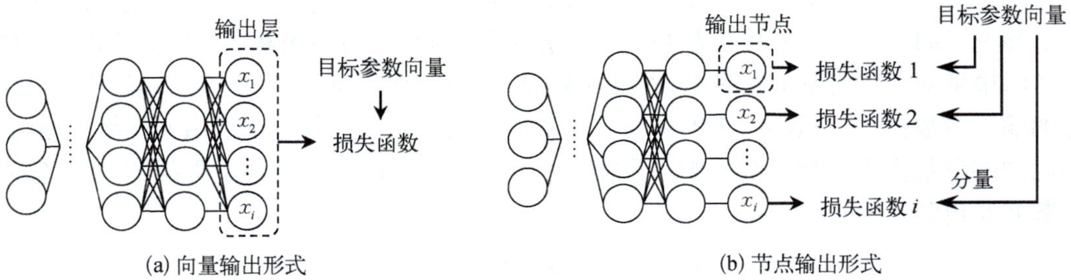

图 4－6　传统数据驱动的网络架构的多输出形式

仍旧以混合排气涡扇发动机性能数字孪生模型构造为例。在模型中,需要输出发动机总体性能参数,也需要输出各部件截面参数如温度、压力等,还需要输出滑油系统关键部件的参数如滑油泵压力等。在构造深度结构的航空发动机物理信息网络架构时,压气机组件网络层输出三个独立的多维向量,包含了原本网络架构中传递给空气系统组件网络层和燃烧室组件网络层的连接向量,以及包含压气机性能参数信息的输出向量。同样,输出向量通过映射层将抽象信息转化为所需要输出的参数内容,此处为总温总压,而总体性能参数依旧由末尾连接的映射层输出。这是考虑部件组件网络层可能采用的是时序特征网络或者其他网络结构,其网络输出的结构与性能参数组成的向量在维度上不统一,因此添加映射层进行转换。多输出形式的深度结构网络架构见图 4－7。由于反向传递算法机制,特定的输出参数仅对部分部件组件网络层产生影响。因此,如果只关注部件的截面气动参数是无法采用上述的多输出形式,此时架构中的部分部件组件层将不再起作用。

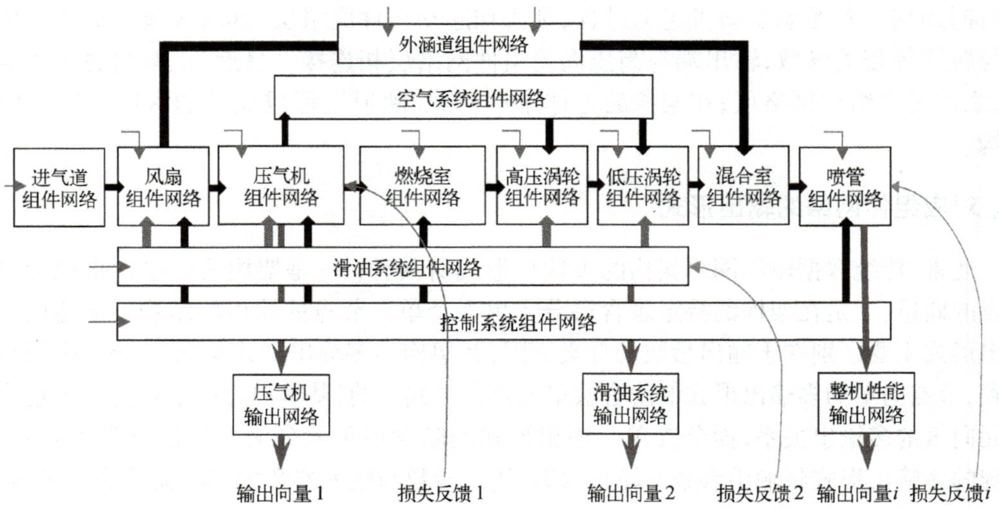

图 4－7 对应组件输出形式的混排涡扇发动机深度结构网络架构

第三节 试验数据验证

本节以某型混合排气涡扇发动机的试验数据验证本章提出的物理知识嵌入网络架构。筛选后的可用测量参数见表 4－1。用于本次验证的并行结构和深度协同架构的双轴混排涡扇发动机数字模型见图 4－8 和图 4－9。其中,图 4－8 和图 4－9 所示架构的网络层的输入参数标号,与表 4－1 的标号一一对应。表中的参数并非全部用于网络层输入,当其中的参数作为目标参数时则不再输入。此外,由于仪器、试验环境等问题,实际输入参数并非包含表中的所有参数。

表 4－1 发动机试验的测量参数

子网络/组件网络	参　　数	标号
进气道	发动机进口温度	1
	进气装置总压	2
	大气湿度	3
低压压气机	低压压气机转子转速	4
	低压压气机整流器转角	5
	低压压气机后空气总压	6
高压压气机	高压压气机转子转速	7
	高压压气机整流器转角	8
燃烧室	燃烧室入口空气总压	9
	燃烧室入口空气总温	10

续　表

子网络/组件网络	参　　数	标号
高压涡轮	高压压气机转子转速	7
低压涡轮	低压压气机转子转速	4
	低压涡轮后燃气温度	11
尾喷管	尾喷管临界截面直径	12
滑油系统	增压管路滑油压力	13
控制系统	发动机油门杆位置	14
	加力燃烧室供油信号	15

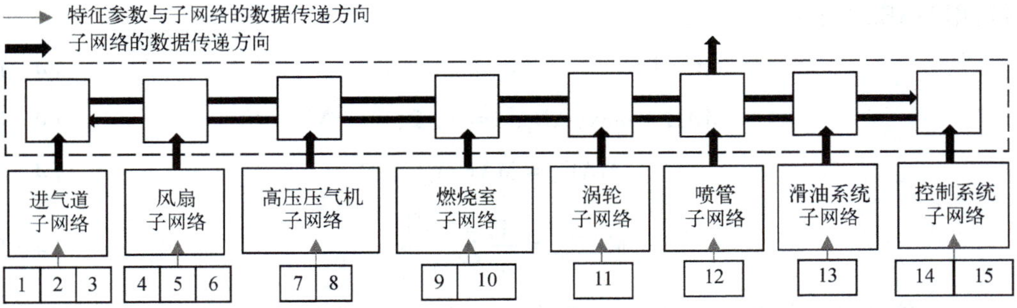

图 4－8　基于并行结构架构的双轴混排涡扇发动机数字模型

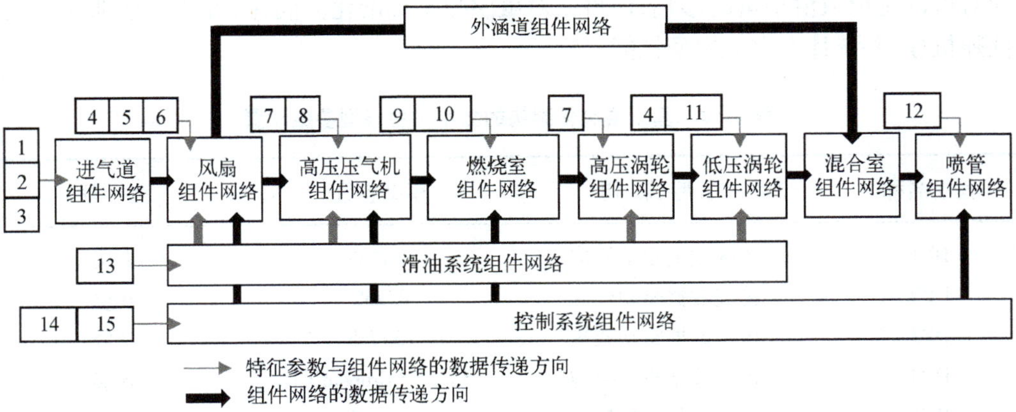

图 4－9　基于深度协同架构的双轴混排涡扇发动机数字模型

一、数字孪生模型性能试验数据验证

基于物理层次的网络架构和传统数据驱动网络架构构建发动机性能数字孪生模型，

采用发动机的试车数据对模型进行性能验证并对比。模型的目标参数为高压压气机出口总压、低压涡轮后燃气温度,以及推力。输入参数参考表 4-1,除目标参数外均输入至对应的组件/子网络,而传统数据驱动网络架构的模型则以全部参数组成向量作为模型的输入。各数字孪生模型参数设置见表 4-2,表中 DP 为传统数据驱动网络模型,PE 为基于并行结构架构的网络模型,DE 为深度协同的网络模型。传统数据驱动网络模型的备注为隐含层的层数;并行结构架构的备注为子网络和耦合层的输出基本单元数;深度协同的备注为组件网络的输出基本单元数,BatchNorm 表示对组件网络的输出作了批归一化处理(batch normalization)。子网络、组件网络以及耦合层均采用双向长短期记忆网络,映射层采用全连接层。在性能评价中,由于相对量会放大数值小量的影响程度,如参数实际测量数值越接近零值,实时预测的结果在计算相对误差时会除以该数值,造成相对误差过大。在不改变模型性能评价的前提下,用相对于最大状态数值的最大绝对误差(maximum absolute error, MAE)来代替最大相对误差,定义为模型的最大误差带,用 MAE_n 表示;此外,为了衡量模型对于发动机在不同状态下的实时预测参数的性能,定义了模型的平均误差带,用 MAE_{nr} 表示:

$$\mathrm{AR}_i = | y_{i,p} - y_{i,t} |, \ i = 1, 2, \cdots, N \tag{4-6}$$

$$\mathrm{MAE} = \max(\mathrm{AR}_i, \ i = 1, 2, \cdots, N) \tag{4-7}$$

$$\mathrm{MAE}_n = \mathrm{MAE}/y_{\max} \tag{4-8}$$

$$\mathrm{MAE}_{nr} = \frac{1}{n}\sum_{i=1}^{n}\frac{\mathrm{AR}_i}{y_{\max}} \tag{4-9}$$

式中,$y_{i,p}$ 是模型对测试集数据的实时预测;$y_{i,t}$ 为测试集数据的目标参数;AR_i 是测试集数据的绝对误差;$y_{\max}$ 是发动机在最大状态下的目标参数数值。衡量模型性能用上述性能指标对可以避免数值小量的影响,还可以对敏感数据标准化。同样,每个模型训练 5 次以降低随机性,并统计 5 次的模型性能。

表 4-2 基于层次化架构的数字孪生模型参数设置

模型名称	模 型 架 构	模型容量	备 注
DP1	传统数据驱动架构	134788	9 层
DP2	传统数据驱动架构	85252	6 层
DP3	传统数据驱动架构	134788	9 层
DP4	传统数据驱动架构	85252 - dropout0.1	6 层
PE1	基于并行结构架构	105027	(12,96)
PE2	基于并行结构架构	79203	(12,80)
PE3	基于并行结构架构	73443	(10,80)
DE1	基于深度协同架构	104163	16
DE2	基于深度协同架构	30199	8
DE3	基于深度协同架构	117835	16, BatchNorm

图 4－10、图 4－11 和图 4－12 给出了三种不同架构的模型对发动机性能的实时跟踪预测。模型在测试集上的性能表现见表 4－3，表中性能指标的最大值均用黑体加粗，图 4－13 给出了性能指标对比的柱状图。由表可知，物理知识嵌入的网络架构模型在所有目标参数的实时预测上都有着优秀的性能表现，对推力实时预测的最大平均相对误差约为传统数据驱动网络模型最小平均相对误差的一半。虽然，传统数据驱动网络模型在部件性能参数的实时预测上，其性能表现与物理嵌入架构模型相当，甚至平均相对误差比物理嵌入架构模型更小，但该架构下的模型标准差较大，即模型性能容易受到数据和训练算法的影响而波动。对于发动机的性能分析应用，如数字化试验，模型的不稳定性会增加数字化试验结果的不稳定性。无论是从模型的精度，还是从模型的稳定性角度，相比于传统数据驱动网络架构，两种物理层次的网络架构都更加适用于构建发动机的性能数字孪生模型。

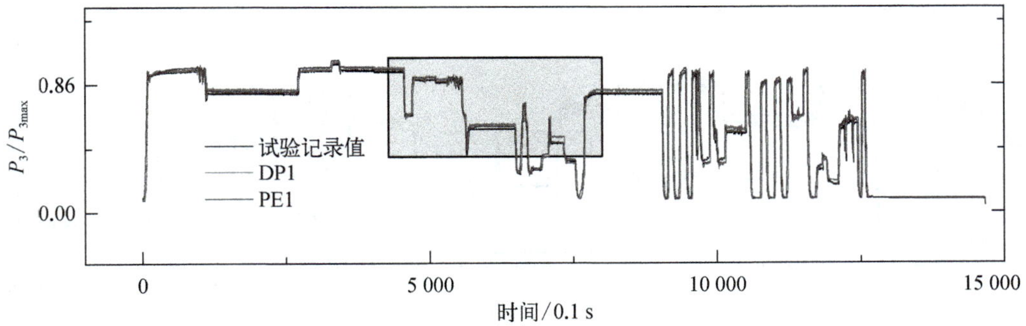

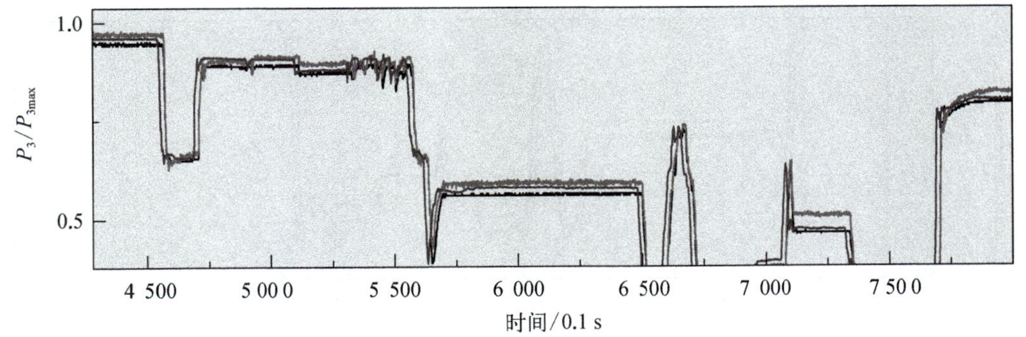

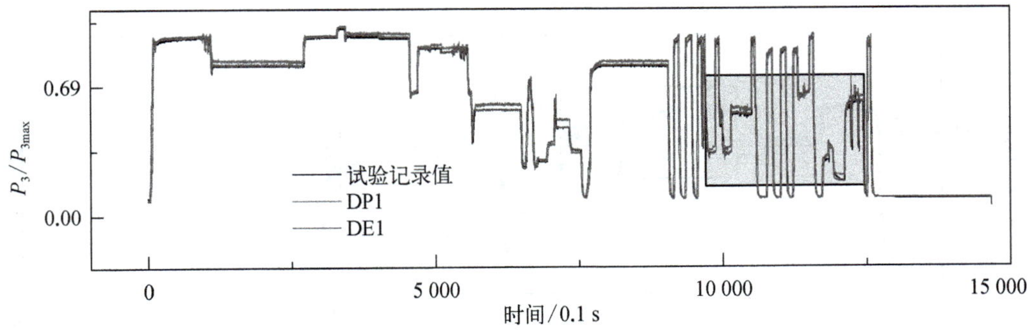

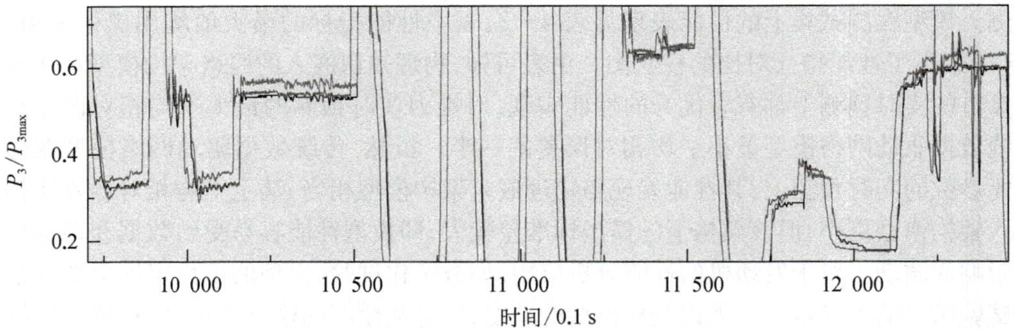

图 4-10　各模型对压气机出口总压 P_3 的实时跟踪预测

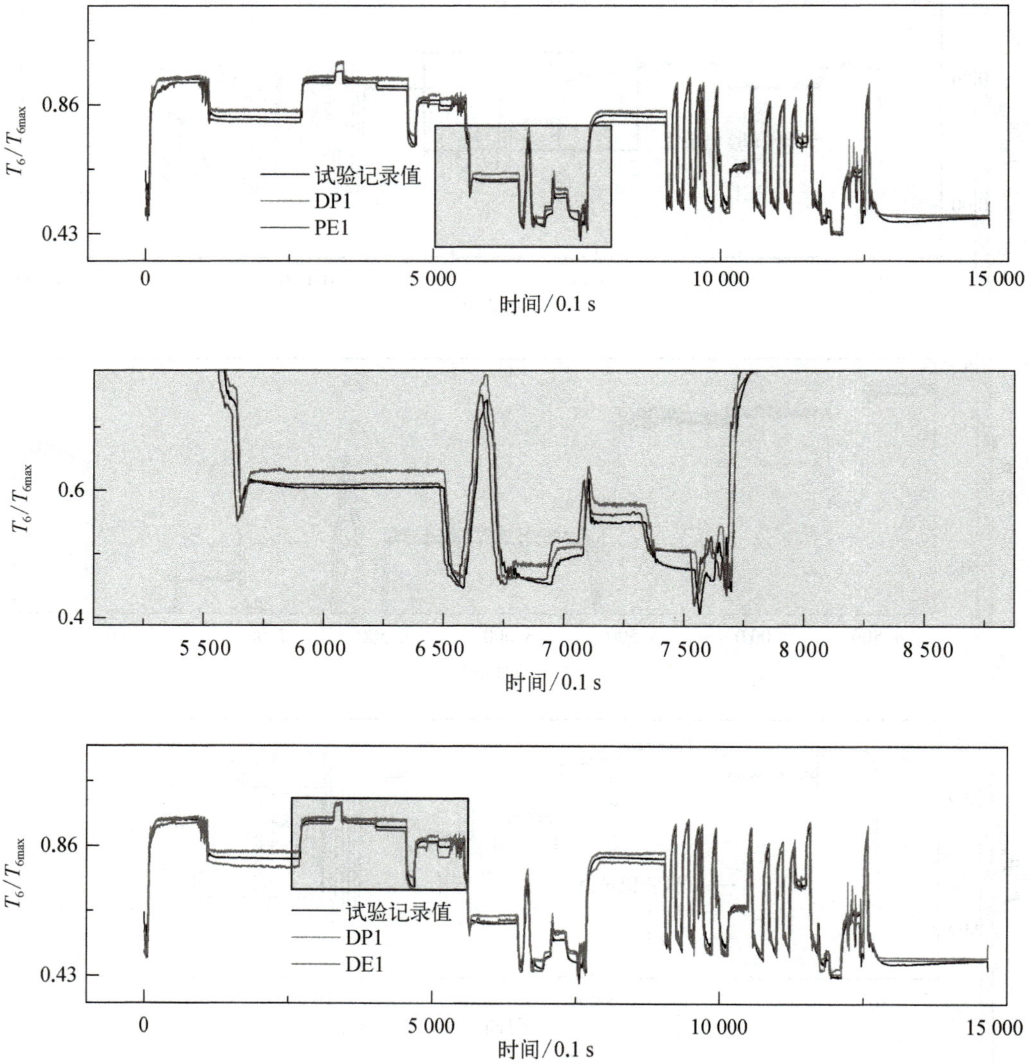

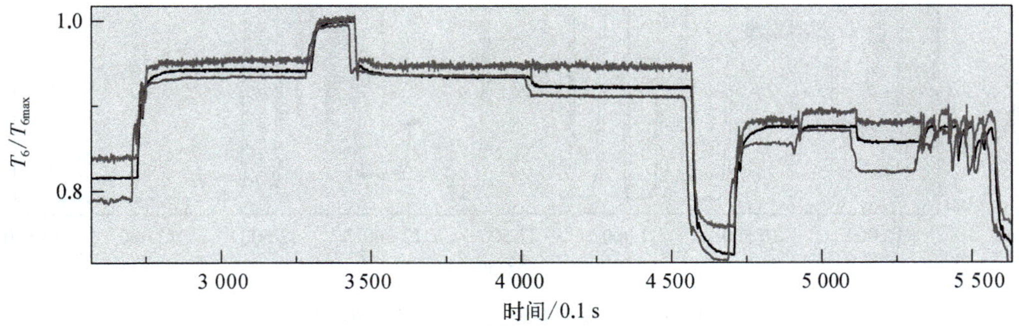

图 4－11　各模型对排气温度 T_6 的实时跟踪预测

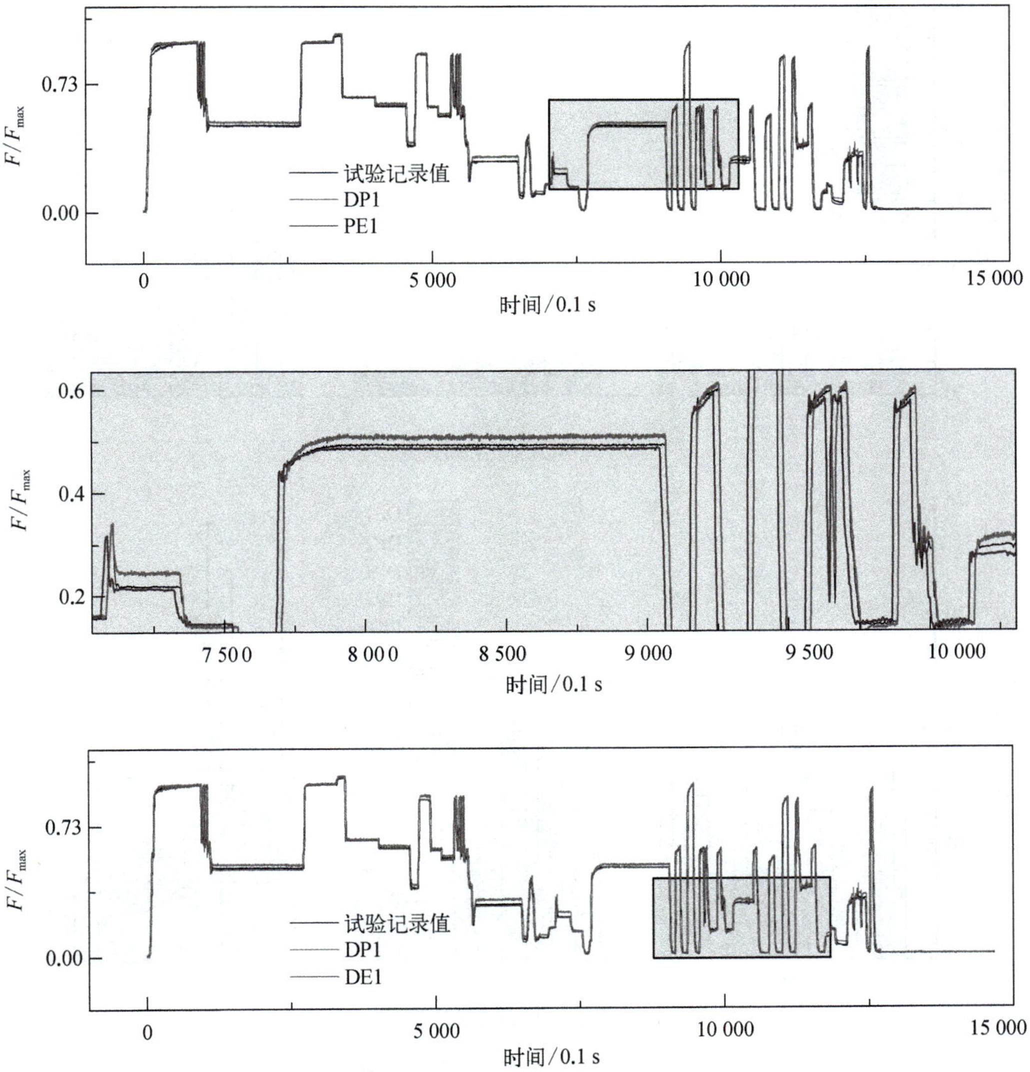

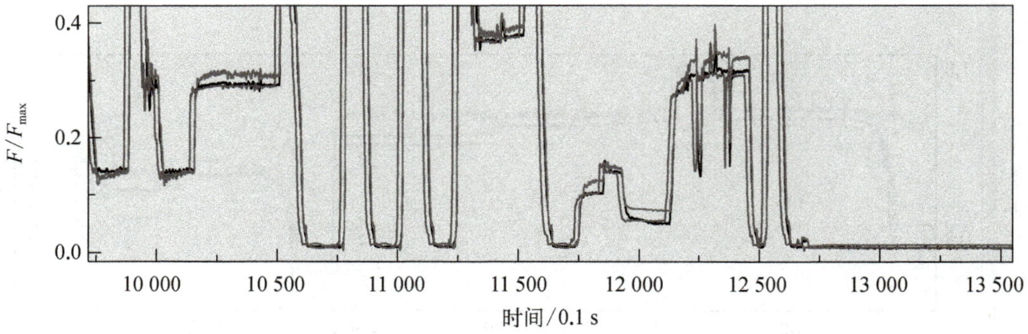

图 4-12　各模型对推力 F 的实时跟踪预测

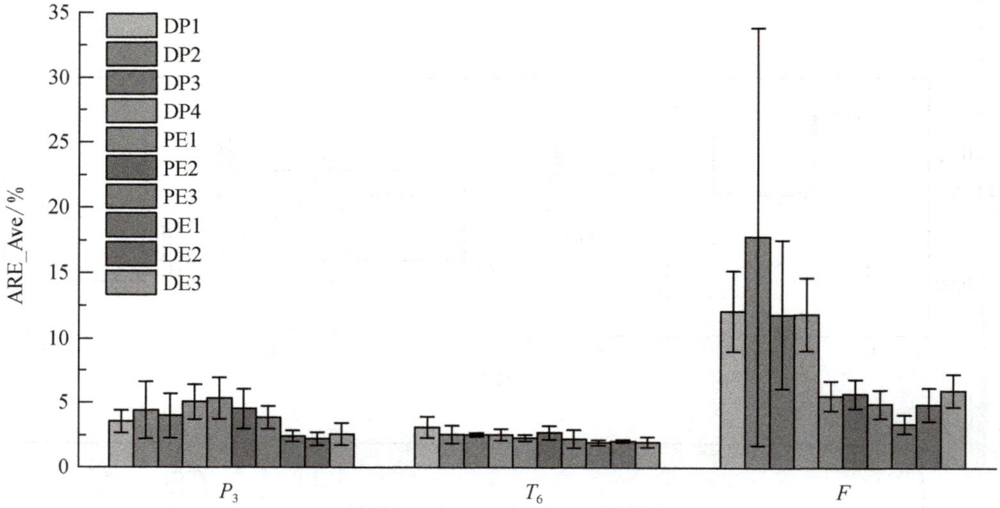

(a) 平均相对误差

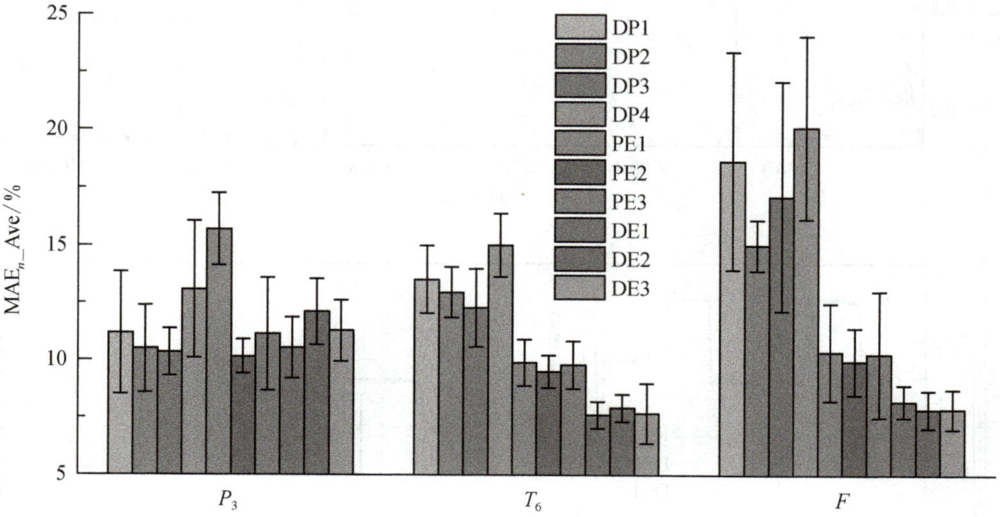

(b) 最大误差带

图 4-13　各模型性能指标对比

表 4-3　各数字孪生模型在测试集上对三个参数的性能跟踪

目标参数	模型名称	ARE/%		MAE_n/%	
		Ave	Std.	Ave	Std.
高压压气机出口总压(P_3)	DP1	3.546	0.869	11.171	2.673
	DP2	4.413	**2.199**	10.479	1.901
	DP3	3.987	1.699	10.325	1.030
	DP4	5.054	1.339	13.068	**2.995**
	PE1	**5.323**	1.601	**15.687**	1.566
	PE2	4.523	1.523	10.136	0.739
	PE3	3.853	0.874	11.121	2.464
	DE1	2.439	0.426	10.516	1.331
	DE2	2.224	0.497	12.093	1.446
	DE3	2.590	0.846	11.268	1.332
低压涡轮后燃气温度(T_6)	DP1	**3.110**	**0.789**	13.496	**1.475**
	DP2	2.579	0.689	12.950	1.106
	DP3	2.554	0.151	12.270	1.709
	DP4	2.550	0.440	**14.999**	1.374
	PE1	2.315	0.247	9.872	1.007
	PE2	2.714	0.508	9.487	0.714
	PE3	2.237	0.694	9.775	1.026
	DE1	1.956	0.193	7.604	0.581
	DE2	2.071	0.119	7.909	0.594
	DE3	2.000	0.402	7.673	1.306
推力(F)	DP1	12.099	3.078	18.633	4.712
	DP2	**17.779**	**16.044**	14.997	1.098
	DP3	11.821	5.700	17.104	**4.977**
	DP4	11.852	2.784	**20.078**	3.947
	PE1	5.551	1.145	10.332	2.116
	PE2	5.713	1.106	9.923	1.446
	PE3	4.926	1.090	10.228	2.743
	DE1	3.382	0.701	8.190	0.708
	DE2	4.878	1.273	7.845	0.814
	DE3	5.970	1.252	7.858	0.859

表 4-4 给出了两种架构模型的训练和测试所用耗时，表中给出了两个时间指标，一个是以秒为单位的时间，另一个指标在该网络架构下平均计算一个基本单元所需要的时

间,该指标计算公式为模型计算的总秒数除以基本单元总数。结合表 4-3 和表 4-4 可以看出,并行结构架构的计算时延同分析所述,不同基本单元数设置下以耦合层网络的计算耗时为主。从模型精度来看,子网络基本单元数需要与耦合层网络单元数匹配,过少的子网络单元数会使得模型不稳定。而深度协同架构虽然在训练上消耗时间,但由于顺序计算指令较并行架构的耦合层计算简单,因此测试的耗时小于并行结构架构。并行结构架构相较于深度协同架构在训练上耗时少,但需要匹配子网络和耦合层的基本单元数,而深度协同架构在模型精度和稳定性上优于并行结构架构,且测试耗时主要根据顺序指令数目决定。

表 4-4 架构模型的训练测试时间对比

模 式	PE1	PE2	PE3	DE1	DE2	DE3
训练时间/s	9 047	8 032	8 134	11 422	11 419	10 979
训练时间/基本单元总数	8.61×10^{-2}	1.01×10^{-1}	1.11×10^{-1}	1.03×10^{-1}	3.78×10^{-1}	9.91×10^{-1}
测试时间/s	647	656	646	371	371	383
测试时间/基本单元总数	6.16×10^{-3}	8.28×10^{-3}	8.80×10^{-3}	3.35×10^{-3}	1.23×10^{-1}	3.46×10^{-3}

进一步地,根据发动机油门杆位置和高压转速判断发动机状态,将三种物理知识嵌入网络架构模型的预测结果按慢车、中间、最大状态以及非稳态划分。模型按照发动机状态划分后的性能预测结果见表 4-5。其中,AE1 表示基于参数架构构建的性能数字孪生模型,其物理信息输入层和耦合层采用双向长短期记忆网络,输出向量维度分别为 64 和 40。该模型作为对照模型。由表 4-5 可知,发动机非稳态下,并行架构模型预测压气机出口总压、排气温度、推力参数的最大平均相对误差分别为 5.096%、3.173%、5.274%;深度协同架构模型预测压气机出口总压、排气温度、推力参数的最大平均相对误差分别为 2.988%、2.489%、5.968%。在发动机中间、最大状态下,三种物理知识嵌入网络架构模型对部件、整机性能参数预测的平均相对误差在 3.5%以下;慢车状态,三种架构模型对温度实时预测的平均相对误差在 3%以下,而对推力预测的平均相对误差超过了 10%。慢车状态的推力数值非常小,因此用模型的平均误差带代替平均相对误差来衡量模型性能。三种架构模型在慢车状态下,预测推力的平均误差带(对应 MAE_{nr} 值)均在 1%以下。相对于并行结构的架构模型,深度协同的架构模型在慢车状态下的总压预测的平均相对误差为 4%左右,远优于前者。结合模型的 MAE_n 以及模型训练方式可知,在多参数统一输出的形式下,部件性能参数的预测精度低于整机性能参数的预测精度,且温度参数的预测精度高于总压参数的预测精度。这是因为数据进行了归一化处理,压缩了数值范围,而温度数值量级的变化小于总压数值量级的变化,模型更容易学习到量级变化小的目标参数的规律。并行结构架构和深度协同架构的模型在其他测试集的参数实时跟踪预测见图 4-14、图 4-15 和图 4-16。

表 4-5　物理知识嵌入网络模型在不同发动机状态下的参数预测结果

模型	参数	ARE/%				MAE_{nr}/%
		非稳态	慢车状态	中间状态	最大状态	慢车状态
AE1	P_3	4.987	16.720	0.856	1.700	—
	T_6	3.688	1.134	3.144	3.439	—
	F	11.765	99.181	1.780	2.917	0.922
PE1	P_3	4.867	14.891	1.894	2.450	—
	T_6	2.726	2.708	1.603	1.313	—
	F	4.863	19.620	1.888	1.546	0.181
PE2	P_3	5.096	10.517	1.659	2.520	—
	T_6	3.173	1.533	2.689	2.029	—
	F	4.550	21.541	1.722	1.860	0.087
PE3	P_3	4.515	7.292	2.348	2.754	—
	T_6	2.585	2.058	1.367	1.067	—
	F	5.274	14.395	2.157	1.744	0.136
DE1	P_3	2.745	3.253	2.049	2.133	—
	T_6	2.327	1.961	1.284	0.931	—
	F	3.847	10.363	1.216	0.678	0.085
DE2	P_3	2.661	3.621	1.244	1.329	—
	T_6	2.424	2.220	1.668	1.213	—
	F	4.632	16.867	1.050	0.932	0.174
DE3	P_3	2.988	4.303	1.396	1.611	—
	T_6	2.489	1.699	1.682	1.331	—
	F	5.968	21.272	1.383	1.205	0.919

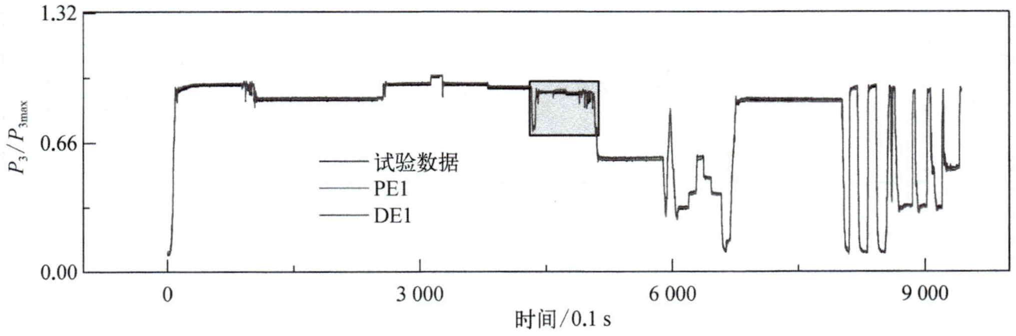

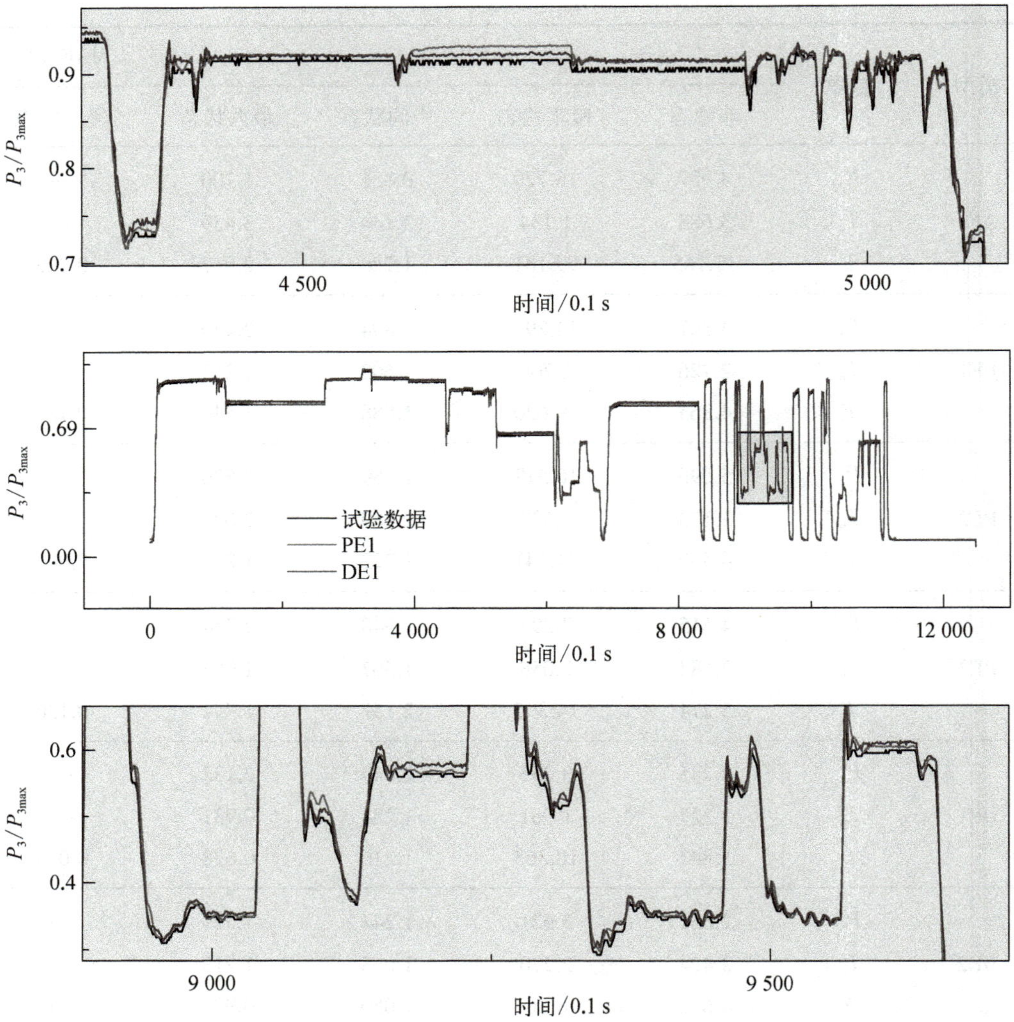

图 4－14　两种模型在其他测试集上的 P_3 实时跟踪预测

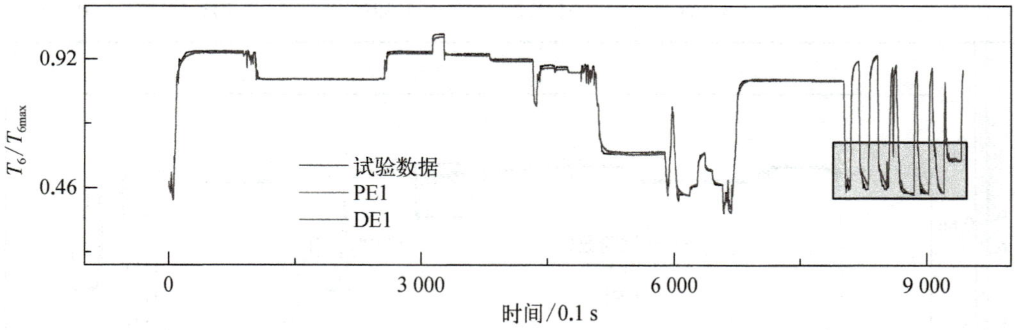

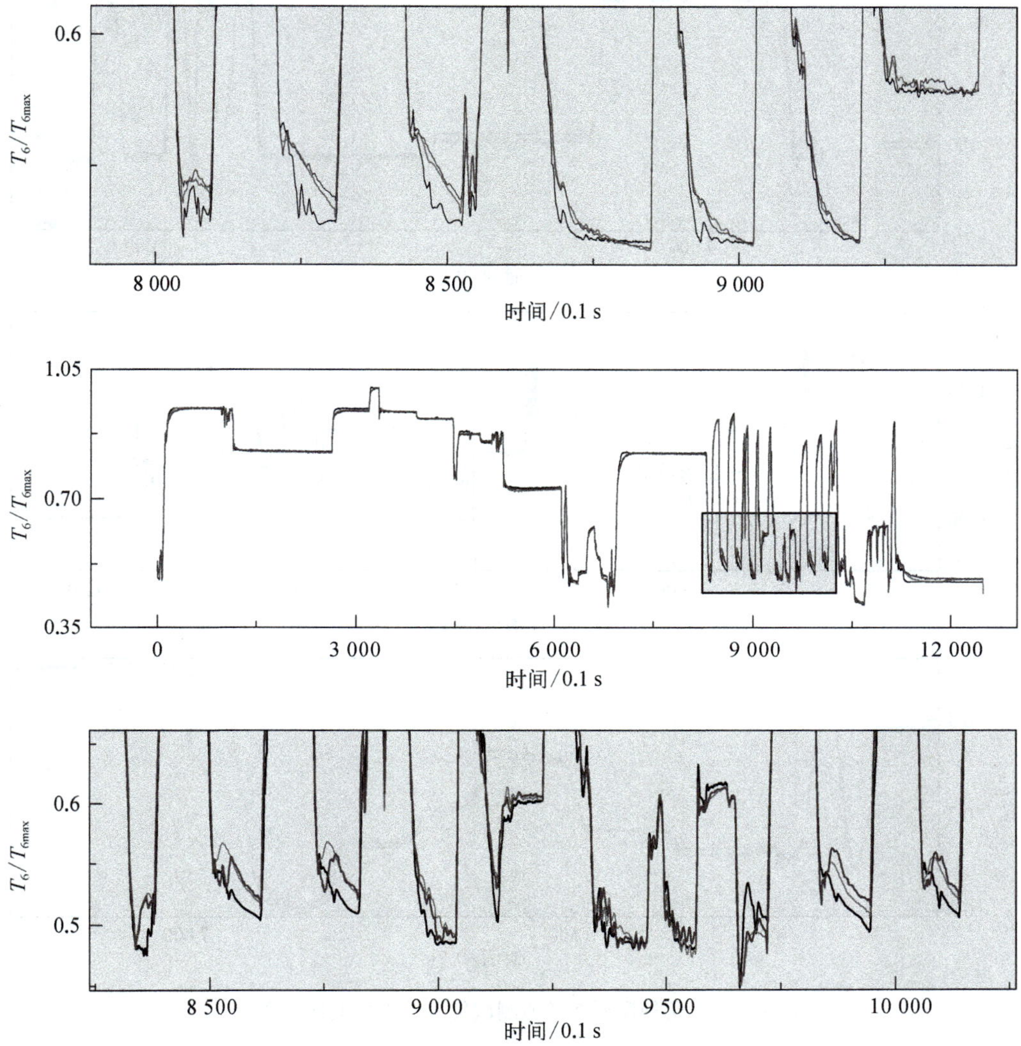

图 4－15　两种模型在其他测试集上的 T_6 实时跟踪预测

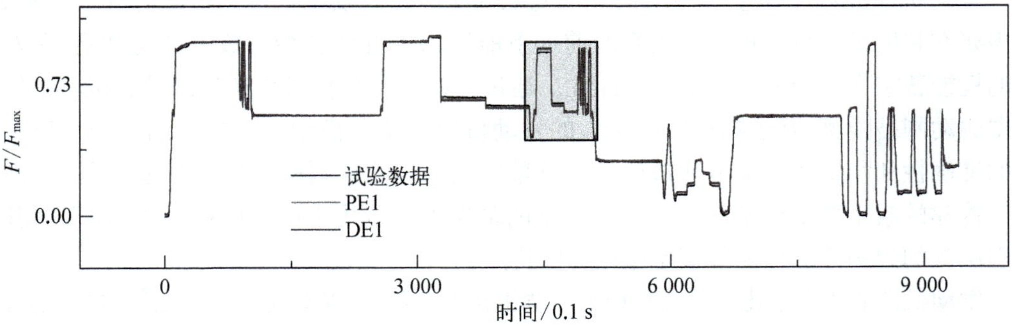

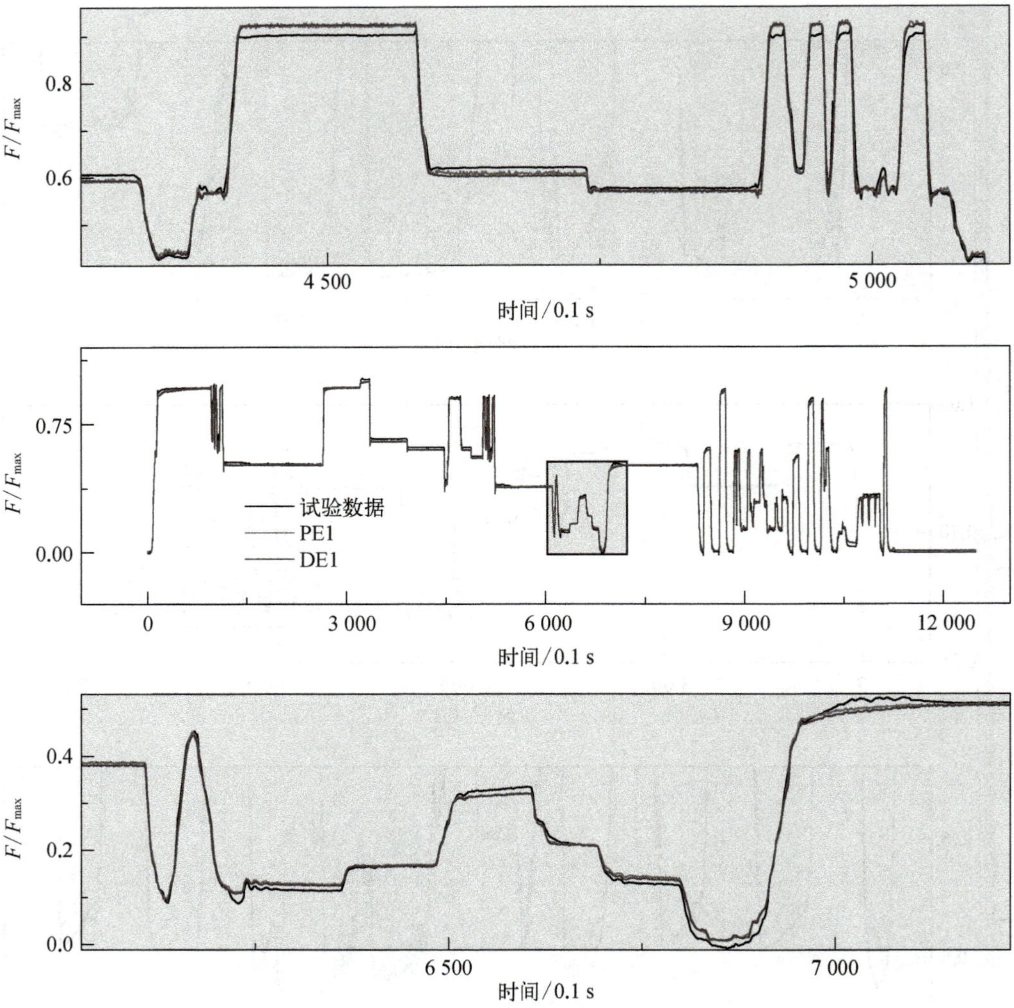

图 4-16　两种模型在其他测试集上的 F 实时跟踪预测

二、基于性能数字孪生模型的数字化试验可行性验证

发动机性能数字孪生模型不仅要求能准确实时跟踪发动机的运行状态和性能参数，还需要在映射发动机物理匹配关系的前提下能适用于设计复杂的数字试验，即要求发动机的性能数字孪生模型具有空间匹配性。通过上述讨论分析可以得出结论：相较于传统数据驱动网络模型，基于物理层次架构的发动机数字孪生模型在参数预测上表现出了更好的准确性和稳定性。本节通过设计一种数字化试验方法，体现基于物理知识嵌入网络架构构建的数字孪生模型相较于传统深度网络架构在应用中的空间匹配性，以表明基于物理层次的架构建立性能数字孪生模型的优点。

发动机性能的数字化试验是利用数字孪生技术，基于高逼真度且具备运行机理、物理规律和性能演化的发动机数字孪生模型，开展设计方案验证、部件匹配验证、维护方案验证等，以替代或减少物理试验的性能分析方法。其中，部件与整机匹配数字试验是为了模拟和比较特定部件在不同状态下对于发动机整机性能的影响。当该部件需要升级、改进或替换时，通过数字试验可以在实际操作前模拟部件替换后的整机性能或是发现潜在问题。在发动机部件与整机匹配的数字试验中，传统深度网络架构的数字孪生模型难以执行指定网络结构的训练或替换操作。而基于深度协同架构的发动机数字孪生模型在数字空间中网络结构与发动机的物理结构一一对应，通过设计架构中子网络层或组件网络的替换或训练即可实现。因此，本章以深度协同架构的发动机数字孪生模型设计部件与整机匹配的数字化试验。

在部件与整机匹配的数字化试验中，关键是利用部件的数据信息单独修正数字孪生模型中对应部件网络的基本单元参数数值，即在保留网络学习的关联关系前提下，对单一部件网络再训练。对于发动机性能的数字化试验，其目标参数一般为部件、整机性能参数。由于发动机的整机试验数据记录了目标参数的数值，该数据则记为带标签数据；而部件的数据信息仅包含单个发动机部件的特性，通常不包含目标参数，该数据则属于无标签数据，两种数据类型见图 4 - 17。在形成发动机的性能数字孪生时，带标签数据能直接用于数字模型的训练，而无标签的数据需要通过其他方法补充数据对应的标签量，才能用于更新数字模型。本章基于结构架构的数字孪生模型，搭配半监督学习以利用无标签数据，设计了一种部件与整机匹配的数字试验，如图 4 - 18 所示。

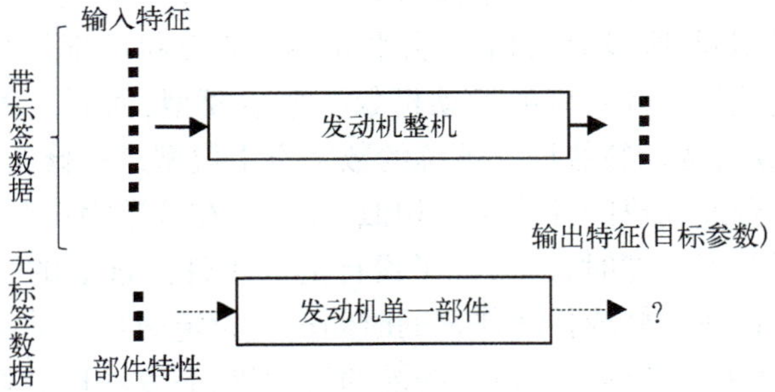

图 4 - 17　整机与部件的数据类型

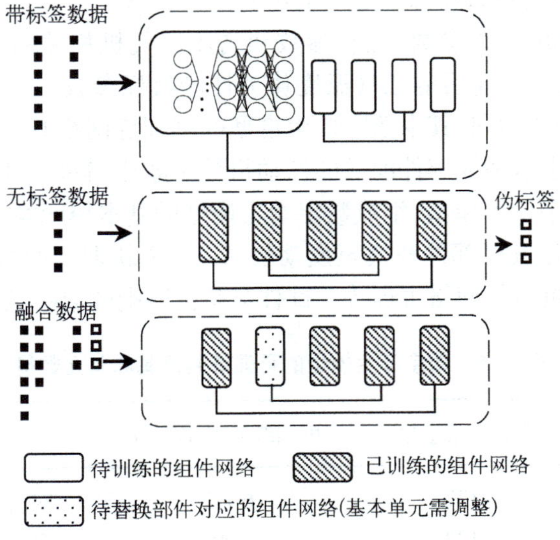

图 4 - 18　基于结构架构的部件整机匹配数字试验设计

(1) 发动机整机的试车试飞数据,即带标签的数据用于发动机数字孪生模型的训练。将带标签的数据分为两份,一份用于数字孪生模型训练,即训练集,另一份数据作为验证集。用于数字孪生模型训练的输入参数仅包含环境参数、控制参数和待替换部件的相关参数。

(2) 利用训练完成的数字孪生模型对无标签数据进行预测,生成与无标签数据对应的伪标签结果。无标签数据中的部件特征信息,加上环境、控制参数一同输入数字孪生模型中,数字孪生模型所给出的输出结果即为无标签数据对应的伪标签参数数值。

(3) 将验证集中的部分数据和新生成的伪标签数据融合作为新的训练集。无标签数据搭配上伪标签,其输入、输出的维度和带标签数据一致,可以用于模型的修正训练。

(4) 单独训练和修正待替换部件的相关网络基本单元。基于结构架构的数字孪生模型中,每个组件网络或子网络都与物理部件相互对应,因此固定数字模型中除了需要替换的部件组件网络外的网络基本单元,仅将待替换的部件组件网络设置为可训练状态。

(5) 基于新数据集训练数字孪生模型,再用新的数字孪生模型对无标签数据进行预测,得到部件与整机匹配后发动机的性能状态。

为了验证设计的数字化试验流程,以及体现基于结构架构的灵活性,采用某型飞机上的两台发动机试飞数据进行发动机数字模型的训练和更新。某型飞机上的两台发动机其运行环境和控制规律相同,服役时长相同,并假定两台发动机的部件衰退程度相同。故利用一台发动机的整机数据训练对应的发动机数字孪生模型,而假定替换另一台发动机中的单个部件,以此生成的伪标签数据对训练的数字孪生模型进行修正,部件与整机匹配的性能状态应该与另一台发动机的性能状态相似。因此,在该数字试验中,当伪标签数据再训练后的数字模型提升了精度时,即验证了设计的合理性。选取的数据范围是两台发动机出厂后并未进行过任何维修或性能修复的时间段。设定两台发动机为发动机 A 和发动机 B,发动机 A 为需要进行部件与整机匹配前的发动机,而发动机 B 则提供待替换的发动机部件。以替换发动机 B 的高压压气机为数字试验对象,即为将发动机 B 的高压压气机替换至发动机 A 中,以观察替换部件后发动机的性能状态。

基于表 4－1 筛选出环境参数、控制参数和高压压气机相关的状态参数组成输入向量,试飞数据中选择低压涡轮后的燃气温度作为性能目标参数。发动机数字孪生模型的深度协同架构与图 4－9 相同,其中数字孪生模型的可训练网络基本单元数量见表 4－6。表中的模型模式分别表示替换部件前后的发动机数字孪生模型。Model_A 为用发动机 A 的数据训练获得的数字孪生模型,组成数字孪生模型的基本单元均需要训练;而 Model_B 为将发动机 B 的高压压气机部件替换至发动机 A 后,重新训练的数字孪生模型,数字孪生模型中仅高压压气机组件网络可训练。部件与整机匹配的数字试验结果见表 4－7。

表 4－6　数字孪生模型的可训练网络基本单元数量

模型模式	基本单元总数	可训练基本单元数	组件网络结构
Model_A	6 127	6 127	双向长短期记忆网络(4)
Model_B	6 127	992	双向长短期记忆网络(4)

表 4-7　基于深度协同架构模型的部件与整机匹配数字试验结果

模型模式	平均相对误差/%	最大相对误差/%	误差大于 5%的占比
Model_A	1.679	22.494	5.599
Model_B	0.660	4.729	0.000

由于发动机 A 和发动机 B 的出厂时间、服役时间和运行环境相同，因此基于 Model_A 生成关于发动机 B 部件的伪标签，相较于发动机 B 数据中记录的低压涡轮后燃气温度数值，其相对误差较小。伪标签组成的新数据和发动机 A 数据融合为新的训练数据集，更新训练的 Model_B 其平均相对误差更低。对于上述两台发动机，在不考虑装配工艺等误差的情况下，是否替换部件对性能的表现影响不大，Model_B 的实时预测结果应更接近于发动机 B 所记录的低压涡轮后燃气温度数值，与表中的数字试验结果一致。图 4-19 展示了两个发动机数字孪生模型的实时预测结果。

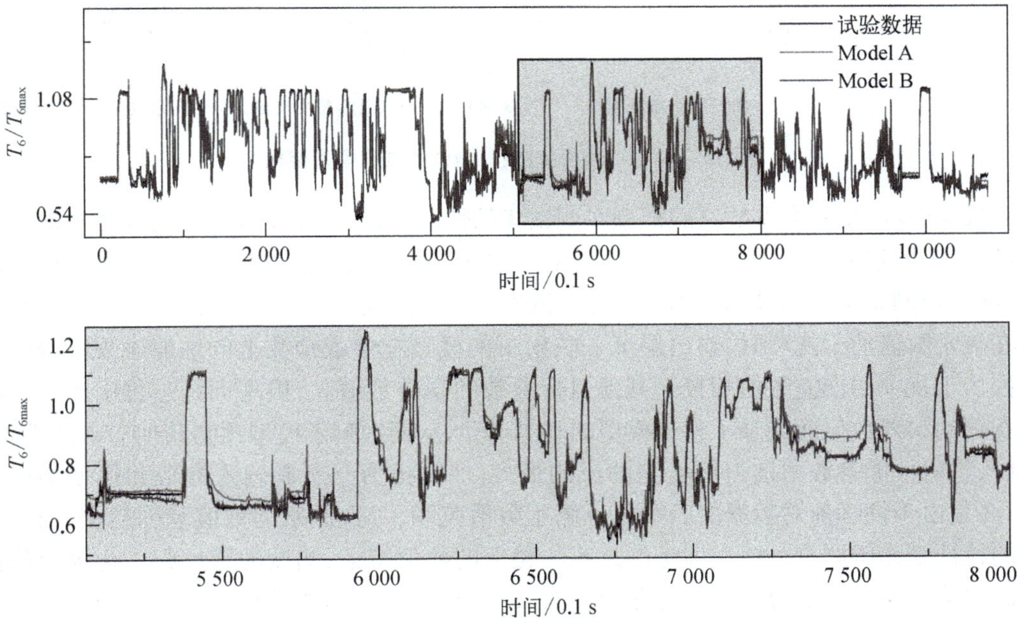

图 4-19　数字试验中数字孪生模型的实时预测结果

三、对应组件输出的性能数字孪生模型的试验数据验证

深度协同架构的发动机数字孪生模型在映射多参数时，可根据目标参数与组件网络的关系优化输出形式。为了验证对应组件输出形式的效果，以试车试验数据对相应模型进行训练，并与同架构其他输出形式的性能数字孪生模型进行对比。此外，为了凸显该输出形式的优点，在目标参数中添加高温计测得的工作叶片温度作为干扰项，试验的模型架构如图 4-20 所示，以此构造的模型设置见表 4-8。表中，干扰项位置表明工作叶片温度

这一参数的输出位置,即干扰项1为传统输出形式时将目标参数与干扰项参数一同作为输出向量;而干扰项2和3表示对应组件网络映射除了特定的目标参数外额外添加了干扰项。参考图4-20讨论试验的模型架构。如果模型的输出形式是输出层统一映射时,架构中没有压气机、低压涡轮以及整机性能输出网络;模型采用对应组件输出形式时,则有目标参数输出网络而没有输出层。上述的输出形式也决定了损失反馈所影响的范围和误差反向传递的数值。

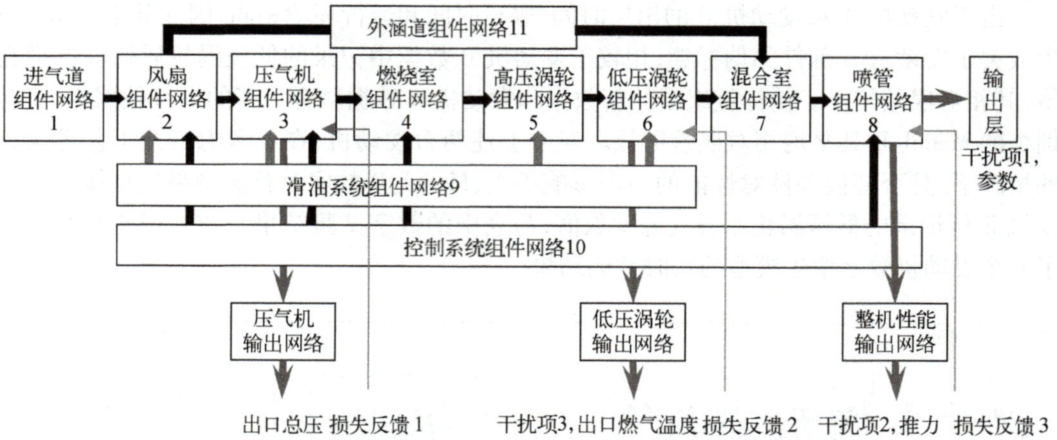

图4-20 多参数实时跟踪测试的试验模型架构

表4-9给出了多参数试验模型在测试集的性能表现,表中的MAE_n是参数在测试集下的MAE除以其最大值。对比DE1模型与Mul1模型的性能表现,在无干扰参数的影响下,深度协同架构的两种输出形式都能准确实时预测发动机的性能。然而,当目标参数中存在异常数值的干扰项时,输出层统一映射下的模型在参数预测上的性能表现下降。这是因为干扰项的误差数值相较于其他目标参数的误差数值大,模型训练过程中为了减小干扰项的误差数值而调整了整个模型的基本单元,从而影响了模型预测其他参数的性能。其中,整机性能参数中推力所受到的影响最大,一是推力与所有输入参数和模型架构有关;二是由于训练前对数据的归一化压缩了数值范围,参数原来的数值范围越宽,归一化后的特征变化越严重。模型训练的是归一化下的数值特征,测试的是反归一化为原值范围的数值特征。而推力的数值变化范围大,所以导致模型预测的误差增大。图4-21给出了不同多输出形式下的架构模型性能对比。

表4-8 多参数测试中的试验模型

模型名称	模型容量	干扰项位置	多输出形式
Mul1	110 584	0	对应组件网络映射
Mul2	117 868	1	输出层统一映射
Mul3	104 196	2	对应组件网络映射
Mul4	117 827	3	对应组件网络映射

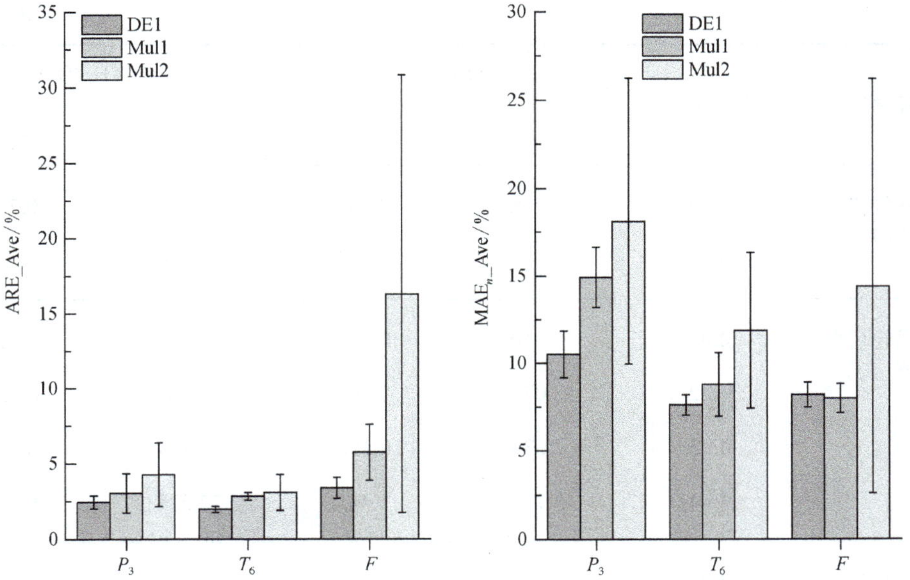

图4-21　不同多输出形式下的架构模型性能对比

对比不同干扰项位置下的模型性能可知，对应组件网络映射的输出形式相较于统一映射形式，能够减小干扰参数对于其他目标参数的影响，使得模型对于其他目标参数的实时预测相较于统一映射形式更准确。由表4-9可知，Mul3模型中的干扰项主要影响了推力这一目标参数，但对比统一映射形式下的模型其性能大幅提升，降低了约8%的平均相对误差；而Mul4模型中的干扰项也主要影响了低压涡轮后燃气温度这一目标参数。由于计算的误差和损失反馈机制，在对应组件网络映射的输出形式下，用于计算基本单元调整量的损失值被分配了不同的比重，每个组件网络层接收到的损失影响不同。图4-22展示了对应组件网络映射输出形式的误差反馈，图4-23给出了干扰项影响下的各模型的性能对比。图中的标号与图4-20一致，由图4-22、图4-23可以看出整机性能参数的误差会影响到整个模型的网络，而部件性能参数的误差仅影响其对应位置的上游组件网络。虽然所有组件网络均受到整机性能参数的影响，但对于图中的压气机组件网络而言，由于误差传递在深度架构中传递会存在信息损失，三个损失反馈的权重按从大到小排列，则依次为损失反馈1、2和3，因此组件输出形式的深度协同架构能将干扰参数的影响减小。从整个模型的性能评判，对应组件网络映射的输出形式适用于需要实时预测大量参数的场景，当存在难以精确预测的参数时，该输出形式能够降低该参数对其他预测参数的影响，从而提升模型的性能。

表4-9　不同输出形式的数字模型在测试集的性能表现

目标参数	模型名称	ARE/%		MAE$_n$/%	
		Ave	Std.	Ave	Std.
高压压气机出口总压(P_3)	Mul1	3.038	1.294	14.924	1.723
	Mul2	4.261	2.104	18.100	8.141

续　表

目标参数	模型名称	ARE/%		MAE_n/%	
		Ave	Std.	Ave	Std.
高压压气机出口总压(P_3)	Mul3	2.728	0.732	17.449	0.778
	Mul4	3.017	1.585	17.430	5.559
低压涡轮后燃气温度(T_6)	Mul1	2.819	0.263	8.773	1.824
	Mul2	3.075	1.192	11.866	4.452
	Mul3	2.334	0.190	8.709	0.859
	Mul4	3.771	1.441	22.576	16.003
推力(F)	Mul1	5.730	1.856	7.982	0.835
	Mul2	16.286	14.552	14.393	11.819
	Mul3	8.419	6.956	9.178	0.777
	Mul4	6.511	0.663	9.841	2.112

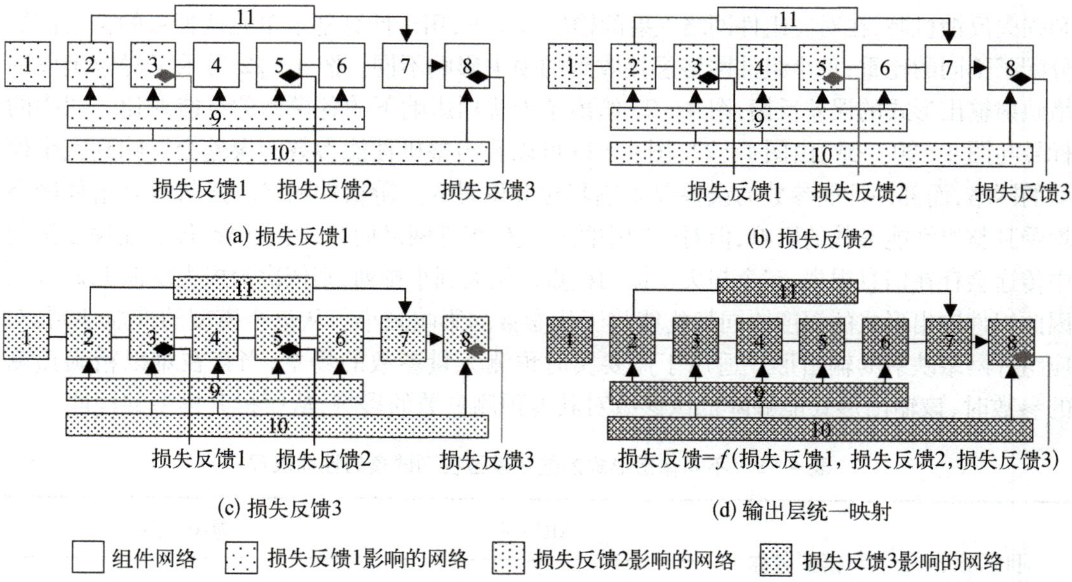

图 4-22　对应组件网络映射输出形式的误差反馈

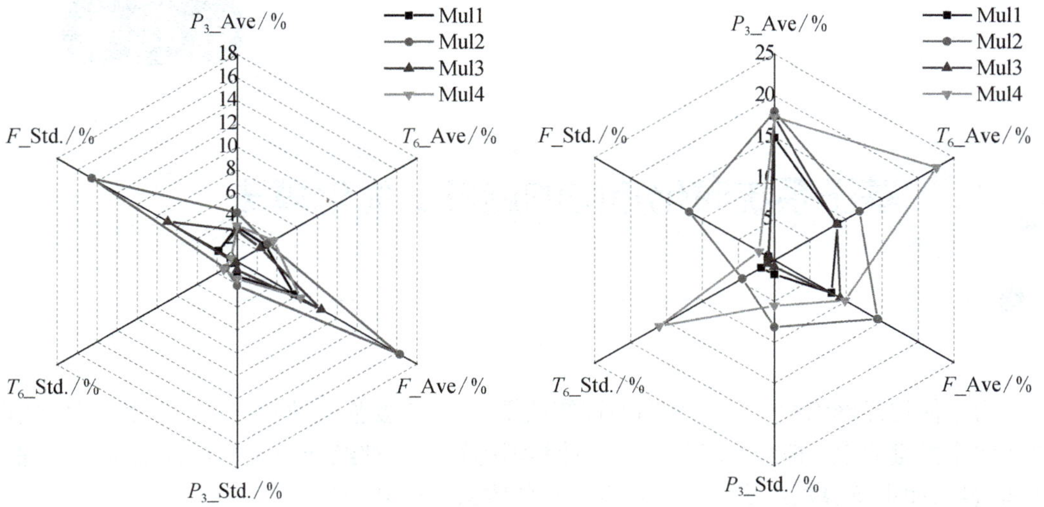

(a) ARE　　(b) MAE_n

图 4-23　干扰项影响下的各模型性能对比

第四节　本 章 小 结

本章结合域分解法和深度神经网络的表示学习特性，提出了两种基于物理层次结构的物理知识嵌入网络架构，并基于该架构构建了航空发动机性能数字孪生模型。分别对形成的两种模型进行了详尽的测试和分析，主要包括：基于物理层次架构的性能数字孪生模型与传统数据驱动网络模型的性能对比，两种物理知识嵌入网络架构模型在不同的发动机状态下的性能对比，架构的性能数字化试验的可行性分析，发动机多参数实时预测输出形式的架构模型的性能对比。通过上述测试分析，阐明了物理层次结构的网络架构在构建航空发动机性能数字孪生模型的优势。

习　题

4.1　本章给出了哪几种构建发动机物理知识嵌入网络的模型架构？

4.2　域分解的发动机物理知识嵌入网络方法，主要包括哪些步骤？

4.3　对比并行结构和深度协同网络架构模型，其在精度、稳定性、训练时长等方面哪种架构更有优势？

4.4　深度协同网络架构中各部件/系统网络层的输入是什么？

4.5　在深度协同的网络架构中，表示发动机动态特性的方式是什么？

4.6　以双轴混排涡扇发动机为例，构建一个并行结构的网络架构模型。

4.7　以双轴混排涡扇发动机为例，构建一个深度协同的网络架构模型。

4.8　部件/系统组件层中，各子网络可以采用不同的网络结构，设计子网络和耦合层匹配方案，并详细说明。

4.9　两种输出形式的深度协同网络架构模型的优势和劣势在哪儿？

4.10　参数相似性的嵌入网络架构和域分解的网络架构核心区别是什么？

第 5 章

基于系统演化方向的启发式优化算法

基于系统演化方向的启发式优化算法

为了使神经网络模型达到预期的训练结果,除了需要强大的硬件设备和数据外,还取决于两个关键要素:神经网络的架构设计和训练算法。神经网络架构设计确定了训练条件和边界,而训练算法决定了整个训练过程的收敛精度和稳定性。

在监督学习中,神经网络模型的训练过程通常可分为两个主要部分:损失量的传递和基于损失量的参数更新。损失量的传递由链式法则和反向传递算法主导,而基于损失量的参数更新算法包括一阶优化算法、二阶优化算法和启发式优化算法。一阶优化算法如梯度下降、动量法、Adam 等通常在大规模的学习任务中更为常见。而在计算资源允许的情况下,二阶方法包括了牛顿法、共轭梯度法等对一些挑战较大的优化问题表现更好。与二阶算法相比,一阶算法在大多数情况下能够提供良好的性能并且计算代价相对较低。但多数高收敛精度的一阶算法通常受到数据空间和应用对象的影响而存在差异。启发式算法通常包括差分进化算法、遗传算法等,通常能更好地进行全局搜索,且在处理非凸问题时更具鲁棒性。但启发式算法通常过于强调全局性而难以快速收敛到最优解。

为了更好地构造和改进优化算法,提升神经网络模型的收敛精度和稳定性,将启发式优化算法和一阶/二阶算法相结合,给出了一种基于系统演化方向的启发式优化算法。本章将对上述内容进行详细的论述。

第一节　优化算法的框架与方法

一、基于数学公式推导的优化算法

基于数学公式推导的优化算法在本章中是指梯度下降优化算法和二阶优化算法等,以区分诸如遗传、差分进化算法等启发式优化算法。本章以一个具有 $N(N>2)$ 层、层级结构均为全连接的神经网络模型为对象,以监督学习模式训练,推导不同优化算法的过程。该神经网络模型的表达式为

$$F(\boldsymbol{\theta}, \boldsymbol{x}) = f_N(\cdots, f_L(f_{L-1}(\cdots, f_1(\boldsymbol{x}, \boldsymbol{\theta}_1), \boldsymbol{\theta}_{L-1}), \boldsymbol{\theta}_L), \boldsymbol{\theta}_N) \qquad (5-1)$$

式中,$\boldsymbol{\theta}_L$ 表示神经网络模型第 L 层中的待优化参数,即权重;$\boldsymbol{x}$ 表示神经网络模型的输入向量;f_L 是应用于第 L 层的激活函数。损失函数 LF 用于衡量模型输出向量与标签之间的差距,见式(5-2):

$$\mathrm{LF}=f_{Ls}(\boldsymbol{y}_m,\ \boldsymbol{y}_t)=f_{Ls}(F(\boldsymbol{\theta},\ \boldsymbol{x}),\ \boldsymbol{y}_t) \tag{5-2}$$

式中，$\boldsymbol{x}$ 和 $\boldsymbol{y}_t$ 分别表示训练数据的参数和标签。因此神经网络模型在训练过程中仅迭代参数 $\boldsymbol{\theta}$，即

$$\boldsymbol{\theta}_L^{(k+1)} \leftarrow f(\boldsymbol{\theta}_L^{(k)}),\quad L=1,\ 2,\ 3,\ \cdots,\ N \tag{5-3}$$

式(5-2)则简化为

$$\mathrm{LF}=f(\boldsymbol{\theta}) \tag{5-4}$$

梯度下降算法是一种优化算法，它的目的是找到一个函数的局部最小值，或者使损失函数达到最小的参数值，故有

$$\min_{\theta}\quad \mathrm{LF}=f(\boldsymbol{\theta}),\ \theta\in R \tag{5-5}$$

梯度下降算法的基本思想是，沿着函数在当前点的梯度(即函数变化最快的方向)的反方向，以一定的步长更新参数，直至达到收敛条件或者预设的迭代次数。梯度下降算法可以通过泰勒定理直接推导出来，泰勒定理表明任何一个复杂度的函数都可以写成关于某点处的导数的一个多项式，因此将式(5-4)进行一阶展开有

$$f(\boldsymbol{\theta})=f(\boldsymbol{\theta}^{(k)})+\nabla f(\boldsymbol{\theta}^{(k)})^{\mathrm{T}}(\boldsymbol{\theta}-\boldsymbol{\theta}^{(k)})+o(\|\boldsymbol{\theta}-\boldsymbol{\theta}^{(k)}\|) \tag{5-6}$$

式中，∇表示函数在某点的梯度。若要使上式数值达到最小，则要使得 $\nabla f(\boldsymbol{\theta}^{(k)})^{\mathrm{T}}(\boldsymbol{\theta}-\boldsymbol{\theta}^{(k)})$ 最小。由 Cauchy-Schwarz 不等式得

$$\nabla f(\boldsymbol{\theta}^{(k)})^{\mathrm{T}}(\boldsymbol{\theta}-\boldsymbol{\theta}^{(k)})\leqslant\|\nabla f(\boldsymbol{\theta}^{(k)})\|*\|(\boldsymbol{\theta}-\boldsymbol{\theta}^{(k)})\| \tag{5-7}$$

当且仅当 $\nabla f(\boldsymbol{\theta}^{(k)})=(\boldsymbol{\theta}-\boldsymbol{\theta}^{(k)})$ 时，$\nabla f(\boldsymbol{\theta}^{(k)})^{\mathrm{T}}(\boldsymbol{\theta}-\boldsymbol{\theta}^{(k)})$ 最小，故令 $d^k=-\nabla f(\boldsymbol{\theta}^{(k)})$ 得到梯度下降算法在神经网络模型训练中的迭代公式：

$$\boldsymbol{\theta}_L^{(k+1)} \leftarrow \boldsymbol{\theta}_L^{(k)}-\lambda_k d^{(k)},\quad L=1,\ 2,\ 3,\ \cdots,\ N \tag{5-8}$$

式中，$d^{(k)}$ 即为函数在当前点的梯度方向；λ_k 为步长，在神经网络模型训练中也称为学习率。为了获得更好的收敛速度和稳定性，改进梯度下降算法主要包含了两方面：一方面是优化下降方向的训练和弱化无关方向的振荡；另一方面是优化学习率的计算方式，使学习率在不同的维度上有不同的数值。梯度方向的改进引入了梯度的指数衰减平均，即动量技术。学习率的改变是通过历史梯度平方和来调整，对稀疏参数进行大幅更新和对频繁参数进行小幅更新。综合两种更新技术的 Adam 算法记录了梯度的一阶矩，即过往梯度与当前梯度的平均以体现迭代中方向的“惯性”，此外还记录了梯度的二阶矩，即过往梯度平方与当前梯度平方的平均，为不同参数产生自适应的学习率，具体公式有

$$m^{(k)}=\beta_1 m^{(k-1)}-(1-\beta_1)d^{(k)} \tag{5-9}$$

$$v^{(k)}=\beta_2 v^{(k-1)}-(1-\beta_2)(d^{(k)})^2 \tag{5-10}$$

$$\tilde{m}^{(k)}=m^{(k)}/(1-\beta_1^k) \tag{5-11}$$

$$\tilde{v}^{(k)}=v^{(k)}/(1-\beta_2^k) \tag{5-12}$$

$$\boldsymbol{\theta}_L^{(k+1)} \leftarrow \boldsymbol{\theta}_L^{(k)} - \lambda_k \tilde{m}^{(k)} / \sqrt{\tilde{v}^{(k)} + \varepsilon}, \quad L = 1, 2, 3, \cdots, N \tag{5-13}$$

式中,β_1和β_2分别是调节一阶矩和二阶矩的超参数。为了保证模型的泛化性,可在迭代后期将 Adam 算法改为用 SGD 算法训练。在迭代初期使用 Adam 算法可以快速地收敛到一个较好的区域,在迭代后期使用 SGD 算法可以避免过拟合和偏差修正等问题,同时提高模型在测试集的准确性。

二阶优化算法是一种利用目标函数的二阶导数[海塞矩阵(Hessian matrix)]来更新参数的优化方法,可以更准确地描述函数的曲率和变化,提高收敛速度和稳定性[1]。针对神经网络模型训练的损失函数式(5-4)进行二阶泰勒展开有

$$f(\boldsymbol{\theta}) = f(\boldsymbol{\theta}^{(k)}) + \nabla f(\boldsymbol{\theta}^{(k)})^{\mathrm{T}}(\boldsymbol{\theta} - \boldsymbol{\theta}^{(k)}) + \frac{1}{2}(\boldsymbol{\theta} - \boldsymbol{\theta}^{(k)})^{\mathrm{T}} \nabla^2 f(\boldsymbol{\theta}^{(k)})^{\mathrm{T}}(\boldsymbol{\theta} - \boldsymbol{\theta}^{(k)}) + o(\|\boldsymbol{\theta} - \boldsymbol{\theta}^{(k)}\|^2) \tag{5-14}$$

若要使$f(\boldsymbol{\theta})$最小,则要使 $\nabla f(\boldsymbol{\theta}^{(k)})^{\mathrm{T}}(\boldsymbol{\theta} - \boldsymbol{\theta}^{(k)}) + (\boldsymbol{\theta} - \boldsymbol{\theta}^{(k)})^{\mathrm{T}} \nabla^2 f(\boldsymbol{\theta}^{(k)})^{\mathrm{T}}(\boldsymbol{\theta} - \boldsymbol{\theta}^{(k)})$ 最小,故令

$$g(\Delta\boldsymbol{\theta}) = g(\boldsymbol{\theta} - \boldsymbol{\theta}^{(k)}) = \nabla f(\boldsymbol{\theta}^{(k)})^{\mathrm{T}}(\Delta\boldsymbol{\theta}) + \frac{1}{2}(\Delta\boldsymbol{\theta})^{\mathrm{T}} \nabla^2 f(\boldsymbol{\theta}^{(k)})^{\mathrm{T}}(\Delta\boldsymbol{\theta}) \tag{5-15}$$

$$\nabla g(\Delta\boldsymbol{\theta}) = \nabla f(\boldsymbol{\theta}^{(k)}) + \nabla^2 f(\boldsymbol{\theta}^{(k)})(\Delta\boldsymbol{\theta}) \tag{5-16}$$

当 $\nabla g(\Delta\boldsymbol{\theta}) = 0$ 时, $\nabla g(\Delta\boldsymbol{\theta})$ 取得极值点,有

$$\Delta\boldsymbol{\theta} = -\nabla^2 f(\boldsymbol{\theta}^{(k)})^{-1} \nabla f(\boldsymbol{\theta}^{(k)}) \tag{5-17}$$

即迭代公式为

$$\boldsymbol{\theta}_L^{(k+1)} \leftarrow \boldsymbol{\theta}_L^{(k)} - \nabla^2 f(\boldsymbol{\theta}_L^{(k)})^{-1} \nabla f(\boldsymbol{\theta}_L^{(k)}), \quad L = 1, 2, 3, \cdots, N \tag{5-18}$$

式中, $\nabla^2 f(\boldsymbol{\theta}_L^{(k)})^{-1}$ 为海塞矩阵的逆矩阵。在训练过程中,计算和存储海塞矩阵及其逆矩阵需要大量的时间和内存,特别是大型深度神经网络模型的参数维度会很高。另外,海塞矩阵可能不是正定的或者是奇异的,导致迭代方向不是下降方向或者不存在。因此解决海塞矩阵的计算和存储成为二阶算法改进的目标。

拟牛顿法中的 BFGS(Broyden - Fletcher - Goldfarb - Shanno)方法是通过梯度信息来构造海塞矩阵的近似矩阵,避免直接计算和存储海塞矩阵及其逆矩阵;而 L - BFGS (limited-memory BFGS)与 BFGS 类似,但近似矩阵不是直接存储和更新,而是通过有限的历史信息递归计算的。此外,KFAC(Kronecker-factored approximate curvature)等自然梯度法是利用克罗内克积来近似费歇耳信息矩阵以代替海塞矩阵。

由此可见,为了适用于高参数维度的神经网络模型训练,改进后的二阶优化算法是使用近似或者随机的方法来降低计算和存储海塞矩阵及其逆矩阵的代价的方法,这可以在一定程度上提高二阶优化算法在神经网络训练中的可行性和效率。但改进后的二阶优化算法仍存在很多需深入调整的地方:

首先,训练过程可能会损失二阶信息,导致收敛速度下降和稳定性降低;其次,会引入

一些额外的参数或者超参数,例如,近似矩阵的大小,历史信息的数量,步长的选择等,从而增加优化过程的复杂度或影响优化过程的效果;最后,改进后的二阶优化算法可能会与当前常用的神经网络优化技巧或者正则化方法(如 L1 正则化,批归一化等)不兼容或者冲突。此外,数据空间和应用对象所构造的函数性质存在差异,梯度下降算法及其衍生算法受特征空间的影响大,在步长的限制下容易陷入极值。

二、启发式优化算法

启发式优化算法是基于直观和经验构造的搜索与优化算法,源于模拟自然界中的启发式过程,如生物进化、物理退火、蚁群行为等,致力于解决实际的复杂优化问题。这类算法具有全局搜索和随机选择策略相结合的特性,在解空间中高效地寻找潜在的解决方案。启发式优化算法中的代表性算法包括遗传算法、模拟退火算法、蚁群算法、粒子群优化算法等。每个算法都有其独特的思想和操作。例如,遗传算法模拟了生物进化的过程,通过选择、交叉和变异等遗传操作演化种群,寻找问题的最优解。

在启发式优化算法中,迭代的关键是调整当前解的位置。这一过程可用如下概括性公式表示:

$$x_n = x_o + \lambda \times f \tag{5-19}$$

式中,x_n表示迭代过程的新解;x_o表示迭代过程的当前解或历史解;λ 表示步长;f 表示迭代方向即探索策略。上式表明了在启发式优化算法中,新解的生成依赖于当前解或历史解,变化的引入通过一定的探索策略进行,使算法能够在搜索空间中进行有效的探索。例如,在差分进化算法中,其包括了变异操作和交叉操作:

$$\boldsymbol{V}_i = \boldsymbol{X}_{r1} + F \times (\boldsymbol{X}_{r2} - \boldsymbol{X}_{r3}) \tag{5-20}$$

$$\begin{cases} V_{i,j}, \text{若 } j = \text{rand}(\,) \text{ 或 } j \in CR_I \\ X_{i,j}, \text{其他} \end{cases} \tag{5-21}$$

式中,$\boldsymbol{V}_i$ 表示第 i 个个体的变异向量;$\boldsymbol{X}_{r1}$、$\boldsymbol{X}_{r2}$、$\boldsymbol{X}_{r3}$ 分别为随机选择的三个个体;rand( )为随机函数生成的值;CR_I为随机选择的维度索引集合。类似的,遗传算法通过选择、交叉和变异操作调整种群中个体的位置,模拟退火算法通过接受劣质解的概率实现方向调整,而蚁群算法则通过信息素更新引导个体在搜索空间中寻找更优解。上述算法在迭代过程中不断优化解的位置,朝着更有可能的方向前进,以达到全局最优。

启发式优化算法在组合优化、连续优化以及解决难以建立数学模型的复杂问题等方面有广泛应用,展现了在寻找高维度、非线性、非凸问题解方面的强大能力。启发式优化算法依靠其强大的搜索能力,能够应对不同问题,尤其是那些传统优化方法难以处理的问题。启发式优化算法也面临着挑战,如对特定问题可能收敛速度较慢、解释性差、需要调参等。这些问题的存在使得算法的应用受到一些限制,需要更深入的研究与优化。

神经网络中的参数空间通常具有高维度和非凸性,常规的启发式优化算法处理复杂参数空间的性能可能受到限制,仅在少数领域的神经网络模型训练中有应用。相比之下,梯度下降等优化方法能够更有效地利用梯度信息,在神经网络训练中被广泛采用,是一种主流训练算法,具有较快的收敛速度。

第二节 优化算法详细介绍

启发式优化算法主要受某种直观的生物活动或是自然规律启发所提出的,其简单直观,在可接受的时间内给出较优解,具有较强的鲁棒性。这意味着启发式优化算法的收敛通常与域空间性质无关,独立于求解域,求解过程不需要对问题进行特殊的处理或转化,提高了算法的通用性和适应性,与基于数学公式推导的优化算法形成互补。然而,由于神经网络模型参数数量庞大,仅采用基于启发式优化算法进行模型训练所消耗的时间成本巨大,不适用于训练数据驱动的神经网络模型。受此类算法启发,可以融合两种算法优势,在训练过程中以特定方向进行迭代搜索,在收敛点附近转化为一阶优化算法以稳定收敛过程。

对于一个热力系统而言,由于熵增的必然性,系统会自发由有序向无序发展,其系统状态的改变具有方向性。本章将神经网络模型视为一个系统,基于描述系统演化过程的方程推导优化算法的迭代公式。

一、网络训练与系统演化的相似性

在监督学习下,神经网络的训练是一种通过调整网络参数来使其输出尽可能接近期望结果的过程,可用式(5-3)表示。这涉及一个优化问题,即最小化或最大化一个目标函数,该函数反映了网络输出与期望结果之间的差异或相似度。训练使用不同的优化算法,如梯度下降法、牛顿法和拟牛顿法,通过调整神经网络模型的基本单元的数值,以期最小化输出与期望结果之间的误差。系统的平衡态指系统处于一种稳定状态,即内部状态不随时间变化或变化很小。而非平衡态表示系统处于不稳定状态,即内部状态随时间变化显著或变化迅速。系统从非平衡态转向平衡态的过程是通过某种方式减小内部状态差异或不协调,实现稳定或协调状态的过程[2]。

本章把神经网络视为由相互影响的参数组成的系统,可将神经网络训练过程与系统调节过程进行对比,如图5-1所示。训练过程可看作是一个系统从非平衡态转向平衡态

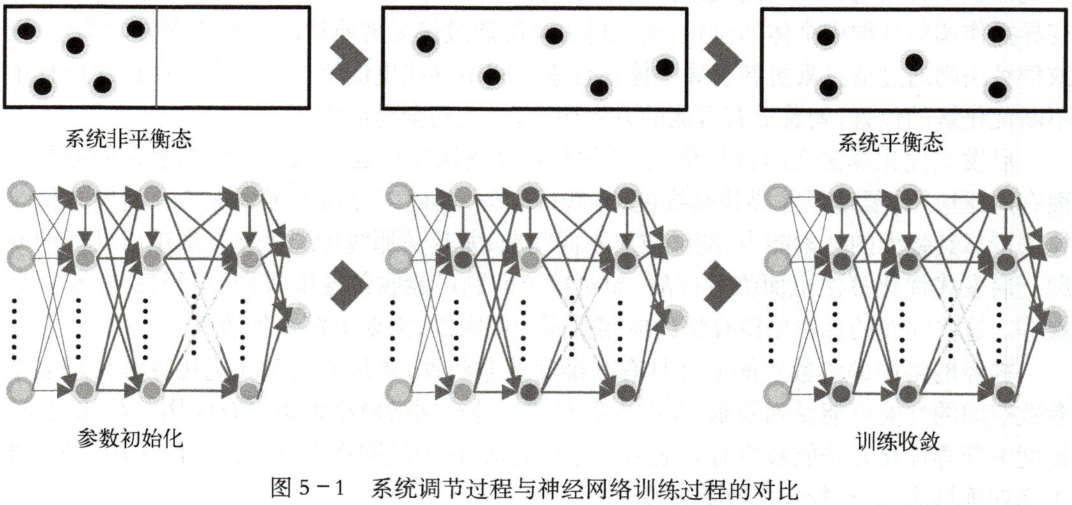

图5-1 系统调节过程与神经网络训练过程的对比

的过程：在训练初始时，神经网络参数随机初始化，与期望结果相差很大，处于非平衡态。随着训练的进行，神经网络通过优化算法不断调整参数，逐渐减小输出与期望结果之间的差异，使网络从非平衡态向平衡态过渡。在训练结束时，如果神经网络达到良好性能，即输出与期望结果的差异很小或可接受，可认为网络处于平衡态，此时网络的基本单元经过训练后将处于稳定状态。

然而，将神经网络训练过程视为系统从非平衡态到平衡态的过程，这种处理方式存在一些局限性和假设。首先，假设神经网络存在唯一且稳定的平衡态，即存在一个最优解或全局最优解。但实际中，神经网络可能存在多个局部最优解或鞍点，或者由于优化算法的迭代方式和模型复杂度而陷入局部最小值甚至停滞不动，使得神经网络无法达到真正的平衡态。其次，假设神经网络在训练结束后保持在一个固定且稳定的平衡态。在实际应用中，网络可能面临新的数据或任务，导致输出与期望结果出现新的差异，需要进行再训练或迁移学习以适应新的情况。这表明神经网络的平衡态是动态而非静态的。

如果以微观角度看待系统的非平衡态和平衡态，类比神经网络参数调整，可补充上述假设条件。宏观上，系统维持平衡态要求宏观量在长时间内不发生变化。若神经网络在训练过程中只考虑数据和目标函数的影响，而忽略了学习率、批量大小、正则化、初始化、激活函数、优化算法等因素对神经网络训练效果的影响，则同一神经网络的多次训练结果会具有一定的随机性，参数的影响使模型的整体性能在一定范围内波动。微观上，系统平衡态是指系统各个微观态的概率不随时间变化，非平衡态是各个微观态的概率分布与平衡态分布不同的状态。用统计系综描述神经网络训练，每一种参数调整的结果可视为一种可能的微观态，而训练收敛则是系统平衡态的表现形式。以微观角度描述系统状态，能更好地模拟神经网络训练结果的随机性，补充了两种过程类比的假设条件。

综上所述，本章将神经网络描绘为一个由多个相互影响的可调参数组成的系统，将参数训练过程在数学物理层面视为系统从一个状态转向另一个状态的演化过程，从而推导出适用于模型训练的启发式优化算法。

二、Boltzmann 方程

系统非平衡态向平衡态的演化是数学物理领域中一个重要的研究方向，涉及流体力学、天体物理、生命科学等多个学科。在天体物理方面，研究涉及宇宙大爆炸后的核合成、星际介质中的等离子体输运与碰撞，以及恒星内部的能量传输等。生命科学中，细胞膜的渗透性、蛋白质的折叠、神经元的信号传递等也是非平衡态系统演化的具体表现。这一演化过程在生物系统、化学反应系统和热力学系统中都广泛存在，揭示了其在多领域中的重要性和普适性。

描述系统非平衡态到平衡态演化过程的统计行为的偏微分方程是 Boltzmann 方程，该方程基于概率论和微观动力学的假设，描述了系统中单元体的分布与运动，其一般形式为

$$\frac{\partial f_i}{\partial t} + \boldsymbol{v}_i \cdot \nabla f_i + \boldsymbol{F}_i \cdot \nabla_v f_i = \frac{\delta f_i}{\delta t} \tag{5-22}$$

其中，$\boldsymbol{F}_i$ 表示单位质量力，是指作用于系统的外力，在重力场中为重力加速度；∇和 ∇_v 分

别表示位置空间梯度和速度空间梯度，即 $\nabla = \partial/\partial \boldsymbol{r}$，$\nabla_v = \partial/\partial \boldsymbol{v}_i$，而方程右端则表示由于碰撞引起单元的改变量，即碰撞项[3]。

Boltzmann 方程具有时间不可逆性，即对于系统而言由非平衡态到平衡态的演化过程是不可逆的，该性质可由 H 定理诠释。H 定理是在推导 Boltzmann 方程的过程中引入了 H 函数即 $H = \int f \ln f \mathrm{d}\boldsymbol{v}$，并证明其时间导数在系统趋近于平衡态时会逐渐减小为 0，且 Boltzmann 方程的解会渐近于唯一的平衡态解。基于 H 函数与德国科学家 Clausius 于 1865 年提出的熵的概念，可定义系统的非平衡熵为

$$S(t) = -k_B \sum_{i=1}^{r} \int_V \mathrm{d}\boldsymbol{r} \int \mathrm{d}\boldsymbol{v}_i f_i(\ln f_i - 1) \tag{5-23}$$

式中，k_B 为玻尔兹曼常数，其值为 $1.380\,66 \times 10^{-23}$ J/K。将上式对时间求导有

$$\frac{\mathrm{d}S}{\mathrm{d}t} = -k_B \sum_i \int_V \mathrm{d}\boldsymbol{r} \int \mathrm{d}\boldsymbol{v}_i (\partial_t f_i) \ln f_i \tag{5-24}$$

将其中的分布函数的导数代入式(5-22)则变为

$$\frac{\mathrm{d}S}{\mathrm{d}t} = k_B \sum_i^{r} \int_V \mathrm{d}\boldsymbol{r} \int \mathrm{d}\boldsymbol{v}_i \ln f_i (\boldsymbol{v}_i \cdot \nabla f_i + \boldsymbol{F}_i \cdot \nabla_{vi} f_i) - k_B \sum_{i,j=1}^{r} \int_V \mathrm{d}\boldsymbol{r} \int \mathrm{d}\boldsymbol{v}_i \ln f_i C(f_i, f_j) \tag{5-25}$$

由于在相空间边界处将分布函数f_i 设置为零，上式的右端前两项积分为零。对于最后一个碰撞积分项，假设碰撞为二元碰撞，且为可逆碰撞，可推导出：

$$\frac{\mathrm{d}S}{\mathrm{d}t} = \frac{1}{4} k_B \sum_{i,j=1}^{r} \int_V \mathrm{d}\boldsymbol{r} \int \mathrm{d}\boldsymbol{v}_i \int \mathrm{d}\boldsymbol{v}_j \int_0^{2\pi} \mathrm{d}\phi \times \int_0^{\infty} b g_{ij} \ln\left(\frac{f_i^* \ f_j^*}{f_i \ f_j}\right) (f_i^* \ f_j^* - f_i \ f_j) \mathrm{d}b \tag{5-26}$$

由于存在恒等式 $\ln(y/x)(y-x) \geqslant 0$ 当且仅当 $x = y$ 时等号才成立，因此只有当 $f_i^* \ f_j^* = f_i f_j$ 成立时，系统的非平衡熵的时间导数为零，即系统处于平衡态。此外，研究发现系统需要经过很长的时间才能从非平衡态过渡到平衡态，即平衡态是渐近稳定的。

接下来将讨论平衡态的稳定性以及非平衡态到平衡态的过渡方式，进一步了解 Boltzmann 是如何描述演化过程的。首先通过非平衡态熵的表达式(5-23)以及平衡态熵的表达式来定义非平衡熵的非平衡部分：

$$S_n(t) = S(t, f_i) - S_e(t, f_i^0) = -k_B \sum_{i=1}^{r} \int_V \mathrm{d}\boldsymbol{r} \int \mathrm{d}\boldsymbol{v}_i [f_i \ln(f_i/f_i^0) - f_i + f_i^0] \tag{5-27}$$

式中，S_e为平衡态熵，其表达式为

$$S_e = -k_B \sum_{i=1}^{r} \int_V \mathrm{d}\boldsymbol{r} \int \mathrm{d}\boldsymbol{v}_i \ f_i^{(0)} (\ln f_i^{(0)} - 1) \tag{5-28}$$

上式由 Maxwell 提出而后由 Boltzmann 完成了严格的推导，此处不再展开描述。而后通过不等式：

$$y\ln(y/x)-y+x\geqslant 0 \tag{5-29}$$

可得

$$S_n(t)=S(t,f_i)-S_e(t,f_i^0)\leqslant 0 \tag{5-30}$$

由此，可看出熵 $S(t,f_i)$ 在增长的过程中会逐渐趋近于平衡熵 $S_e(t,f_i^0)$，根据 f_i^0 的定常稳定性，对 $S_n(t)$ 进行时间上的求导并应用 Boltzmann 方程有

$$\frac{\mathrm{d}}{\mathrm{d}t}S_n=-k_B\sum_{i=1}^{n}\int_V\mathrm{d}\boldsymbol{r}\int\mathrm{d}\boldsymbol{v}_i[\partial_t f_i\ln(f_i/f_i^0)]\geqslant 0 \tag{5-31}$$

根据上式可知，$S_n(t)$ 就是 Boltzmann 方程的 Lyapunov“广义能量”函数，其在系统接近平衡态时会逐渐增加，此外根据 Lyapunov 稳定性理论可以得出：系统在由非平衡态到平衡态过渡的过程会经历很长一段时间。

H 定理中的 $S(t)$ 针对体积 V 内的整个体系，代表系统全局熵。为便于发展物质连续理论，熵的局部表达形式更加合适。定义单位体积单位质量的熵为

$$\varsigma=-\frac{k_B}{\rho}\sum_{i=1}^{r}\langle f_i(\ln f_i-1)\rangle \tag{5-32}$$

熵的局部表达形式被称为熵密度，在整个体积内对 $\rho\varsigma$ 进行积分可得到全局熵 $S(t)$，上式对时间求导并代入 Boltzmann 方程之后的方程被称为熵平衡方程，即

$$\begin{gathered}\frac{\partial}{\partial t}\rho\varsigma(\boldsymbol{r},t)=-\nabla\cdot[\boldsymbol{J}_s(\boldsymbol{r},t)+\rho\varsigma\boldsymbol{u}]+\sigma_{\text{ent}}(\boldsymbol{r},t)\\ \Rightarrow\rho\frac{\mathrm{d}}{\mathrm{d}t}\varsigma(\boldsymbol{r},t)=-\nabla\cdot\boldsymbol{J}_s(\boldsymbol{r},t)+\sigma_{\text{ent}}(\boldsymbol{r},t)\end{gathered} \tag{5-33}$$

其中，$\boldsymbol{J}_s$ 和 σ_{ent} 分别表示熵通量和熵增，它们的表达式如下：

$$\boldsymbol{J}_s=-k_B\sum_{i=1}^{r}\langle\boldsymbol{c}_i(\ln f_i-1)f_i\rangle \tag{5-34}$$

$$\sigma_{\text{ent}}=-k_B\sum_{i=1}^{r}\sum_{j=1}^{r}\langle\ln f_i\,C(f_i,f_j)\rangle \tag{5-35}$$

应用 H 定理，可证明熵增 σ_{ent} 恒正：

$$\sigma_{\text{ent}}=\frac{1}{4}k_B\sum_{i,j=1}^{r}\int\mathrm{d}\boldsymbol{v}_i\int\mathrm{d}\boldsymbol{v}_j\int_0^{2\pi}\mathrm{d}\phi\int_0^{\infty}bg_{ij}\ln(f_i^*f_j^*/f_if_j)(f_i^*f_j^*-f_if_j)\mathrm{d}b\geqslant 0 \tag{5-36}$$

由上述推导过程可知：首先，熵通量的散度和熵增造成了局部熵的变化，其中，熵增为全局非平衡熵时间导数的局部形式。其次，系统中大量且无规则的不可逆碰撞导致局部熵中恒正的熵增以及能量耗散。

由上述关于 Boltzmann 方程的讨论可见，描述非平衡态系统向平衡态过渡的演化过程与神经网络训练过程相似。非平衡态系统过渡到平衡态是渐进平衡的，在神经网络训练时表现为迭代参数逐渐接近收敛点，并在其附近不断振荡。此外，Boltzmann 方程的时间

不可逆性以及局部非平衡熵的推导表明非平衡态系统的演化过程具有方向性，主要受到方程中碰撞项的影响。因此，为了获得非平衡态系统演化过程的方向以指导神经网络的训练过程，需要对方程进行求解，并需要特别关注碰撞项。

三、Eu 矩方法

Boltzmann 方程的求解方法分为两大类：直接求解方法和模型方程方法。直接求解方法包括离散速度坐标法、Monte Carlo 法和快速谱方法，它们直接对 Boltzmann 方程进行数值离散和求解。模型方程方法则对 Boltzmann 方程进行简化或近似，以获得更容易求解的模型方程。在这两种方法中，本章重点关注模型方程方法，旨在通过对方程的处理，获取能够描述系统演化方向的数学表达式。

矩方法是模型方程方法之一，包括 Grad 矩方法、Chapman－Enskog 展开方法和 Eu 矩方法。Eu 矩方法与其他两种方法不同，重点处理了与演化过程方向相关的碰撞项。该方法由 B.C.Eu 提出，通过研究不可逆热力学过程，从 Boltzmann 定解条件 H 定理出发，构造了一种指数形式的分布函数，得到了非平衡态到平衡态的熵增耗散模型。该模型在接近平衡态时收敛为 Rayleigh－Onsager 耗散函数，并通过构建非平衡态到平衡态统一的非线性熵增模型处理了方程中的碰撞项，即非平衡态系统的演化过程方向[4]。

矩方法的基本前提是将分布函数作为宏观矩的函数，并随着宏观矩的发展而演化。此时 Boltzmann 方程的解等价于矩演化方程的解。将与系统关联的量 $\boldsymbol{A}$ 与 Boltzmann 方程相乘并对整个速度空间求积即可得到宏观量（如系统的速度、压力、温度等）的输运方程，即 Boltzmann 方程的矩方程：

$$\boldsymbol{A}\frac{\partial f_i}{\partial t}+\boldsymbol{A}\boldsymbol{v}_i\cdot\nabla f_i+\boldsymbol{A}\boldsymbol{F}_i\cdot\nabla_v f_i=\sum_{j=1}^{r}\boldsymbol{A}C(f_i,f_j) \tag{5-37}$$

对上式进行速度空间求积分，则等式左端的第一项有

$$\int \mathrm{d}\boldsymbol{v}_i\frac{\partial \boldsymbol{A}f_i}{\partial t}=\frac{\partial}{\partial t}\int \boldsymbol{A}f_i\mathrm{d}\boldsymbol{v}_i=\frac{\partial}{\partial t}(n\overline{\boldsymbol{A}}) \tag{5-38}$$

对于上面等式的中间项，由于 $\boldsymbol{A}\boldsymbol{v}_i$ 仅仅是速度矢量 $\boldsymbol{v}_i$ 的函数，因此可以将其置于微商符号∇中，则有式（5－39），而对于等号左边第三项的积分项有式（5－40）：

$$\int \mathrm{d}\boldsymbol{v}_i\boldsymbol{A}\boldsymbol{v}_i\cdot\nabla f_i=\int \nabla\cdot(\boldsymbol{A}\boldsymbol{v}_i\ f_i)\mathrm{d}\boldsymbol{v}_i=\nabla\cdot n\overline{\boldsymbol{A}\boldsymbol{v}_i} \tag{5-39}$$

$$\int \mathrm{d}\boldsymbol{v}_i\boldsymbol{A}\boldsymbol{F}_i\cdot\nabla_v f=\int \mathrm{d}\boldsymbol{v}_i\boldsymbol{F}_i\cdot\nabla_v(\boldsymbol{A}f)-\boldsymbol{F}_i\cdot\int f\ \nabla_v\boldsymbol{A}\mathrm{d}\boldsymbol{v}_i \tag{5-40}$$

由于速度 $\boldsymbol{v}_i\rightarrow\infty$ 时，分布函数为 0，因此等号右边第一项的积分为 0，故而：

$$\int \mathrm{d}\boldsymbol{v}_i\boldsymbol{A}\boldsymbol{F}_i\cdot\nabla_v f=-\boldsymbol{F}_i\cdot\int f\ \nabla_v\boldsymbol{A}\mathrm{d}\boldsymbol{v}_i=-\boldsymbol{F}_i\cdot\overline{\nabla_v\boldsymbol{A}} \tag{5-41}$$

用 $\Delta[\boldsymbol{A}]=\sum_{j=1}^{r}\boldsymbol{A}C(f_i,f_j)$ 来表示碰撞项，整理后可以得到关联量 $\boldsymbol{A}$ 的矩方程：

$$\frac{\partial}{\partial t}(n\overline{\boldsymbol{A}}) + \nabla\cdot n\,\overline{\boldsymbol{A}v_i} - n\boldsymbol{F}_i \cdot \overline{\nabla_v \boldsymbol{A}} = \Delta[\boldsymbol{A}] \tag{5-42}$$

Eu 矩方法假定了 Boltzmann 方程中的分布函数是宏观矩的函数,并且该分布函数的通量依赖性严格按照熵增的本质进行。首先,在 Eu 矩方法中定义了如下的表示式:

$$\begin{aligned} h_i^{(1)} &= [m_i c_i c_i]^{(2)} \\ h_i^{(2)} &= \frac{1}{3}m_i c_i^2 - p_i/n_i \\ h_i^{(3)} &= \left(\frac{1}{2}m_i c_i^2 + m_i \boldsymbol{\psi}_i - \hat{h}_i m_i\right) c_i \\ h_i^{(4)} &= m_i c_i \end{aligned} \tag{5-43}$$

上式中 $\hat{h}_i$ 表示系统单元的单位质量焓。定义上述系统单元量的统计平均量为 $\boldsymbol{\Phi}_i^{(\alpha)}$,有

$$\boldsymbol{\Phi}_i^{(\alpha)} = \langle h_i^{(\alpha)} \ f_i(\boldsymbol{v}_i,\ \boldsymbol{r},\ t) \rangle \tag{5-44}$$

其中,α 取正整数,而 $<A> = \int A\mathrm{d}\boldsymbol{v}$ 表示量 A 在速度空间上的积分。根据上述变量的定义,非守恒矩的演化方程即为

$$\rho \frac{\mathrm{d}}{\mathrm{d}t}\hat{\boldsymbol{\Phi}}_i^{(\alpha)} = \boldsymbol{Z}_i^{(\alpha)} + \Lambda_i^{(\alpha)} \tag{5-45}$$

$$\begin{cases} \hat{\boldsymbol{\Phi}}_i^{(\alpha)} = \boldsymbol{\Phi}_i^{(\alpha)}/\rho \\ \Lambda_i^{(\alpha)} = \sum\limits_{j=1}^{r} \langle h_i^{(\alpha)} C(f_i,\ f_j) \rangle \\ Z_i^{(\alpha)} = -\nabla\cdot \langle \xi_i h_i^{(\alpha)} \ f_i \rangle + \langle f_i(d_t + \xi_i \cdot \nabla + F_i \cdot \nabla_{vi}) h_i^{(\alpha)} \rangle \end{cases} \tag{5-46}$$

而式中的 $\hat{h}_i$ 表示由单元运动所产生的运动项,其更详细的宏观显示形式为

$$\begin{aligned} Z_i^{(1)} &= -\nabla\cdot \psi_i^{(1)} - 2\,[(d_t\boldsymbol{u} - \boldsymbol{F}_i)\boldsymbol{J}_i]^{(2)} - 2\,[\Pi_i \cdot \nabla\boldsymbol{u}]^{(2)} \\ &\quad - 2\Delta_i \nabla\boldsymbol{u} - \frac{2}{3}\Pi_i \nabla\cdot \boldsymbol{u} - 2p_i \nabla\boldsymbol{u} \\ Z_i^{(2)} &= -\nabla\cdot \psi_i^{(2)} - \frac{2}{3}(d_t\boldsymbol{u} - \boldsymbol{F}_i)\cdot \boldsymbol{J}_i - \frac{2}{3}\Pi_i : \nabla\boldsymbol{u} \\ &\quad - \frac{2}{3}\Delta_i \nabla\cdot \boldsymbol{u} - p_i d_t \ln(p_i v^{5/3}) - \nabla\cdot (\boldsymbol{J}_i p_i/\rho_i) \\ Z_i^{(3)} &= -\nabla\cdot \psi_i^{(3)} - (d_t\boldsymbol{u} - \boldsymbol{F}_i)\cdot(\boldsymbol{P}_i - p_i\boldsymbol{I}) - \boldsymbol{Q}'_i \\ &\quad \cdot \nabla\boldsymbol{u} - \varphi_i^3 : \nabla\boldsymbol{u} - \boldsymbol{J}_i d_t \hat{h}_i - \boldsymbol{P}_i \cdot \nabla\hat{h}_i \\ Z_i^{(4)} &= -\nabla\cdot \boldsymbol{P}_i - \boldsymbol{\rho}_i(d_t\boldsymbol{u} - \boldsymbol{F}_i) - \boldsymbol{J}_i \cdot \nabla\boldsymbol{u} \end{aligned} \tag{5-47}$$

$\Lambda_i^{(\alpha)}$ 是由碰撞引起的能量耗散项,其表达式中包含复杂的碰撞积分,因此需要先给出一个合适的分布函数形式,进而求解碰撞积分,并得到具体的表达式。为了得到 $\Lambda_i^{(\alpha)}$ 的

具体形式,首先需要假定给出一个合适的分布函数表达式,它需要满足两个条件:首先,在从非平衡态到平衡态的过程中,分布函数的定义是模糊且动态的,即它仅是一种形态定义而不是严格的具体表达式;其次,分布函数不仅要满足守恒定律,同时也需要满足 H 定理和熵增原理。基于此,Eu 构造了一种指数形式的分布函数:

$$f_i = \exp[-\beta(H_i + H_i^{(1)} - \mu_i)] \tag{5-48}$$

$$\begin{cases} \beta = \dfrac{1}{k_B T} \\ H_i = \dfrac{1}{2} m_i c_i^2 + m_i \psi_i \\ H_i^{(1)} = \sum\limits_{\alpha \geqslant 1} X_i^{(\alpha)} \cdot h_i^{(\alpha)} \end{cases} \tag{5-49}$$

式中,· 表示张量之间的标量积;μ_i 是规范化因子,其通过下式确定:

$$\exp(-\beta\mu_i) = n_i^{-1} \langle \exp[-\beta(H_i + H_i^{(1)})] \rangle \tag{5-50}$$

式中,$X_i^{(\alpha)}$ 表示加权系数,其不依赖微观速度,而是宏观变量的函数,为了获得其具体的表达式,首先给出局部平衡态分布函数:

$$f_i^0 = \exp[-\beta(H_i - \mu_i^0)] \tag{5-51}$$

$$\exp(-\beta\mu_i^0) = n_i^{-1} \langle \exp(-\beta H_i) \rangle \tag{5-52}$$

通过定义无量纲参数可以将局部分布函数写为如下形式:

$$f_i = f_i^{(0)} \exp\left[-k_B^{-1}\left(\sum \bar{X}_i^{(\alpha)} \cdot h_i^{(\alpha)} - m_i \Delta\bar{\mu}_i\right)\right] \tag{5-53}$$

其中,$\bar{\mu}_i = \mu_i / T$, $\Delta\bar{\mu}_i = \bar{\mu}_i - \bar{\mu}_i^0$, $\bar{X}_i^{(\alpha)} = X_i^{(\alpha)} / T$。

之后,将式(5-49)中的无量纲形式参数代入非平衡分布函数式(5-44)中,获得与式(5-51)类似的非平衡态分布函数,代入 Boltzmann 方程中,乘以 $h_i^{(\alpha)}$ 并进行求矩有

$$\langle f_i h_i^{(\alpha)} (d_t + \boldsymbol{c}_i \cdot \nabla + \boldsymbol{F}_i \cdot \nabla_{vi})(-k_B^{-1})\left(\sum_{x=1}^{\infty} \bar{X}_i^{(x)} \cdot h_i^{(x)} - m_i \Delta\bar{\mu}_i\right) \rangle = \Lambda_i^{(\alpha)} \tag{5-54}$$

定义以下变量:

$$\langle f_i h_i^{(\alpha)} (d_t + \boldsymbol{c}_i \cdot \nabla + \boldsymbol{F}_i \cdot \nabla_{vi})(-k_B^{-1})\left(\sum_{x=1}^{\infty} \bar{X}_i^{(x)} \cdot h_i^{(x)} - m_i \Delta\bar{\mu}_i\right) \rangle = \Lambda_i^{(\alpha)} \tag{5-55}$$

考虑上述变量的输运方程,则有

$$\begin{aligned} \rho d_t(\rho^{-1} \langle f_i \hbar_i^{(\alpha)} \rangle) = & -\nabla \cdot \langle \boldsymbol{c}_i \hbar_i^{(\alpha)} f_i \rangle + \langle f_i (d_t + \boldsymbol{c}_i \cdot \nabla + \boldsymbol{F}_i \\ & \cdot \nabla_{vi}) \hbar_i^{(\alpha)} \rangle + \sum_{j=1}^{r} \langle \hbar_i^{(\alpha)} C(f_i, f_j) \rangle \end{aligned} \tag{5-56}$$

相对应地，非守恒变量的输运方程可写成：

$$\rho d_t(\rho^{-1}\langle f_i h_i^{(\alpha)}\rangle) = -\nabla\cdot\langle \boldsymbol{c}_i h_i^{(\alpha)} f_i\rangle + \langle f_i(d_t + l_i\cdot\nabla + \boldsymbol{F}_i \cdot\nabla_{vi}) h_i^{(\alpha)}\rangle + \sum_{j=1}^{r}\langle h_i^{(\alpha)} C(f_i, f_j)\rangle \tag{5-57}$$

由于方程式(5－56)与式(5－57)同构，因而有如下结论：

$$\langle f_i \hbar_i^{(\alpha)}\rangle = \alpha\langle f_i h_i^{(\alpha)}\rangle \Rightarrow \langle f_i \hbar_i^{(\alpha)}\rangle = \alpha\boldsymbol{\Phi}_i^{(\alpha)} \tag{5-58}$$

其中，α 为常数。由于式(5－54)和式(5－57)等价于 Boltzmann 方程，而式(5－56)是这两个方程的差值，因此 α 必须为零，代入式(5－55)中有

$$\sum_{x=1}^{\infty}\langle f_i h_i^{(\alpha)} h_i^{(x)}\rangle \cdot \overline{X}_i^{(x)} = -(k_B - m_i\Delta\bar{\mu}_i)\boldsymbol{\Phi}_i^{(\alpha)} \tag{5-59}$$

对于耗散项的低阶近似，应用微扰理论，假定 $f_i = f_i^0$，$\Delta\bar{\mu}_i = 0$，则：

$$\sum_{x=1}^{\infty}\langle f_i^{(0)} h_i^{(\alpha)} h_i^{(x)}\rangle \cdot X_i^{(x)} = -k_B T\boldsymbol{\Phi}_i^{(\alpha)} \tag{5-60}$$

由于矩 $h_i^{(\alpha)}$ 为正交张量的 Hermite 多项式，因此上式左端的速度积分为

$$\langle f_i^{(0)} h_i^{(\alpha)} h_i^{(x)}\rangle = \delta_{x\alpha}\langle f_i^{(0)} h_i^{(\alpha)} h_i^{(\alpha)}\rangle \tag{5-61}$$

从而式(5－60)可写成如下形式：

$$\langle f_i^{(0)} h_i^{(\alpha)} h_i^{(\alpha)}\rangle \cdot X_i^{(\alpha)} = -k_B T\boldsymbol{\Phi}_i^{(\alpha)} \tag{5-62}$$

通过上式可以得到 $X_i^{(\alpha)}$ 的表达式：

$$\begin{aligned}
X_i^{(1)} &= -\boldsymbol{\Phi}_i^{(1)}/2p_i = -\Pi_i/2p_i \\
X_i^{(2)} &= -3\boldsymbol{\Phi}_i^{(2)}/2p_i = -3\Delta_i/2p_i \\
X_i^{(3)} &= -\boldsymbol{\Phi}_i^{(3)}/p_i\hat{h}_i = -\boldsymbol{Q}'_i/p_i\hat{h}_i \\
X_i^{(4)} &= -\boldsymbol{\Phi}_i^{(4)}/p_i = -\boldsymbol{J}_i/2p_i
\end{aligned} \tag{5-63}$$

以上即为分布函数的完整形式。而后需通过分布函数处理碰撞项来获得非守恒量的演化方程，以探究非平衡系统的演化方向的数学表达式。

为满足热力学第二定律，需要从熵增的角度推导出耗散项的表达式。首先，将分布函数式(5－48)代入熵增的表达式中可得如下熵增表达式：

$$\sigma_{\text{ent}} = T^{-1}\sum_{i=1}^{r}\sum_{\alpha\geqslant 1} X_i^{(\alpha)} \cdot \Lambda_i^{(\alpha)} \tag{5-64}$$

从上述表达式可看出，熵增由非守恒矩演化方程中的耗散项组成，也揭示了熵增的物理本质：熵增是由大量、无规则的系统单元碰撞带来的不可逆能量耗散引起的，反过来能量耗散加速了非守恒通量的耗散演化。将分布函数改写成如下形式：

$$\begin{cases} f_i = f_i^{(0)} \exp(x_i) \\ x_i = \beta(H_i^{(1)} - \mu_i + \mu_i^o) \end{cases} \tag{5-65}$$

因此熵增就可以表达成如下形式：

$$\begin{cases} \sigma_{\text{ent}}(\boldsymbol{r},\ t) = \dfrac{1}{4} k_B \sum_{i=1}^{r} \sum_{j=1}^{r} \int \mathrm{d}\boldsymbol{v}_i \int \mathrm{d}\boldsymbol{v}_j \int_0^{2\pi} \mathrm{d}\phi \times A \\ A = \int_0^{\infty} b g_{ij}\ f_i^{(0)}\ f_j^{(0)} \times [\exp(-y_{ij}) - \exp(-x_{ij})](x_{ij} - y_{ij}) \mathrm{d}b \end{cases} \tag{5-66}$$

$$x_{i,\ j} = x_i + x_j,\ y_{i,\ j} = x_i^* + x_j^* \tag{5-67}$$

通过式(5-66)，简化熵增可写成如下形式：

$$\hat{\sigma}_{\text{ent}}(\boldsymbol{r},\ t) = \frac{1}{4} \sum_{i=1}^{r} \sum_{j=1}^{r} \langle\langle (x_{ij} - y_{ij})[\exp(-y_{ij}) - \exp(-x_{ij})] \rangle\rangle \tag{5-68}$$

此外，定义下列积分：

$$\begin{aligned} \kappa &= \frac{1}{2} \langle\langle \sum_{i=1}^{r} \sum_{j=1}^{r} (x_{ij} - y_{ij})^2 \rangle\rangle^{1/2} \\ \kappa_2 &= \frac{1}{4} \langle\langle \sum_{i=1}^{r} \sum_{j=1}^{r} (x_{ij} - y_{ij})^2 (x_{ij} + y_{ij}) \rangle\rangle \\ \kappa_3 &= \frac{1}{4} \langle\langle \sum_{i=1}^{r} \sum_{j=1}^{r} (x_{ij} - y_{ij})^2 (x_{ij}^2 + x_{ij} y_{ij} + y_{ij}^2) \rangle\rangle \end{aligned} \tag{5-69}$$

则可以得到如下卷积形式的熵增表达式：

$$\hat{\sigma}_{\text{ent}}(\boldsymbol{r},\ t) = \frac{\kappa}{2} \left\{ \begin{aligned} & \exp\left[\kappa - \frac{1}{2}(\kappa_2/\kappa + \kappa^2) + \frac{1}{3!}(\kappa_3/\kappa + 3\kappa_2 + 2\kappa^3) + \cdots\right] \\ & - \exp\left[-\kappa - \frac{1}{2}(\kappa_2/\kappa - \kappa^2) - \frac{1}{3!}(\kappa_3/\kappa - 3\kappa_2 + 2\kappa^3) + \cdots\right] \end{aligned} \right\} \tag{5-70}$$

省略二阶及以上的高阶项，则有

$$\hat{\sigma}_{\text{ent}}(\boldsymbol{r},\ t) = \kappa \frac{\mathrm{e}^{\kappa} - \mathrm{e}^{-\kappa}}{2} = \kappa \sinh \kappa = \kappa^2 q(\kappa) \tag{5-71}$$

其中，函数 $q(x)$ 的表达式为 $(\sinh x)/x$，且有 $\lim\limits_{x\to 0} q(x) = 1$，而当系统接近平衡态时，$\kappa$ 接近于零，因此当系统接近平衡态时，有

$$\hat{\sigma}_{\text{ent}}(\boldsymbol{r},\ t) \to \kappa^2 (\kappa \to 0) \tag{5-72}$$

此外，在近平衡态时，Rayleigh - Onsager 耗散函数可表征能量耗散，故 κ^2 就是 Rayleigh - Onsager 耗散函数。若对式(5-70)保留三阶精度，则熵增可写成如下形式：

$$\hat{\sigma}_{\text{ent}} = \kappa \exp\left[\frac{1}{2}(\kappa_2 - \kappa^2)\right] \sinh(\kappa - \kappa_2/2\kappa + \kappa_3/6\kappa + \kappa^3/3) \tag{5-73}$$

若高阶卷积近似的熵增保持上述形式,则熵增为正[5]。研究表明,熵增的一阶卷积近似已经具有很强的非线性并且能够解释大部分物理现象。因此,目前的研究都是基于一阶近似式(5－71)展开。由于一阶累积量 κ 为正值,故可轻易证明式(5－71)中的熵增恒正,从而满足了热力学第二定律。

至此,依据一阶近似熵增表达式(5－71)以及熵增与耗散项的关系式(5－64)可得到耗散项的显示表达式:

$$\Lambda_i^{(\alpha)} = (k_B T/g) \sum_{j=1}^{r} \sum_{x=1}^{\infty} R_{ij}^{(\alpha x)} X_j^{(x)} q(\kappa) \tag{5-74}$$

四、基于系统演化方向的优化算法

熵增表达形式提供了解释非线性系统非平衡态的演化方式,并给出了演化方向的表达式。根据熵增表达式,分析可知系统接近平衡态时一阶累积量 κ 趋近于零,系统熵增逐渐稳定且无限接近零值。将非平衡系统的演化过程与神经网络训练过程对比,梯度与一阶累计量对应,神经网络训练过程逐渐趋近于零且系统收敛。因此,基于熵增表达式构造启发式优化算法训练神经网络有如下要点:

(1) 非平衡态系统演化至平衡态是渐进稳定的,因此优化算法在接近收敛点时会无限接近一阶算法;

(2) 算法的迭代方向参照熵增表达式,根据保留的高阶精度不同有不同表达式;

(3) 熵增表达式中的一阶累计量恒为正值,但梯度是矢量,具有方向性,因此构造的表达式需要考虑数值计算过程中正负号所带来的影响。

综上所述,熵增表达式中所定义的量 κ、κ_2 和 κ_3 分别由梯度、梯度的一阶矩和梯度的二阶矩表示,所构造的迭代公式为

$$\boldsymbol{\theta}_L^{(k+1)} \leftarrow \boldsymbol{\theta}_L^{(k)} - f(\lambda_k) g^{(k)} \frac{e^{(g^{(k)})} + e^{(-g^{(k)})}}{2}, \quad L = 1, 2, 3, \cdots, N \tag{5-75}$$

或是

$$\begin{gathered}
m^{(k)} = \beta_1 m^{(k-1)} - (1-\beta_1) g^{(k)} \\
v^{(k)} = \beta_2 v^{(k-1)} - (1-\beta_2)\,(g^{(k)})^2 \\
\tilde{m}^{(k)} = m^{(k)}/(1-\beta_1^k) \\
\tilde{v}^{(k)} = v^{(k)}/(1-\beta_2^k) \\
q_1^{(k)} = \frac{1}{2}[\tilde{m}^{(k)} - (g^{(k)})^2] \\
q_2^{(k)} = g^{(k)} - \tilde{m}^{(k)}/2g^{(k)} + \tilde{v}^{(k)}/6g^{(k)} + (g^{(k)})^3/3 \\
\boldsymbol{\theta}_L^{(k+1)} \leftarrow \boldsymbol{\theta}_L^{(k)} - f(\lambda_k) g^{(k)} \exp(q_1^{(k)}) \sinh(q_2^{(k)}), \quad L = 1, 2, 3, \cdots, N
\end{gathered} \tag{5-76}$$

式中，$f(\cdot)$ 为自适应学习率计算函数，具体形式可参照梯度下降算法及其改进算法的计算格式；$\exp(\cdot)$ 表示以自然常数为底数的指数函数；$\sinh(\cdot)$ 为双曲正弦函数。由上式可以看出，当梯度值较大时迭代方向由两部分组成，而在小梯度值下，迭代方向逐渐变为梯度方向，基于上述迭代公式的优化算法训练过程如下。

算法 2　基于系统演化方向的优化算法神经网络训练过程

---

1 输入：训练集 $D = \{(x^{(n)}, y^{(n)})\}_{n=1}^{N}$，神经网络层数 L，每层神经元数量 $N_{L,i}$，损失函数 loss；初始化神经网络参数权重 $W_{L,i}$，b_L；设置自适应学习率计算函数，优化算法中的超参数初始化（如学习率 λ、β_1、β_2 等），给定训练数据批量大小（batch）；

2 for epoch = 1 to $\text{epoch}_{\text{end}}$：

3 从训练集 D 中选取 batch 样本；

4 计算神经网络每一层的净输入 $z^{(L)}$ 和激活值 $\alpha^{(L)}$，直到最后一层，损失函数计算误差 E；

5 反向传播误差计算：根据链式法则逐层计算每个神经元的输出误差，即梯度 $g^{(L)}$
$\dfrac{\partial \text{loss}(y^{(n)}, \hat{y}^{(n)})}{\partial W_{L,i}} = g^{(L)}(\alpha^{(L-1)})^{\mathrm{T}}$，$\dfrac{\partial \text{loss}(y^{(n)}, \hat{y}^{(n)})}{\partial b_L} = g^{(L)}$；

6 根据式(5-75)更新参数 $W_{L,i}$，b_L；

7 end

8 输出 $W_{L,i}$，b_L

第三节　方法测试与分析

一、测试函数验证

为验证基于系统演化方向的启发式优化算法的收敛性和稳定性，采用文献[6]中的三个一维非凸函数进行验证分析。对比广泛使用的动量梯度下降算法（记为 SGD_M）和 Adam 算法在上述函数中的优化表现，对给出的优化算法进行分析改进。随后进行多维测试函数的验证分析。测试的无约束优化问题表达式如下：

$$\text{Minimize } F(x) \tag{5-77}$$

式中，x 是决策变量，表示需要调整的参数或变量；$F(x)$ 是目标函数，表示需要最小化的函数；其中三个一维非凸函数分别记为 F1、F2 和 F3，见图 5-2，其表达式为

$$\text{F1}(x) = \begin{cases} (x+0.3)^2, & x \leqslant 0 \\ (x-0.2)^2 + 0.05, & x > 0 \end{cases} \tag{5-78}$$

$$\text{F2}(x) = \begin{cases} -40x - 35.15, & x \leqslant -0.9 \\ x^3 + x\sin(8x) + 0.85, & x > -0.9 \end{cases} \tag{5-79}$$

$$
F3(x)=\begin{cases} x^2, & x\leqslant -0.5 \\ 0.75+x, & -0.5<x\leqslant -0.4 \\ -7x/8, & -0.4<x\leqslant 0 \\ 7x/8, & 0<x\leqslant 0.4 \\ 0.75-x, & 0.4<x\leqslant 0.5 \\ x^2, & 0.5<x \end{cases} \tag{5-80}
$$

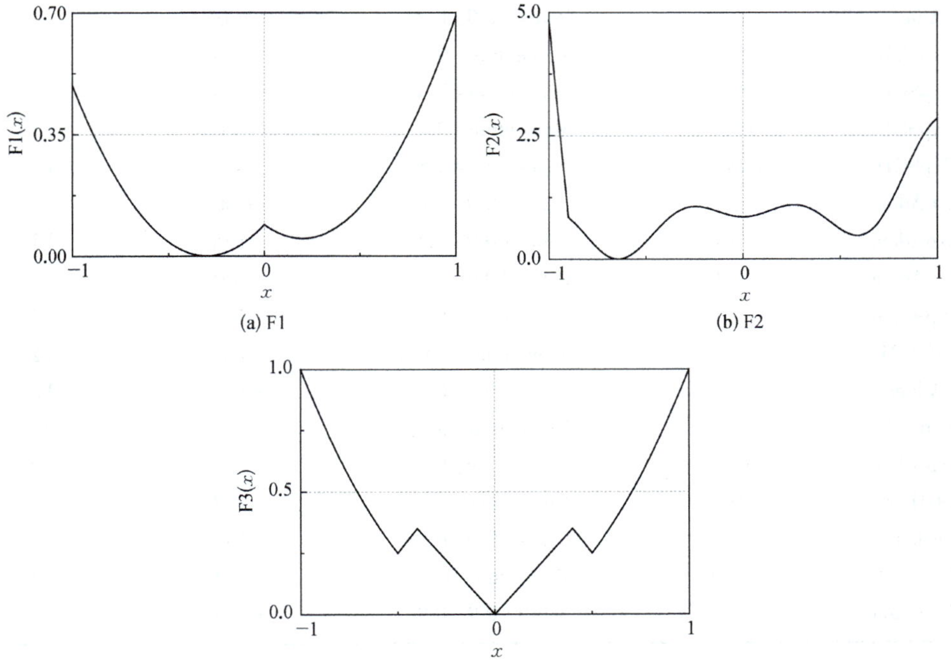

(a) F1　(b) F2　(c) F3

图 5－2　一维非凸测试函数

在本次测试试验中，迭代初始点主要选取为-1，而其中 F1 测试函数由于其导数在一定范围内数值不高，额外选取了其他迭代初始点进行分析。对于动量梯度下降算法，动量加权系数（Momentum）为 0.9；而 Adam 算法中的一阶矩的衰退系数为 0.9，二阶矩的衰退系数为 0.8。本章给出的基于系统演化方向的优化算法结合了动量加速和 Adam 算法中的自适应学习率计算函数，分别为 ExpSGD 和 ExpAdam，迭代步数统一为 300 步，具体的优化算法参数设置见表 5－1。表中的 Beta 数值分别表示一阶矩衰退系数和二阶矩衰退系数，启发式优化算法会将数值指数倍放大，因此部分优化算法的学习率设置较小，避免数值发散。

表 5－1　优化算法的参数设置

优化算法	学习率	超　参　数	初始点	测试函数
SGD_M	0.1	Momentum = 0.9	1.00	F1
SGD_M	0.1	Momentum = 0.9	-1.00	F1
SGD_M	0.1	Momentum = 0.9	4.00	F1

续 表

优化算法	学习率	超　参　数	初始点	测试函数
SGD_M	0.1	Momentum = 0.9	-4.00	F1
Adam	0.1	Beta = (0.9, 0.8)	1.00	F1
Adam	0.1	Beta = (0.9, 0.8)	-1.00	F1
Adam	0.1	Beta = (0.9, 0.8)	4.00	F1
Adam	0.1	Beta = (0.9, 0.8)	-4.00	F1
ExpSGD	0.001	Momentum = 0.5	1.00	F1
ExpSGD	0.001	Momentum = 0.5	-1.00	F1
ExpSGD	0.0001	Momentum = 0.5	4.00	F1
ExpSGD	0.0001	Momentum = 0.5	-4.00	F1
ExpAdam	0.1	Beta = (0.9, 0.8)	1.00	F1
ExpAdam	0.1	Beta = (0.9, 0.8)	-1.00	F1
ExpAdam	0.1	Beta = (0.9, 0.8)	4.00	F1
ExpAdam	0.1	Beta = (0.9, 0.8)	-4.00	F1
SGD_M	0.1	Momentum = 0.9	-1.00	F2
Adam	0.1	Beta = (0.9, 0.8)	-1.00	F2
ExpSGD	0.01	Momentum = 0.9	-1.00	F2
ExpAdam	0.01	Beta = (0.9, 0.8)	-1.00	F2
SGD_M	0.1	Momentum = 0.9	-1.00	F3
Adam	0.1	Beta = (0.9, 0.8)	-1.00	F3
ExpSGD	0.01	Momentum = 0.9	-1.00	F3
ExpAdam	0.01	Beta = (0.9, 0.8)	-1.00	F3

图 5-3 给出了优化算法在不同初始点下 F1 函数的测试结果。优化结果中,迭代参数数值为决策变量,即 x,而回归参数为目标函数的数值,即代入 x 后各函数的数值。由图 5-3 可知,动量梯度下降算法和 Adam 算法在不同的初始点设置下会出现越过全局最小值的情况,而本章给出的优化算法均能收敛至全局最小值。值得注意的是,ExpSGD 优化算法能够以小迭代步数快速收敛,且不再上下波动。

在测试过程中,当选取其他初始点时,如果测试函数计算的梯度值过大,ExpSGD 优化算法就需要进一步减小学习率。然而,由于指数计算可能会导致小学习率,使该优化算法在迭代过程容易陷入局部最优。因此,为了保证优化算法的稳定性,对计算的数值进行了归一化处理。在保证不会出现数值爆炸的前提下,这一处理保留了优化算法获取的迭代方向。构造的优化算法在梯度数值较小的情况下会降阶成一阶算法,对比 ExpAdam 和 Adam 算法,两者的收敛趋势一致。观察图 5-3(d)可知,ExpAdam 算法在收敛过程中会以更大的数值跳跃寻找其他潜在收敛点,这也是该优化算法区别于 Adam 算法的地方。基于演化方向的优化算法由于数值计算问题,通常会设置较小的初始学习率。为了弥补对学习率的干预,保证算法不会在收敛过程中因初始学习率的设置问题而陷入局部最小值,采用余弦退火计算公式对学习率进行设置,如下:

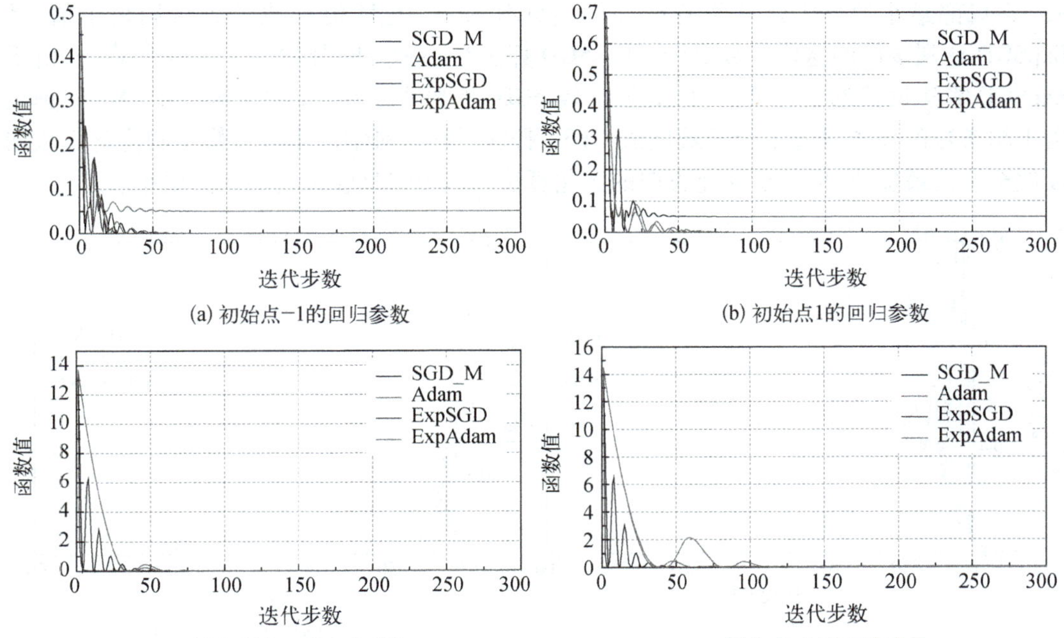

(a) 初始点−1的回归参数　　(b) 初始点1的回归参数

(c) 初始点−4的回归参数　　(d) 初始点4的回归参数

图 5－3　优化算法在不同初始点下 F1 函数的测试结果

$$l_t = l_{\min} + \frac{1}{2}(l_{\max} - l_{\min})\left[1 + \cos\left(\frac{T_{\mathrm{cur}}}{T_{\max}}\right)\pi\right] \tag{5-81}$$

式中，l_t表示迭代第 t 次时的学习率；$l_{\max}$ 和 $l_{\min}$ 是学习率的变化范围；$T_{\max}$ 是学习率的变化周期。改进后的 ExpSGD 算法在不同初始点的测试结果见图 5－4，虽然减缓了训练的收敛速度，但具备了跳出局部值的能力。

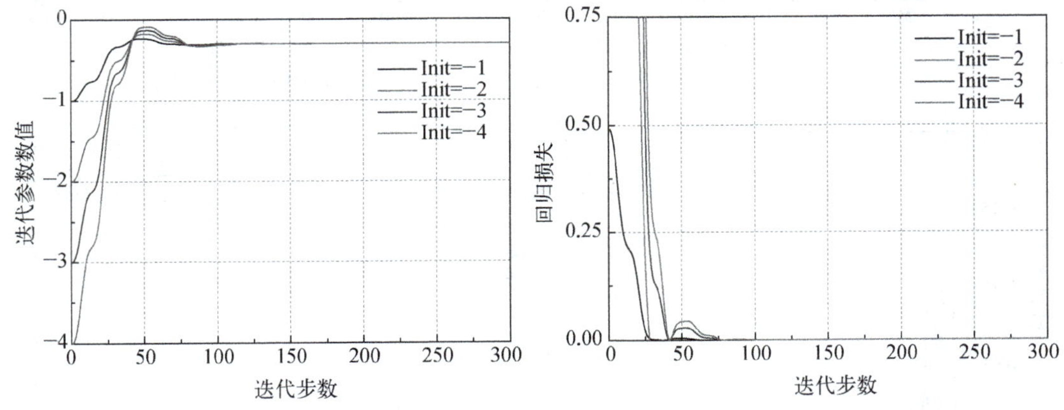

(a) 迭代过程中的迭代参数　　(b) 迭代过程中的回归参数

图 5－4　基于余弦退火学习率的优化算法在不同初始点下 F1 函数的测试结果

图 5－5 给出了优化算法在三个测试函数中以−1 为初始点的回归结果。由图 5－5 中的(a)和(b)可知，Adam 算法在高动量参数的影响下跳过了 F1 测试函数的全局最小值

-3，在局部最小值 0.2 处来回波动，而 ExpSGD 和 SGD_M 能够收敛到全局最小值，且 ExpSGD 达到该值的迭代步数更少。ExpSGD 算法在小梯度时降阶为一阶优化算法，由于 ExpSGD 算法设置的学习率小，因此波动较 SGD_M 要小。在 F2 测试函数中，Adam 算法由于超参数的设置跳过了全局最优值。F3 测试函数中，对学习率进行修正的优化算法均收敛至全局最优值，但基于演化方向的优化算法收敛更快且收敛后的振荡更小。

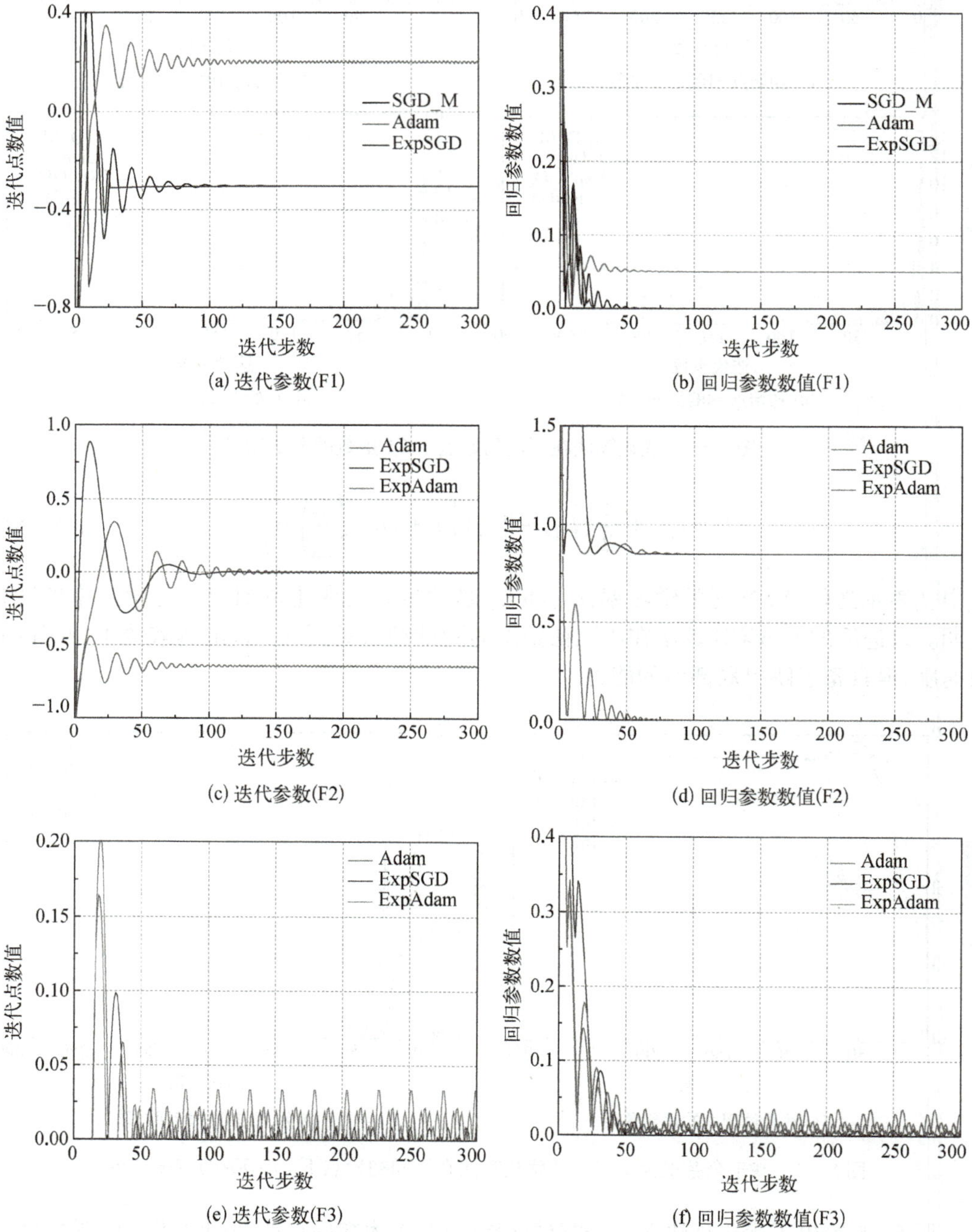

(a) 迭代参数(F1)　(b) 回归参数数值(F1)

(c) 迭代参数(F2)　(d) 回归参数数值(F2)

(e) 迭代参数(F3)　(f) 回归参数数值(F3)

图 5-5　优化算法在三个测试函数的对比(初始点为-1)

进一步地，通过多维函数对优化算法进行测试，选用的测试函数如下。

Schwefel's Problem 1.2 单峰测试函数（记为 F4）：

$$f(x)=\sum_{i=1}^{n}\left(\sum_{j}^{i}x_j\right)^2 \tag{5-82}$$

Generalized Griewank 多峰测试函数（记为 F5）：

$$f(x)=\sum_{i=1}^{n}-x_i\sin\left(\sqrt{|x_i|}\right) \tag{5-83}$$

Ackley 多峰测试函数（记为 F6）：

$$f(x)=-20\exp\left(-0.2\sqrt{\frac{1}{n}\sum_{i=1}^{n}x_i^2}\right)-\exp\left(\frac{1}{n}\sum_{i=1}^{n}\cos 2\pi x_i\right)+20+e \tag{5-84}$$

式中，x 表示自变量；n 是自变量向量的维度；x_j是向量分量。所有测试函数均在自变量数值全为 0 的情况下有全局最小值，且最小值为 0。表 5－2 列出了测试函数所设置的迭代初始向量数值、维度以及优化算法在测试时的初始学习率。表 5－3 展示了测试优化算法的超参数数值，其中基于演化方向的优化算法 ExpSGD 和 ExpAdam 超参数设置分别与 SGD_M 和 Adam 优化算法相同。表 5－3 中的 Rho 表示衰减率，Lr_decay 为学习率衰减系数，Alpha 是平滑常数，上述超参数均取常用数值。

表 5－2　多维测试函数的设置

测试函数	迭代向量维度	迭代初始向量数值	优化函数学习率
F4	3	[1.5, 8.0, -6.0]	0.1
F5	4	[-0.4, -0.1, 0.2, 0.3]	0.01
F6	3	[-0.5, 1.0, 0.5]	0.01
F6	5	[-0.3, 0.1, 0.25, 0.1, -0.2]	0.01
F6	7	[0.1, 0.02, -0.25, 0.1, -0.2, 0.7, -0.4]	0.01

表 5－3　优化算法的超参数设置

优化算法	AdaDelta	AdaGrad	Adam	RMSprop	SGD_M
超参数	Rho = 0.9	Lr_decay = 0.01	Beta = (0.9, 0.8)	Alpha = 0.999	Momentum = 0.9

在上述多维测试函数中，各优化算法的迭代步数均为 300 步，其测试结果见表 5－4，表中测试函数后的标号表示维度向量。收敛步数记为当数值出现小于阈值（10^{-4}）后，连续 20 步内数值不再大于阈值的迭代步数。该表中，加粗的收敛值表明对应的优化算法在测试函数的测试结果最优。对比各优化算法可以看出，以调整学习率为主的优化算法在多维向量测试中难以有效收敛。尽管利用累计梯度加速收敛的效果明显，但可能会导致

数值爆炸,如 ExpSGD;或是在某一方向上梯度计算过大而产生反效果,如 F5_4 测试中的 SGD_M。RMSprop 算法在多数测试算例中表现出色,但当初始迭代向量存在数值较大的维度时,该维度的数值调整难以进行,导致不收敛。Adam 算法和 ExpAdam 算法整体性能表现最好,由图 5-6 可以看出两者的收敛过程在迭代后期一致。进一步地,调整这两种算法的超参数,以 F6_7 为测试函数,其测试结果见表 5-5,在对应超参数设置下测试性能表现优秀的优化算法用粗体标注。由表 5-5 可知,ExpAdam 算法在不同的超参数设置下,多数情况下能比 Adam 算法收敛到更小的数值。

表 5-4 多维测试函数测试结果

优化算法	F4_3		F5_4		F6_3		F6_5		F6_7	
	收敛步数	收敛值	收敛步数	收敛值	收敛步数	收敛值	收敛步数	收敛值	收敛步数	收敛值
AdaDelta	300	95.833	300	40.002	300	4.634	300	2.127	300	2.701
AdaGrad	300	22.876	300	9.163	300	3.623	300	0.3466	300	1.498
Adam	184	8.03×10^{-5}	178	5.34×10^{-5}	300	**2.83×10^{-3}**	300	3.40×10^{-3}	300	2.22×10^{-3}
RMSprop	78	8.82×10^{-5}	73	**0.000**	300	2.120	300	3.92×10^{-2}	300	3.87×10^{-2}
SGD_M	119	**1.83×10^{-12}**	300	376.58	300	2.120	300	2.13×10^{-2}	300	1.388
ExpSGD	298	4.44×10^{-4}	—	—	300	0.627	300	0.428	300	1.385
ExpAdam	173	6.45×10^{-5}	227	9.92×10^{-5}	300	3.69×10^{-3}	300	**3.17×10^{-3}**	300	**1.94×10^{-3}**

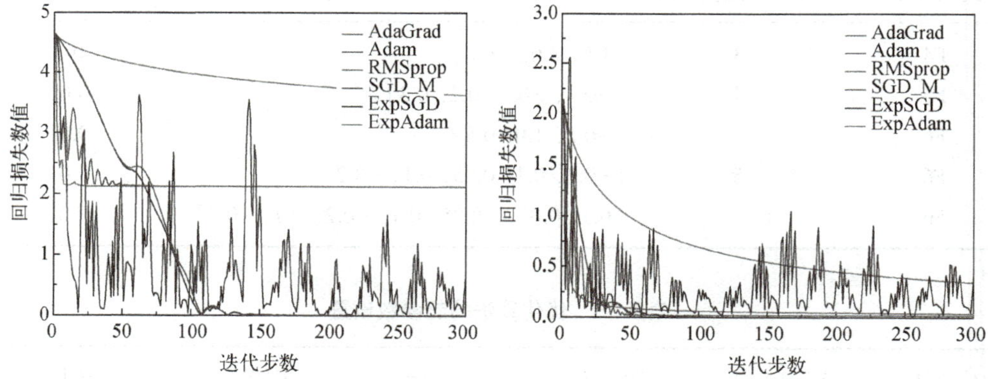

(a) F6_3　　(b) F6_5

图 5-6 多维测试函数优化算法收敛过程

表 5-5 不同超参数设置下的优化算法表现

优化算法	(0.5, 0.5)	(0.5, 0.1)	(0.9, 0.1)	(0.7, 0.5)
ExpAdam	**6.13×10^{-3}**	**1.52×10^{-2}**	6.63×10^{-1}	**6.51×10^{-3}**
Adam	9.03×10^{-3}	2.04×10^{-2}	**5.18×10^{-1}**	8.55×10^{-3}

二、优化算法嵌入发动机性能数字孪生模型训练

将优化算法用于神经网络的训练，基于深度协同的发动机物理知识嵌入网络架构，构建发动机性能数字孪生模型验证算法的实用性，用模型实时预测参数的精度来对比不同优化算法的收敛性。本次试验的数据为某型涡扇发动机的试车数据，与第 4 章第三节的测试数据一致。为了尽可能排除测试中参数选取对模型性能的影响，突出优化算法的作用，本章采用相关性分析方法获得输入参数与目标参数之间的显著性和相关性系数，选择相关性最高的参数组成模型训练的输入、输出向量。输入向量的参数包括发动机转速、导叶角度、环境参数以及相关性分析的强关联参数，目标向量由部件、整机性能参数组成，相关性分析的候选输入参数和候选目标参数见表 5－6。表中，占空比表示该通道处于活动状态的时间占总周期的比例。高占空比通常表示正常运行，低占空比可能表示故障或异常情况。

表 5－6　候选参数列表

参　数	参 数 名	符号	备　注
候选输入参数	OK 通道占空比	P_{ok}	OK 通道是一种指示系统或设备正常运行的信号通道
	导向器调节器通道占空比	P_g	导向器调节系统中调节器通道的工作时间与总周期的比例
	喘振信号器测量防喘电压	C_e	用于监测发动机的喘振状况
	尾喷管临界截面直径	A_8	尾部喷管的关键截面直径
	发动机燃油流量	W_f	—
	加力燃烧室供油信号	S_{ab}	—
	加力点火信号	S_a	点火系统向加力燃烧室提供点火信号
候选目标参数	低压涡轮出口燃气总压	P_6	—
	燃烧室入口空气总压	P_3	—
	低压压气机后空气总压	P_2	—
	低压涡轮后燃气温度	T_6	—
	燃烧室进口空气总温	T_3	—
	推力	F	—

表 5－7 中给出了通过 Spearman 相关性分析获得的外界参数与性能参数之间的 P 值，表 5－8 中给出了通过 Spearman 相关性分析获得的外界参数与性能参数之间的 R 值。其中，P 值小于 0.05 或 R 值的绝对值大于 0.95 的结果用加粗的方式突出显示。其中，P 值代表两组参数关系的显著性，其数值范围为[0,1]。一般地，P 值阈值选择 0.05，小于阈值则认为关系显著，大于阈值则认为关系不显著。R 值的绝对值代表相关性，其数值范围为[－1,1]。一般地，当 R 值绝对值大于 0.5 则认为两组参数之间存在较强的相关性，而绝

对值小于 0.3 则认为相关性较弱，在此区间则表示两组参数存在中度相关性。结合本章的结果，选择 P 值的阈值为 0.05，R 值的绝对值大于 0.95 时，认为两组参数之间存在统计学意义上的较高相关性且作为输入参数和目标参数的候选。

表 5－7　试车数据中外界参数与性能参数之间的 P 值

P 值	P_6	P_3	P_2	T_6	T_3	F
P_{ok}	**0.000**	**0.000**	**0.000**	**0.000**	**0.000**	**0.000**
P_g	**0.000**	**0.000**	**0.000**	**0.000**	**0.000**	**0.000**
C_e	**0.000**	**0.000**	**0.000**	**0.000**	**0.000**	**0.000**
A_8	**5.85×10⁻³**	**1.16×10⁻³**	**2.43×10⁻³**	**4.43×10⁻³**	**6.33×10⁻³**	**1.14×10⁻³**
W_f	**0.000**	**0.000**	**0.000**	**0.000**	**0.000**	**0.000**
S_{ab}	**0.000**	**0.000**	**0.000**	**0.000**	**0.000**	**0.000**
S_a	0.375	0.123	0.156	0.161	0.496	0.382

表 5－8　试车数据中外界参数与性能参数之间的 R 值

R 值	P_6	P_3	P_2	T_6	T_3	F
P_{ok}	0.903	0.908	0.903	0.874	0.905	0.907
P_g	**0.951**	**0.955**	0.949	0.932	0.949	0.937
C_e	**0.972**	**0.976**	**0.966**	0.946	**0.979**	**0.953**
A_8	−0.265	−0.268	−0.247	−0.215	−0.296	−0.219
W_f	**0.964**	**0.965**	**0.973**	**0.957**	**0.952**	**0.984**
S_{ab}	0.671	0.666	0.689	0.687	0.638	0.716
S_a	0.007	0.013	0.012	0.012	0.005	0.007

图 5－7 中给出了通过 Spearman 相关性分析获得的试车数据中非常用的外界参数与性能参数之间的相关性系数热力图。其中，方块的颜色的深浅代表独立变量与依赖变量之间的 R 值的大小，方块中的红色越深代表正相关性越强；反之，方块中的蓝色越深代表负相关性越强。本次参数的相关性分析目的是减小输入参数对模型训练结果的影响，因此阈值的选取远高于常用设定。当某一独立变量与某一依赖变量的相关性存在统计学意义时，则可认为将独立变量和依赖变量分别作为模型的输入参数和目标参数时，模型具有强收敛性，从而能更好地观察优化算法对模型性能的影响。故本次试验选取的输入参数为高低压转速、导叶角度、环境温度压力以及防喘电压和燃油流量；在分析单参数输出试验时，由于物理知识嵌入网络架构提升了参数的预测精度，目标参数选取相关性较低的高温计测得的叶片温度；在分析多输出试验时，目标参数选取低压涡轮出口总压、高压压气机出口压力和推力。

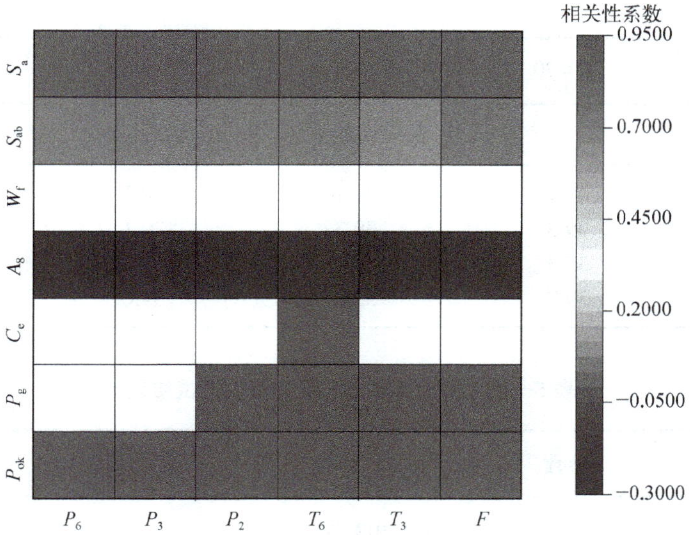

图 5－7　试车数据中外界参数与性能参数之间的相关性系数热力图(R 值)

用于试验的深度协同网络架构,其组件网络层全部采用全连接层,每层全连接层的输出单元数设置为 32,对于单目标参数试验的模型容量为 8 833,多目标参数试验的模型容量为 8 899。其中,网络基本单元的权值初始化采用 glorot-uniform 方法初始化,偏置全设置为 0。用于对比验证的优化算法的超参数设置与表 5－3 设置相同,训练不同批量大小下优化算法迭代 200 次的模型,且每个模型训练 10 次以减小随机性。统计所有模型在测试数据集上的平均相对误差和最大误差带作为模型性能评判标准,在统计时去掉计算结果的最大值和最小值来减小偶然性。其中,单目标参数的结果和多目标参数的结果分别见表 5－9 和表 5－10,表中的 N_b表示批量大小。

表 5－9　单目标参数的优化算法测试结果

优化算法	$N_b=20$	$N_b=40$	$N_b=50$	$N_b=100$
		平均相对误差/%		
AdaDelta	12.945	13.031	12.767	12.820
AdaGrad	13.394	13.104	13.251	12.691
Adam	12.788	12.574	13.198	13.337
RMSprop	12.922	12.920	**12.337**	13.191
SGD_M	15.215	14.036	12.689	13.996
ExpAdam	**11.813**	**12.378**	12.874	**12.410**
		最大误差带/%		
AdaDelta	**34.7**	**32.7**	**33.3**	**31.6**
AdaGrad	36.6	33.8	34.9	32.6

续　表

优化算法	$N_b=20$	$N_b=40$	$N_b=50$	$N_b=100$
		最大误差带/%		
Adam	40.1	39.1	40.1	33.9
RMSprop	39.3	39.3	39.1	39.4
SGD_M	39.3	40.3	37.8	40.4
ExpAdam	39.7	39.9	39.6	38.8

表 5-10　多目标参数的优化算法测试结果

优化算法	参数	$N_b=20$	$N_b=50$	$N_b=100$
		平均相对误差/%		
AdaDelta	P_6	1.636	1.925	2.380
	P_3	9.278	11.312	13.424
	F	28.630	71.541	86.728
AdaGrad	P_6	1.366	1.550	1.904
	P_3	6.806	6.090	7.830
	F	25.212	39.867	44.426
Adam	P_6	1.255	1.360	**0.864**
	P_3	3.802	4.165	3.994
	F	16.314	11.624	15.615
RMSprop	P_6	1.298	1.048	1.380
	P_3	**3.008**	3.256	**2.890**
	F	**8.164**	**7.466**	**7.133**
SGD_M	P_6	1.969	1.879	1.815
	P_3	3.567	3.536	3.358
	F	13.462	15.355	23.265
ExpAdam	P_6	**1.200**	**0.854**	0.993
	P_3	3.579	**3.008**	3.383
	F	8.876	8.907	12.195
		最大误差带/%		
AdaDelta	P_6	27.18	30.09	31.82
	P_3	14.26	18.63	15.45
	F	42.86	36.67	39.32

续　表

优化算法	参数	$N_b=20$	$N_b=50$	$N_b=100$
		最大误差带/%		
AdaGrad	P_6	24.14	25.63	29.07
	P_3	**11.77**	13.53	15.35
	F	44.75	42.28	40.56
Adam	P_6	30.77	26.33	21.18
	P_3	16.95	13.88	14.16
	F	28.71	**25.13**	**19.85**
RMSprop	P_6	24.95	29.32	24.57
	P_3	16.54	15.25	15.51
	F	35.84	29.60	38.08
SGD_M	P_6	**21.56**	**21.59**	21.38
	P_3	16.35	14.62	**13.93**
	F	**27.20**	29.15	34.99
ExpAdam	P_6	32.73	28.42	**19.72**
	P_3	18.03	**11.75**	14.06
	F	39.03	30.49	21.63

表 5－9 中,各优化算法中的平均相对误差和最大误差带最小的数值加粗表示。由表 5－9 可知,基于演化方向的优化算法受训练数据量的影响较小,对比一阶优化算法表现出更好的收敛性。自适应方法修正迭代方向的优化算法中,由于参数调整量是根据数据损失量的平均值决定的,因此随着输入数据批量的增大,收敛性逐渐减弱。观察最大误差带的数值,基于演化方向的优化算法与常用的一阶优化算法差异较小。平均相对误差和最大误差带分别表征优化算法的整体收敛性和局部收敛性。因此,在单目标参数的发动机性能预测中,基于演化方向的优化算法整体收敛性强,但个别数据的误差值较大。

同样,在多目标参数的优化算法测试结果中,性能指标中的数值最小值加粗表示。由表 5－10 可知,RMSprop 和 ExpAdam 算法在多目标参数的模型训练中表现最佳。参照加粗的性能指标数值,训练数据的批量大小对 ExpAdam 算法的收敛影响小。如图 5－8、图 5－9 所示,以加粗性能指标数值作为基准值绘制性能雷达图。图中的指标表示批量大小下的性能参数,如 N100F 为批量大小下目标参数为推力 F 的性能指标;黑线表示最佳的性能指标数值,优化算法的性能指标越靠近黑线,表示该优化算法的收敛性越好。综合所有计算性能指标,采用系统演化方向的优化算法(ExpAdam 算法)训练的模型达到最优指标的数量最多。

综上，根据模型预测发动机性能参数的结果，对比常用神经网络的优化算法，基于演化方向的优化算法能提高模型的收敛精度。

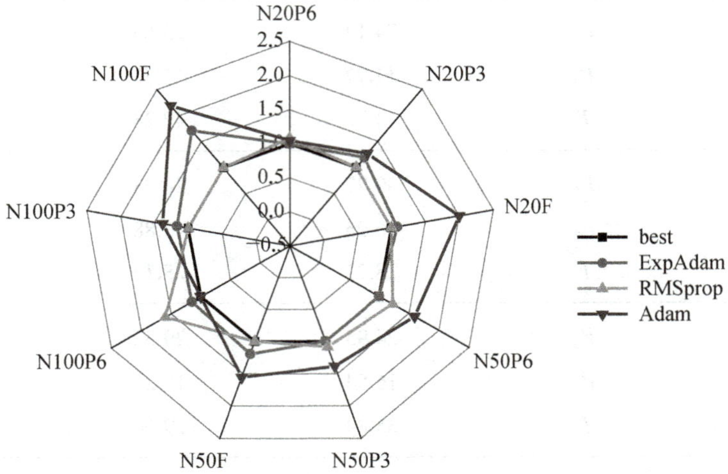

图 5-8　优化算法性能表现与最优指标的对比(平均相对误差)

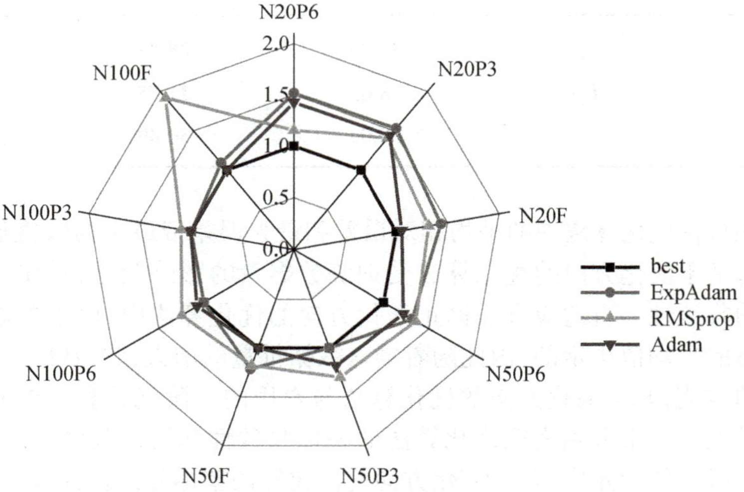

图 5-9　优化算法性能表现与最优指标的对比(最大误差带)

以模型训练过程的损失值小于 10^{-3} 作为判断收敛的条件，记该条件下的迭代步数为各算法的收敛步数，具体见表 5-11。由表 5-11 可知，基于演化方向的优化算法(ExpAdam 算法)的平均收敛步数与 Adam 算法相当，但收敛速度快于其他传统神经网络训练算法。ExpAdam 算法相对其他算法(除 Adam 算法外)的收敛步数少，基本不到一半。以数据批量大小为 100 的模型训练过程作为示例，展示各优化算法的损失值随迭代步数的变化趋势，具体见图 5-10。当损失值减小后，该优化算法降阶为一阶优化算法，收敛过程与 Adam 算法重合。

表 5-11　各优化算法在模型训练时的收敛步数

优化算法	$N_b=20$	$N_b=50$	$N_b=100$	平均(取整)
AdaDelta	200	200	200	200
AdaGrad	200	200	200	200
Adam	31	29	26	29
RMSprop	92	80	76	83
SGD_M	200	200	200	200
ExpAdam	49	32	42	41

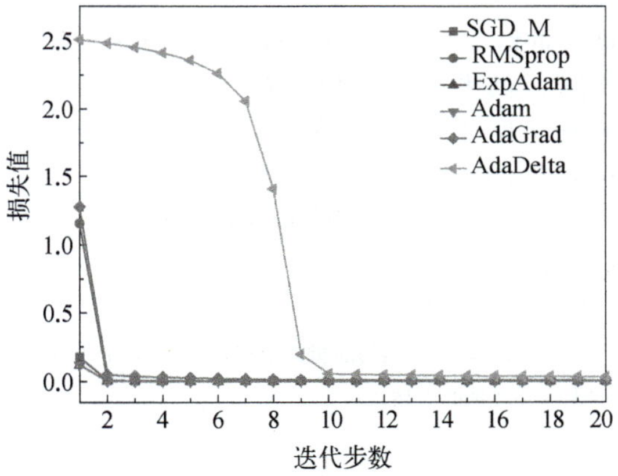

(a) 迭代步数[1, 20]

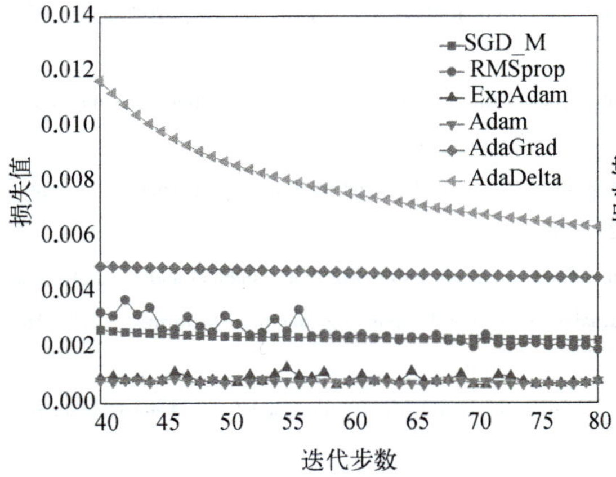

(b) 迭代步数[40, 80]

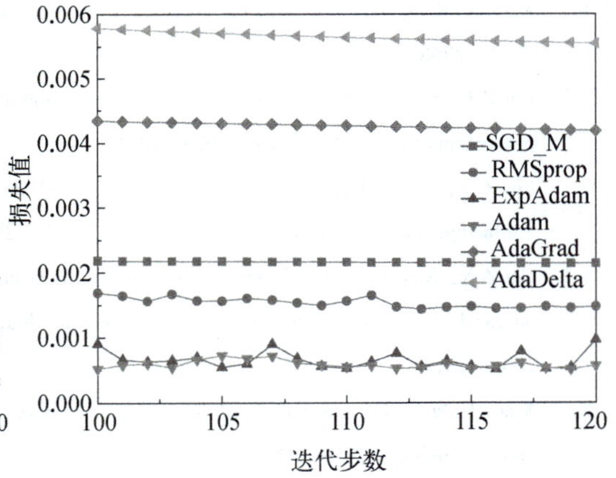

(c) 迭代步数[100, 120]

图 5-10　批量大小为 100 的多目标参数模型的训练过程

第四节 本 章 小 结

本章将神经网络训练过程与系统演化过程对比,基于描述系统演化的玻尔兹曼方程及其相关理论,参考系统熵增表达式给出了适用于神经网络训练的启发式优化算法。为避免实际应用中出现的数值溢出问题,采用测试函数对优化算法进行了适应性改进。对提出的优化算法进行了测试分析,主要包括一维和多维测试函数收敛性分析、超参数对于优化算法的影响,以及优化算法嵌入航空发动机数字孪生模型训练过程的应用。

习 题

5.1 神经网络模型训练过程通常有哪几个主要部分?

5.2 一阶优化算法、二阶优化算法和启发式优化算法的优势和劣势在哪儿?

5.3 与传统神经网络训练算法相比,基于系统演化方向的优化算法有哪些优点?

5.4 简述 Adam 优化算法的原理,说明指数加权平均的偏差修正的合理性。

5.5 使用矩方法求解 Boltzmann 方程,并给出计算过程。

5.6 简述基于系统演化方向的优化算法训练神经网络的过程。

5.7 以全连接的神经网络模型为对象,推导梯度下降算法的优化过程。

5.8 简述网络训练和系统演化的相似性。

5.9 启发式优化算法训练神经网络有哪些特点?

5.10 本章公式(5-46)中,$\Lambda_i^{(\alpha)}$ 是由碰撞引起的能量耗散项,其表达式中包含复杂的碰撞积分。在满足热力学第二定律的基础上从熵增的角度推导耗散项的表达式。

参 考 文 献

[1] Xiao H. Extended Bhatnagar-Gross-Krook hydrodynamics for turbulent flows[J]. AIAA Journal, 2021, 59(9): 3764-3768.

[2] Lin Z F, Xiao H, Zhang X B, et al. Thrust prediction of aircraft engine enabled by fusing domain knowledge and neural network model[J]. Aerospace, 2023, 10(6): 493.

[3] Lin Z F, Xiao D S, Xiao H. Physics-Embedded deep learning to predict real-time flow parameters in complex thermodynamic machinery[J]. Aerospace, 2024, 11(2): 140.

[4] Liu Z X, Xiao H, Xu Z Z, et al. The combination bounce back model for lattice Boltzmann method and its application on gas flow in micro machinery[J]. International Journal of Precision Engineering and Manufacturing, 2017, 18: 203-209.

[5] Xiao H, Wang D H. Rarefied airfoil aerodynamics based on the generalized hydrodynamic model[J]. Aerospace Science and Technology, 2019, 92: 148-155.

[6] Dubey S R, Chakraborty S, Roy S K, et al. DiffGrad: An optimization method for convolutional neural networks[J]. IEEE Transactions on Neural Networks and Learning Systems, 2020, 31(11): 4500-4511.

第 6 章

航空发动机性能数字孪生模型在运行维护阶段的应用

航空发动机性能数字孪生模型在运行维护阶段的应用

航空发动机的性能分析贯穿于设计、生产、制造以及运行维护的全过程。随着对航空发动机运行安全性、可靠性的愈发重视，以及对发动机维修经济效益的关注，在运行维护阶段的发动机性能分析需通过更多方式，考虑不同因素造成的发动机性能细微差异，精准针对航空发动机个体，为决策提供更加精确的信息支持。当前，针对航空发动机性能状态分析的方法主要为计算流体力学仿真法和基于航空发动机总体性能的仿真分析方法。这两种方法主要用于发动机设计阶段的性能分析计算，应用范围受限。此外，虽然仿真模型可以通过数据进行修正，但发动机试车阶段存在封堵引气孔的情况，导致产生数据的航空发动机与仿真的航空发动机存在差异。再有，在检验试车阶段性能达标的航空发动机，其性能衰退程度并不一致，存在部分航空发动机在使用过程中易发生故障的情况。这种情况下，传统的航空发动机性能分析方法即使借助数据修正也难以解释。

基于航空发动机试验、运行维护中所收集的数据构建的发动机性能数字孪生模型，能真实反映发动机个体在性能上的差异，能在航空发动机运行维护阶段提供精确的实时性能预测和分析。因此，本章将从以下两个方面针对航空发动机性能数字孪生模型的应用进行详细的论述：一方面是基于航空发动机性能数字孪生模型的航空发动机性能状态监测；另一方面是开展航空发动机运行维护阶段的性能数字化试验。

第一节　航空发动机性能状态监测

一、问题分析

航空发动机预测与健康管理系统通过利用机载传感器获取的数据信息，借助先进的算法和模型来评估发动机系统的状态，并辅以地面检测技术、维护维修数据等及时诊断发动机故障和预测剩余寿命。整个航空发动机的健康管理系统涵盖了多个领域内容，由于发动机几乎所有监视传感器都安装在气路，而且气路工作条件恶劣、结构复杂，滑油系统、控制系统、附件系统等均对气路系统造成影响，各工作部件的性能时刻都在发生衰退，气路部件的相关维护费用占发动机总维护费用的60%以上，因此气路的性能监控分析与预测是整个系统的重点和难点。

发动机气路的健康管理一般分为地面和在线两大部分。此前，在线部分由于受到机载电子设备计算能力的限制，可实现的功能十分有限，主要功能为收集和存储发动机的运行数据。用于气路性能监控分析的传感器，其主要功能是为了适用于发动机控制。而对发动机性能的监测由地面计算机通过处理在线数据记录系统记录的发动机数据实现。因此，传统的气路健康管理在线部分只能实现简单的气路参数逻辑判断，而较为复杂和准确的气路健康管理功能需要在飞行完成后，通过分析在线数据记录系统收集和存储的发动机飞行数据来实现。这使得发动机的性能监测只能在地面系统进行，无法为在线控制和健康管理所用，从而限制了发动机的潜能。随着航空机载电子设备技术的更新，计算能力方面的提升使得航空发动机能在考虑载重量的情况下改进气路健康管理系统，实现地面健康管理系统功能中的发动机性能监测。随着电子设备算力和数据传输能力的提升，改进的健康管理系统引入了机载发动机计算模型。该模型接收发动机传感器的数据，并给出发动机机载可测量参数和不可测参数的在线预估值，从而实现对发动机性能的监测。发动机健康管理系统的架构如图 6－1 所示。

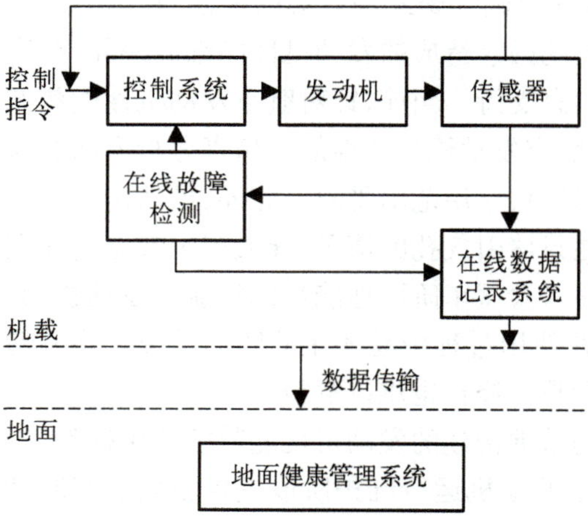

(a) 传统的健康管理系统架构

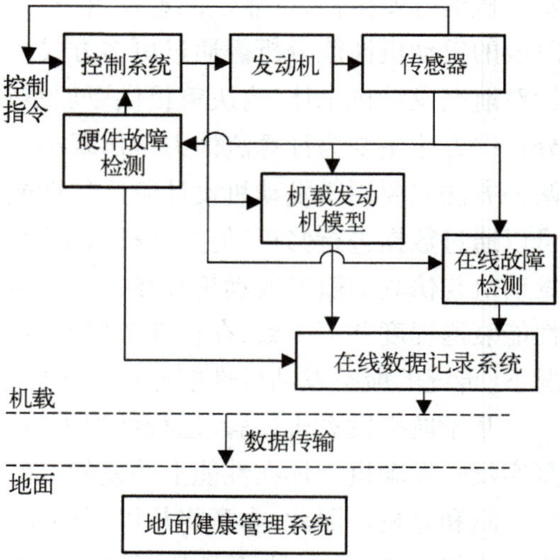

(b) 改进的健康管理系统架构

图 6－1 发动机健康管理系统的架构

目前，用于预估发动机参数的机载发动机计算模型主要以模型驱动方法构建。模型驱动方法构建的机载发动机计算模型主要包含两大模块：一个是基于额定性能条件下的发动机模型简化的实时模型，另一个则是对模型进行非额定条件计算的修正模块。非实时精确的发动机气动热力模型建模技术已经相当成熟，而实时模型通常是在此基础上牺牲一定的精度以换取更快的计算速度。非额定条件计算的修正模块多采用卡尔曼滤波器实现。由于各种因素，发动机部件特性会发生变化，通常通过定义性能参数与额定条件下性能参数的比值来衡量这种变化，该比值亦称部件健康参数。虽然健康参数难以测量，但其变化值会反映在发动机部件出口截面的温度、压力等可测量参数上，因此利用可测量参数可以补偿模型在非额定条件下的计算误差。卡尔曼滤波器利用可测参数的数值与实时模型计算的同类参数数值之间的差值，并乘以一定的权值来修正状态变量，使得修正后模型计算的状态变量和实际测量的状态变量之间的误差的方差最小。

另一种构建预估发动机参数的机载发动机计算模型的方法为数据驱动方法。相较于基于模型的方法，数据驱动的方法主要关注预测问题的输入输出参数，其映射关系为

$$\boldsymbol{y} = f_m(\boldsymbol{x}) \tag{6-1}$$

式中，$\boldsymbol{y}$ 表示预估的发动机参数，即目标参数，包含了传感器测量参数和机载不可测参数；$\boldsymbol{x}$ 为输入参数，只能是传感器测量参数且不包含被预估的目标参数；f_m 表示映射关系，即选用的数据驱动方法。此外，数据驱动方法也可以构建补偿模块，减小模型驱动方法中实时模型预估结果与实际发动机数值之间的误差。

上述两种方法在构建用于发动机状态监测的机载模型仍有改进的空间，模型的机载使用环境放大了部分问题。模型驱动方法基于发动机物理机理模型，也受限于发动机物理机理模型。一是受限于机载模型的实时性要求，二是受限于目前所使用的发动机非线性模型以气路热力模型为主，主要考虑了发动机的气路系统，一定程度上忽略了空气、滑油、控制和附件等系统与气路系统的耦合。而通过数据驱动方法构建性能监测用的机载模型，虽然避免了对物理模型的依赖，但其依赖数据样本的特性使得模型缺乏鲁棒性和稳定性。此外，数据驱动方法着重于数据与参数，机载环境下可用于发动机在线监测的参数量远少于地面系统。由于计算条件限制，该模型的训练主要在地面系统进行，模型鲁棒性越低意味着模型需要更新的次数增加。

基于物理知识嵌入网络架构构建的航空发动机性能数字孪生模型，将发动机的物理运行架构与神经网络架构相融合，其优势在于满足物理规则、重构迅速，具有可解释性和鲁棒性。本章构建发动机性能数字孪生模型，作为在线性能状态监测的机载发动机模型。将该模型应用于机载环境时，需要注意以下两点：

（1）模型训练与模型应用场景的不同导致训练参数差异。模型的训练一般是在地面系统进行的，模型的使用环境是机载。输入参数必须仅包含机载可测量参数，否则该性能数字孪生模型接收不到输入参数的数据而无法正常实时预测参数。此外，模型的输入参数与输出参数所表征的关联关系，需要与模型的使用环境无关，即模型所表征的关联关系不会因为使用环境的变化而发生重大改变。

（2）模型需要具备高鲁棒性。训练机载发动机模型的数据，和机载环境下机载发动机模型实时接收的数据存在差异。发动机运行过程中的自然性能衰退，使得驱动模型预测发动机性能参数的实时数据越来越偏离模型的训练数据。在更新机载发动机模型后的一段时间内，该模型的精度是满足要求的，随着运行时间的增加就需要再一次更新模型。此外，发动机机载可测量参数数量远远少于地面系统的可测量参数数量，减弱了发动机物理知识对网络架构的约束作用。因此需要模型具备高鲁棒性，以减少模型的更新次数。

为了解决上述由于机载使用环境而引发的问题，本章采用了如下的适应性改进方法：

首先，对发动机参数进行二次归纳。在构建发动机物理知识嵌入网络架构时，已经通过发动机物理结构对模型的输入参数进行了归纳和筛选，而模型的训练和使用环境的差异，使得构建机载发动机模型时的输入参数需要由机载环境主导。

然后，对发动机物理知识嵌入网络架构进行机载适应性改进，增加网络架构的鲁棒性。机载环境中，可测量参数的减少意味着物理知识对网络架构的物理约束减弱，可能会

使得模型随着模型容量的增加而变得不稳定。此外，物理信息的减少导致模型对训练数据敏感，造成模型的鲁棒性降低。

因此，为了构建适用于发动机机载实时性能监测的性能数字孪生模型，本章给出了一种物理知识嵌入网络架构的适应性改进方法。首先，给出了一种航空发动机参数分类筛选方法。该分类方法主要用于确定模型的输入、目标参数，使得输入、目标参数之间的映射关系，在一定的飞行条件设置下，不随发动机正常使用导致的性能衰退而发生重大变化。该映射关系可以提高数字孪生模型的鲁棒性，降低模型的更新频率；而后，本章在提出的并行结构的物理嵌入网络架构的基础上，发展出一种基于强约束结构的物理嵌入网络架构，该架构的物理约束更明确，以此构建适用于机载环境的性能数字孪生模型。

二、物理嵌入网络架构的适应性改进

本章根据发动机参数的获取途径，给出了一种参数分类方法，并确定发动机机载模型的输入、输出参数。发动机的参数分为地面系统获取和机载系统获取，地面系统获取的参数数量远超于机载系统。地面系统一般除了传感器等测量手段获取的测量数据外，会基于经验假设等对部分参数进行计算来扩大整个数据参数集合，而这部分参数不存在于机载系统，因此不能将这部分参数用于机载计算模型的建立。此外，部分重要参数由于传感器的布置位置等原因，很少在机载环境中测量，例如，测量高压压气机出口总温的传感器由于布置位置偏后、热耗散高而导致精度不高。再有，不考虑制造安装等公差下，发动机物理结构定型后其部件的匹配关系是确定的，外界参数与控制参数只是确定了发动机的工作状态。本章将发动机参数进行分类并给出分类的关系，见图6-2。

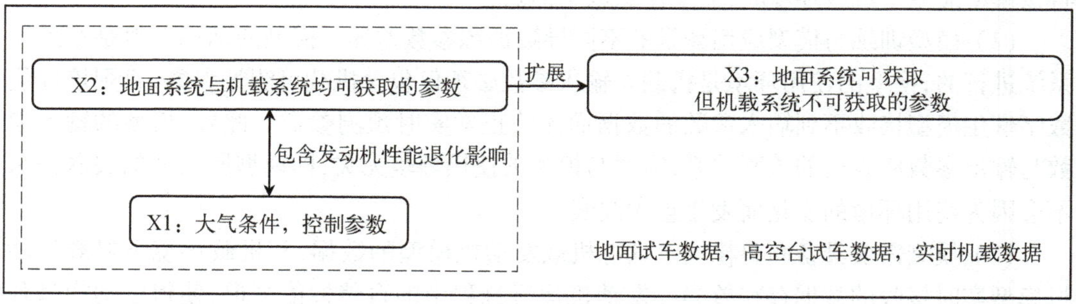

图6-2　航空发动机参数的分类

本章将航空发动机参数分为以下三类。

参数X1：航空发动机的状态参数、飞行条件参数和控制参数。主要包括大气温度、大气压力、大气湿度、发动机转速（核心机转速，低压转速/自由涡轮转速）、燃油流量、加力燃油流量、喷管可调面积、可调导叶角度等。

参数X2：地面系统与机载系统均可获取的参数。主要包括高压压气机出口总压、发动机排气温度、滑油温度、滑油压力等。

参数X3：地面系统可获取但机载系统不可获取的参数。主要包括发动机的推力、核心机压气机的出口温度等。

为了扩展空中环境下机载实时模型的发动机状态监测参数数量，基于上述分类将参数 X1 和参数 X2 作为模型训练的输入参数，参数 X3 作为目标参数。该划分的基准之一是模型训练条件与模型应用条件下的输入参数一致性。借由地面试车、高空台试车、试飞数据等，在地面系统中完成对机载实时模型的训练，在机载环境实现模型的应用时，驱动模型的参数应是传感器测量参数而非计算推算参数。另外的划分基准是保证参数匹配关系具有物理不变性，即参数 X2 与参数 X3 之间的映射关系表征航空发动机自身的物理规律，而物理规律不会随着发动机部件性能衰退而改变。参数 X2 与参数 X3 主要为航空发动机部件截面的气动热力学参数和发动机性能参数，部件的性能参数和发动机的性能参数在发动机设计制造完成后是相互匹配的，而参数 X1 属于影响航空发动机性能状态的外因，规定了发动机的运行环境和控制状态，不改变发动机自身性能条件。因此，参数 X1 与参数 X2 一同组成输入向量后，部件的实际运行状态由参数 X2 的测量数值体现，此时涵盖了部件性能衰退的信息。例如，考虑压气机的增压过程如式(6－2)：

$$P_3^* = P_2^* \cdot \pi \tag{6-2}$$

式中，P_3^* 和 P_2^* 分别为压气机出口截面和入口截面的总压；π 为增压比。假设 P_3^* 作为神经网络模型的目标参数，P_2^* 作为神经网络模型的输入参数。此输入、目标参数下，模型学习的映射关系即为增压关系式，而 π 表征压气机部件的性能且蕴含部件的衰退信息，其影响最终体现在目标参数 P_3^* 的测量数值中。

本章介绍的基于参数和层次化的物理嵌入网络架构，其特点是对参数的筛选分类，这与传统的数据驱动网络架构不同。基于参数的网络架构是将航空发动机的部件/系统用可测量参数作为输入，逐步提取部件、系统的特性；层次化的物理知识嵌入网络架构，其中的子网络模块的相互区分，依靠的是作为子模块输入的发动机部件/系统的测量参数。当模型的应用场景转移至机载系统，诸多的限制使得可测量参数减少，甚至难以满足所有部件/系统至少对应一个测量参数的条件。参数的减少可能减弱了物理信息对网络架构的约束作用，甚至使架构难以表达特定的部件、系统结构而失去可解释性。基于参数的物理嵌入网络架构强调了输入参数的作用，参照上述的参数筛选机制进行调整而无需对结构进行修改，对于具有物理层次的网络架构则需要进行机载环境的适应性改进。

对于域分解的发动机物理知识嵌入网络架构（并行结构架构），其优先考虑的是对部件、系统特性的学习，需要改进以下两点要素：首先，并行架构中的部件/系统组件网络层由相互独立的部件/系统子网络组成，也是整个架构中参数的输入接口，当部件/系统对应的测量参数缺失时，部件/系统子网络无法被数据驱动，导致在耦合层中数据处理按顺序进行至相应部件/系统子网络时失效，因此需要对缺失参数的子网络进行输入参数的补充以保证网络的驱动；此外，参数减少所带来的物理约束的限制减弱，使得子网络难以表达对应部件/系统的特性，降低了模型的稳定性，因此，需要在不破坏整体架构的限制下，添加物理结构约束以外的航空发动机物理知识，以强化部件/系统子网络对物理空间中对应部件/系统的表达。

高压涡轮恶劣的工作环境使得测量参数缺失，对应于数字空间中的部件子网络无法被驱动。为了解决上述情况，将航空发动机的旋转部件同轴工作这一条件从物理空间映射至数字空间以改进基于结构的网络架构，即同轴部件转速相等，且旋转部件的部件网络存在交互，其架构简图见图 6－3。改进后的网络架构为三层单向连接的网络层，即部件/

系统学习层、耦合层和映射层。不同的是，部件网络的相互独立关系被打破，表征旋转部件的网络模块紧密联系。涡轮部件的输入参数包含了来自风扇/压气机部件网络的输出，以及对应部件的参数。由于高压涡轮独特的工作环境而导致测量参数的缺失，特以高压转速作为其对应输入参数进行补充，且添加了转速平衡这一物理约束。低压涡轮同样将低压转速作为参数输入。耦合层将部件/系统层输出的离散信息进行整合，正如空气流经航空发动机主流部件的顺序一样，耦合层中的数据传输参照了此次序，即来自风扇部件网络的输出是在处理完进气道部件网络后才处理的。通过对物理空间中部件匹配和转速平衡约束的映射，完成域分解的物理知识嵌入网络架构的机载环境适应性改进。

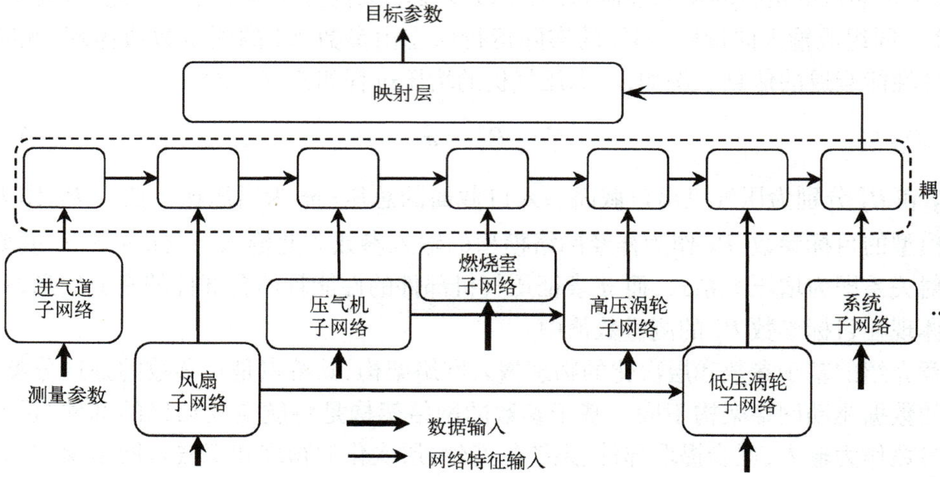

图 6－3　改进的域分解物理知识嵌入网络架构简图

三、方法测试与分析

本节构建了基于架构的性能数字孪生模型，并通过算例分析验证了该模型在发动机性能分析中的适用性，可用于发动机状态的实时监测。本节验证算例的发动机类型为双轴混排涡扇发动机，目标参数为发动机推力。物理嵌入网络架构中，并行架构中的子网络、基于参数架构的物理信息输入层的参数根据上述参数分类进行选取，不再进行额外的参数选取，输入参数见表 6－1。其中，物理信息输入层的参数顺序依次为发动机进口总温、发动机进口总压、低压转速、风扇内涵出口总温、风扇内涵出口总压、高压转速、压气机出口总压、燃油流量、排气温度。

表 6－1　网络架构的输入参数

参数类型	参数/部件截面	所属子网络
总温	发动机进口/T_0	进气道网络
	风扇内涵出口/T_{25}	风扇网络
	排气温度/T_6	低压涡轮网络

续　表

参数类型	参数/部件截面	所属子网络
总压	发动机进口/P_0	进气道网络
	风扇内涵道出口/P_{25}	风扇网络
	压气机出口/P_3	压气机网络
控制/被控参数	低压转速/N_1	风扇网络 低压涡轮网络
	高压转速/N_h	压气机网络 高压涡轮网络
	燃油流量/W_f	燃烧室网络
发动机性能参数	推力/F_n	目标参数

验证算例的数据集来源于双轴混排涡扇发动机的地面试车($H=0$ m, $Ma=0$)的性能仿真结果,其发动机零维仿真模型的设计参数见表 3－1,与本书第 3 章第五节的设置相同。同样地,将性能仿真的样本点分为训练集、验证集和测试集。为了验证数字模型在航空发动机性能衰退状态下的实时监测效果,测试集包含两部分: 测试集 1,其数据获取所使用的部件特性图与生成训练集数据的相同,总样本点约为训练集的四倍;测试集 2,其数据获取所使用的部件特性图相较用于生成训练集的特性图进行了衰变系数处理,且为保证仿真程序中的特性缩放效果抹平了系数处理效果,其所用的各部件特性图在不同转速/落压比的系数处理均不相同且呈非线性,获取的样本点约为训练集的三倍。

首先讨论基于参数的物理架构的适用性。基于传统的数据驱动网络架构进行对比模型的搭建,并通过对比分析来验证物理知识对于网络架构约束的有效性。通过三层全连接层构建基准模型,通过模型精度和计算时间参考来确定后续对比模型的模型容量。设置的对比模型参数见表 6－2。其中,PI 表示基于参数的物理知识嵌入网络架构的模型,AN 表示全连接层神经网络模型,CN 和 LN 分别表示网络模型中有卷积网络层和双向长短期记忆网络层。对比模型的构建采用层级叠加的形式,所有模型的输出层结构一致,网络层之间均设置丢弃率为 0.3 的 dropout 层,因此需要设置第一层与第二层的网络类型和基本单元数量。表 6－2 中,S、M、L 符号分别表示网络模型的规模由小到大,网络结构的数值表示对应网络层的隐藏单元数量,循环神经网络的序列长度与输入参数数量保持一致,其标记为 SL(9),类型均为双向长短期记忆网络(表中标记为 BiL),表中的 K 是卷积核长度,其大小为 3;PI－X 模型与 PI－L 模型设置一致,但修改了输入参数的输入顺序,Order 表示打乱顺序,不再按照物理结构顺序而是随机排列参数;AN－F 模型则为四层神经网络叠加构建。由于基于梯度下降的数据训练过程具有随机性,为了降低该随机性对测试结果的影响,所有模型均独立运算 5 次后统计其性能评估。模型在不同测试集上的测试结果见表 6－3。表中,模型名字中括号内的数字表示测试集编号,对每个模型独立运算 5 次的结果进行统计作为性能评估,最大值、最小值、平均值均保留到小数点后三位,标准差保留小数点后两位小数。

表 6-2 各模型的参数设置

模型名称	第一层网络结构	第二层网络结构	备注	基本单元数
AN-S	FC(100)	FC(100)	—	11 201
AN-M	FC(150)	FC(100)	—	16 701
AN-L	FC(100)	FC(200)	—	21 401
PI-S	BiL(24)	BiL(16)	—	13 345
PI-M	BiL(16)	BiL(28)	—	16 025
PI-L	BiL(16)	BiL(32)	—	19 009
PI-X	BiL(16)	BiL(32)	Order	19 009
AN-F	FC(100)	FC(100)	FC(100)	21 301
CN	CNN(32)	BiL(32)	K(3)	18 177
LN	BiL(16)	BiL(28)	SL(9)	17 049

表 6-3 基于参数的物理架构与其他模型的测试结果

模型名称	ARE/%				MRE/%			
	Min	Ave	Max	Std.	Min	Ave	Max	Std.
AN-S(1)	2.962	5.394	7.038	1.49	6.345	14.331	17.825	4.60
AN-M(1)	3.758	4.743	7.025	1.31	9.525	12.098	14.905	2.59
AN-L(1)	4.345	4.947	5.930	0.68	10.550	11.999	15.586	2.04
PI-S(1)	0.272	1.252	2.453	0.95	0.860	2.829	5.434	1.94
PI-M(1)	0.742	1.277	1.858	0.50	1.898	2.724	3.821	0.79
PI-L(1)	0.295	1.365	2.182	0.72	1.646	2.694	3.695	0.95
AN-S(2)	3.872	6.472	8.081	1.56	7.778	17.655	21.478	5.60
AN-M(2)	5.426	6.483	7.546	0.84	14.585	17.858	20.403	2.31
AN-L(2)	5.466	6.348	7.174	0.72	11.289	15.438	19.756	3.01
PI-S(2)	1.180	2.355	3.851	1.03	2.533	5.533	9.329	2.66
PI-M(2)	0.729	2.246	3.925	1.18	3.005	4.620	5.747	1.12
PI-L(2)	0.496	1.675	3.402	1.19	1.722	3.667	6.951	2.11
PI-X(2)	1.102	2.093	3.125	0.88	2.627	4.213	6.164	1.69
LN(2)	2.494	2.877	3.297	0.29	4.995	6.238	7.013	0.75
CN(2)	6.113	7.115	8.695	1.03	11.562	15.664	21.225	3.52
AN-F(2)	4.210	5.977	7.916	1.32	10.601	13.202	15.541	1.87

图 6-4 和图 6-5 分别是各模型在测试数据集 1 和测试数据集 2 的性能评估结果，各图中的纵坐标为进行过归一化处理的推力数值。观察图 6-4 可知，传统数据驱动模型以数据为主导，仅依靠最小化损失函数的结果偏向于平均状态，即数值的上下限与实际试验数据相差较大，但模型的整体性能预估与试验数据的趋势接近，模型统计的平均相对误差较小。综合图 6-4 和图 6-5，传统网络架构模型下的预测结果与试验结果相差一定幅值，且由于产生测试集 1 与训练集的特性图不存在性能衰退，因此出现预测结果与试验数据在幅值上的差距小于测试集 2 的情况。而物理架构模型受到了物理架构和训练损失函数的约束，并不单一依赖于数据，因此即使训练数据集与测试数据集 2 存在性能衰退上的差异，模型仍能很好地跟踪预测发动机的性能。若采用发动机性能差异过大生成的训练集和测试集，数值的差异占主导影响，物理架构模型也难以在此条件下精确预测。

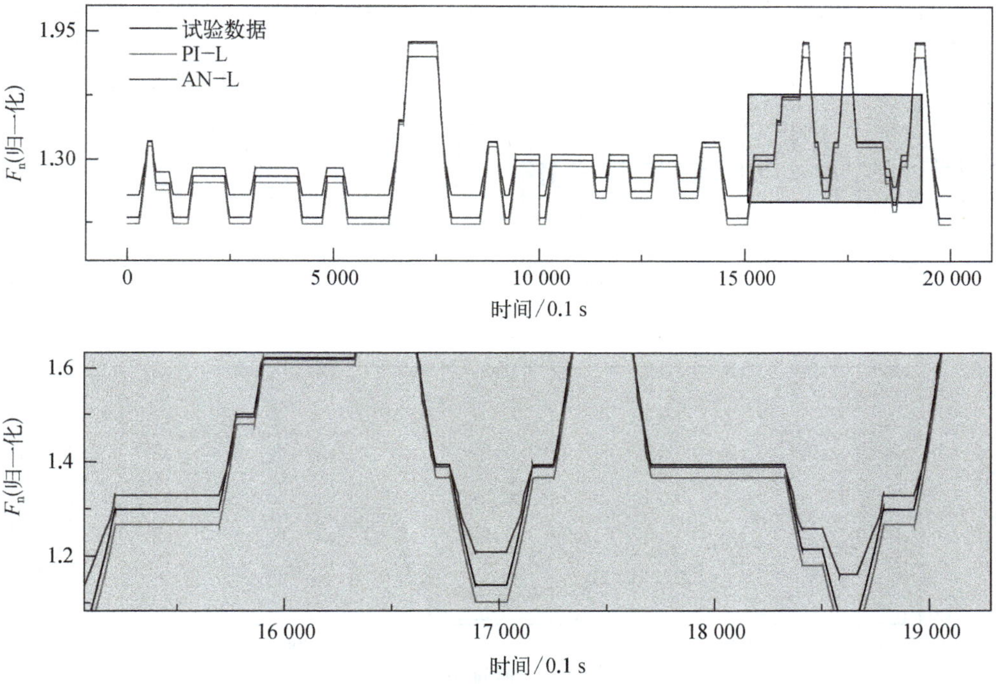

(a) 测试集1的[0, 20000]数据点

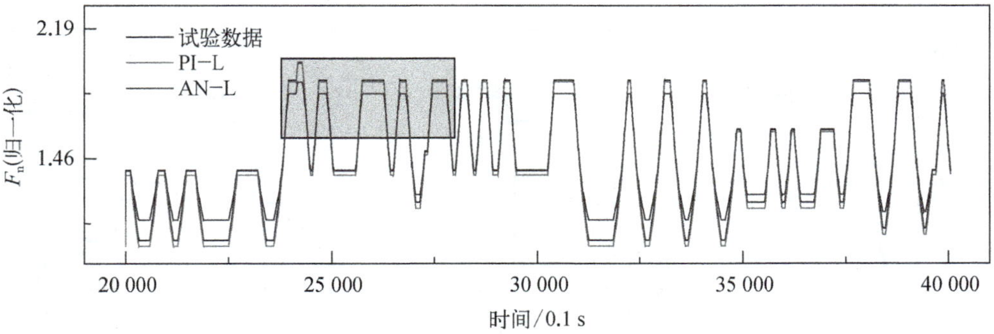

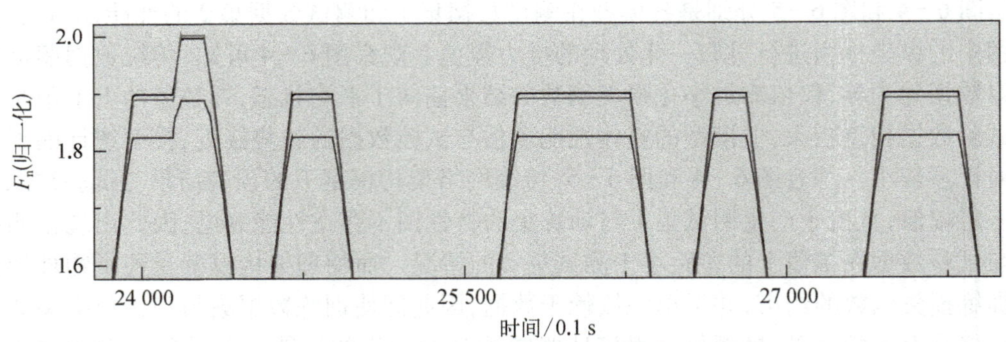

(b) 测试集1的[20001, 40000]数据点

图 6-4　模型在测试集 1 上的性能评估结果

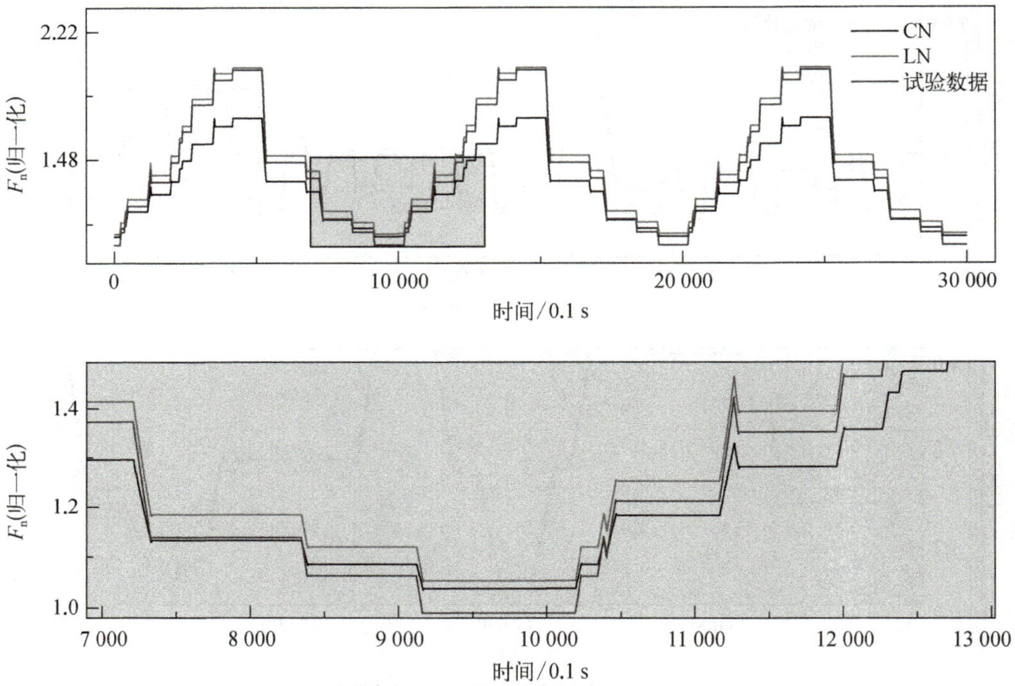

(a) 数据驱动架构模型与试验数据的对比

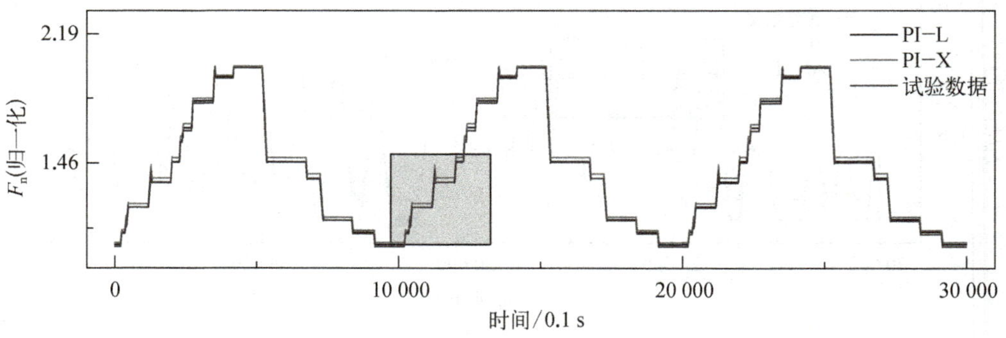

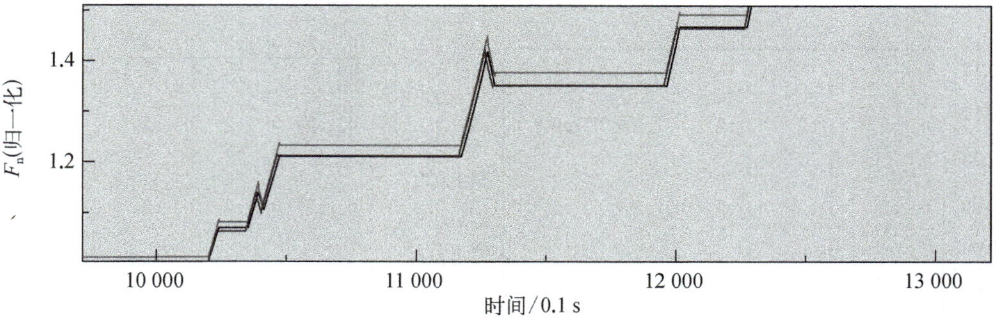

(b) 物理架构模型与试验数据的对比

图 6－5　模型在测试集 2 上的性能评估结果

图 6－6 为不同基本单元数的基准模型与物理嵌入网络模型在测试集 1 的相对误差平均统计结果。图 6－7 为在选定基本单元数范围下，不同神经网络类型构建模型在测试集 2 的相对误差平均统计结果。图 6－8 展示了各神经网络类型构建模型以及物理嵌入网络模型在测试集 2 的箱型图。为了方便表达，物理嵌入的神经网络模型简称为架构模型。

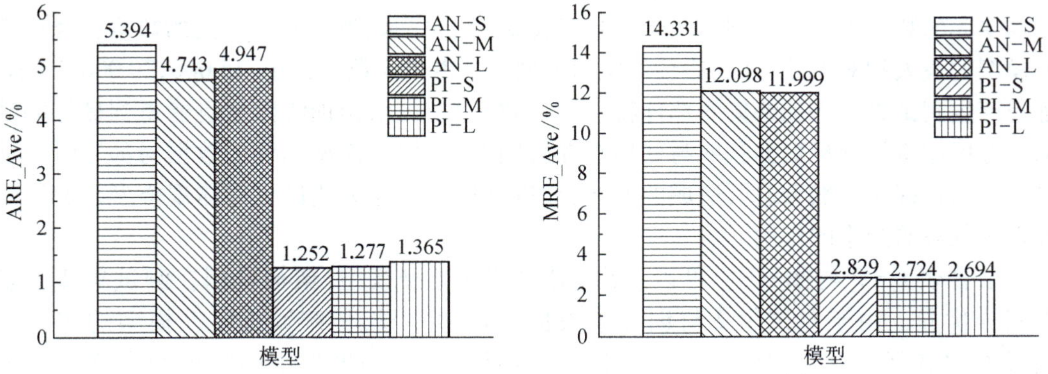

(a) ARE　　(b) MRE

图 6－6　各模型在测试集 1 上的误差柱形图

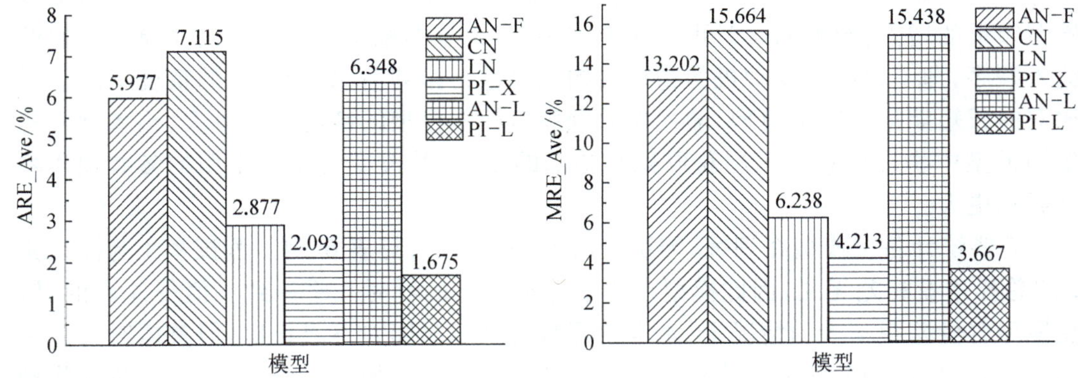

(a) ARE　　(b) MRE

图 6－7　各模型在测试集 2 上的误差柱形图

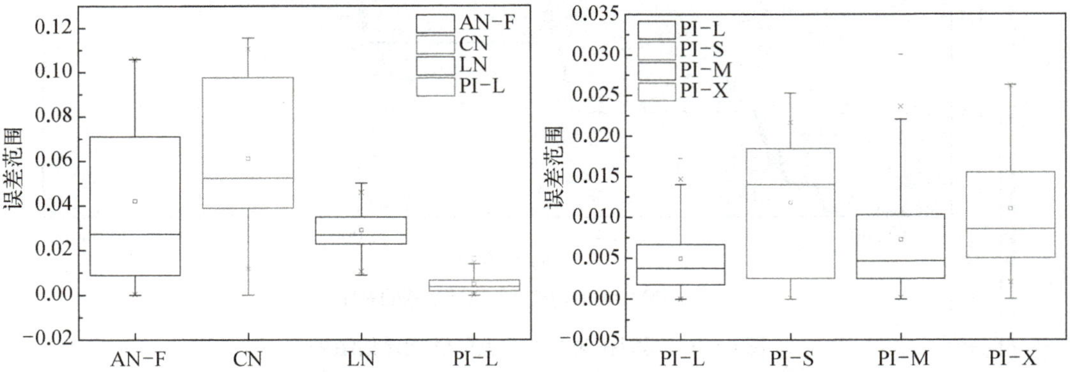

(a) 传统网络架构　　(b) 物理信息神经网络架构

图 6－8　各模型在测试集 2 上的误差箱型图

结合表 6－3 和图 6－6 可以看出，基准模型在测试集 1 上表现良好，即使存在较大的最大相对误差，但仍能保持较低的平均相对误差。此外，架构模型在测试集 1 表现优异，基本单元的数量不影响模型的性能。基于表 6－3 的结果，增加基本单元的数量会降低基准模型的最大相对误差，因此后续对比的模型其基本单元数设置在[15 000，20 000]范围。考虑产生测试集 1 与训练集的部件特性图一致，模型仅依赖训练数据也能得到良好的结果。考虑航空发动机数据获取与处理存在时间差异，用于模型训练的数据与部署时发动机运行数据存在自然衰退所造成的差异，故以衰退数据作为测试更能体现模型在健康管理系统状态监测中的作用。

结合表 6－3 与图 6－7 可以看出，对比其他类型模型，架构模型在测试集 2 上表现同样优异。由于测试集 2 与训练集数据存在的差异，传统数据驱动模型的实时预测误差均显著上升。相比于传统的数据驱动模型，架构模型中的物理约束能在一定程度上减小模型对于数据的依赖。此外，由图 6－8(a)可以看出，架构模型相较于双向长短期记忆网络模型更稳定，后者预测参数的最大相对误差约是前者的 1.7 倍。图 6－8(b)显示了不同基本单元数的架构模型在测试集 2 上的表现，可以看出随着模型容量的增大，模型的实时预测误差减小，且模型的稳定性提升。改变模型参数的输入顺序，即不以航空发动机的物理结构顺序进行排列后，架构模型的精度下降。对比双向长短期记忆网络模型，输入参数顺序对架构模型的精度影响更大，输入顺序是架构模型中物理信息输入层获取先验知识的途径，其改变对架构模型的参数预测精度影响更大。

简要统计各个模型在训练、测试上所消耗的时间，见表 6－4。测试集 1 与测试集 2 的总样本量相差无几，因此模型在两个样本集上的耗时几乎一致。值得注意的是，在模型容量差距不大的情况下，基本单元数与训练时间并不成正比，但整体时长差距不大，远不如模型的网络结构对训练时长的影响大。正如前述分析，基于参数的物理嵌入架构网络计算是串行计算，即物理信息输入层处理参数的耗时与参数数量成正比。

表 6-4　基于参数的物理嵌入网络模型与其他模型的训练/测试耗时

时间/s	AN-S	AN-M	AN-L	PI-S	PI-M	PI-L	PI-X	LN	CN	AN-F
Train	136	97	109	1129	875	930	885	753	337	163
Test1	18	15	14	227	214	203	211	180	115	19
Test2	24	14	15	217	223	219	223	188	104	38

同样地，在上述的训练集和测试集数据下，测试适应性改进后的基于并行结构的物理嵌入网络模型的参数预测性能。为了更加清楚地观察物理嵌入网络架构对于发动机性能衰退状态下的实时预测的影响，将测试集 2 中的数据按部件特性图的修正程度分类，并命名为测试集 2-1、测试集 2-2、测试集 2-3，测试集的各个部件特性图的修正组合见表 6-5。表中的 L 和 S 符号分别表示在特性图修正时所乘的系数使得新特性偏离原特性的程度，L 表示偏离程度大，S 为偏离程度小。本算例的训练集样本量的数目作为参考，设置所有模型的基本单元数，模型参数设置见表 6-6。模型输出层的结构均是全连接神经网络层，由于节点数目的减少，仅在输出层之间添加一层丢弃率为 0.3 的 dropout 层。

表 6-5　测试集 2 中部件特性图的修正组合

数 据 集	风扇特性	压气机特性	燃烧室特性	高压涡轮特性	低压涡轮特性
测试集 2-1	修正	修正(L)	—	修正	修正
测试集 2-2	修正	修正(L)	修正	修正	修正
测试集 2-3	修正	修正(S)	修正	修正	修正

表 6-6 中，AN 表示模型仅由全连接神经网络层搭建，Str 表示模型由基于并行结构的物理信息神经网络架构搭建，LS 则为长短期记忆网络构建的模型。FC 表示全连接神经网络结构，BiL 表示双向长短期记忆网络，网络结构后的数字表示该网络结构的输出的节点设置。AN 模型的构建是保证基本单元数目在训练集样本量范围波动，为减少每层网络的节点设置叠加了三层或四层的结构；Str 模型中，编号 1 至 4 采用的是第 4 章第一节第一小节中描述的结构化物理嵌入网络架构，编号 5 至 7 采用的是本章第一节第二小节中描述的改进型网络架构，Dynamic 表示该模型的输入考虑了动态项，Lambda 则是对第一层的全连接输出向量进行扩展处理，以符合循环神经网络对输入特性的维度要求，IM 则是本节中描述的改进的物理信息神经网络架构，通过引入平衡约束加强了基于结构的物理嵌入网络架构。Str 模型的第一层网络设置表示部件/系统独立网络所采用的网络结构，第二层是耦合层的网络结构，Str-6 模型和 Str-7 模型的设置则是为了探究两层结构中隐藏节点数目对精度的影响。

表 6-6 物理架构及其对比模型的搭建参数

模型名称	第一层网络结构	第二层网络结构	其他	节点数
AN-1	FC(100)	FC(100)	—	11 201
AN-2	FC(100)	FC(60)	FC(60)	10 781
AN-3	FC(100)	FC(50)	FC(50)-FC(40)	10 681
Str-1	BiL(4)	BiL(32)	Dynamic	11 713
Str-2	FC(50)-FC(4)	BiL(32)	—	11 513
Str-3	FC(100)	BiL(30)	Lambda	10 101
Str-4	BiL(2)	BiL(32)	—	9 821
Str-5	FC(4)	BiL(32)	IM	10 149
Str-6	FC(8)	BiL(32)	IM	10 313
Str-7	FC(4)	BiL(48)	IM	13 857
LS-1	BiL(12)	BiL(24)	SL(9)	11 569

所有模型均独立运算 5 次后进行性能评估。模型在四个测试集上的计算结果见表 6-7 和表 6-8。对于每一个测试集,统计了各模型独立运算的结果,给出了平均相对误差、最大相对误差的最大值、最小值、平均值和标准差。

图 6-9、图 6-10 表示模型预测结果与各测试集试验数据的趋势对比,图 6-11 为各模型在不同测试集上的最大相对误差计算平均后的柱状图。由于模型 LS-1 在测试集 1 上的表现与其他模型相差过大,因此其结果不显示在测试集 1 的最大相对误差柱状图上。为后续讨论方便,将并行结构的物理嵌入网络模型简称为结构模型,其余网络模型统称为常规模型。

结合表 6-7、图 6-9 和图 6-11(a)可知,测试集 1 是与训练集在同一套部件特性图的设置下仿真得到的,各模型在测试集 1 上的平均相对误差的统计量都很小,且最大相对误差的统计量多数在 5%以下,表明所有模型的训练收敛。对于用长短期记忆网络直接搭建的模型,其最大相对误差严重超限,出现于发动机过渡态与稳态的切换位置,对比前文同样结构的模型结果,表明了越是复杂的网络结构,越是需要更大的模型容量来适应训练数据。另一方面,结构模型在测试集 1 的性能表现并不一定优于常规模型,在满足测试精度的要求下,更应该看重模型在衰退数据上的表现。常规模型的结果也表明了一味地增加模型的深度并不一定会起到正向作用。

利用衰退特性图仿真所获得的数据可以认为是在测试集 1 上添加了不规则分布的噪声,利用此数据集可以更好地观察模型的鲁棒性。观察表 6-7、表 6-8、图 6-10 和图 6-11,常规模型依赖训练集数据,当测试数据集与训练集有明显差异时模型通常表现为鲁棒性差,因此常规模型在测试集 2 上的性能表现明显与测试集 1 的差距大。对于测试集 2 的三个不同子集,模型在各个子集上的性能表现相似,因此图 6-10、图 6-11 中的(b)、(c)和(d)子图相互类似,表明了测试集 2 的子集在仿真性能上表现相似。

表 6-7　基于结构的物理架构及其对比模型的结果 1

模型	测试集 1								测试集 2-1							
	ARE/%				MRE/%				ARE/%				MRE/%			
	Max	Min	Std.	Ave	Max	Min	Std.	Ave	Max	Min	Std.	Ave	Max	Min	Std.	Ave
AN-1	1.363 3	0.361 0	0.48	0.732 4	2.397 0	1.007 7	0.65	1.545 3	3.784 2	2.688 2	0.45	3.316 0	7.709 6	6.013 1	0.71	6.965 1
AN-2	1.332 0	0.260 9	0.45	0.860 2	3.384 2	0.783 1	1.01	2.174 7	2.947 7	1.032 2	0.78	2.380 5	6.930 4	2.742 6	1.64	5.335 3
AN-3	2.363 9	0.856 3	0.68	1.534 0	6.095 3	2.099 3	1.66	3.340 0	4.215 3	2.123 7	0.95	3.102 1	10.203 0	5.128 3	18.71	7.198 8
Str-1	2.015 8	0.224 1	0.70	1.376 4	3.881 7	0.515 3	1.49	2.736 7	5.499 9	1.247 4	1.68	2.632 5	7.860 5	2.285 0	2.23	4.932 0
Str-2	2.910 8	0.468 3	0.98	1.264 3	4.006 4	1.252 9	1.17	2.452 1	4.549 2	0.289 3	1.72	2.528 9	7.226 9	1.395 8	2.50	4.624 7
Str-3	1.241 5	0.376 3	0.35	0.659 9	2.001 0	1.014 6	0.37	1.430 5	3.139 3	1.229 9	0.76	2.068 4	6.909 0	2.720 7	1.57	4.995 6
Str-4	2.513 4	0.221 5	1.01	1.408 6	4.062 9	0.723 5	1.33	2.683 4	2.537 3	0.616 3	0.90	1.561 6	6.072 1	1.645 6	1.83	3.963 7
Str-5	1.619 0	0.253 1	0.53	0.895 7	2.863 9	0.736 4	0.92	2.008 4	2.224 5	0.812 3	0.55	1.360 5	5.428 6	1.854 6	1.37	3.364 3
Str-6	2.626 3	0.586 7	0.81	1.930 9	5.015 8	1.295 6	1.39	3.356 4	3.692 6	0.653 3	1.54	2.015 6	8.080 5	1.847 5	3.05	4.731 8
Str-7	2.093 6	0.078 0	0.54	1.360 2	3.493 1	1.771 6	0.67	2.644 8	3.697 2	1.440 9	1.01	2.321 3	4.845 5	3.204 7	0.71	4.179 4
LS-1	1.298 7	0.363 3	0.42	0.935 5	31.642 0	29.221 0	1.17	30.407 0	4.047 4	1.694 3	0.92	2.862 9	8.047 4	4.108 5	1.45	6.155 4

表 6－8　基于结构的物理架构及其对比模型的结果 2

模型	测试集 2－2								测试集 2－3							
	ARE/%				MRE/%				ARE/%				MRE/%			
	Max	Min	Std.	Ave	Max	Min	Std.	Ave	Max	Min	Std.	Ave	Max	Min	Std.	Ave
AN－1	3.809 1	2.700 0	0.44	3.342 8	7.694 4	6.031 6	0.70	6.987 6	3.934 4	2.879 5	0.42	3.525 5	7.817 6	6.173 2	0.69	7.133 2
AN－2	3.001 4	1.015 3	0.81	2.411 9	6.984 6	2.816 5	1.62	5.558 2	3.176 1	1.041 3	0.87	2.557 1	7.132 1	2.931 4	1.63	5.719 0
AN－3	4.277 4	2.149 8	0.96	3.146 3	10.229 0	5.180 9	1.86	7.243 0	4.458 6	2.352 5	0.95	3.302 6	10.287 0	5.285 7	1.83	7.359 0
Str－1	5.531 8	1.268 5	1.68	2.660 4	7.889 1	2.309 8	2.24	4.970 5	5.798 3	1.490 3	1.72	2.874 7	8.118 1	2.437 7	2.29	5.139 5
Str－2	4.690 3	0.344 5	1.71	2.648 9	7.225 4	1.276 6	2.52	4.716 4	4.820 8	0.044 9	1.71	2.794 5	7.250 4	1.403 3	2.46	4.851 5
Str－3	3.190 2	1.359 1	0.75	2.147 4	6.946 1	2.854 3	1.54	5.072 5	3.481 9	1.535 0	0.79	2.397 4	7.150 4	2.954 0	1.58	5.249 8
Str－4	2.810 7	0.528 1	1.30	1.600 1	6.356 4	1.517 4	1.96	4.007 6	3.151 1	0.339 8	1.18	1.753 2	6.556 9	1.451 4	1.94	4.209 1
Str－5	2.407 6	0.885 0	0.63	1.465 0	5.617 3	1.969 5	1.43	3.487 4	2.575 4	0.815 8	0.72	1.592 6	5.733 4	2.080 4	1.46	3.587 9
Str－6	3.732 7	0.619 6	1.54	2.059 7	8.130 7	1.970 9	3.01	4.817 0	3.806 9	0.617 2	1.55	2.131 4	8.167 3	2.035 3	3.01	4.881 2
Str－7	3.740 8	1.397 6	1.03	2.385 9	4.962 3	3.195 7	0.75	4.257 1	3.811 1	1.349 7	1.06	2.456 4	5.055 0	3.194 0	0.78	4.322 4
LS－1	4.064 2	1.746 1	0.90	2.899 7	8.059 9	4.157 1	1.43	6.185 3	4.343 0	1.996 9	0.91	3.168 5	8.256 1	4.343 4	1.44	6.369 2

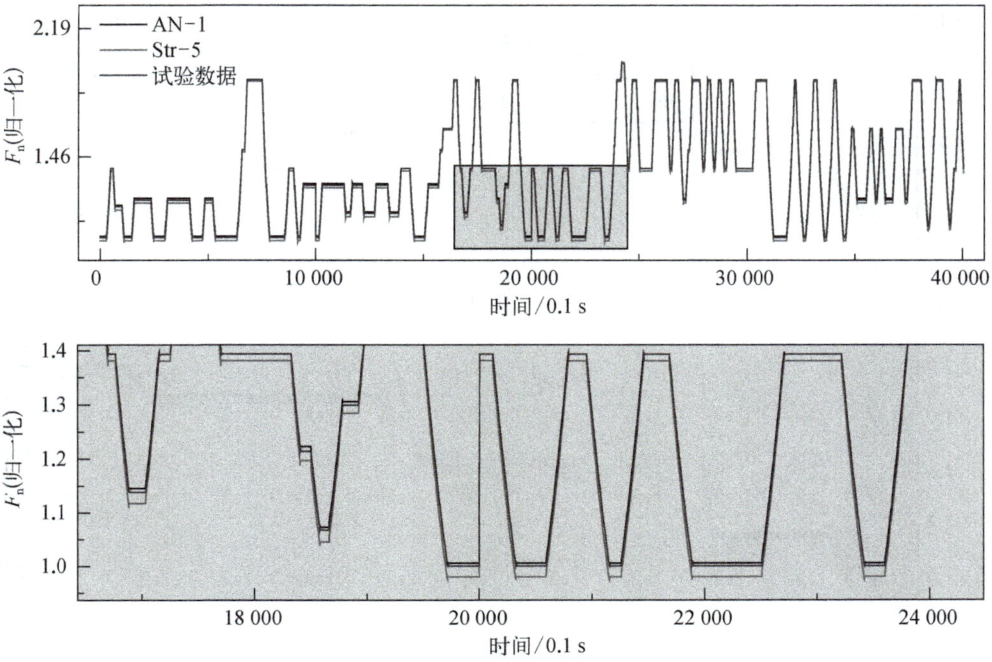

图 6-9　模型预测结果与测试集 1 试验数据的趋势对比

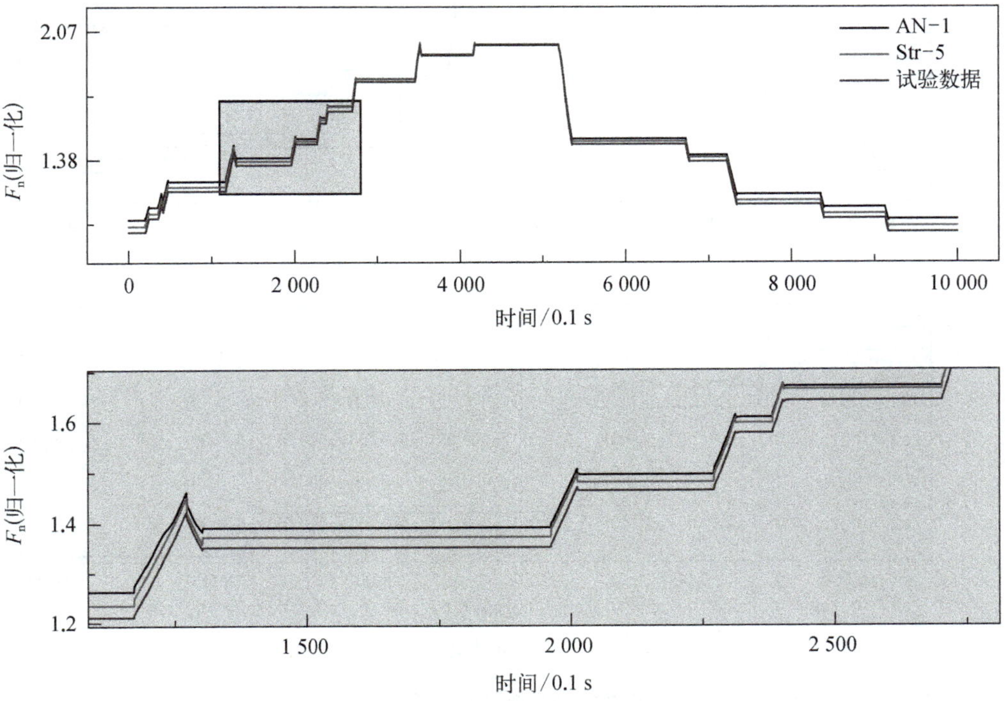

(a) 测试集2-1

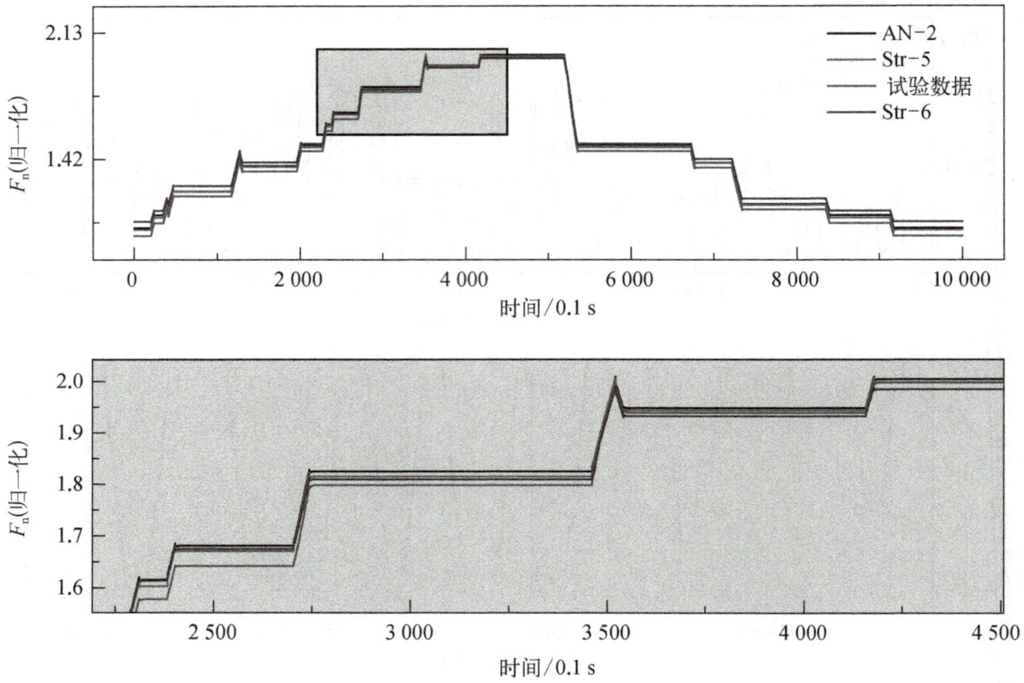

(b) 测试集2-2

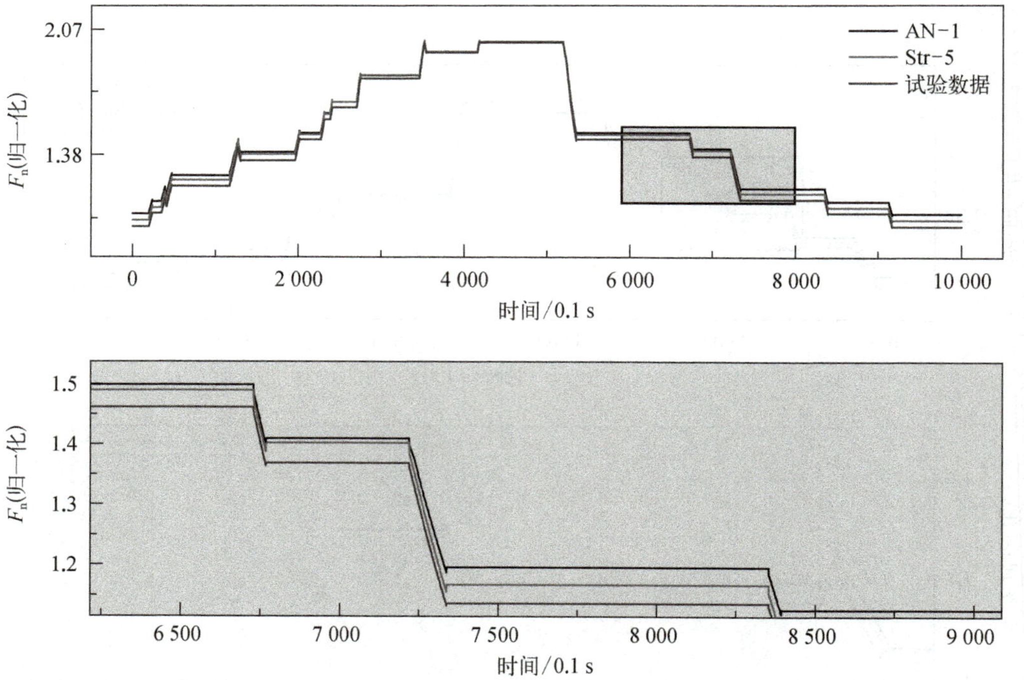

(c) 测试集2-3

图 6-10 模型预测结果与测试集 2 试验数据的趋势对比

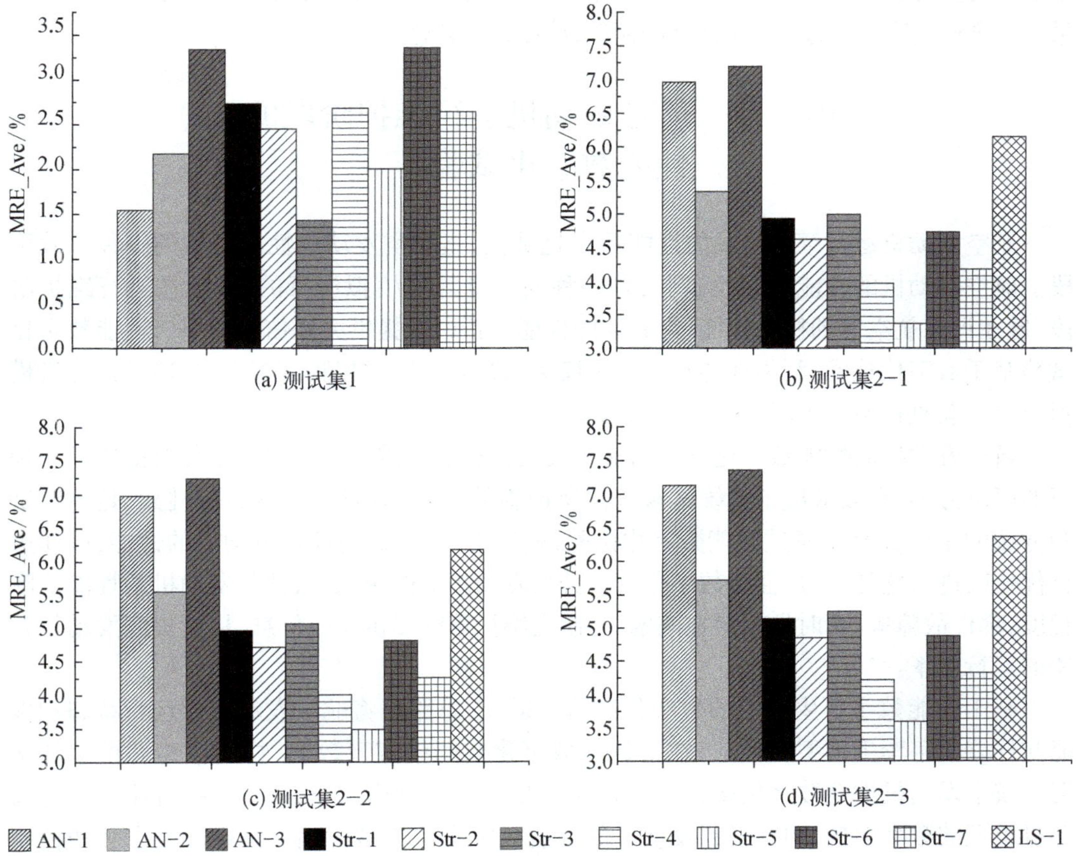

图 6-11　各模型在测试集上的最大相对误差计算平均后柱状图

特殊地,长短期记忆网络模型在测试集 2 的性能表现依旧差,但相较于测试集 1 其最大相对误差有了明显的下降,这也表明了该模型的实时预测结果偏大,以至于发动机性能衰退后的数据下降迎合了预测结果。而结构模型在测试集 2 上的性能表现依旧良好,除了部分模型出现的最大相对误差超限以外,整体相较于测试集 1 的误差有所增大,但依旧保持在可接受的范围内。此外,虽然测试集 2-2 的部件特性图衰变组合最严重,但各模型的性能表现却是在测试集 2-3 上最差,说明测试集 2-3 与训练集的差异最大。由结构模型在测试集 2 中的结果可知,模型关于平均相对误差和最大相对误差的平均统计值降低至 5%以下,部件网络所采用的网络结构虽然会在一定程度上影响模型的精度,但是并不能起决定性作用,这也说明了本章的重点在于模型的架构设计而非模型所采用的网络的具体结构。对比结构模型 1 至结构模型 5 可知,在相近的网络规模大小下结构模型中部件网络的节点越少其性能越好,这是因为提供的参数少,结构中的部件/系统子网络不需要分配过多的网络节点,减小了训练过程中的随机性。同样地,对比结构模型 5、6、7,分别是调整了结构模型中的部件网络和耦合层的网络规模,部件网络规模的增大反而增加了模型的不稳定性。综上,结构模型 5 作为改进的基于结构的物理嵌入网络模型,不论是模型的鲁棒性还是稳定性均优于其他模型。基于结构的物理信息网络架构相较于基于参数的物理信息网络架构,能在较小的网络规模下降低模型的最大相对误差,计算时间也随着网络规模的减小而缩短,而对于采用了全连接网络作为部件子网络的模型,计算时间更短。

第二节　航空发动机运行维护阶段的性能数字化试验

航空发动机运行维护阶段的性能数字化试验,是航空发动机性能分析的一种有效手段。航空发动机的性能数字化试验,是一种使用计算机模拟进行的试验,在运行维护阶段,旨在评估航空发动机的性能,为具体的性能分析讨论提供关键信息支撑。性能数字化试验基于数字化技术,利用性能数字孪生模型、数据驱动、虚拟测试等方法,通过计算机模拟航空发动机在不同工况下的运行状态。

航空发动机的性能数字化试验为航空发动机在运行维护阶段的性能分析提供了一种新的解决方案,有效解决了传统试验方法所面临的试验周期长、成本高等挑战,是传统试验方法的重要补充。通过性能数字化试验,能够准确、全面地评估发动机的性能,以便进行优化改进。此外,通过性能数字化试验分析发动机的健康状态,预测发动机的性能下降程度、部件故障等,及时发现潜在问题,为制定维护策略提供有效信息,从而提高发动机整体的运行效率。

基于性能数字孪生模型的数字化试验,其核心思路是将航空发动机的运行状态和性能与性能数字孪生模型相对应,在搭建的数字化空间中实现数据、物理本体和模型的交互。航空发动机性能数字化试验的一般流程为:首先,利用试车、飞行数据等驱动特定发动机类型的数字架构,训练得到发动机的性能数字孪生模型;然后,设定环境参数和控制参数等形成数字空间;最后,将环境、控制参数的数据流输入发动机的性能数字孪生模型,模型实时预测发动机的性能状态参数作为评估的基础,如图 6－12 所示。数据记录了航空发动机历史、当前的性能状态,无论是出厂或服役的发动机,其制造、装配、磨损所造成的性能差异,反馈在由测量参数所构造的多维空间中。数字空间中的物理嵌入网络架构则表征发动机的共同性,控制着数据构成的多维空间的边界,即物理约束。通过个体发动机数据训练模型表征发动机的个体差异性。

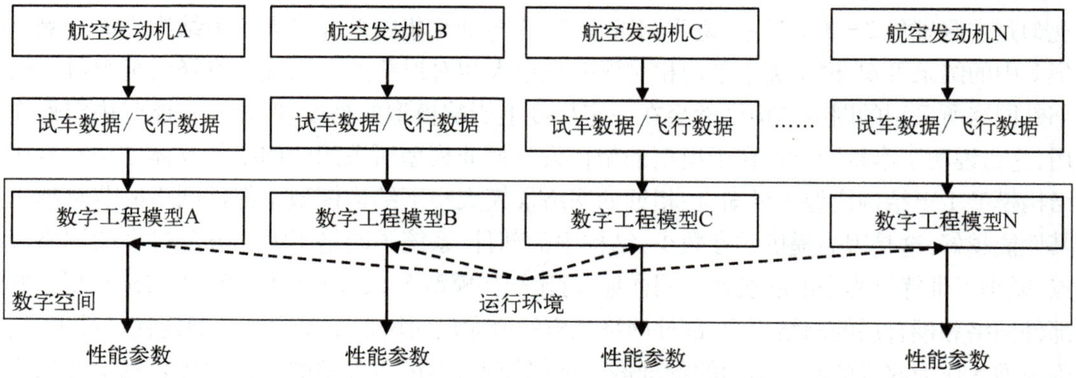

图 6－12　航空发动机的性能数字化试验

一、性能数字化试验的需求分析

航空发动机在制造、装配过程中存在公差，同时在寿命期间正常的使用所导致部件的磨损、腐蚀老化等问题，都会直接反映在航空发动机个体的性能差异上。对于同一批次生产制造的同型号航空发动机，即使在出厂试车的检验中发动机性能合格、满足出厂要求的情况下，各台航空发动机发生性能衰退的程度以及发生喘振的概率均不相同。有些出厂发动机运行数十个小时便出现喘振预警信号，而有些则能完整地服役其预测的寿命时长。这导致部分出厂性能合格的航空发动机需要返厂检查修理，其间重新拆卸和试车发动机会耗费大量的人力物力，从而降低了客户对于发动机产品质量的信任。对于商用航空发动机，其影响能通过经济效益来衡量此类状况所带来的后果；对于军用航空发动机，发动机的性能状态直接影响了出勤率，面对紧急状况下更需要保证航空发动机处于性能健康的状态。为此工厂对即将出厂的航空发动机进行性能梯度的排序，剔除掉那些处于性能梯度末尾的航空发动机以此降低经济损失。因此，有必要对出厂性能合格的航空发动机进行性能梯度排序，以保证交付于需求方的航空发动机其性能状态满足要求。

另一方面，航空发动机服役过程中的性能衰退程度是航空发动机健康管理系统关注的方向之一。多台同型号的航空发动机在性能上的衰退程度关系着其被监控的必要性，以保证合理地安排维修时机，在满足发动机的使用率和安全性上最大提高其经济效益。因此，通过准确有效的航空发动机性能状态评估方法，能够时刻监控航空发动机的性能衰退状态，发现其性能衰退的迹象，及时地制定和规划航空发动机的维修计划。

航空发动机的性能评估需要一个能表征其性能衰退程度的指标。一般地，刚出厂或进行完维修的性能合格的航空发动机理论上处于最佳状态；而发动机性能衰退至发生故障以至于无法正常工作的状态，预示着发动机需要进行维修甚至报废。性能衰退程度的指标数值范围应该包含上述两种状态，航空发动机性能的逐渐衰退引起的指标变化，无论其数值是由小到大还是由顶到底，都是以一种特定状态作为基准状态去衡量航空发动机的性能状态。因此，对航空发动机性能衰退状态的常用评价方法是，采用基于距离的方法去衡量特定参数在当前航空发动机性能状态下与最佳状态下的数值差异，特定参数的数量可以是一个也可以是多个。

目前，常用于表征航空发动机性能衰退程度的参数是发动机的监控参数，主要为排气温度(exhaust gas temperature, EGT)、高压压气机出口总压以及高低压转子转速等。监控参数能直观反映航空发动机的状态，且发动机性能衰退所引起的连锁反应必然会导致监控参数的变化而被观测到。并且，由性能衰退所引起的监控参数变化，与发动机的性能衰退程度是单调相关的，即监控参数在当前发动机状态下相对于发动机性能最佳状态的偏移量越大，表明发动机的性能衰退程度越严重，因此监控参数在当前状态下的偏移量反映了发动机的性能衰退程度。然而，采用基于距离的方法来衡量监控参数的偏移量以评价性能衰退状态存在以下问题：

第一，传统方法难以考虑航空发动机制造等所附带的出厂误差，仅能衡量航空发动机自身性能状态而难以实现与其他发动机的性能对比。航空发动机出厂时所处的性能初始状态不一致，在同一时段内航空发动机性能衰退至同一水平的条件下传统方法获取的性能衰退指标难以指导健康监测和维修计划。假设存在两台航空发动机 A 和 B，其性能初始状态满足了出厂要求,但由于制造装配的误差导致性能差异,如图 6-13 展示了基于距离方法的航空发动机性能衰退指标在不同航空发动机上的对比。假设航空发动机 A 和 B 服役时间相同且工作条件一致,通过监测参数反映了两台航空发动机的性能衰退至同一水平。此时,采用基于距离的方法衡量监控参数由基准状态至监测状态的性能衰退指标,两台航空发动机的结果是一致的,如图 6-13 中的蓝线所示。然而,由于航空发动机初始状态的不同,航空发动机 A 的性能衰退程度如图中左边红线所示,大于图中右边红线所示的航空发动机 B 的性能衰退程度。

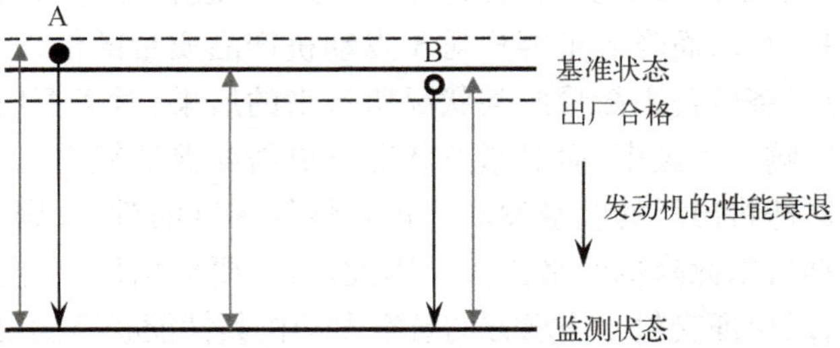

图 6-13　基于距离方法的航空发动机性能衰退指标

第二,航空发动机工作在不同的飞行工况下,不同的飞行循环中所获取的监控数据存在差异,难以直接衡量航空发动机的性能衰退程度。航空发动机的监控参数主要分为气路参数(排气温度等)、环境参数(飞行马赫数,飞行高度等)、控制参数(燃油流量等)等。为了考虑发动机运行环境的影响,选用的监控参数需要包含外界参数,使得监控参数构成的空间复杂,增加了传统基于距离的方法对性能衰退程度评估的难度。

因此,无论是对同型号的不同发动机性能状态排序,还是评价单台航空发动机的性能衰退程度,都需要保证对比的航空发动机处于统一的飞行任务,即用于评价性能状态的数据应该是发动机在某种确定的工况下运行的结果。然而,在物理空间上是难以满足此条件的,空间、时间的影响导致再现同样的航空发动机运行环境是不太现实的。数字化试验可以在计算机模拟中进行,具有较高的复现性和可重复性,能够满足对比状态统一的条件。为此,本章开展基于航空发动机的性能数字化试验研究。首先,本章设计了基于数字孪生模型的性能数字化试验流程,即通过数字空间构建统一的发动机运行外界状态,驱动不同的发动机性能数字孪生模型并实时预测其性能,以减少外因对发动机性能评估的干扰。随后,提出了对性能数字化试验结果的评估方式,包括性能状态评估方法和性能衰退程度评估方法。最后,采用试验数据对两种评估方法进行了验证。

二、多台航空发动机性能评估的数字化试验流程

航空发动机性能评估的主要目的是为航空发动机的健康管理统筹提供信息支撑,保证人力物力资源的合理调配,对性能表现较差的航空发动机给予重点关注。针对符合出厂要求的航空发动机,虽然此类航空发动机的性能在出厂试车试验中达标,但是由于不可抗因素导致部分的发动机在实际服役中性能衰退速度大于预估值,甚至容易发生喘振,因此通过发动机的性能评估可以初步分配发动机的适用工况。通常,出厂性能达标的航空

发动机或是服役一段时间未出现故障的航空发动机，其性能状态的对比是通过比较发动机在最大状态下的性能参数数值。然而常规方法并不能保证不同发动机处于最大状态下外界参数一致。故通过构造待评估的航空发动机数字孪生模型，给定运行条件进行多次性能数字试验并计算性能评价分数，以此评估发动机的性能状态。多台航空发动机性能评估的数字化试验流程，如图 6－14 所示。

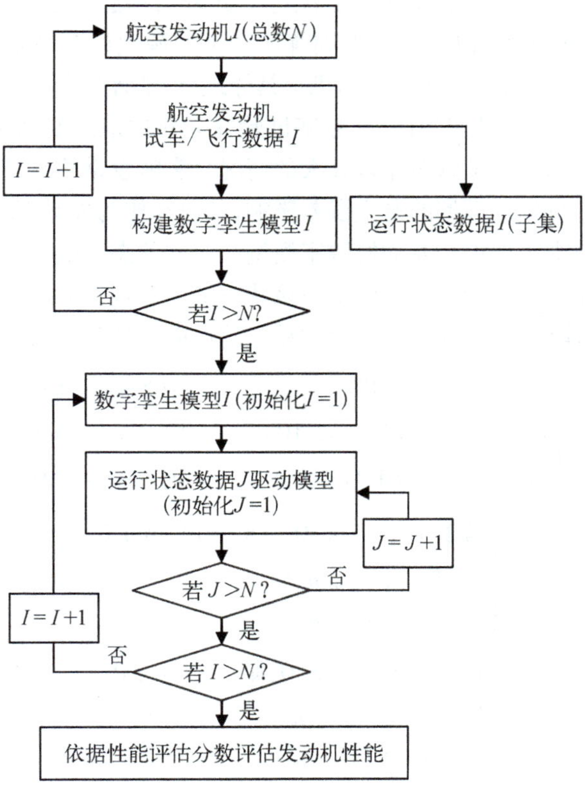

图 6－14　多台航空发动机性能评估的数字化试验流程

（1）选取待评估航空发动机的试验数据或历史数据。若是针对当前状态下航空发动机的性能评估，则选取的数据时段为最近一次的飞行架次数据，若是针对出厂航空发动机的性能评估，则选取的数据为出厂性能评估的试车试验数据。

（2）确定航空发动机数字孪生模型的输入参数与目标参数。输入参数根据前述内容，需要包含外界参数（环境参数、控制参数）和性能参数以构造相互独立的发动机数字孪生模型，而目标参数则选取与发动机性能状态呈线性关系的特征参数，即预测目标参数与实际测量值之差和发动机性能呈线性正相关。

（3）根据选取的数据和参数构造待评估航空发动机的性能数字孪生模型。为方便后续描述，对待排序的航空发动机标号，且用于训练对应发动机数字孪生模型的数据标记为相同标号，并且将该数据的外界参数部分作为一种数字试验的运行状态。例如，对于待评估的航空发动机 A，用于训练航空发动机 A 的数字孪生模型数据标记为数据 A，数据 A 中的外界参数数据组成的子集为运行状态 A。

（4）给定多种运行状态，驱动发动机数字模型并实时预测目标参数。单个数字模型试验次数等同于待评估的发动机数量，即数字孪生模型 I 在所有的运行状态下进行了一次数字试验。

（5）根据目标参数的预测值和试验值计算性能评估分数。性能数字孪生模型在不同运行状态所预测的目标参数表征了对应航空发动机的性能表现，通过对比同一状态下目标参数的模型预测值与试验值来评估性能优劣。此外，评估分数的计算整合了数字孪生模型训练所导致的模型误差，以减小模型训练所产生的源生误差带来的影响。

（6）按照性能评估分数筛选航空发动机。具体地，性能评估分数由三部分组成，模型训练源生误差影响值、数字试验状态值以及数字试验性能对比值。发动机数字孪生模型在不同状态下运行，训练状态与测试状态相差较大的情况会影响发动机性能的判断，以模型运行后的平均相对误差，衡量训练模型的源生误差影响，其总和作为发动机性能评估分数的基础值；而数字试验状态值则表征单个发动机数字模型在不同状态下的性能表现；数字试验中以训练状态为基准，对比不同发动机数字模型在该状态下的表现，归结为训练状态对应的数字发动机的数字试验性能对比值。综上，单台发动机的性能评估分数 M_i 由下式计算：

$$\begin{cases} 若\ \mathrm{RAE}_{ij} \leqslant 5.0\%, & 则\ \mathrm{Ser}_{ij} = 1.0 \\ 若\ 5.0\% < \mathrm{RAE}_{ij} \leqslant 10.0\%, & 则\ \mathrm{Ser}_{ij} = 0.5 \\ 若\ \mathrm{RAE}_{ij} < 10.0\%, & 则\ \mathrm{Ser}_{ij} = 0.0 \end{cases} \tag{6-3}$$

$$\begin{cases} 若\ \mathrm{RAE}_{\mathrm{NN},\,ij} < 0,\ 则\ \mathrm{Smol}_{ij} = 1.0 \\ i = 1,\ 2,\ \cdots,\ n \\ j = 1,\ 2,\ \cdots,\ n \end{cases} \tag{6-4}$$

$$\begin{cases} 若\ \mathrm{RAE}_{\mathrm{NN},\,ij} > 0,则\ \mathrm{Ste}_{ij} = 1.0 \\ i = 1,\ 2,\ \cdots,\ n \\ j = 1,\ 2,\ \cdots,\ n \end{cases} \tag{6-5}$$

$$M_i = \sum_{j=1}^{n} (\mathrm{Ser}_{ij} + \mathrm{Smol}_{ij}) + \sum_{k=1}^{n} \mathrm{Ste}_{ki} \tag{6-6}$$

式中，i 是参与性能评估的发动机编号；j 是用于发动机性能评估的训练数据所构造的状态子集；Ser_{ij} 表示第 i 台数字发动机在第 j 运行状态下的模型训练源生误差影响值；Smol_{ij} 表示数字试验状态值；Ste_{ij} 表示各模型在运行状态 j 下的数字试验性能对比值；RAE_{ij} 是数字模型 i 在测试集 j 上的平均相对误差。特别地，利用非绝对值误差来评价性能评估数字试验中模型在运行状态的表现，如图 6－15 所示。假设以排气温度为预测性能参数，在同等运行条件下，发动机性能数字孪生模型预测的排气温度高于试验值时，表示对应的物理发动机的涡轮需要做更多的功，才能达到等同的运行状态。在测试过程中，模型的预测结果受到模型误差的影响并非会一直高于或低于试验值。因此，发动机的性能差异通过计算模型

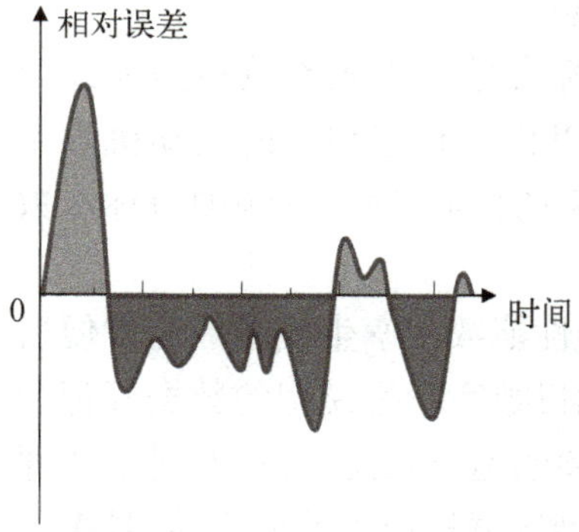

图 6－15　非绝对误差的面积示意图

误差在整个有效测试集样本上的面积来体现。式(6-5)中的 RAE_{NN} 是以训练状态为基准值修正后的非绝对值误差，以进一步减小模型训练误差对性能排序的干预。

三、航空发动机性能衰退状态评估数字化试验流程

对于一台航空发动机的性能衰退状态评估，由于数据记录了不同时段、不同飞行任务下的航空发动机性能，通过比较记录的性能数据难以直观判断发动机的状态。采用映射不同时段的发动机数据形成数字孪生模型的方法，对比在相同的飞行任务下模型的性能表现来设计其数字试验，图 6-16 描述了基于数字孪生模型的航空发动机性能衰退状态评估方法。针对某型航空发动机，其记录了两个不同运行日期的飞行数据，并假设航空发动机在数据记录日期期间未进行维护或性能恢复，一个标记为第 i 天数据，另一个则间隔 n 天记为第 $i+n$ 天数据。基于物理嵌入网络架构，上述数据驱动得到对应的航空发动机性能数字孪生模型。两个数字孪生模型具有相同的输入形式，但表示着相应数据日期下的航空发动机状态。接下来计算发动机的性能衰退程度，即在相同的飞行任务下驱动两个数字孪生模型并实时预测发动机的性能参数。飞行任务由航空发动机的控制规律和环境参数表征。故用于该数字试验的数字孪生模型由环境参数、控制参数和测量的发动机气动热力参数数据驱动。假设模型以 EGT 为衡量发动机状态的目标参数，则数字孪生模型实时预测的 EGT 越低，相应的航空发动机性能状态越好。理论上，数字孪生模型 i 实时预测的 EGT 小于数字孪生模型 $i+n$ 实时预测的 EGT。而模型之间的目标参数之差则可以作为计算发动机性能衰退程度的依据。

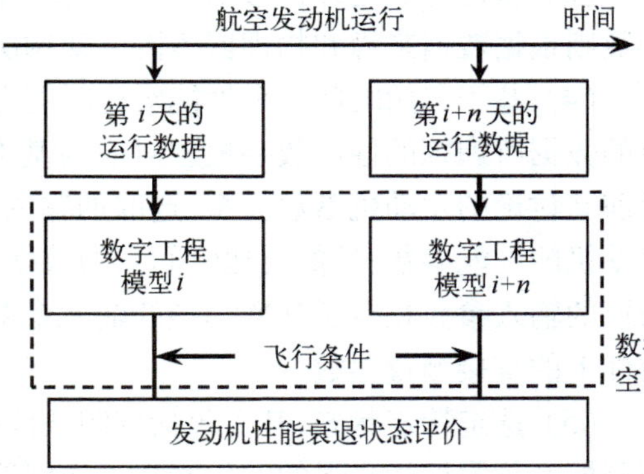

图 6-16　航空发动机性能衰退状态评估方法

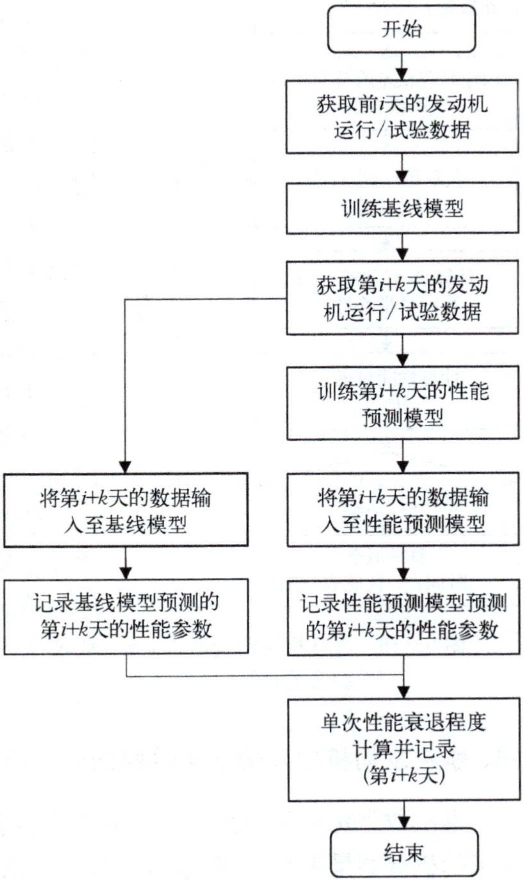

图 6-17　发动机性能衰退状态评价数字化试验流程

通过数字试验可以获取不同时段下航空发动机在同一运行条件下的性能状态，以此计算性能衰退程度。基于性能数字孪生模型的航空发动机性能衰退程度评估的数字试验步骤如下，流程如图 6-17 所示。

(1) 选定发动机性能评估的时间节点,包括起始时间点和性能对比时间点。假设评价航空发动机从出厂时刻至某一服役阶段的性能衰退,则起始时间点为出厂时刻,性能对比时间点选为某一服役时刻。

(2) 针对所选取的起始时间点、性能对比时间点,预处理对应时段的发动机试车/飞行等所采集的数据。

(3) 将性能衰退评价参数作为训练性能数字模型的目标参数,性能数字模型的输入参数则根据数据来源和物理嵌入网络架构决定。

(4) 基于起始时间点和性能对比时间点的数据训练对应的性能数字模型。起始时间点的数据所训练的性能数字模型对应为基准模型,其输入参数与目标参数之间的关系参考前文讨论的发动机参数关系,选取的输入参数仅包含控制参数、环境参数,不包含任何发动机的性能参数;性能对比时间点的数据所训练的性能数字模型对应为性能预测模型,选取的输入参数相较于基准模型的输入参数补充了发动机性能参数,且性能参数为机载条件下的直接测量参数。

(5) 选定特定状态,其中包括控制条件和环境参数作为输入,以驱动基准模型和性能预测模型预测性能衰退的评价参数。特别地,若性能衰退评价参数为机载可测量参数,且选定的输入状态与起始时间点所包含的状态一致,则可以不需要训练基准模型,直接使用测量数值作为基准模型的结果。

(6) 评估发动机性能的衰退程度。将基准模型和性能预测模型所预测的性能衰退评价参数相减后取平均值作为最终的性能衰退程度评估值。若是起始时间点选取的是出厂时刻,则性能衰退评价为服役时段发动机的整体衰退。

更进一步地,重复上述计算发动机性能衰退程度评估的试验流程,可用于拟合发动机的性能衰退曲线,以直观展示和预测发动机性能在其服役期间的变化。当飞行数据充足时,可以仅构造基准模型以简化过程。即通过使用发动机初始状态下的数据生成对应的发动机性能数字模型。然后,后续飞行数据按照时间先后顺序依次驱动数字模型,实时预测出与初始状态相对应的特定运行条件下的发动机性能参数。性能衰退的数值为飞行数据的记录值与相同架次下的模型预测数值之差。具体计算流程见图 6-18。

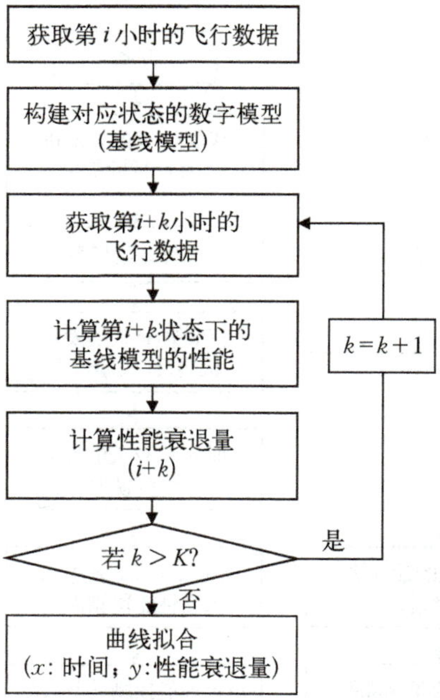

图 6-18 发动机性能衰退曲线的计算流程

四、航空发动机性能数字化试验结果的评估

本次数字化试验的数据来源于某型涡扇发动机的试飞数据。原数据记录了 36 台发动机的机载测量参数,主要包括滑油压力、排气温度、控制参数、外界参数以及诸如火警开关、防火开关、加力开关、冷却接通开关、防冰系统接通开关等开关量。每台发动机以数字

编号代名，且其中相邻的奇数号与偶数号为同一架飞机上的两台发动机（如 X01、X02 为同一架飞机上的两台发动机）。由于编号相邻的两台发动机数据高度相似，单取奇数号发动机分析。图 6－19 展示了发动机原数据的分布情况。由图可以看出，发动机编号为 X03、X05、X07、X09 以及 X11、X13、X15，有相近的起始日期数据，适用于进行多台发动机性能评估数字化试验。针对时间跨度大的发动机数据进一步绘制箱型图，统计数据记录的相差天数。选取了时间间隔超过两百天的发动机数据，由此观察到 X03 的数据较集中于中间日期，X13、X21 的数据则趋于起始时间，而 X09 和 X23 的数据均布于对应的日期中，因此 X03、X09 和 X23 适用于进行发动机性能衰退程度评估数字化试验。

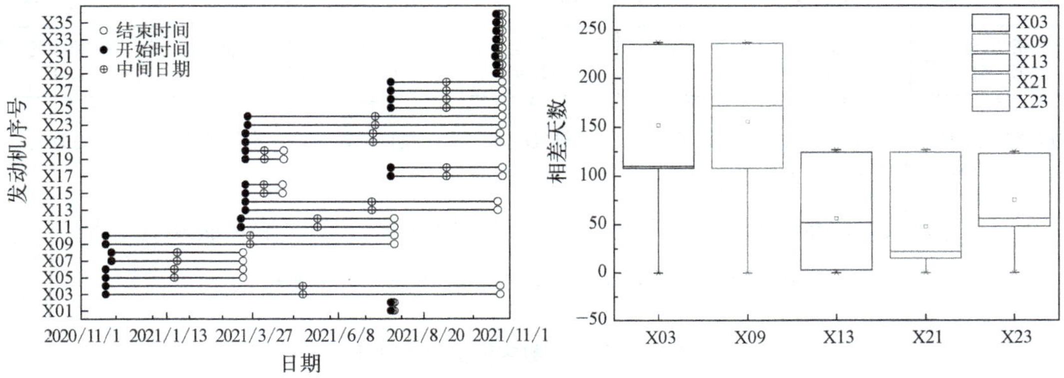

(a) 发动机数据起止时间哑铃图　　(b) 长时跨度发动机飞行架次分布箱型图

图 6－19　发动机原数据的分布分析

1. 多台航空发动机性能评估的数字化试验结果

本次性能评估数字化试验的数字孪生模型是基于并行结构的物理知识嵌入架构构建的。该模型的目标参数是油门杆位置，输入参数包括除油门杆位置外的外界输入参数、发动机性能参数，性能排序的数字试验发动机数字孪生模型见图 6－20。图中－1 为占位符号表示扩展输入参数的维度以适应网络结构。采用三台不同服役时长的发动机数据进行数字化试验，以阐述性能评估分数的计算。三台发动机最新一次飞行试验记录数据所训练的性能数字孪生模型对应标记为 Model－1、Model－2、Model－3。模型训练所用的试验数据为某型涡扇发动机的试飞数据，基于控制参数、外界参数和性能参数预测油门杆位置。数据中由外界参数和控制参数组成的子集标记为运行状态 A1、A2、A3。三台发动机的性能数字孪生模型分别在三种不同的运行状态下开展数字试验，其误差统计见表 6－9。模型在特定运行状态下的相对平均误差是数字模型预测值与试验记录值之差相对于试验记录值在整个运行状态样本点上的绝对平均，非绝对值误差是数字模型预测值与试验记录值之差相对于试验记录值在整个运行状态样本点上的和，归一化非绝对值误差为数字模型在非训练数据状态计算的非绝对值误差与数字模型在训练数据状态计算的非绝对值误差之差。相对平均误差表征对应状态下的数字孪生模型的精度，保证发动机数字模型在其他运行状态下所计算误差的可信度；归一化非绝对值误差的计算误差以发动机数字模型训练所对应的状态作为基准值，因此发动机数字模型在训练运行状态下的误差值计算必为零，例如，数字模型 Model－1 是基于运行状态 A1 的数据训练的，相应计算的归一化非绝对值误差即为零。

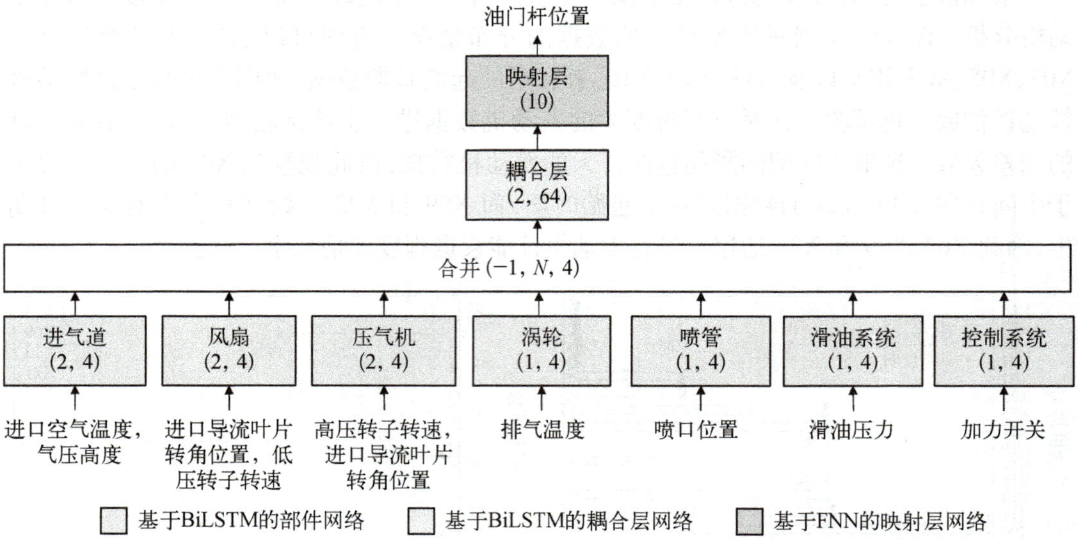

图 6－20　性能排序的数字试验发动机数字孪生模型

表 6－9　示例的数字模型误差统计

数字模型	运行状态	相对平均误差/%	非绝对值误差/%	归一化非绝对值误差/%
Model－1	A1	1.183 1	−0.313 9	0.000 0
	A2	1.245 2	0.930 3	1.244 2
	A3	5.755 1	5.720 7	6.034 6
Model－2	A1	2.334 3	0.183 4	0.151 5
	A2	0.897 6	0.031 9	0.000 0
	A3	2.713 2	2.632 5	2.600 6
Model－3	A1	4.054 6	−3.074 0	−2.484 9
	A2	3.367 7	−3.153 3	−2.564 2
	A3	1.071 3	−0.589 1	0.000 0

基于表 6－9 所统计的模型误差值计算示例的性能评估分数见表 6－10。根据发动机性能数字孪生模型在特定状态下运行的相对平均误差统计模型训练源生误差影响值，记录此值为模型误差分数。数字试验状态值和数字试验性能对比值参考归一化非绝对值误差，以数值的正负判断性能的优劣，分别记录为数字飞行分数和物理飞行分数。Model－1 在非训练数据状态下运行统计的归一化非绝对值误差均大于零，即该数字发动机在其他状态下运行需要推进更大的油门杆位置才能获得等同的性能，该数字模型的物理飞行分数即为特定状态下运行的归一化非绝对值误差小于零的总和。以 Model－1 在 A2 状态的

运行为例，A2 记录的油门杆位置数值即为 Model－2 在 A2 状态下运行的性能，因此单独以归一化非绝对值误差评判性能则是 Model－2 优于 Model－1。物理飞行分数则是以对应的训练数据状态为基准，对比其他数字发动机在该状态下的性能表现。以 A1 运行状态为例，Model－2 和 Model－3 在该状态下的归一化非绝对值误差分别为正数和负数，以此为评判则是 Model－2 性能劣于 Model－1，因此对应的数字模型物理飞行分数统计总和为 1。为此，以油门杆位置为预测目标参数时，性能评估分数由高到低对应发动机的性能由高到低。示例中 Model－3 发动机的性能优于 Model－2 发动机，Model－1 发动机的性能最次。

表 6－10　示例的性能评估分数

数字模型	运行状态	Ser_{ij}	$Smol_{ij}$	Ste_{ij}
Model－1	A1	1	0	0
	A2	1	0	1
	A3	0.5	0	1
Model－2	A1	1	0	1
	A2	1	0	0
	A3	1	0	1
Model－3	A1	1	1	0
	A2	1	1	0
	A3	1	0	0

数字模型	模型误差分数	数字飞行分数	物理飞行分数	性能排序分数
Model－1	2.5	0	1	3.5
Model－2	3	0	1	4
Model－3	3	2	2	7

参与本次性能评估数字试验的发动机共七台，其中发动机 X13 中记录的首日试验数据与其他发动机的状态相差较大不作为选取对象。由于发动机 X01 的运行状态与其他发动机一致，故在上述数据分析中选取 X01、X03、X05、X07、X09、X11、X15 为本次试验的发动机。训练集仅包含该台发动机数据包中的首日飞行试验数据。以训练集中的飞行环境参数、控制参数组成的外界输入参数数据集作为数字试验的发动机运行状态。性能评估数字试验的发动机数字模型在不同运行状态的统计结果见表 6－11。由于起动和停车阶段的传感器数据记录偏差较大，本次性能评估数字化试验统计了两种不同高压转速区间的试验结果。根据式(6－3)~式(6－6)计算性能评估分数来判断本次性能数字试验中发动机的性能状态，统计排序评估见表 6－12。图 6－21~图 6－23 展示了发动机的数字飞行试验。

表 6-11 性能评估数字试验数字模型统计结果

90>N_h>75					N_h>60				
发动机编号	状态	RAE/%	RAE_N/%	RAE_{NN}/%	发动机编号	状态	RAE/%	RAE_N/%	RAE_{NN}/%
X01	x1	1.623	-1.375	0.000	X01	x1	1.425	1.219	0.000
	x3	4.991	4.982	6.357		x3	4.374	4.350	3.131
	x5	5.634	5.625	7.000		x5	5.705	5.622	4.403
	x7	6.062	6.061	7.436		x7	5.836	5.813	4.594
	x9	2.337	2.169	3.544		x9	1.557	1.326	0.107
	x11	2.274	2.164	3.539		x11	1.823	1.503	0.284
	x15	1.928	1.709	3.084		x15	1.625	1.380	0.161
X03	x1	1.284	-1.161	-0.869	X03	x1	1.557	-1.334	-1.069
	x3	0.674	-0.292	0.000		x3	0.716	-0.265	0.000
	x5	1.329	0.579	0.871		x5	1.391	0.729	0.994
	x7	1.050	0.802	1.094		x7	1.040	0.727	0.992
	x9	0.677	-0.252	0.040		x9	1.226	-0.878	-0.613
	x11	0.609	-0.175	0.117		x11	1.129	-0.644	-0.379
	x15	1.874	-1.345	-1.053		x15	1.708	-1.190	-0.925
X05	x1	1.306	-1.267	-1.847	X05	x1	1.397	-1.372	-1.818
	x3	1.012	0.655	0.075		x3	0.891	0.299	-0.147
	x5	0.811	0.580	0.000		x5	0.677	0.446	0.000
	x7	1.268	0.961	0.381		x7	0.961	0.605	0.159
	x9	0.908	-0.730	-1.310		x9	1.312	-1.229	-1.675
	x11	0.785	-0.603	-1.183		x11	1.139	-1.014	-1.460
	x15	0.919	-0.743	-1.323		x15	0.927	-0.710	-1.156
X07	x1	4.088	-4.088	-3.850	X07	x1	3.082	-3.076	-2.708
	x3	1.040	-0.976	-0.738		x3	1.052	-0.978	-0.610
	x5	1.009	-0.663	-0.425		x5	0.827	-0.543	-0.175
	x7	0.700	-0.238	0.000		x7	0.684	-0.368	0.000
	x9	3.596	-3.587	-3.349		x9	3.068	-3.045	-2.677
	x11	3.443	-3.442	-3.204		x11	3.194	-3.184	-2.816
	x15	3.093	-2.932	-2.694		x15	2.736	-2.469	-2.101
X09	x1	0.925	-0.384	-0.758	X09	x1	0.974	0.154	-0.130
	x3	2.533	2.459	2.085		x3	2.173	2.113	1.829
	x5	3.152	3.120	2.746		x5	2.672	2.624	2.340
	x7	3.211	3.179	2.805		x7	2.608	2.578	2.294
	x9	0.992	0.374	0.000		x9	0.805	0.284	0.000
	x11	1.043	0.503	0.129		x11	1.050	0.344	0.060
	x15	0.965	0.124	-0.250		x15	1.186	0.518	0.234

续　表

90>N_h>75					N_h>60				
发动机编号	状态	RAE/%	RAE_N/%	RAE_{NN}/%	发动机编号	状态	RAE/%	RAE_N/%	RAE_{NN}/%
X11	x1	1.092	−0.325	−0.952	X11	x1	0.942	−0.149	−0.472
	x3	5.259	5.246	4.619		x3	4.514	4.318	3.995
	x5	5.777	5.767	5.140		x5	6.285	4.968	4.645
	x7	6.421	6.416	5.789		x7	6.343	5.537	5.214
	x9	1.105	0.658	0.031		x9	1.005	0.287	−0.036
	x11	0.861	0.627	0.000		x11	0.813	0.323	0.000
	x15	1.827	1.128	0.501		x15	1.662	0.782	0.459
X15	x1	1.004	−0.646	−0.668	X15	x1	0.766	−0.373	−0.395
	x3	3.377	3.279	3.257		x3	2.574	2.457	2.435
	x5	3.223	3.172	3.150		x5	2.657	2.507	2.485
	x7	3.631	3.563	3.541		x7	2.770	2.688	2.666
	x9	1.886	1.237	1.215		x9	1.390	0.497	0.475
	x11	2.098	1.321	1.299		x11	1.816	0.661	0.639
	x15	0.621	0.022	0.000		x15	0.644	0.022	0.000

表 6－12　多台发动机性能评估的数字试验排序分数

发动机编号	模型误差分数	数字飞行分数	物理飞行分数	性能排序分数
90>N_h>75				
X01	6	0	0	6
X03	7	2	5	14
X05	7	4	5	16
X07	7	6	6	19
X09	7	2	4	13
X11	5.5	1	4	10.5
X15	7	1	2	10
N_h>60				
X01	6	0	0	6
X03	7	4	4	15
X05	7	5	5	17
X07	7	6	6	19
X09	7	1	2	10
X11	6	2	3	11
X15	7	1	3	11

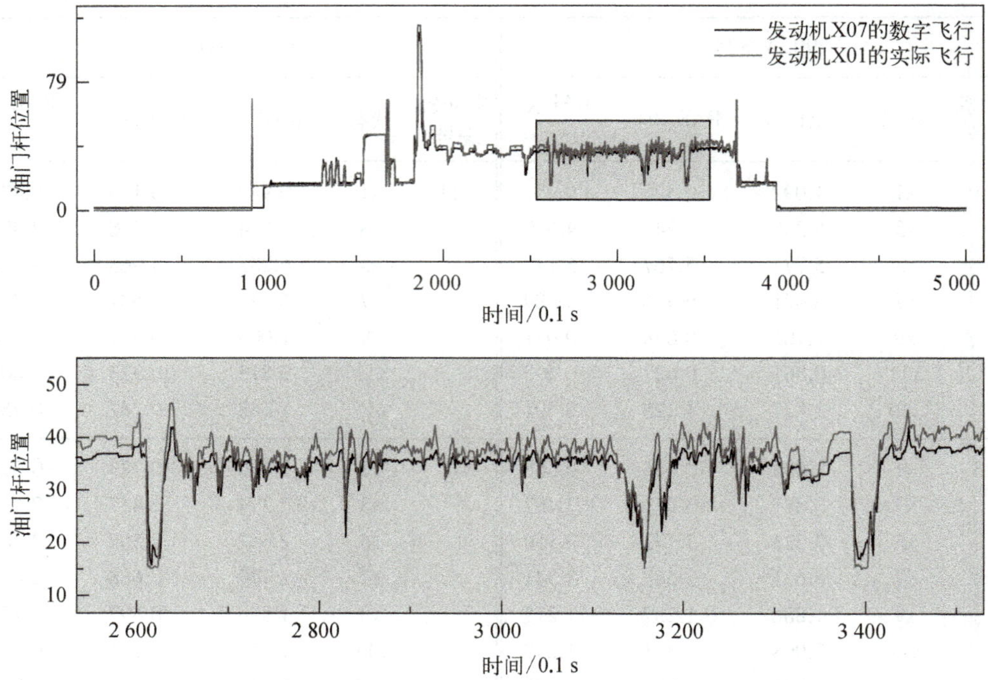

图 6-21　发动机 X07 与发动机 X01 的飞行对比

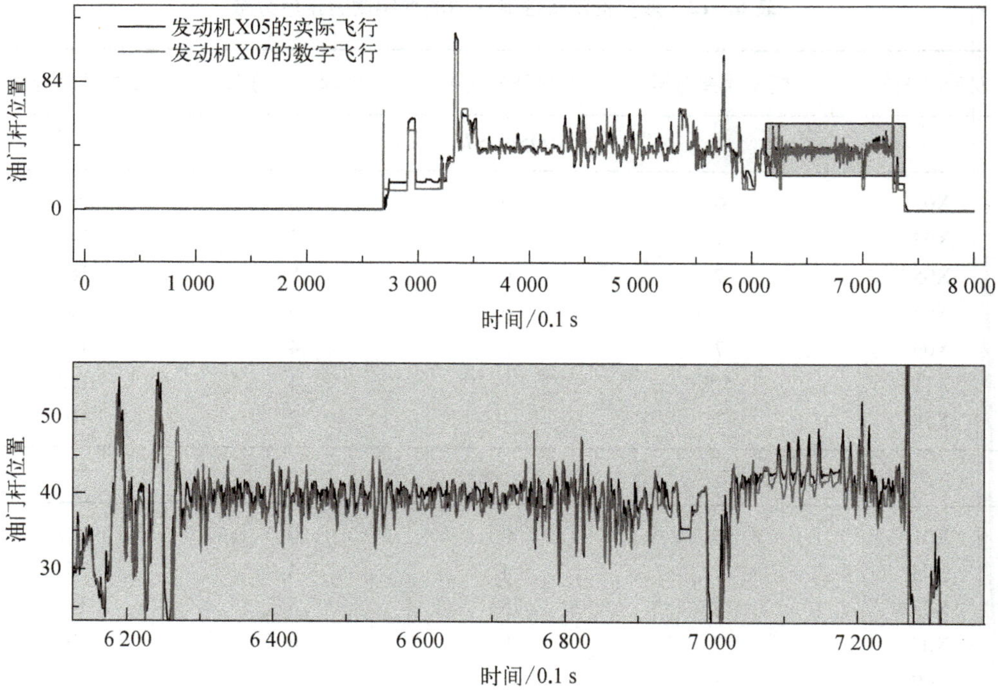

图 6-22　发动机 X07 与发动机 X05 的飞行对比

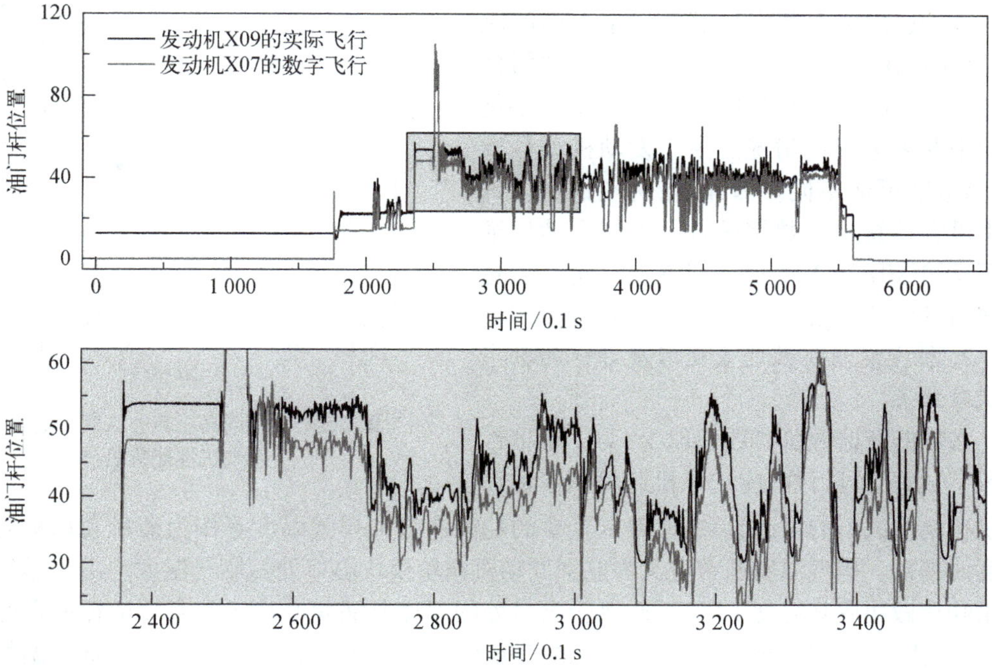

图 6－23　发动机 X07 与发动机 X09 的飞行对比

由表 6－12 的模型误差分数可知，构造的发动机数字孪生模型能满足性能数字试验对模型精度的要求，且发动机运行的高压转速区间一致，不影响数字试验的误差。各数字发动机在不同运行状态下计算的性能评估分数见图 6－24。根据总分对发动机性能排序，X01 发动机性能最劣，X07 发动机性能最优，具体见图 6－25。对比两个高压转速区间下计算的各台数字模型数字飞行分数和物理飞行分数，X09 发动机在不同高压转速区间的统计结果差异较大，其余数字发动机名次维持一致，以统计的总分数进行性能排序时，该台发动机的名次波动最大。但 X09 发动机的性能排序分数并未与 X11 和 X15 发动机拉开差距，因此虽然性能排名在不同转速区间上有所变化，但不影响对发动机性能优劣的判

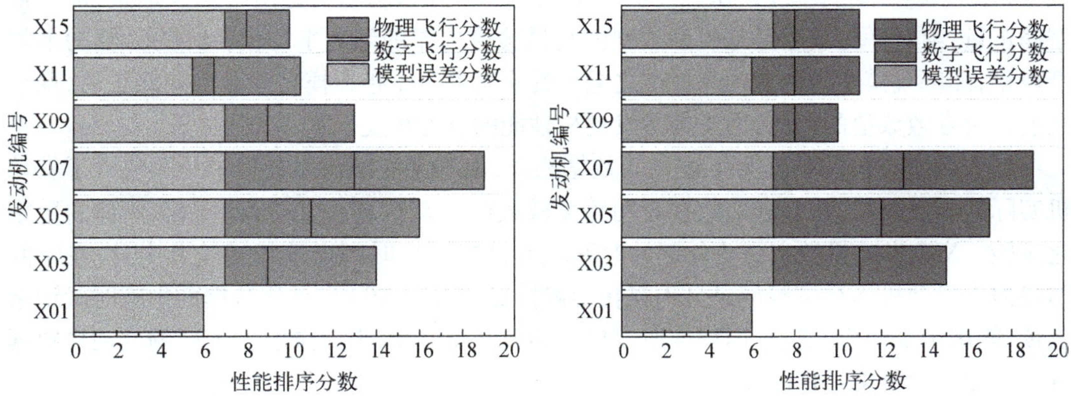

(a) 90>N_h>75　　(b) N_h>60

图 6－24　性能评估的数字化试验分数柱状图

断。分析造成两次数字化试验结果不同的原因，可能是在几个特定的范围内，改变油门杆位置并不会影响发动机的状态，而两次数字化试验中并未考虑此情况。由于发动机型号不同，该范围可能不同。因此，在两次数字化试验中没有特意进行数据筛选。根据发动机维修厂反馈 X01 和 X15 发动机在出厂运行后短时间内发生了喘振，与数字试验结果吻合。

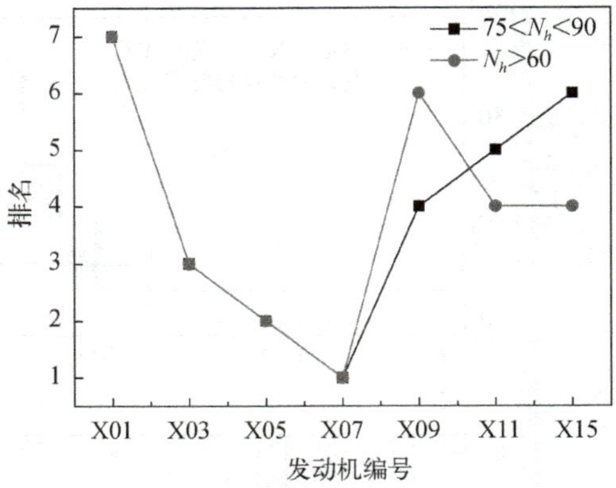

图 6-25　不同高压转速区间下的发动机性能排名

2. 航空发动机性能衰退程度评估的数字化试验结果

在性能衰退评价参数选取上，为了验证性能数字试验的可行性，应选取机载可测参数而非仅在地面试车的可测参数，通常以重要的性能参数如排气温度等作为衡量发动机衰退程度的参数。排气温度通常定义为航空发动机涡轮模块出口处的燃气温度。由于燃气对涡轮叶片做功后其温度下降，因此涡轮出口处的温度是涡轮叶片正常寿命消耗的良好指标，也是优化燃油经济性、诊断和预后的关键参数。目前，传感器位置由于极端高温的环境，对涡轮部件进行的测量受到限制，因此选择了位于最高温度段下游的排气温度作为一种粗略推断涡轮叶片/盘以及发动机状态的指标。即便如此，测量该参数的传感器的工作环境仍旧恶劣，被认为是整个航空发动机涡轮模块中最脆弱的元件之一。因此，这些传感器本身经常受到干扰故障，提供了相对不准确的实际温度分布，在使用排气温度时应该考虑这种不可避免的误差所带来的影响。在数字孪生模型训练的过程中，其优化目标是最小化损失函数，在给定的训练数据点上误差并非为零，而是在训练数据点的波动之间寻求平衡状态使得损失函数最小，为了减小上述误差对性能衰退程度评估的影响，其衰退程度的计算公式如下：

$$\Delta = |M_1 - M_2| - |\Delta_o| \tag{6-7}$$

式中，M_1 和 M_2 分别为基线模型和性能预测模型在对比状态下的绝对平均衰退量，即为模型修正量，绝对平均衰退量是模型预测值与试验值之差的绝对平均量；Δ_o 为计算的平均衰退量，即基线模型与性能预测模型之差。性能衰退量是指在模型计算误差修正后，性能衰退评价参数数值的差值，用于衡量发动机性能的衰退程度。

本次数字试验的数据与上述试验数据相同，由于无法确认原数据中是否包含了发动机实际的服役时长，需要选取数据时间跨度较大的发动机进行性能衰退状态评估的数字化试验。X03 发动机数字试验的起始时间点和性能对比时间点选择相差九个月，在时间间隔内有发动机运行试验记录且不存在维修情况。并且 X03 发动机数据的中间时段记录连续，能用于发动机性能衰退程度曲线拟合的数字化试验，因此选取了 X03 的发动机数据进行性能衰退程度评估的数字化试验。

本次性能衰退评估数字试验层次化的物理知识嵌入网络架构，以排气温度作为性能衰退评价参数，性能衰退程度评估的数字化试验数字模型见图 6-26。各网络层架构所使用的神经网络结构由底层至顶层分别为双向长短期记忆神经网络和全连接神经网络，括号的数字表示该网络结构的输出特征维度，占位符号与图 6－20 含义一致故此图省略，首位的数字表示输入参数的个数，末尾的数字则表示网络结构的超参数。单次性能衰退程度的模型训练数据为起始时间点的 10 个架次（单个架次飞行数据包含 7 000~10 000 样本点）的试飞数据，对比时间点的单次飞行数据作为衰退量计算的对比状态。对调起始时间点和性能对比的时间点，此时模型训练数据为 9 个架次的试飞数据，而对比时间点的单次试飞数据作为数字试验验证。

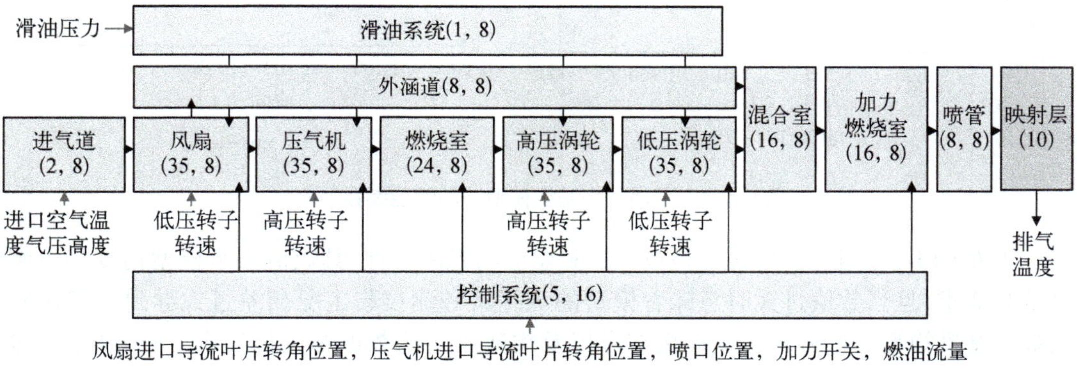

图 6－26　性能衰退程度评估的数字化试验数字模型

不同飞行状态数据建立了基准发动机数字孪生模型，通过起始日期减去终止日期（正向）以及终止日期减去起始日期（反向）的性能衰退程度评估以验证本次试验的可行性。选取排气温度作为性能衰退指标，建立 X03 发动机在不同飞行架次下的性能数字模型。记 X03 发动机的初始飞行架次为架次 1，跨度为十月后的飞行架次为架次 10。首先建立架次 1 的性能数字模型，并基于架次 10 的试飞数据驱动该数字模型，得到发动机在架次 1 的性能状态下运行架次 10 的工况时的性能结果并计算性能衰退量；反之，建立架次 10 的性能数字模型，并以架次 1 的试飞状态驱动模型以获取性能衰退量。以正序和反序计算的性能衰退量验证数字试验的可行性。本次性能衰退数字试验的结果见表 6－13，图 6－27 展示了不同状态基线模型下的性能参数预测结果，图中的子标题标号依次表示发动机的编号、构建性能数字模型所用的架次，以及进行数字试验的架次时间。

表 6－13　排气温度为性能衰退指标的性能衰退数字试验

基准模型	测试架次	平均相对误差/%	模型修正量	平均衰退量	性能衰退量
X03_base_1	1	**0.716**	5.027	—	5.027
X03_base_1	10	9.600	48.940	−31.682 1	**12.231**
X03_base_10	10	**0.922**	6.156	—	6.156
X03_base_10	1	9.729	30.702	12.302	**12.244**

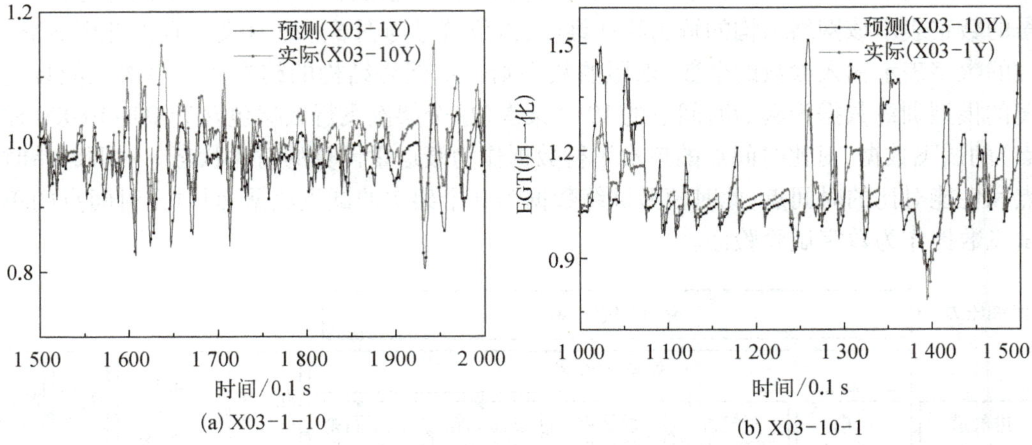

图 6-27 不同状态基线模型下的性能参数预测

表 6-13 中,相对平均误差是数字试验验证的先决条件,其数值表示模型精度是否满足试验要求,且当数值过大时意味着模型的训练集和测试集工况相差过大导致数字试验失效。基准模型的标号表示发动机编号以及构建模型的数据源飞行架次,当测试架次时间与基准模型中的架次一致,即为模型的精度验证,由相对平均误差可知构建的性能数字孪生模型均满足精度要求;当测试架次时间与基准模型中的架次不一致时,即为数字模型进行的性能衰退数字试验,其相对平均误差越大则表明性能衰退量越大。通过数字试验所获取的 X03 发动机在 10 个月间的性能衰退量分别为 12.231 和 12.244。对比原始数据中两个架次下的发动机最大状态,其排气温度差值为 11.796,正向和反向计算的性能衰退量与常规方法计算的性能衰退量,其相对误差分别为 3.687%和 3.797%,两者相差极小。正向计算的性能衰退量和反向计算的性能衰退量一致,且与常规估算方法的数值相差不大,表明了性能衰退程度评估数字化试验的有效性。

本章选取 X03 的发动机试飞数据作为算例,按照飞行架次分割时间点。由于无法根据数据确定发动机的实际试飞时长,因此选取的试验数据为记录的连续试飞数据。本次性能数字试验总共测试 6 次,其数字试验结果见表 6-14。表中,以 Base 为测试初始架次训练了基准模型,其余测试架次表示测试日期。性能衰退量随飞行时间的变化见图 6-28,纵坐标为性能衰退量,对应横坐标的时间取的则是单次飞行架次总飞行时长的一半加上初始状态模型对应的时间点,设定测试初始架次下的衰退量为零,所有测试架次的衰退量计算以测试初始架次为基准。由图 6-28 可知,发动机在较短的服役时间内其性能衰退幅度小。而以数据记录的最大状态下的排气温度计算的衰退量受限于飞行状态,在测试架次 420 时发生了明显的偏离。图 6-29 给出了部分测试架次的飞行实时记录的排气温度数值,并给出了记录数据的最大值,由此可以看出测试架次 420 的飞行状态与其他测试架次差距过大,导致传统方法失效并影响了数字试验的结果。由于数据长度限制且无法判断发动机的运行实际时长,因此仅用单台发动机数据进行了测试。为了获取更加普适的发动机性能衰退曲线,可根据多台运行时长相同的数据构建多个飞行时段的数字模型,以此计算出适用于特定型号的发动机性能衰退预测曲线。

表 6-14　基于排气温度计算的发动机性能衰退量

测试架次	飞行时间/h	平均相对误差/%	模型修正量	平均衰退量	性能衰退量（传统方法）	性能衰退量（数字试验）
Base	0.00	1.104	4.700	4.700	0	0.000
415	3.89	1.831	8.298	2.112	0	1.485
416	4.44	1.922	9.213	2.745	1	1.768
417	5.36	1.863	8.381	1.886	1	1.795
418	6.00	2.059	9.763	3.904	1	1.158
419	6.66	2.690	11.908	3.029	-1	4.179
420	6.73	2.794	11.462	0.651	79	6.111

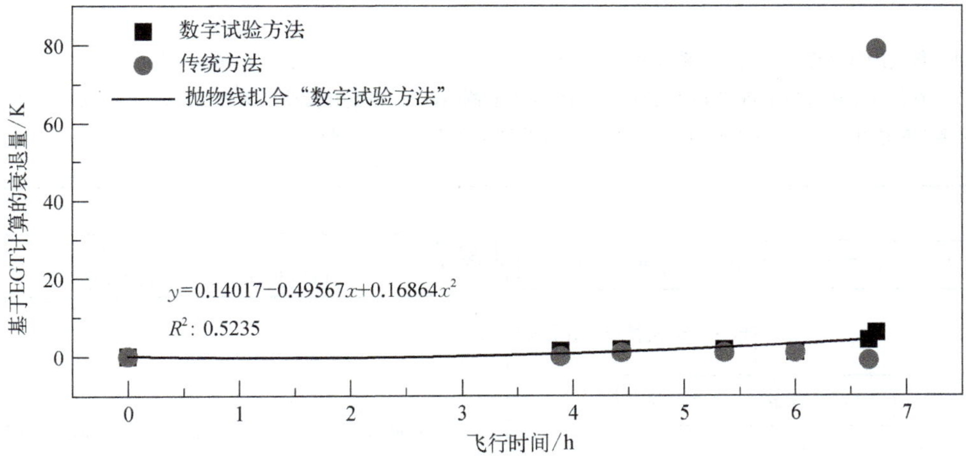

图 6-28　基于 EGT 的性能衰退随飞行时间的变化

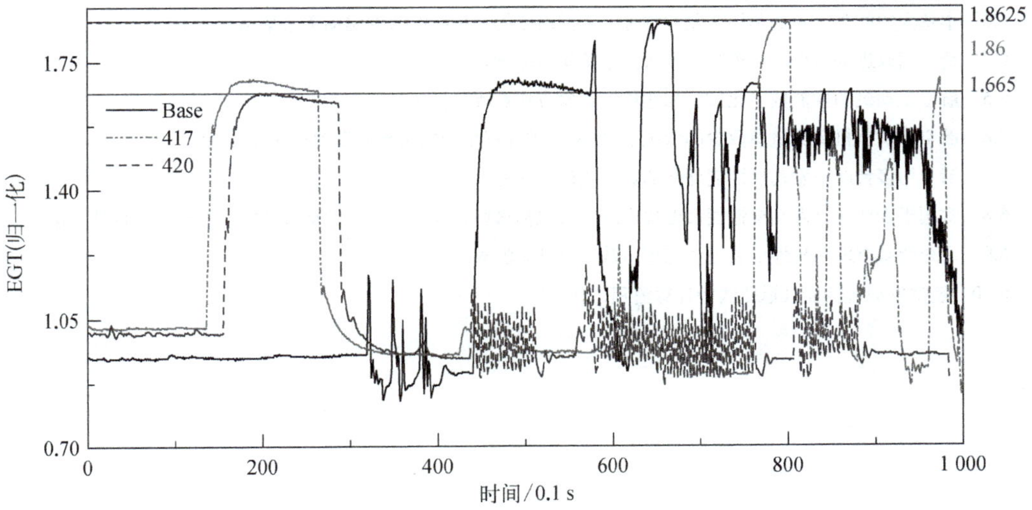

图 6-29　部分测试架次的排气温度数值

第三节 本章小结

本章针对航空发动机运行维护阶段对性能监测和性能衰退程度评估的需求,对发动机性能数字孪生模型的应用进行了论述。一方面,针对航空发动机机载测量参数少的情况,对并行结构的物理知识嵌入网络架构进行了适应性改进,并采用不同性能衰退状态下发动机性能的仿真数据,对改进的架构模型进行了验证;另一方面,开展了航空发动机运行维护阶段的数字化试验需求分析,针对航空发动机性能状态评估和性能衰退程度评估的需求,设计了对应的数字化试验,并提供了对性能数字化试验结果的评估方式。通过发动机试验数据对两种评估方法进行了验证。

习 题

6.1 传统的气路健康在线管理系统有何缺点?

6.2 在扩展空中环境下机载实时模型的发动机状态监测参数时,将航空发动机参数分为如图 1 所示的三类,模型训练的输入参数和目标参数分别哪个? X1、X2 和 X3 分别包含哪些主要参数?

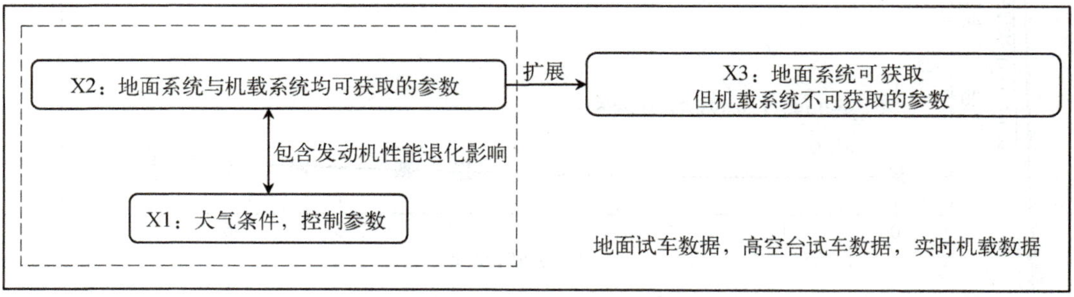

图 1 航空发动机参数的分类

6.3 本章介绍的基于参数和层次化的物理嵌入网络架构与传统的数据驱动网络架构有何不同?

6.4 请介绍改进的域分解物理知识嵌入网络架构与原理。

6.5 航空发动机的性能数字化试验相比传统试验方法有哪些优势?

6.6 航空发动机机载测量参数少的情况下,如何改进并行结构网络预测发动机性能参数?

6.7 请介绍多台航空发动机性能评估的数字化试验流程。

6.8 常用于表征航空发动机性能衰退程度的参数包括哪些?并介绍航空发动机性能衰退程度的评估方法。

6.9 请介绍航空发动机性能衰退状态评估数字化试验流程。

6.10 航空发动机性能衰退曲线的计算流程是什么?

第 7 章

基于神经网络的涡轮部件试验台性能预测与健康管理技术

基于神经网络的涡轮部件试验台性能预测与健康管理技术

第一节 涡轮部件试验台概述

一、涡轮部件试验台工程背景与意义

涡轮部件试验是国内外航空发动机涡轮部件研制过程中用于验证设计方法、设计技术以及提升技术成熟度的通行做法，在航空发动机研制领域具有至关重要的地位和作用。涡轮部件试验不仅对理论研究结果起到试验验证的作用，而且还是修正理论方法的可靠依据。试验内容主要是通过模拟真实涡轮工作环境获取叶栅和涡轮级的气动性能，为涡轮的设计和参数的选取提供参考依据。

随着涡轮试验研究的不断深入，试验科目、参数和要求也在不断提高。这导致了试验次数、时长以及试验器高状态运行时间的大幅增加。同时，对涡轮精细化测量需求的深入也使得试验过程中需要控制的变量不断增加，从而推动了试验和测试设备的持续扩展。这些变化使得涡轮试验器的复杂程度和涡轮试验过程中的控制复杂度不断提升，进而增加了试验器安全事故发生的风险。因此，这也为试验安全管控提出了更高的要求。

涡轮试验安全控制是涡轮试验器建设、管理、运行过程中不可或缺的重要组成部分，它关系到科研试验任务是否能够顺利进行，试验人员的人身安全能否得到保障，国家财产安全能否避免损失。传统的设备安全监控通常采用参数监控的方案，对试验件、试验器上的反映试验状态的重要参数进行监控，当参数逼近设定的最高值时报警，超过设定的最高值时紧急停止试验，以保障试验安全。然而，设备可能存在性能衰退、状态劣化或其他异常情况，因在限值范围内无法被及时发现和处理。

随着信息技术的进步，特别是人工智能技术的飞速发展，基于预测技术的故障预测和健康管理（prognostics and health management, PHM）技术策略正在受到越来越广泛的关注和应用。PHM 是对复杂系统使用传统的机内测试（built-in test, BIT）和参数监控能力的进一步扩展，它代表着从参数监测向健康管理的转变，通过引入对系统可靠性的预测，实现对可能发生的故障的识别、预警及管理，从而实现基于状态的维护或视情维修（condition-based maintenance, CBM）和自主式保障。

根据目前主流的研究工作可以将 PHM 技术分为两类：基于模型（model-driven）的

PHM 技术和基于数据(data-driven)的 PHM 技术。基于模型的 PHM 技术一般要求对象系统的数学模型是已知的,通过集成物理模型和随机过程建模实现设备的健康状态预测评估。基于数据的 PHM 技术往往针对那些难以建立数学模型的复杂系统,通过测试或者传感器数据进行预测,人工神经网络(artificial neural networks, ANN)就是一种典型的基于数据驱动的 PHM 方法。对于涡轮试验器这种由多个子系统组成的复杂测试系统,它既无法建立明确的数学模型,又因为涡轮试验的特殊性难以获得大量的故障运行数据。因此,建立数据与物理嵌入融合驱动的性能评估模型,针对涡轮试验器开展故障预测与健康管理技术研究迫在眉睫。

鉴于上述原因,本章基于智能化和数字化方法,以试验数据和试验器物理机理为驱动,开展涡轮部件试验台状态评估与健康管理研究,完成涡轮部件试验台运行状态的准确映射和实时评估,构建涡轮部件试验台在线运维监控及健康状态管理系统。

二、神经网络在性能预测与健康管理中的应用研究现状

(一) 性能预测与健康管理技术

随着现代工业科学技术,尤其是信息技术的迅速发展,航空、航天、通信、工业应用等各个领域的工程系统变得越来越复杂。伴随这种趋势,复杂性、集成性以及智能化水平的提高也变得更加普遍。随着复杂系统持续演进,不仅其研发和生产的成本居高不下,而且其维护和保养费用也显著增长。同时,由于组成环节和影响因素的增加,发生故障和功能失效的概率逐渐增大,因此,复杂系统故障诊断和维护逐渐成为研究者关注的焦点。基于复杂系统可靠性、安全性、经济性考虑,以预测技术为核心的故障预测和健康管理策略获得越来越多的重视和应用,发展为自主式后勤保障系统的重要基础[1]。

PHM 的概念和技术首先出现在军用装备中,并广泛应用于航天、航空、核反应堆等复杂系统和装备中。20 世纪 70 年代中期的 A－7E 发动机监控系统(engine management system, EMS)是 PHM 早期的典型案例。在绝大多数工业系统的 PHM 应用场景中,对于复杂组件或系统的数学和物理建模通常都很困难,某些情况下甚至是不可行的。因此,在组件或系统的设计、仿真、操作和维修等各个阶段,测试和传感器所收集到的历史数据成为监测系统性能下滑的关键手段。由此,基于测试或传感器数据的数据驱动(data-driven)PHM 方法逐渐获得重视并取得快速发展,成为 PHM 领域的重要研究热点[2]。

特别是对于航空航天领域的许多复杂系统,很难通过数学方法直接构建表征部件或系统退化趋势和剩余使用寿命的物理机理模型,同时,这些系统和部件通常在使用过程中积累了大量的状态监测和测试数据,这也使得以数据驱动为主的 PHM 方法获得包括 NASA 在内的众多科研机构、工业企业的广泛重视[3]。

1. 国外应用研究现状

早在 20 世纪 90 年代末,美国就曾将视情维修的维护策略广泛引入军队,将其针对军用武器装备的一项战略保障措施,即根据对装备进行定期或实时的章台检测评估用以反映设备实际状态,并以此确定最佳的维修时机,以确保武器装备可靠性[4]。在 PHM 体系研究方面,Vachtsevanos 等[3]在 *Intelligent Fault Diagnosis and Prognosis for Engineering*

Systems(《工程系统智能故障诊断与预测》)一书中全面介绍了故障诊断和故障预测的基本要点,并系统分析了基于状态评估的故障诊断和预测技术。Vichare等[5]归纳和总结了针对电子系统的 PHM 技术。Johnson 等[6]在 *System Health Management: With Aerospace Applications*(《系统健康管理: 航空航天应用》)详细阐述了系统健康管理(system health management,SHM)在航天领域的主要技术、问题和参考。Schwabacher[7]简要总结了基于数据驱动的故障检测、诊断以及预测方法。Si 等[8]总结并分析了基于统计数据驱动的剩余使用寿命(remaining useful life, RUL)预测方法。

数据驱动的 PHM 方法依赖于信息感知、状态监测和数据采集,它们是数据驱动 PHM 建模的核心支柱。只有能够大量采集存储可用数据资源,我们才能构建合适的模型,并得到预期的分析结果。信息感知的关键在于传感技术或者传感器的应用,以保证有能力从受监视系统中得到足够且关键的状态信息。文献[9]归纳了用于飞机故障诊断、性能预测以及健康管理等方面的传感器技术的发展现状,包括各种高性能材料、MEMS/NEMS 等传感器技术,重点介绍了在线原位(on-line in-situ)测试技术在研究过程中面临的一些难点。

Cheng 等[10]对 PHM 中的传感器技术进行了系统性的总结,包括对使用环境、操作条件以及对象性能相关的传感器选择方法,并对可应用于 PHM 领域的传感器技术的发展趋势进行了简要分析。Schumann 等[11]提出了一种面向无人飞行系统(unmanned aerial systems, UASs)的实时、机载(on-board)系统健康管理系统,该系统采用现场可编程门阵列(field programmable gate array, FPGA)实现计算任务的实时支撑,可以对目标进行实时状态监测评估、信号分析与建模,并实现了针对传感器、软件和硬件单元的故障诊断。

参考文献[12]专注于传感器故障模型的构建和分析,尤其考虑了航空电子机械传动系统所用的温度、振动、电流、位置传感器。该研究对这些传感器可能出现的典型故障模式,包括偏移、漂移、散发及信号缺失等进行了仿真实验,并利用神经网络分类模型对故障进行了诊断验证。另一篇文献[13]则深入剖析了未来智能发动机控制系统和健康管理系统的自诊断、自预测以及性能自适应优化等技术所需的各种传感器。

Lee 等[14]基于传感器的监测数据,研发了名为 Watchdog Agent 的 PHM 软件系统。该系统融合了多个功能单元,包括传感器信号的预处理、数据库、模型库、专家系统及评估/预测功能。系统各部分采纳了众多广泛使用的技术和算法,例如,特征提取环节集成了自回归(autoregressive, AR)模型、快速傅里叶变换(fast Fourier transform, FFT)、小波变换等,而在预测模型与算法方面则涵盖了自回归移动平均(autoregressive moving average, ARMA)模型、模糊逻辑、神经网络、模式匹配预测工具等,这些已被证明成功应用于旋转机械系统寿命模型等多个领域。

Huang 等[15]则提出了一种融合自组织映射(self-organizing map, SOM)用于轴承剩余使用寿命(RUL)预测的方法。该方法首先使用 SOM 与反向传递(BP)神经网络确定退化特征和健康因子以表征轴承的健康状态,随后利用 BP 神经网络进行剩余使用寿命的预测。文献[16] 对三种不同使用条件下的 RUL 预测问题进行比较和分析,这些条件包括:基于物理模型的退化过程、拥有一组可观察且相似退化过程的部件以及只有单一退化过程可观测的部件。这项研究通过细致的对比和评价,旨在明确在不同的信息获取条件下如何挑选符合的模型和预测手段。

2. 国内应用研究现状

在国内,PHM 技术的研究也取得了丰硕的成果。吕琛等[17]对国际上 PHM 技术的应用状态进行了归纳,并结合国内的理论研究和应用实践进行了详尽综述,归纳国内在 PHM 技术发展方面存在的短板。吕镇邦等[18]致力于研究 PHM 模型在工程实践中的验证手段。熊大顺等[19]以功能需求为出发点,建立 PHM 系统性能评估的指标体系,并对预测结果的不确定性以及算法性能随时间变化的特性进行了详细的计算及分析。

在我国,PHM 技术在无人机、导弹和雷达等复杂系统的设计和维修保障中也得到广泛的关注和研究[20-22]。作为一种可能引领未来复杂系统设计思路和维护策略转变的关键技术,国内的研究焦点主要集中在构建模型、开发算法以及搭建故障预测与健康管理的原型系统等。如何有效地验证和审查所提出的模型、算法以及示范系统,并确保它们的可靠性与有效性,是当前面临的一个充满挑战性的课题。

北京航空航天大学的何晶靖等[23]开发了一种 PHM 系统硬件验证平台,可与现有的机载系统无缝集成,并整合了基于失效物理学的数据处理和故障诊断功能。空军工程大学的张劼等[24]设计并开发了一个适用于 PHM 的无线传感器网络原型系统,该系统利用无线传感网络在数据搜集、传输和处理方面的优势来克服故障数据获取困难、传输不便和后期处理局限等现有问题。

南京航空航天大学在发动机气路、油路和区域静电监测方面展开了基础研究,但与国际先进水平相比,特别是在实验和系统集成方面有待进一步提升[25-28]。天津大学和中国燃气涡轮研究院在叶片振动监测系统的研制与实验方面也开展了一定的研究工作,并初步进行了台架实验[29, 30]。

目前国内在 PHM 基础技术研究方面虽已有一定积累,但与当前先进的 PHM 系统的需求相比还存在较大差距,主要表现在相关关键技术研究滞后、技术成熟度和集成度低等方面。

(二)物理嵌入的神经网络架构设计

自 2006 年起,机器学习方法(特别是深度神经网络)在科学和工程技术的各个领域获得广泛应用。作为一种数据驱动的方法,神经网络在机器学习和人工智能领域中具有显著的优越性和广泛的应用。

神经网络能够通过学习大规模数据集中的复杂模式和特征,从而对输入数据进行高级抽象和表示。这使得神经网络在计算机视觉、自然语言处理等领域表现出色,能够实现图像识别、语义理解等复杂任务。多层隐藏层和激活函数的引入使得神经网络能够对非线性关系进行建模,从而处理更为复杂和抽象的数据。但是基于机器学习和深度神经网络的建模方法通常需要大量的、覆盖广泛域的观察数据(标签数据)用作建模训练,但在许多领域要获得大量的观察数据十分昂贵甚至不可能。

迁移学习侧重于跨领域的知识迁移,是解决上述问题的一种常用的机器学习方法。迁移学习受人类跨领域转移知识能力的启发,旨在利用相关领域(源域)的知识来提高目标领域的学习性能或减少目标领域所需的标记示例数量。根据领域之间的差异,迁移学习可以进一步分为两类,即同质迁移学习和异质迁移学习[31]。

近几年,基于物理信息的机器学习和神经网络迅速发展。在神经网络中融合先验物理知识是一种利用已知的物理规律和约束条件来指导神经网络模型训练和推断的方法。这种方法的目标是通过引入物理知识,提高神经网络对现实世界的建模能力和预测准确性。

融合先验物理知识的方法可以采用多种方式实现。一种常见的方法是将物理方程或约束条件作为神经网络的一部分,在网络的结构中引入物理学的先验知识。这可以通过在网络的隐藏层或输出层中添加物理方程的约束项,或者通过设计适当的损失函数来实现。这样,在神经网络的训练过程中,模型将被迫遵循物理定律,从而提高模型的准确性和可解释性。

早在1998年,Lagaris等[32]提出了一种求解在正交网格定义上的微分方程的方法,该方法依赖于前馈神经网络的函数逼近能力,以封闭的解析形式提供了精确的可微解。同时通过试解的形式,构造满足的边界条件,把约束优化问题变成了一个本质上更简单的无约束问题。

由于受到算力的限制,偏微分方程中的微分项依赖于差分给出,因此存在不可避免的截断误差和由于网格点产生的数值误差。直到2018年布朗大学Raissi使用自动微分的形式避免了这种误差,提出了一种用物理方程作为运算限制的"内嵌物理信息神经网络(PINN)"[33],其网络结构原理如图7-1所示。

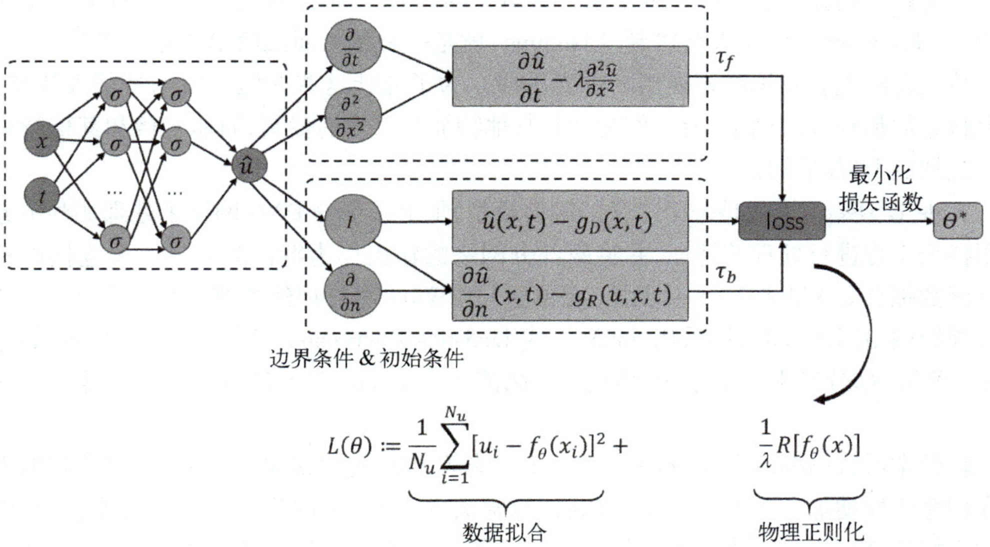

图7-1　内嵌物理信息神经网络结构原理示意图

Zhu等[34]用添加物理信息的机器学习进行代理建模和不确定性量化,通过将控制方程纳入损失函数,使得模型本身的训练摆脱了标记数据的限制。Chen等[35]提出了理论指导的硬约束投影(hard constraint projection, HCP),并利用有限差分格式模板构造投影算子,将投影后得到的目标函数值作为神经网络的目标进行学习。该模型可以将控制方程等物理约束通过离散化转换为易于处理的形式,然后使用投影实现硬约束优化。理论指导的 HCP 基于严格的数学证明，可以确保经过约束的模型预测严格遵循物理机制，并且训练过程只需要少量的标注数据(稀疏观察)，它可以将坐标(无标注数据)与领域知识相结合来监督模型。

先验知识的种类有很多，最常见的可能是关于某个或某些特征的单调性、平滑性等。引入这样的先验知识，也可以称为引入单调性、平滑性约束。这样的约束引入，可以避免因为数据不足或者数据分布不均衡导致的模型拟合结果违反常识的问题，尽量减少数据采样中自然包含的幸存者偏差，同时也能让模型提供额外的解释性。

在模型中加入单调性约束，研究人员通常在模型设计上想办法，或者在损失函数和优化上想办法。对于前者，典型的方法有 Deep Lattice Networks[36]，它通过把特征分为单调和非单调的进行分开处理，对于单调特征，采用分段线性变换(piecewise linear transform)(本质上是一系列 ReLU 函数的叠加)引入单调性约束。

在优化算法上进行改进，典型的方法有 Point-wise Loss[37]，也就是把优化目标关于单调特征的散度最小化。研究人员有时会希望训练出的模型关于某个值的输出结果是平滑函数，这不仅是为了符合业务逻辑，也是为了加强模型的鲁棒性。加入平滑约束的办法很多，通常是在损失函数上进行设计[38,39]。这样的改进意味着广泛的可移植性和极低的改造成本[40]。

非负约束是使用最广泛的一类约束，例如，对于分类问题的输出层通常会使用 SoftMax 归一化防止负数的出现，某些时候，对于特定的一些问题，使用非负的特征嵌入往往能够为解决问题或者处理业务带来一些潜在的好处。例如，在嵌入(Embedding)中使用 ReLU 对 Embedding 向量进行钳制(Clamping)就是一种暴力而又简单的方法[41,42]。

特征是将先验知识注入模型的重要手段。为了能让这些先验重要的特征发挥作用，需要将它们加到浅层网络，或者作为判断其他特征重要性的裁判，而非直接和其他特征混杂一起加到 DNN 底层。

Wide & Deep [43]就是一个广义的线性模型，加上一部分 DNN 网络来处理那些不方便使用特征工程进行处理的特征，并将两部分网络的输出作为特征共同进入全连接层进行目标函数拟合。Wide&Deep 由浅层(或单层)的 Wide 部分神经网络和深层的 Deep 部分多层神经网络组成，输出层采用 SoftMax 或 Logistics Regression 综合 Wide 和 Deep 部分的输出。Wide 部分有利于增强模型的“记忆能力”，Deep 部分有利于增强模型的“泛化能力”。

辅助学习(auxiliary learning)[44]是一种比较巧妙地先验知识输入方式，它的基本思路是在训练阶段增加一些网络分支，对其计算损失项，而在测试阶段完全忽略掉它们，以期得到更好的特征表示。这些添加的内容很可能与任务预测的参数并不相关，而单纯是希望网络特征能“具有这个能力”。

另一种融合先验物理知识的方法是通过在训练数据中引入物理规律，以提升系统模型的性能和泛化能力。通过合成或扩充训练数据集，使其符合物理规律，可以为神经网络提供更丰富的关于系统行为和特征的信息。这种方法在图像处理、计算机视觉等领域得到广泛应用。

数据增强(data augmentation, DA)指通过对已有数据添加微小改动或从已有数据新创建合成数据，以增加数据量，解决深度学习中数据不足的场景。另一个主要的方向是增加训练数据的多样性，从而提高模型泛化能力。根据增强数据的多样性可以将 DA 方法分成三类[45]：释义、噪声和采样。

此外，一种常见且被广泛应用的做法是通过调整网络架构的方式，将数据本身所隐含的规律以神经网络可以理解的方式融入整个训练和优化过程中。此方法被广大研究者所普遍理解和接受。通过改变网络架构，可以引入具有特定意义和结构的层或模块，以便更好地捕捉数据中的内在规律。这些网络结构的设计通常基于领域知识和先验经验，以确保网络能够处理特定任务或数据类型。

编码器-解码器(encoder-decoder)是深度学习模型的抽象概念。一般认为，许多模型的起源都是基于这一架构的。例如，卷积神经网络(convolutional neural networks, CNN)、循环神经网络(RNN)、长短期记忆神经(LSTM)网络和 Transformer 等。编码器将原始数据转换为低维度的表示，以捕捉数据的关键特征，而解码器则将该低维度表示转换回原始数据空间，以恢复原始数据。CNN 可以认为是解码器可以不接受输入的情况。RNN 可以认为是解码器同时接受输入的情况，如图 7－2、图 7－3 所示。

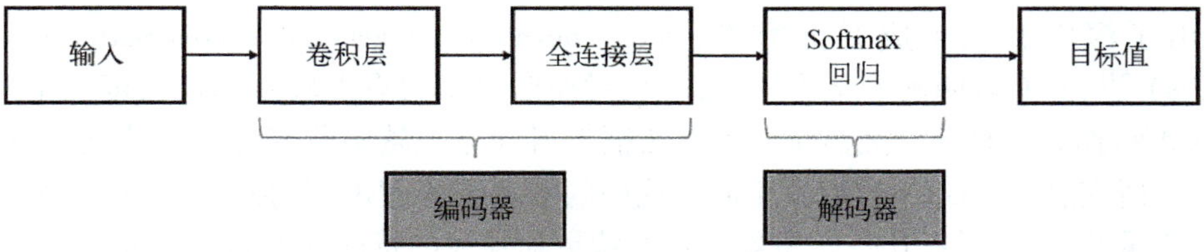

图 7－2　CNN：编码器-解码器架构

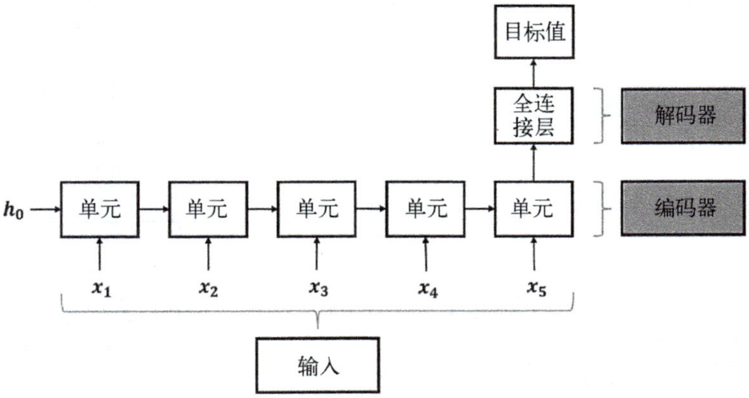

图 7－3　RNN：编码器-解码器架构

来自 Yoshua Bengio 团队的 Cho 等[46]和来自谷歌团队的 Sutskever 等[47]于 2014 年首次正式提出了编码器-解码器结构。他们两位的工作几乎是同时提出，本质上都用到了两个循环神经网络（RNN），分别叫做编码器（encoder）和解码器（decoder）。编码器对应于输入序列，将输入序列的信息编码到上下文变量（context variable）中，解码器对应输出序列，将上下文变量解码成输出序列。RNN Cell 的不同是这两篇论文的主要区别。

Badrinarayanan 等[48]在 2017 年提出了 SegNet 网络，其新颖之处在于用编码器对低分辨率的特征信息进行上采样，解码器则使用编码器池化时的索引来进行反池化，从而免去了学习上采样的需要。Goodfellow 等[49]在 2014 年首次提出了一个通过对抗过程估计生成模型的新框架，在新框架中同时训练两个网络：生成(generator)网络负责生成模拟数据；判别(discriminator)网络负责判断输入的数据是真实的还是生成的。生成网络要不断优化自己生成的数据让判别网络判断不出来，判别网络也要优化自己让自己判断得更准确。两者关系形成对抗，因此被称为对抗生成网络(GAN)，其网络结构如图 7-4 所示。

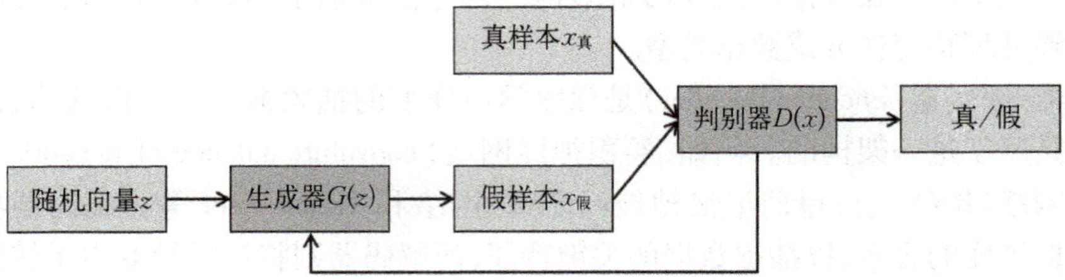

图 7-4　对抗生成网络架构

Radford A 使用生成对抗网络(GAN)将卷积神经网络(CNN)和无监督学习结合在一起，提出了深度卷积生成对抗网络(deep convolutional generative adversarial networks, DCGANs)[50]，它有着明确的结构约束，并且对非监督学习有着较强的可信度。生成对抗网络(GAN)作为一种新的无监督学习算法框架得到越来越多研究者的青睐，已然成为当下的一个研究热点。GAN 受启发于博弈论中的零和博弈理论，其独特的对抗训练思想能生成高质量的样本，具有比传统机器学习算法更加强大的特征学习和特征表达能力[51]。

更一般的情况下，研究人员通常已经对某个问题有了大致的解决思路，并直接利用这个思路来设计对应的模型结构。图 7-5、图 7-6 分别展示了残差模块与注意力机制网络结构图。

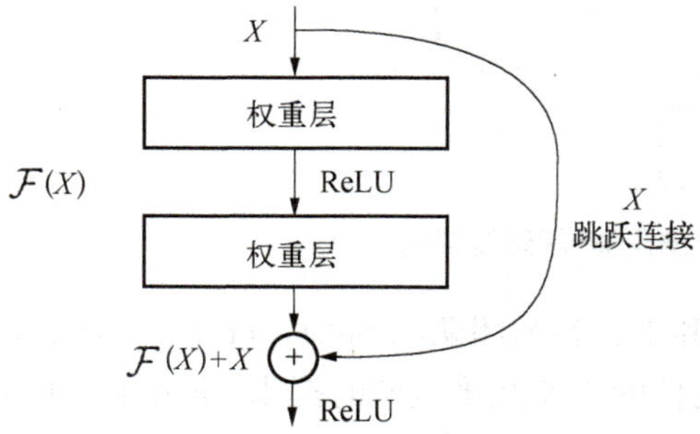

图 7-5　残差模块

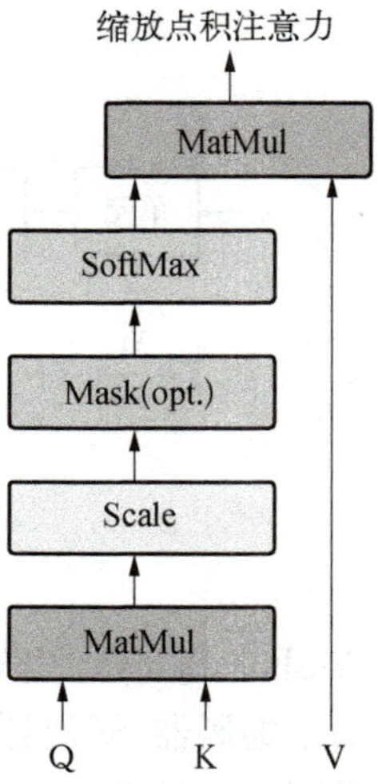

图 7-6　注意力机制

例如，随着网络层数的增加发生的网络退化(degradation)现象：网络层数的扩展导致训练集的损失(loss)初期下降并最终达到一个稳定区域，若继续增加网络深度，则训练损失可能会上升。在网络发生退化的情况下,浅层网络往往能获得比深层网络更优的训练结果。这表明,如果能将底层特征有效地传输至高层网络,至少可以确保其效果不会逊色于浅层网络。基于这种使用直接映射来连接网络不同层的思想,残差网络(residual network, ResNet)[52, 53]应运而生。

从信息论的角度讲,由于数据处理不等式(data processing inequality, DPI)的存在,在前向传输的过程中,随着层数的加深,Feature Map 包含的图像信息会逐层减少,而 ResNet 的直接映射加入,保证了 l+1 层的网络一定比 l 层包含更多的图像信息。残差网络也可以说是将信号降噪、特征提取、分类等部分全部集成在一个深度神经网络中,实现一体化。

深度学习中的注意力机制(attention mechanism)[54]是一种模仿人类视觉和认知系统的方法,它允许神经网络在处理输入数据时集中注意力于相关的部分。通过引入注意力机制,神经网络能够自动地学习并选择性地关注输入中的重要信息,提高模型的性能和泛化能力。

2017 年,Vaswani 等提出一种新型的网络结构 Transformer——里面所包含的注意力机制称为 self-attention[55]。自注意力机制(self-attention mechanism)的基本思想是:在处理序列数据时,每个元素都可以与序列中的其他元素建立关联,而不仅仅是依赖于相邻位置的元素。它通过计算元素之间的相对重要性来自适应地捕捉元素之间的长程依赖关系。

其他大部分的注意力机制算法,也都是特征加权的形式。一种经典的注意力机制算法是 Squeeze-and-Excitation Network[56],它通过一个小型的子网络,自动获得一组权重,对各个特征通道进行加权,提升了网络在特征表示中的表达能力,进而提升了模型的性能。在数据含有较多噪声时,可以考虑把"特征加权"给换成"软阈值化"。深度残差收缩网络[57]就是一种"注意力机制"+"软阈值化"的深度学习方法。不仅如此,深度残差收缩网络还设计了一个独特的子网络,来自动设置软阈值化所涉及的阈值。

训练深度神经网络非常复杂,因为在训练过程中,随着先前各层的参数发生变化,各层输入的分布也会发生变化,图层输入分布的变化带来了一个问题,因为图层需要不断适应新的分布,因此训练变得复杂,随着网络变得更深,网络参数的细微变化也会放大。由于要求较低的学习率和仔细的参数初始化,这减慢了训练速度,并且众所周知,训练具有饱和非线性的模型非常困难。这种现象被称为内部协变量偏移,Ioffe 等[58]提出了批归一化(batch normalization, BN)用来对输入进行归一化以解决该问题。

Ba 等[59]给出了另一种归一化的方式,层归一化(layer normalization, LN),不同于批归一化,层归一化的计算是针对单个样本的特征维度进行的,其目的是将每个样本在单个层内的特征维度进行归一化,以增强特征之间的独立性,并提供更稳定的特征表示。

此外,实例归一化(instance normalization, IN)[60]、组归一化(group normalization, GN)[61]也是两种较为常见的归一化方式,在 GAN、style transfer 和 domain adaptation 这类生成任务上,IN 的效果明显比 BN 更好。在目标检测、语义分割等要求尽可能大的分辨率的任务上,由于内存限制,为了更大的分辨率只能取比较小的 batch size,可以选择 GN 这种不依赖于 batch size 的归一化方法。

图 7-7 给出了它们之间的区别(N 表示 N 个样本,C 表示通道,这里为了表达方便,把 $H\times W$ 的二维用 $H*W$ 的一维表示)。

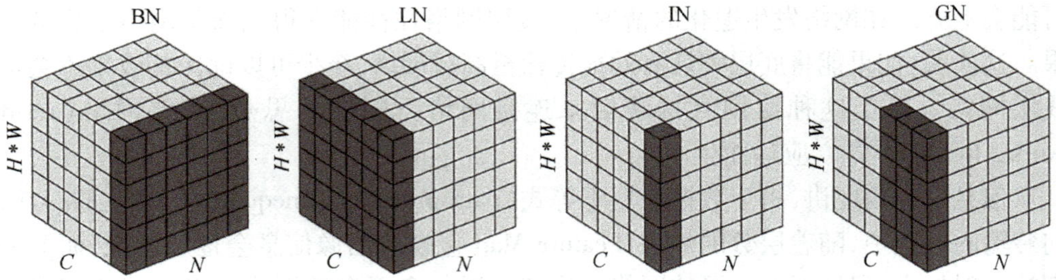

图 7-7　不同归一化方法示意图

它们之间的区别在于计算均值和方差的数据范围不同，LN 计算单个样本在所有通道上的均值和方差，IN 计算单个样本在每个通道上的均值和方差，GN 将每个样本的通道分成 g 组，计算每组的均值和方差。

综上所述，在神经网络架构设计上引入先验知识的方式多种多样，包括但不限于以下几个方面：训练数据（如数据增强）、训练过程（如辅助学习）、损失函数（如 PINN 方法）、模型输出（如目标约束）、模型框架（如编码器-解码器结构、生成器-判别器结构）以及特定的模型结构（如残差机制、注意力机制、归一化模块）等。这些方法的初衷都是将人类的先验知识融入神经网络中，以实现对学习组件的具象化。大多数基于先验知识的神经网络框架和结构都是为了解决特定问题而提出的。因此，针对具体问题进行改进并人为调整网络架构，融合先验物理知识的网络架构成为神经网络发展的趋势所在。这种趋势将进一步推动神经网络在各个领域的应用和发展。

第二节　基础理论概述

航空燃气涡轮是在高温高压高转速下运行，工作时承受很大的气动力、热应力、惯性力和振动力，其工作条件十分恶劣，燃气在涡轮中的流动存在明显的非定常效应、黏性效应和三维效应。根据理论计算和设计经验所设计的涡轮，通常都必须在涡轮级性能试验器上进行气动性能试验验证。通过获取涡轮级的气动性能为涡轮的设计和参数的选取提供参考依据。

涡轮试验器普遍采用高温高压的压力管道、高速旋转机械和各种油泵、阀门、电机等复杂设备，试验设备众多，试验管路复杂。为保证试验正常进行以及试验人员的人身安全，在试验前、试验运行中、试验后需要对试验件、试验器运行状态进行监测，了解试验件及试验器的实时情况。在重要参数异常时进行报警提醒，在紧急情况下能迅速切断电机电源、暂停试验，从而保护试验件和重要试验设备。本节在传统状态监测系统的基础上，结合神经网络技术，给出了一种基于性能映射模型的涡轮级性能试验器状态监测系统。

本节将从涡轮级性能试验、涡轮试验器设备状态监测系统等方面对所涉及的基础技术理论及方法进行阐述。

一、涡轮级性能试验原理及方法

（一）试验原理

涡轮级性能试验以获取涡轮级总特性、验证涡轮设计性能为主要目的，按试验状态可分为全状态试验与模拟态试验;按试验件尺寸可分为全尺寸试验与模型(放大或缩小)试验;按是否通冷气可分为通冷气试验、无冷气试验;按涡轮出口条件可分为出口直排大气试验、出口抽气或引射试验等。

目前开展的涡轮气动性能试验一般采用模拟态试验,即根据相似原理,试验件在比发动机原型状态参数低的情况下进行试验。

典型的涡轮试验器原理见图7-8。

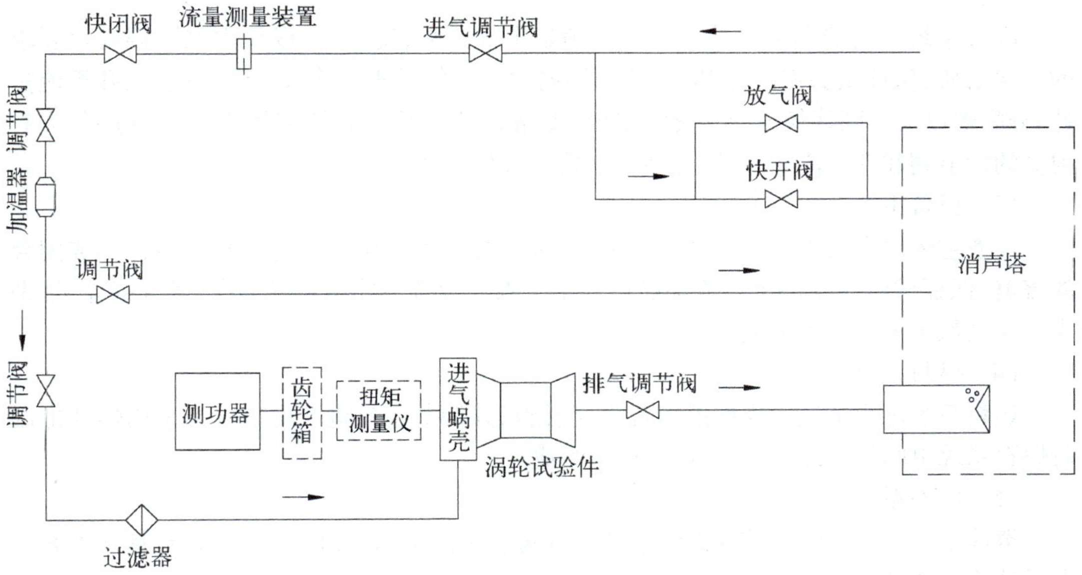

图7-8　典型涡轮试验器原理图[62]

试验器主要包括进气及排气系统、辅助空气系统、水系统、加温系统、滑油系统、测试系统、操控及电气系统、测功器、齿轮箱及扭矩测量仪(按需)、安保及消防系统等。

试验时,来自空压站的高压空气经过进气管道并经流量计进入加温器,然后经过滤器进入蜗壳及试验件,再经排气管道至排气消声塔,最终排入大气。

水力测功器是涡轮试验器的常用设备之一,用以吸收涡轮发出的功率,并测量转速和扭矩,进而计算出测功器消耗的功率。水力测功器由转子、静子等部分组成,工作时,转、静子之间的空腔中注水,转盘旋转过程中通过与水的摩擦,将转盘的动能转化为水的热量,这样造成冷水进、热水出,从而将涡轮功转换为水的热量带走。

涡轮试验与整机或压气机试验不同,一般需要气源提供一定压力、温度和流量的高压空气,通过试验器加温装置控制涡轮温度。试验开始时通过调节进排气管路阀门改变涡轮膨胀比,通过调节测功器进、排水阀门控制涡轮转速,通过调节冷气管路阀门改变冷气流量比等;达到预定状态后,采集转速、流量、功率和进出口压力、温度、气流方向等参数;试验过程中对转子轴向力、振动值、水流量和盘腔封严压力等重要参数进行实时监控和调节。

(二) 试验设备组成

涡轮级性能试验器是用于特定环境下的涡轮部件流量特性、功率特性、效率特性等试验数据获取的试验设备，主要由主气系统、冷气系统、设备主体、燃料系统、滑油系统、水系统、测功系统、采集系统和控制系统等组成。

（1）主气系统。

主气系统的功能是为试验涡轮提供满足温度、压力、流量要求的主流工质，并调节进排气状态保证试验涡轮落压比（膨胀比），主气系统主要由阀门、流量计、加温器、管道和膨胀节等组成。

（2）冷气系统。

冷气系统的功能是为试验涡轮提供满足供气路数、流量比（或压力比）、温度比要求的二次工质，保证试验涡轮冷却、封严和轴向力调节等需求。冷气系统由阀门、孔板流量计、分配器以及不同管径的冷气支路组成，支路数量根据试验需求设置，每条支路都应有独立的调节阀和孔板流量计，以分别控制其压力和流量。

（3）设备主体。

设备主体用来安装和支承试验涡轮，并通过试验涡轮连接主气进排气系统、形成闭合的流道，保证试验涡轮进出口流场品质满足要求。设备主体由进气蜗壳、排气蜗壳、辅助支承和高低压承力机匣组成。

（4）燃料系统。

燃料系统可为主气燃烧加温装置供应燃料，并调节主气进气温度。当采用燃油加温时燃料系统由阀门、油滤、泵组、流量计等组成。

（5）滑油系统。

滑油系统为试验器和试验涡轮轴系提供润滑油，保障轴系的安全运行，包括水力测功器滑油系统和试验涡轮滑油系统。

（6）水系统。

水系统包括冷却水系统和软化水系统。水系统的主要功能是为水力测功器提供软化水，并为主气系统排气冷却器和油路系统散热器提供冷却水。

（7）测功系统。

测功系统通过联轴器与试验涡轮轴连接，用来吸收并测量试验涡轮发出的轴功率，并按试验要求调节试验涡轮转速。涡轮性能试验设备中，通常采用水力测功器作为吸功装置，少量设备采用电涡流测功器或发电机。

（8）采集系统。

采集系统用来采集、记录、处理和存储试验涡轮测试数据。

（9）控制系统。

控制系统用来实现试验器试验状态调节、安全参数监视、应急安全保障等功能。

以上各系统是涡轮级性能试验设备的主要组成单元，一般按照试验任务及对象的特点确定试验器的总体方案后，还需要对试验器的主要系统工作包线做进一步的细化，针对具体的试验对象、条件、环境等进行特异性的设计。

（三）试验内容及方法

通常的涡轮级性能试验主要内容如下：

（1）录取涡轮的气动性能，即获得流量特性、功率特性和效率特性；
（2）在设计状态下，测量涡轮基元级的性能参数和气流参数沿叶高的变化；
（3）分析冷气变化对涡轮性能的影响；
（4）分析叶间间隙变化对涡轮性能的影响；
（5）分析雷诺数变化对涡轮性能的影响；
（6）分析变几何涡轮的性能和特性；
（7）分析双转子涡轮或对转涡轮的性能和特性。

涡轮的工作状态参数主要包括：转速、涡轮进口温度、涡轮进口压力、膨胀比等，这些参数确定后，即决定了涡轮的工作状态。

二、涡轮部件试验台状态监测系统

（一）传统故障预测与健康管理技术概述

故障预测与健康管理（PHM）技术是一门新兴的、多学科交叉的综合性技术，是实现装备从预防性维护向预测性维护转变的关键技术。从时间因素、空间因素、经济价值 3 个角度可以将 PHM 的技术价值总结为以下三点：① 减少紧急维修事件的发生；② 减少千里驰援事件的发生；③ 减少财务损失、降低系统费效比。图 7－9 给出了事后维护和预测性维护的对比。

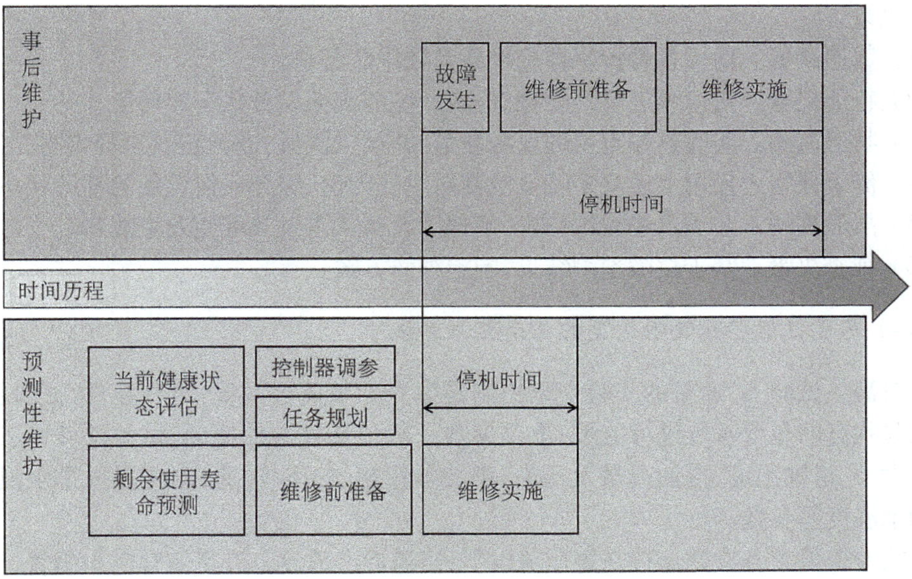

图 7－9　事后维护和预测性维护对比示意图

预测性维护通过对设备当前健康状态进行评估，并持续地预测剩余使用寿命，动态规划维护任务，相比事后维护有充裕的准备时间，因此仅仅在维修实施时需要停机；而事后维护因为需要在故障发生后再去调度人手、排查故障原因、运输维修需要的工具和零部件等，因此停机时间显著更长。

PHM 技术的主要内容是针对正在服役的大型设备，在维修更换数据和实时退化数据建模的基础上，进行可靠性的动态评估和故障的实时预测，以及基于评估和预测的信息制定科学有效的健康管理策略，典型的基于 PHM 技术的典型视情维修系统结构如图 7－10 所示。

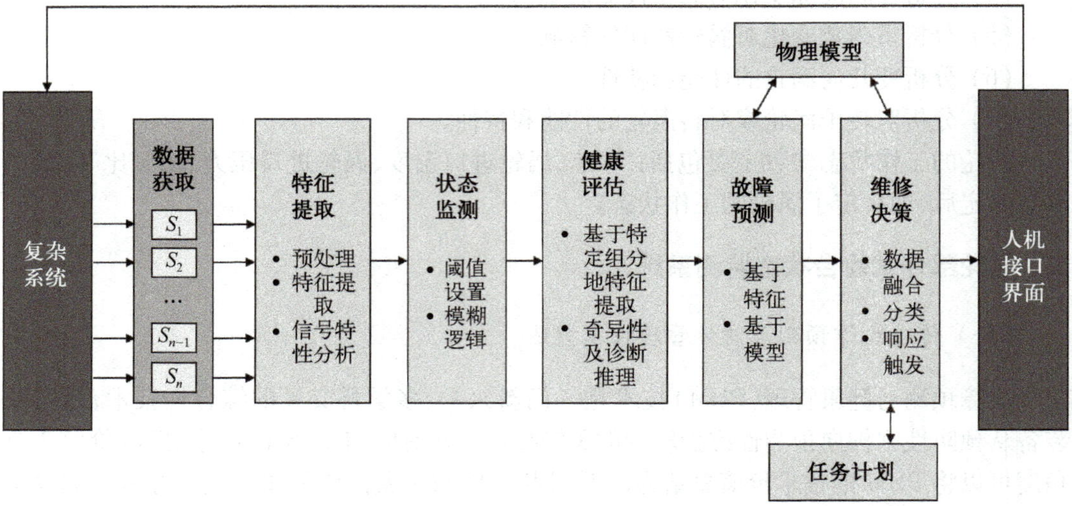

图 7－10　基于故障预测与健康管理(PHM)技术的典型视情维修系统结构

PHM 技术的六大功能点分别是数据获取、特征提取、状态监测、健康评估、故障预测和维修决策。

(1) 数据获取。使用各种传感器把设备参数采集起来。

(2) 特征提取。对信号进行预处理，提取一些能表征设备状态的特征。

(3) 状态监测。实时监控重要的设备参数，并设置阈值，进行超限预警监测。

(4) 健康评估。使用上述众多特征及其对应的阈值，综合评估设备的健康状态。

(5) 故障预测。基于上述结论，进一步预测设备状态以及可能发生故障。

(6) 维修决策。基于故障预测结果，制定维修方案。

(二) 基于性能参数映射模型的状态监测系统

针对涡轮试验器，通常的实验安全控制是建立参数监控系统，对试验件、试验器上的反映试验状态的重要参数进行监控，重要参数一般包括试验件振动、试验件转速、试验件轴向力大小、滑油温度、滑油流量及压力、测功器扭矩/功率/转速、测功器进排水温度、测功器轴承温度等参数。

参数监控要求各参数保持在警戒值以下，当逼近参数设定最高值时应当报警，当超过参数设定最高值时应紧急停止试验以保障试验安全。然而设备可能存在性能衰退、状态劣化或其他异常情况，无法被及时发现和处理。

随着人工智能的飞速发展，许多学者将深度学习强大的预测能力应用在 PHM 领域，目前神经网络技术在 PHM 领域的应用主要集中在故障预测和剩余寿命预测，受典型视情维修(CBM)系统方案的启发，本章在传统状态监测系统的基础上，采用深度学习技术，给出了一种基于性能参数映射模型的实时状态评估预警方案。

本章给出的基于性能参数映射模型的状态评估方案主要由以下几步构成：

（1）根据积累的涡轮试验经验进行人工筛选，在涡轮试验数据中挑选出能够代表涡轮部件试验台健康工作状态的历史运行数据；

（2）利用神经网络技术，融合试验数据和试验器物理机理进行驱动，搭建并训练涡轮部件试验台性能参数映射模型作为试验器数字工程孪生体，对试验器的运行状态进行实时评估；

（3）通过计算数字工程孪生体和试验器设备实体之间的偏离度，判断试验器是否处于健康工作状态，为人工运行维护提供决策支持。

图 7－11 给出了基于性能参数预测模型的状态评估方案示意图。

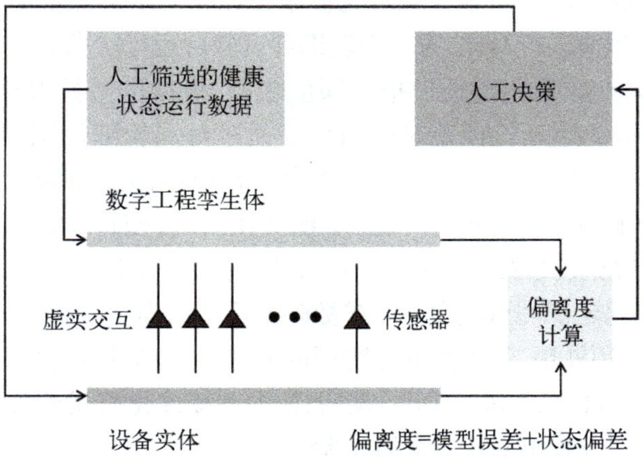

图 7－11　基于性能参数预测模型的状态评估方案示意图

基于上述给出的状态评估方案，本章基于性能参数预测模型搭建了针对涡轮部件试验台的状态监测系统，具体结构如图 7－12 所示。

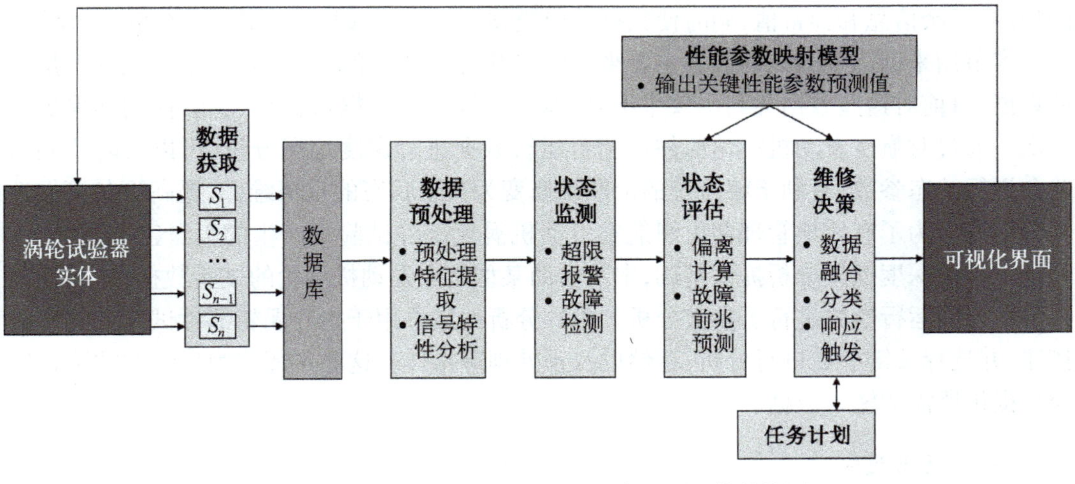

图 7－12　基于性能映射模型的状态监测系统结构图

具体系统设计及实施将在第四节给出。

第三节　涡轮部件试验台性能参数映射模型

传统的报警监测技术主要采用阈值报警方法,即只有当运行参数达到预设的阈值上下限时才会触发报警提示。然而,设备可能存在性能衰退、状态劣化或其他异常情况,因在限值范围内无法及时被发现和处理。为解决这一问题,本节应用深度学习算法,给出了一种基于涡轮部件试验台运行数据的性能参数模型。

该模型的基本思路是利用航空发动机涡轮部件试验台健康运行状态数据构建试验台的数字工程孪生体。在涡轮部件试验进行的同时,通过传感器采集的运行参数,给出能够反映涡轮部件试验台工作状态的运行参数在理论健康工作状态下的预估值。随后,将预估值与传感器测量的实际工程值进行对比,完成涡轮部件试验台运行状态的准确映射和实时评估。

该模型能够在测点数据达到预设报警阈值之前,根据数据行为异常情况预警设备可能发生的故障,从而极大地延长预警时间窗口。通过对涡轮部件试验台运行数据进行分析和建模,模型可以识别出设备运行中的异常模式和趋势,进而预测可能发生的故障。这种基于数据行为的故障预警方法能够提前发现潜在问题,使得试验人员可以及时采取维修和干预措施,从而避免设备故障造成的损失,减少停机时间。

本节将全面介绍涡轮部件试验台性能参数映射模型从训练、测试、优化到对比分析的全过程,包括数据介绍与预处理、基于数据与物理嵌入融合驱动的神经网络(fusion of data and physical embedding neural network, FDPe)架构、模型训练优化与误差分析、基于权重自适应损失函数的优化算法以及模型对比与消融试验。

一、数据描述与预处理

在深度学习领域,数据预处理是一项至关重要的任务,它涉及对原始数据进行有效的转换和处理,以提高深度学习模型的性能和泛化能力。数据预处理的目标是消除数据中的噪声、冗余信息和异常值,同时使数据适应模型的需求,并确保不同特征之间的可比性。

本节用来训练和测试的数据主要来自航空发动机涡轮部件试验过程中产生的大量工业数据,目前对这些数据的利用效率不高,基本只停留在数据可视化、逻辑控制和保护的层次。通过对航空发动机涡轮部件试验台运行数据进行深度挖掘分析,可以实时监测试验台运行状态参数,有利于将传统的定期维修变为基于状态的视情维修,提高设备可靠性和可用率。为了有效地管理和组织航空发动机涡轮部件试验中产生的大量工业数据,并为进一步的深度挖掘分析提供基础,本节借助某型航空发动机涡轮的试验数据,对涡轮部件试验台的运行参数进行了参数分析。参数分析的结果用于指导涡轮部件试验数据库的搭建,并选择关键参数进行分析、存储以及预处理等操作。这些步骤将为后续的故障预警模型提供所需的输入数据。

(一)数据获取

深度学习算法通过从大量的数据中学习模式和规律,从而实现对未知数据的预测和分类。数据集对于深度学习算法的训练至关重要,数据集是神经网络模型的基石,对于神经网络的性能、准确性和鲁棒性具有重要影响。一个高质量、多样性、平衡性良好的数据集可以提供更好的训练样本，帮助神经网络更好地学习和推广，从而提高模型的性能和预测能力。

本节所采用的用于神经网络训练、测试及验证的涡轮试验数据集来自某型号航空发动机涡轮研制过程中涡轮试验器的真实监测数据，通过安装在某研究所某型号涡轮部件试验台上的状态监测系统，历经 8 次涡轮部件试验，共收集到涡轮部件试验台运行数据 313 374 条，采样频率为 2 Hz，总计运行时长 156 492.7 s（约 43.5 h）。典型涡轮级性能试验设备主要由气路系统、涡轮系统、测功系统、水系统、滑油系统以及控制系统等组成。特别说明的是出于保密原因，本节所使用的涡轮试验数据经过了一定程度的删减与数值转换。按照不同部件系统可以分为如下几类。

（1）时间信息：运行时间、转差。

（2）涡轮系统参数：轴功系统（转速、扭矩）。

（3）测功系统参数：水系统（进水压力、进/排水温度、前/后/总密封水流量），轴承系统（前/后轴承温度，前/后轴承振动值）。

（4）滑油系统参数：滑油供油压力，前/后轴承滑油流量。

（5）控制系统参数：气路系统（输入功率），进/排水阀门开度。

具体参数信息如表 7－1 所示。

表 7－1　涡轮部件试验台运行参数信息

参数类型	参数名称	单位
时间信息	运行时间	s
	转差	r/(min · s)
轴功系统	转速	r/min
	扭矩	N · m
水系统	进水压力	MPa
	进/排水温度	℃
	总密封水流量	L/min
轴承系统	前/后轴承温度	℃
	前/后轴承振动值	mm
滑油系统	滑油供油压力	MPa
	前/后轴承滑油流量	L/min
控制系统	输入功率	kW
	进/排水阀门开度	%

（二）输入特征选择

在处理复杂任务时，神经网络的性能与所选择的输入参数密切相关。在这一过程中，参数相关性分析扮演着关键角色。该分析的目标是确定输入参数之间的相关性和相互依赖关系。通过了解参数之间的相关性,以便工程人员做出更明智的选择,避免网络学习冗余信息或进行不必要的计算。

相关性分析可以帮助我们理解输入参数之间的相互作用。当多个参数高度相关时,它们可能携带相似的信息,因此可以考虑只选择其中一个参数作为输入,以减少冗余度。相反,当参数之间相关性低甚至不存在关联时,可以保留所有参数,以捕捉更多信息。通过观察参数之间的相关性程度,可以确定对模型输出具有更高影响力的参数。这种洞察力有助于更好地理解问题的本质,并优化模型设计。此外,相关性分析还能减少模型的计算成本。通过排除高度相关的参数,我们可以降低模型的复杂性和计算负担,从而提高训练和推理的效率。

本节所进行的工作依托于某型号涡轮试验器与某型号航空发动机涡轮在研发过程中的真实试验数据。在涡轮部件试验过程中,研究人员在试验台上布置多个传感器,并通过控制台进行信号采集和监测。然而,控制台接收到的传感器信号种类繁多,其中一部分信号无法准确反映涡轮部件试验台的真实性能,或与其关联程度较低。因此,有必要对其进行参数相关性分析,以便于深入了解参数之间的相互关系,确定主要影响因素,并降低计算成本。

皮尔逊相关系数是一种统计量,用于衡量两个连续变量之间的线性相关性。其值是由两个变量之间的协方差除以它们各自标准差的乘积而得出。皮尔逊相关系数的取值范围在-1 到 1 之间,其中-1 表示完全负相关,1 表示完全正相关,0 表示没有线性相关性。具体而言,给定两个变量 X 和 Y,它们的样本皮尔逊相关系数定义如下:

$$\rho_{(X,\,I)} = \frac{\mathrm{cov}(X,\ Y)}{\sigma_X \sigma_Y} = \frac{E[(X - u_X)(Y - u_Y)]}{\sigma_X \sigma_Y} \tag{7-1}$$

式中, $\mathrm{cov}(X,\ Y)$ 表示 X 和 Y 的协方差; σ_X 和 σ_Y 分别表示 X 和 Y 的标准差; E 表示期望值; u_X 和 u_Y 表示 X 和 Y 的均值。

使用皮尔逊相关系数对涡轮部件试验台运行过程中的参数进行相关性分析可得到涡轮部件试验台运行参数相关性分析热力图,如图 7-13 所示。

根据航空发动机涡轮部件试验原理以及相关科研院所研究人员建议,本节选取排水温度、进水阀开度、前后轴承振动、前后轴承温度 6 个参数作为反映涡轮部件试验台运行状态的关键性能参数,并将其作为故障预警模型的预测参数对其进行监测,具体信息如表 7-2 所示。

表 7-2 监测参数列表

参数类型	参数名称	单位
监测参数	排水温度	℃
	进水阀开度	%
	前轴承振动值	mm
	后轴承振动值	mm
	前轴承温度	℃
	后轴承温度	℃

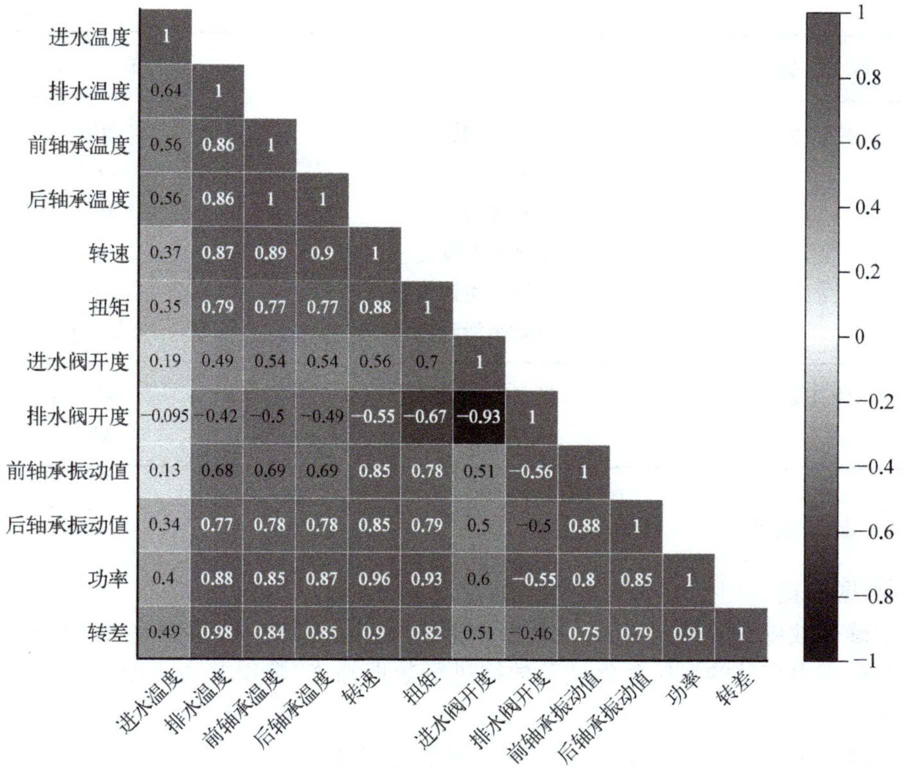

图 7－13 涡轮部件试验台运行参数相关性分析热力图

参考涡轮部件试验台运行参数相关性分析热力图以及受相关科研院所研究人员建议，本节选取运行时间、进/排水温度、进水压力、进/排水阀开度、前/后轴承温度、前/后轴承振动值、前/后轴承滑油流量、滑油供油压力、转速、扭矩 15 个运行参数以及转差、功率 2 个计算参数作为故障预警模型的输入特征，具体信息如表 7－3 所示。

表 7－3 模型输入特征列表

参数类型	参数名称	单位
环境参数	运行时间	s
	进水温度	℃
状态参数	排水阀开度	%
	排水温度	℃
	扭矩	N · m
	前轴承振动值	mm
	后轴承振动值	mm
	前轴承温度	℃
	后轴承温度	℃

续 表

参数类型	参数名称	单位
控制参数	滑油供油压力	MPa
	转速	r/min
	进水压力	MPa
	进水阀开度	%
	前轴承滑油流量	L/min
	后轴承滑油流量	L/min
计算参数	转差	r/(min·s)
	功率	kW

(三) 数据预处理

1) 数据筛查

为了确保故障预警模型输出的预测值能够符合涡轮部件试验台健康工作状态要求，需要对数据库中存储的涡轮部件试验数据进行数据筛查，数据筛查需要遵循的基本原则如下所示：

(1) 转速 1 000 r/min 以内的数据作为无效数据剔除掉；

(2) 进/排水阀开度低于 1%的数据作为干扰数据剔除掉；

(3) 除前/后轴承振动外，出现连续负值的数据作为环境干扰数据剔除掉；

(4) 前/后轴承温度高于 70℃的数据整组剔除出训练数据，作为异常数据在测试环节中进行模型精度验证。

2) 数据清洗

在实际航空发动机部件试验过程中，由于测量设备故障、信号传输受扰、人为误操作等原因，难免会遇到数据不完整、存在缺失值和异常值的情况。由于准确和完整的历史数据是建立可靠预测模型的前提条件，因此为保证数据质量，在建立预测模型之前，需要对缺失值和异常值进行处理。

缺失值是指在粗糙的数据中由于缺乏信息而导致某些数据项的聚类、分组、删除或截断。它表示现有数据集中的某个或某些属性的值是不完整的，可能是由于测量错误、数据采集问题或记录缺失等原因造成的。

异常值是指数据集中存在不合理的值，通常被称为离群点。在一组测量值中，如果某个值与平均值的偏差超过两倍标准差，就被认为是异常值。而与平均值的偏差超过三倍标准差的值则被称为高度异常的异常值。异常值可能是由于数据采集错误、测量误差、设备故障或罕见事件等原因而产生的。

在数据分析和建模过程中，缺失值和异常值的存在会对结果产生负面影响。缺失值可能导致数据分析结果不准确，而异常值可能扭曲统计性质和模型的稳定性。因此，在数据预处理和分析阶段，需要对缺失值和异常值进行适当的处理，例如，填充缺失值、删除异常值或使用合适的插补方法来修复数据集中的问题。这样可以确保数据的质量和准确性,从而提高后续分析和建模的可靠性。

在涡轮部件试验台运行数据中,常见的缺失及异常数据产生的原因可以包括以下几个方面：电压值向工程值转换过程中的计算错误、传感器故障导致的错误信号、待机状态下环境噪声对传感器的干扰以及计算机卡顿导致的空值等。这些异常数据常见的表现形式主要有空白值、Nan(Not a number)、Inf(Infinity)等,如图 7－14 所示。

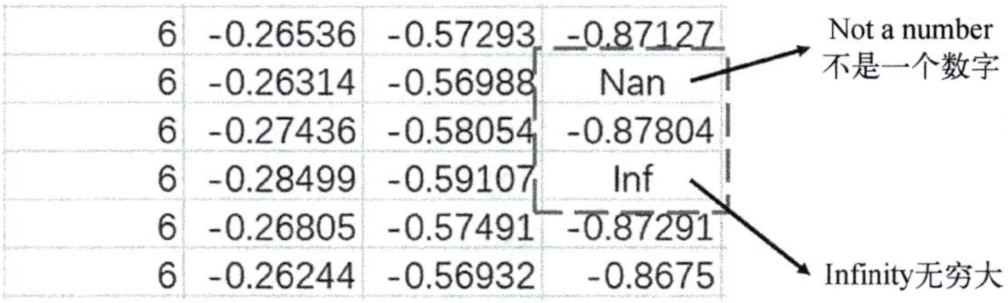

图 7－14　涡轮部件试验数据库缺失及异常数据示例

针对涡轮部件试验数据库中常见的数据缺失和异常情况,在本节中考虑涡轮部件试验台运行参数具有明显的时间连续性特征,选择采用平均值填充(mean/mode completer)方法进行数据补充。该方法通过使用前后两个观测值的平均值来修正异常值,即用前后两个正常值的平均值来代替异常值。

平均值填充方法的基本思路是利用数据序列中的相邻观测值来推断缺失或异常值的可能取值。它具备简单实用且不引入过多的额外信息的优势。通过计算前后两个正常观测值的平均值,我们能够得到一个合理的估计值来填补缺失或异常值。这种方法能够在一定程度上保持数据的连续性和一致性,减少填充后数据的偏差。

3）数据归一化

为了准确预测涡轮部件试验台的关键性能参数,需要对各个影响因素的量纲和量级进行统一处理,以避免不同数值大小和单位之间的差异对预测结果造成误差。因此,在涡轮部件试验台的故障预警模型的训练过程中,对训练数据中的输入变量进行归一化是必要的。这样可以确保不同影响因素对预测结果的影响程度近似,从而提高预测结果的准确性。本章采用了最小值-最大值归一化(min-max normalization)方法来对输入数据进行归一化处理。该方法将输入数据线性映射到[1, 2]的范围内,具体的归一化公式如下所示：

$$x_{\text{norm}} = \frac{x - x_{\min}}{x_{\max} - x_{\min}} + 1 \tag{7-2}$$

式中, x 是原始数据; $x_{\max}$ 和 $x_{\min}$ 分别是原始数据 x 中的最大值和最小值; x_{norm} 是原始数据 x 归一化放缩到[1, 2]的范围内所对应的值。

4）数据集划分

本节按照一次启停作为间隔,将所有运行数据划分为 29 组数据,每一组数据的具体信息如表 7－4 所示。为了确保最终模型具有良好的泛化性、避免集合之间存在交集,本书使用 k-折交叉验证法,将 29 组涡轮试验器运行监测数据划分为多个互斥的子集，每个子集轮流作为验证集，其余子集用作训练集。这样可以在保证数据独立性的同时，对模型进行全面的评估和调优，以获得具有较好泛化能力的最终模型。

表 7-4　涡轮部件试验台运行数据简述表

试验次数	运行时长/s	数据量/条
1	1 935.3	3 884
2	3 197.8	6 409
3	122.3	258
4	3 859.3	7 732
5	3 594.8	7 203
6	18 371.8	36 757
7	30 392.3	60 798
8	5 597.8	11 209
9	6 116.8	12 247
10	4 680.3	9 374
11	3 573.3	7 160
12	2 912.8	5 839
13	9 293.8	18 601
14	2 228.8	4 471
15	2 359.8	4 733
16	2 199.8	4 413
17	16 251.8	32 517
18	276.3	566
19	3 058.3	6 130
20	2 378.3	4 770
21	2 444.3	4 902
22	1 915.8	3 845
23	174.8	363
24	141.8	297
25	284.8	583
26	1 353.3	2 720
27	11 202.3	22 418
28	4 062.8	8 139
29	12 511.3	25 036
合计	156 492.7	313 374

图 7－15 给出了 k -折交叉验证方法的训练流程,其具体步骤如下所示。

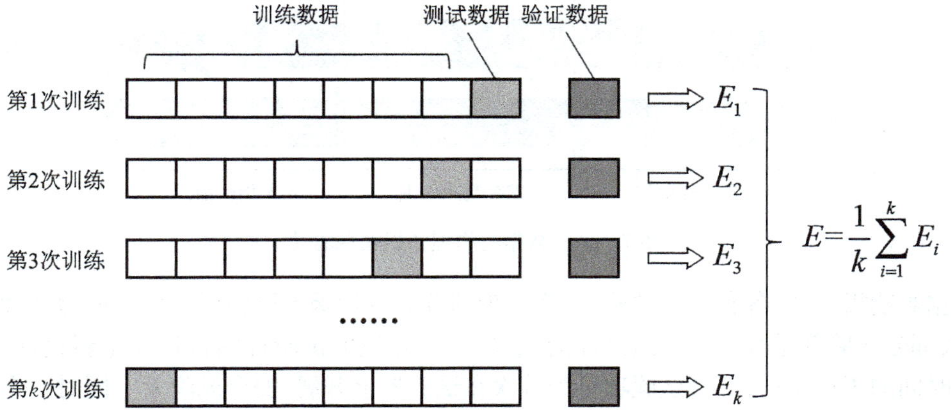

图 7－15　k -折交叉验证训练流程图

(1) 独立地选取第 29 次的启停数据作为固定不变的验证集。

(2) 通过无放回抽样方法,将剩余的原始数据等量随机分成 7 个部分。

(3) 在每一轮中,选择一个分割作为测试集,而将余下的 6 个分割作为构成训练集以培养模型。

(4) 依照第(3)步的流程进行 7 次迭代,确保每一个数据分割都能作为一次测试集,而其他时间充当训练集。在各个训练集上训练完成的模型将在对应的测试集上接受检验,并记录下模型的评估指数。

(5) 将来自 k(此处 $k=7$)个测试结果的平均值计算出来,作为模型准确度的一个估计,并将其定为在当前 k -折交叉验证条件下模型性能的评价指标。

二、基于数据与物理嵌入融合驱动的神经网络(FDPe)架构

(一) 方法思路及原理

机理模型是基于对物理系统内部机制和原理的理解,通过数学建模方法建立的模型。这种模型能够反映物理系统的本质规律和因果关系,通常用于预测和控制系统行为。机理模型的优点是可以提供深入的系统理解,但是需要足够的知识和数据支持。

数据驱动模型则是基于数据分析和机器学习技术建立的模型。这种模型利用大量数据来训练和优化,能够挖掘出数据中的隐藏规律和模式,从而对物理系统进行建模和预测。数据驱动模型的优点是可以利用大量的实际数据来提高模型的精度和泛化能力,但是需要对数据进行充分的处理和分析。

在实际应用中,机理模型和数据驱动模型往往是相互补充和结合的,如图 7－16 所示,通过综合运用这两种模型,可以更好地实现数字孪生系统的精准建模和预测。

对于涡轮试验器这种由多个子系统组成的复杂系统,尤其是涉及许多温度参数,建立精准的数学模型是极为困难的,采取纯数据驱动的神经网络进行拟合又会使得模型受训

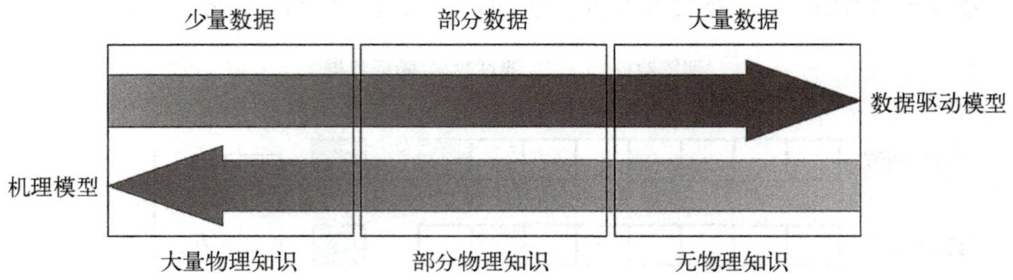

图 7－16　数据与物理知识融合驱动

练数据影响极大，在各种涡轮试验中，除了少部分的流量函数试验属于批量的验证性试验外，大部分试验都是具有一定探索性的试验，而且相应的试验件结构均为全新设计，未经过长时间的工作验证，部分试验项目为首次在试验器上开展，安全风险大。同时一个涡轮试验器往往承担了多个不同项目的试验任务，不同的试验任务对试验环境和试验条件都有着不同的需求，这进一步增加了试验安全控制的复杂性。因此，想要获得大量的、覆盖广泛域的涡轮试验器运行数据难度极大。

在神经网络中融合先验物理知识是一种利用已知的物理规律和约束条件来指导神经网络模型训练和推断的方法。引入先验知识的方式多种多样，从数据的收集和预处理、训练过程中损失函数与优化算法的改进、针对模型输入输出的特殊约束到网络架构的设计和特殊网络机制模块都有许多学者开展研究。

针对涡轮部件试验台这种由多个子系统组成的复杂系统，建立整体模型时不可避免地会受到不同系统参数之间相互干扰的影响，从而对模型的精度产生影响。典型引入物理知识的方法是将方程嵌入网络中，但这种方法存在一些隐患。特别是对于涡轮试验器这种涉及流场、温度场、转动机械等多个物理场耦合的复杂系统而言，其在真实工作环境中的参数值往往并不完全符合现阶段的物理公式。

举例来说，针对流场数据，主流的流体计算软件如 Fluent 等的仿真计算结果与物理实验数据的不一致是常见现象。机械结构中的轴承、转子等部件的运行受到外界环境干扰因素影响较大，而传统的转子动力学计算方法很难将许多实际因素完全考虑在内。因此，如果强制将物理公式嵌入模型中，反而可能受限于公式的局限性，导致产生不必要的偏差。

基于上述考量，本节给出了一种部件架构约束的先验物理知识嵌入方法，即通过设备物理机理、部件结构、系统参数等信息，将传感器参数分类成许多个子系统，这些子系统的参数映射耦合在系统网络内部进行，以确保各子系统之间的协调性和一致性。使用双向 LSTM 网络进一步在系统之间建立物理信息的耦合，充分利用部件序列数据的上下文信息。最后，通过全连接层的回归映射，将所有部件节点的隐藏层输出综合起来，得到最终的预测结果。

图 7－17 给出了基于数据与物理嵌入融合驱动的神经网络(FDPe)架构图。

FDPe 基本结构，由参数输入层、解析映射层、解耦重构层、回归映射层和网络输出层五部分组成。

FDPe 优势在于使用物理架构约束多个数据驱动的神经网络模型，这样不同子系统首

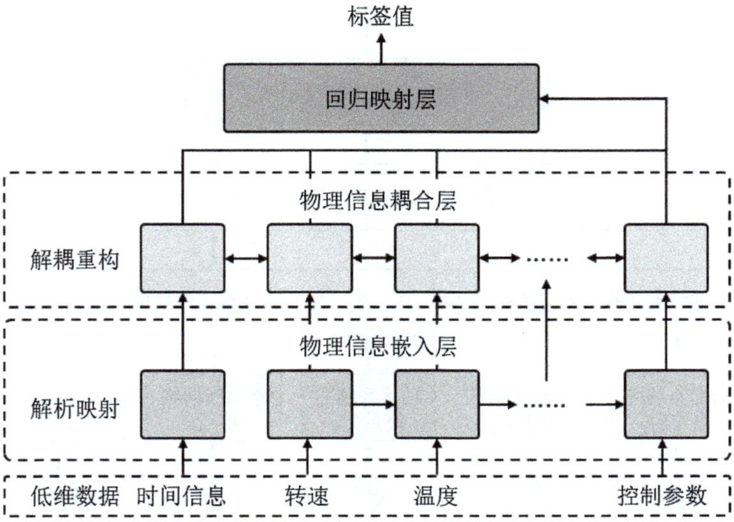

图 7－17　基于数据与物理嵌入融合驱动的神经网络(FDPe)架构图

先在网络内部完成初步耦合,当输出层参数在调整对应网络节点参数时,会根据其所属部件首先调整其对应子系统网络内的权重参数,使得与输出参数相关性较大的输入参数权重得到优先调整。此外,不同子系统网络之间没有绝对的物理关系约束,取而代之的是不同部件之间的软约束,这样就给由于环境干扰、测量误差等因素造成的物理偏差留下了相互妥协的空间,在嵌入物理先验知识的同时通过子系统网络的相互妥协减少由于数据观察偏差导致的误差。

基于 FDPe,本小节开展了涡轮部件试验台性能参数映射模型的搭建,其结构主体分为三层,底层为物理信息输入层,第二层为耦合层,顶层为映射层。涡轮部件试验台性能参数关联,以沿轴方向上的部件参数为数字媒介,融合物理知识,通过结合具有时序性的网络结构,按次序排列部件特征参数,形成物理信息输入层的内部特征融合关系,在物理信息融合关系中考虑双向的时序网络结构,以加强参数之间的相互作用,消除表征同一部件的不同测量参数次序所带来的影响。

此外,为了考虑涡轮部件试验台的动态过程,在特征次序中添加被控参数的时间函数项以表征试验器动态特性。将涡轮部件试验台参数按实际物理关联层次排布之后,根据部件参数构建其相应的部件物理网络,最终部件按轴向及水流方向物理层次关系构建物理信息层的网络框架,耦合层与映射层根据具体情况确定网络结构的层数和节点数量。耦合层采用时序网络结构,而映射层使用全连接网络结构。本方案架构的耦合层处理物理信息层所抽象后的特征,进一步加强参数之间的耦合关系。最终参数回归层负责映射耦合层的输出特征信息与目标参数之间的关系,整个架构如图 7－18 所示。

假设子神经网络为 $NN_i = (x;\ \theta_i)$,其中 i 表示涡轮部件试验台部件/系统,θ_i 是对应子神经网络的参数。单独考虑各总系统及分系统来表示 FDPe 网络的形式,子系统网络计算有

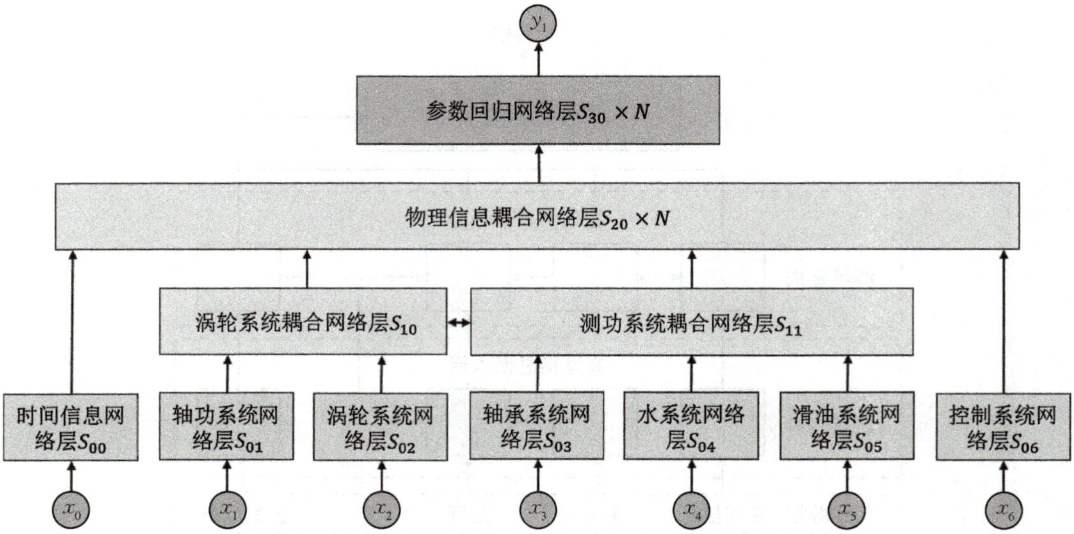

图 7－18　涡轮部件试验台性能参数映射模型架构

$$h_{\text{time}} = \text{NN}_{\text{time}}(x_{\text{time}};\ \theta_{\text{time}}) \tag{7-3}$$

$$\begin{aligned} h_{\text{shaft}} &= \text{NN}_{\text{shaft}}(x_{\text{shaft}};\ \theta_{\text{shaft}}) \\ h_{\text{tub}} &= \text{NN}_{\text{tub}}(x_{\text{tub}};\ \theta_{\text{tub}}) \\ h_{\text{tub\_cp}} &= \text{CP}(h_{\text{shaft}},\ h_{\text{tub}};\ \theta) \end{aligned} \tag{7-4}$$

$$\begin{aligned} h_{\text{bearing}} &= \text{NN}_{\text{bearing}}(x_{\text{bearing}};\ \theta_{\text{bearing}}) \\ h_{\text{water}} &= \text{NN}_{\text{water}}(x_{\text{water}};\ \theta_{\text{water}}) \\ h_{\text{oil}} &= \text{NN}_{\text{oil}}(x_{\text{oil}};\ \theta_{\text{oil}}) \\ h_{\text{work\_cp}} &= \text{CP}(h_{\text{bearing}},\ h_{\text{water}},\ h_{\text{oil}};\ \theta) \end{aligned} \tag{7-5}$$

$$h_{\text{ctrl}} = \text{NN}_{\text{ctrl}}(x_{\text{ctrl}};\ \theta_{\text{ctrl}}) \tag{7-6}$$

式中，下标 time、shaft、tub、tub_cp、bearing、water、oil、work_cp、ctrl 分别表示时间、轴功、涡轮、涡轮耦合、轴承、水、滑油、测功耦合、控制等子系统。耦合层的计算为

$$\text{Out}_{\text{cp}} = f(H_T) = \text{CP}(h_t,\ h_{t-1};\ \theta) \tag{7-7}$$

式中，Out_{cp} 表示耦合层网络的输出；$\text{CP}(h_t,\ h_{t-1};\ \theta)$ 表示耦合层中处理单次计算的神经网络；下标 t 表示涡轮部件试验台系统；下标 T 表示部件按轴向及水流方向物理层次关系。

在上述架构设计方案中，子神经网络专门负责读取与之相关的数据参数，这样不相关的输入特征就无需被额外的子网络处理，这一策略降低了对各子网络基本单元数量的依赖并缩减了系统组成网络层次的复杂度。该方案利用沿轴向的部件参数作为数字化信息，整合物理学原理，借助具备时间序列性质的网络架构，有序地组织零部件特征参数，从而在内部形成了一个物理信息输入层的特征融合模式。

在这样的融合模式中，双向时序网络结构得以采纳，用以强化参数间的交互作用，并且避免了相同零部件不同测量参数顺序所导致的负面影响，使得网络有能力捕捉不同系统间复杂的互动关系。

以这种方式结合物理约束和数据驱动模型，可以提高模型的鲁棒性和适应性。物理架构的约束能够保留系统的物理特性，并引导网络对输入参数进行有针对性的调整。而多个数据驱动的神经网络模型能够利用大量的试验数据和监测数据，自动学习系统的复杂关系。这种综合方法旨在平衡物理先验知识和数据驱动方法的优势，从而减少由于环境干扰和测量误差引起的物理偏差，并提高模型的预测能力和准确性。

基于 FDPe 的涡轮部件试验台性能参数映射模型网络结构由输入层、高维映射层、耦合层、回归层以及输出层五大模块组成，具体网络结构为：输入层-高维映射层-耦合层×N-回归层×N-输出层。其网络核心结构为高维映射层-耦合层，所有参数按照部件结构分解，逐步分级输入 FCNN－LSTM－部件解耦映射网络，完成映射。本节所建立的涡轮部件试验台性能参数映射模型，其耦合层、回归层的层数分别为 3 和 1。具体网络结构实现如图 7－19 所示。

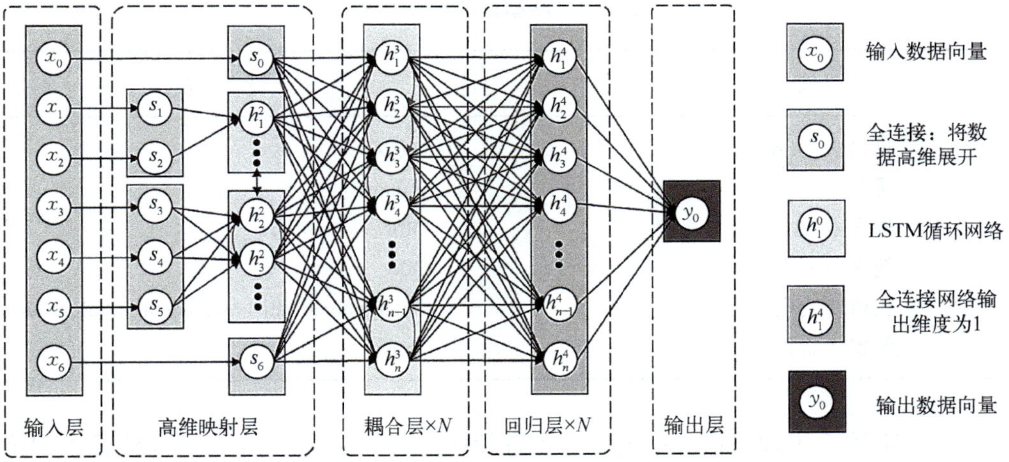

图 7－19　涡轮部件试验台性能参数映射模型网络结构图

（二）模型训练与优化

模型的建立主要包括以下流程：划分数据集并进行数据处理，设置模型、数据及训练过程的超参数，根据应用问题选择合适的损失函数和优化器对模型进行训练，对模型性能进行评估。训练集划分已经在第一小节数据预处理完成，本小节主要关注训练及测试的过程。图 7－20 给出了典型神经网络训练流程图。

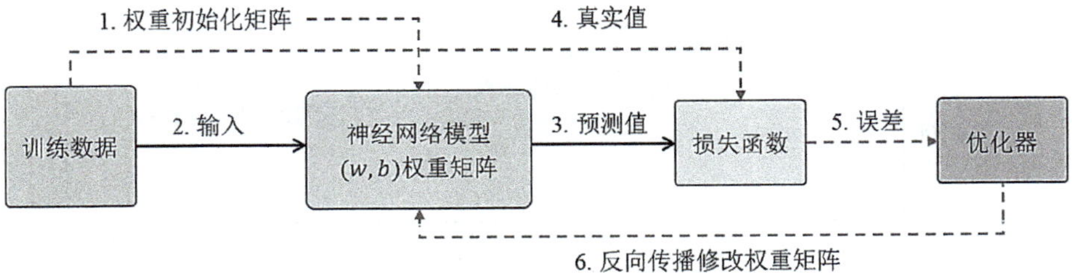

图 7－20　典型神经网络训练流程图

考虑到本章应用问题的特性,模型训练的损失函数选用均方误差(mean square error, MSE):

$$E_{\text{MSE}} = \frac{1}{n}\sum_{i=1}^{n}(\boldsymbol{y}_{i,\text{ output}} - \boldsymbol{y}_{i,\text{ label}})^2 \tag{7-8}$$

式中,E_{MSE} 表示在单次训练过程中模型所有输出数据的均方误差;n 是单次训练过程中输入数据集的大小;$\boldsymbol{y}_{i,\text{ output}}$ 是第 i 组数据在模型训练过程的输出向量;$\boldsymbol{y}_{i,\text{ label}}$ 是第 i 组数据的标签向量。由于模型训练涉及函数求导运算,因此为了计算和编程便捷,在不影响训练结果的前提下通常将式(7-8)除以常数 2。后续,如无特别说明,本章模型训练的损失函数均默认选用均方误差并执行此处理。

模型训练参数设置如表 7-5 所示。

表 7-5 模型训练参数设置

参　　数	设　　置
批量大小(batch size)	2 024
优化器	Adam
损失函数	MSE
轮次(epoch)	300
权值初始化	batch normalization + random initialization
偏置初始化	zeros

图 7-21 给出了训练过程中损失随训练轮次的下降曲线,图中黑色曲线代表训练集误差,灰色曲线代表测试集误差。可以看到在训练过程中测试集误差略小于训练集误差,这可能是由于训练集数据涵盖范围较广,其噪声大于验证集所导致。如图 7-21 所示,当

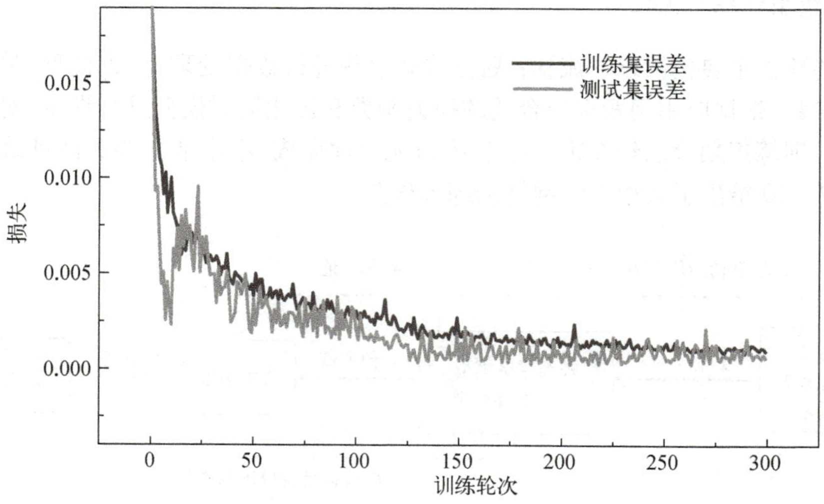

图 7-21　损失下降曲线

训练进行到第 300 个轮次(epoch)时,训练集误差还有下降的趋势,但是测试集误差已经较长时间停止下降。为了防止过拟合,在训练轮次等于 300 时停止训练,并保存测试集损失最小时对应的模型权重参数。

三、基于权重自适应损失函数的改进优化算法

(一) 方法思路及原理

机械转动部件的运行状态按照转速变化可分为稳态和动态两种,稳态指的是转速保持相对恒定的状态,而动态则涵盖了转速变化的情况。在机械转动部件的工作特性中,稳态数据相对于动态数据更为丰富,这是因为在实际运行中,转速往往会在某个范围内保持相对稳定,而转速的变化相对较少。

然而,使用这种以稳态数据为主的训练数据来训练神经网络往往会导致模型在预测动态运行时的输出结果出现误差偏大的情况。这是因为神经网络模型更加注重稳态数据的学习和模式捕捉,而对于动态运行时的特征和变化模式掌握不足。因此,采用合适的训练数据和模型优化方法,以更好地捕捉动态运行状态下的特征和变化模式,对于提高神经网络在机械转动部件预测中的准确性和鲁棒性具有重要意义。

为了解决由样本数量不平衡而引起的特殊节点预测误差显著增加的问题,本小节给出了一种基于权重自适应损失函数的改进优化算法。针对测试误差明显高于稳态数据的过渡态数据,构建自适应权重损失函数,计算并保存每一训练样本对应的自适应权重,在训练时动态调整过渡态数据对应的损失权重,通过权重调整方法,对样本进行加权,改善样本数据分布,强化训练重点,使得特殊节点的样本在训练中具有更高的重要性。这样可以确保模型在学习过程中更加关注动态数据,并降低对其的预测误差。

(二) 模型训练与优化

图 7-22 所示为本小节给出的自适应权重损失函数的构建以及基于此函数权重提前插入的神经网络训练方法,其具体流程如下所示。

(1) 使用传统优化算法对模型进行预训练。

(2) 针对机械转动部件运行数据分布不均衡的问题,根据转差变化将运行数据分为稳态运行数据和动态运行数据。

(3) 针对过渡态数据误差显著大于稳态数据的现象,构建一种针对转动部件的自适应权重损失函数,在训练时动态调整过渡态数据对应的损失权重,即通过增大过渡态所对应数据的损失权重,提升预测模型对其的预测精度,减小峰值误差。具体构建方法为:在传统的深度神经网络训练计划的基础上,改变损失函数的计算方法,给损失增加一个自适应权重 X。权重 X 的具体计算方案如下所示:

$$
\begin{aligned}
E_{\mathrm{MSE}} &= \frac{1}{n} \cdot X \cdot \sum_{i=1}^{n} (\boldsymbol{y}_{i,\ \mathrm{output}} - \boldsymbol{y}_{i,\ \mathrm{label}})^2 \\
X &= 1 + \frac{1}{2n} \sum_{i=1}^{2n} \left[\mathrm{e}^{\left(\frac{N_i - N_{i-1}}{\Delta t} - 1\right)} - 1 \right] \cdot a
\end{aligned}
\tag{7-9}
$$

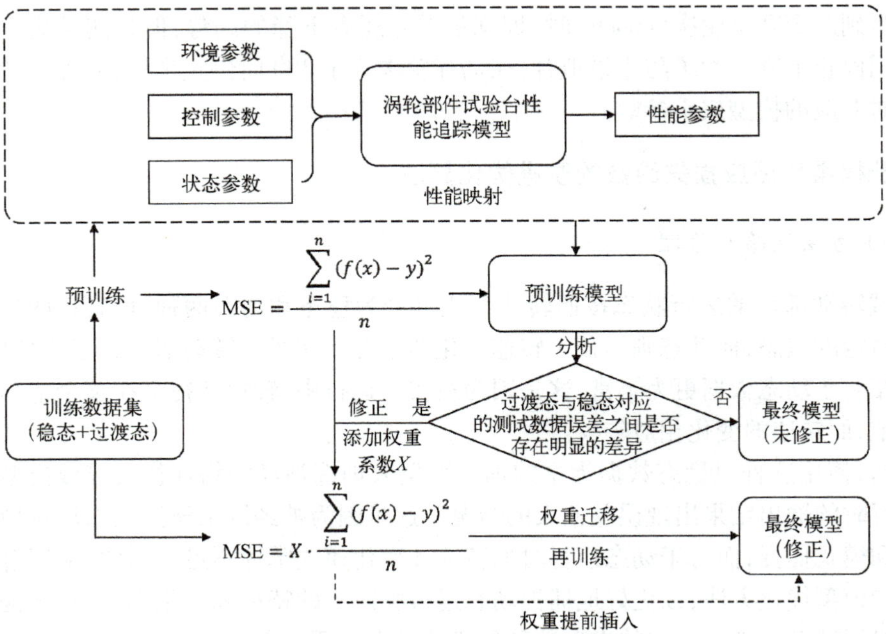

图 7－22 自适应权重损失函数的构建以及基于此函数权重提前插入的神经网络训练方法

式中，N 为最大值最小值归一化到[1,2]之后的转速；n 为权重综合考虑前后转差变化的时间范围；Δt 为两组相邻数据的间隔时间；a 为权重的系数，用于控制稳态数据和动态数据在训练时所占的比重（基本相同），不至于太过失衡。

（4）使用自适应权重损失函数对预训练模型进行再训练。传统的深度神经网络的具体训练机理需要对训练集随机排序，每次训练随机抽取训练数据输入预测模型并计算损失，基于损失反向传播调整预测模型各节点权重参数。因此在训练时，数据不能按照转动部件的实际运行时间顺序输入，损失权重 X 无法按照时间进行更新迭代。已知损失函数的权重仅在损失计算时对训练起作用，且其动态变化过程和结构在训练过程中不会改变。因此，可以将权重计算过程和训练过程分离。在开始训练之前，按照权重计算公式计算权重并将其保存。在实际训练过程中，直接调用预先保存的权重参数，在优化训练逻辑、减少训练时间的同时方便实际训练过程中的超参数调整和训练代码调试。

图 7－23 所示为自适应权重随转速变化曲线，该曲线由使用优化算法计算损失函数对应权重得来（此处仅使用验证集数据作为示意）。

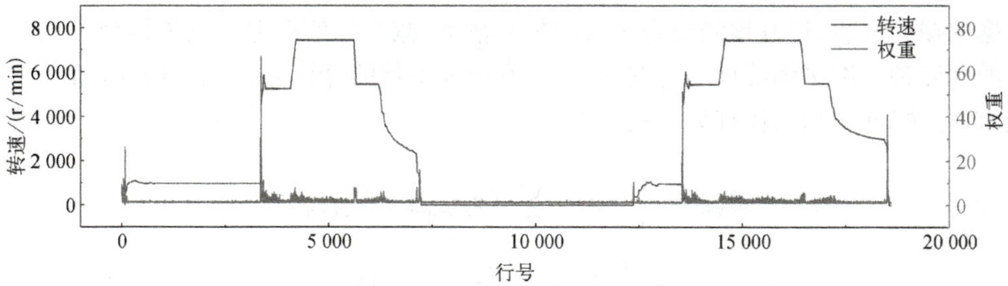

图 7－23 自适应权重随转速变化曲线

为验证本小节给出的基于权重自适应损失函数的改进优化算法，本节将对采用该算法训练前后模型对相关性能参数的预测误差进行对比，具体算法测试分析结果将在后续第四小节方法测试与结果分析中给出。

四、方法测试与结果分析

（一）评价指标

为了验证基于数据与物理嵌入融合驱动的神经网络（FDPe）架构及基于权重自适应损失函数的改进优化算法的有效性，本小节基于涡轮部件试验运行参数数据集，通过参数映射模型对涡轮部件试验台运行参数跟踪预测来进行试验验证。

模型评估的性能指标则分别采用相对误差（relative error, RE）和绝对误差（absolute error, AE）的均值（Ave）、最大值（Max）、标准差（Std.），从整体误差、峰值误差以及误差分布三个方面对模型性能进行衡量：

$$\mathrm{RE}_i = \left|\frac{y_{i,p} - y_{i,t}}{y_{i,t}}\right| \times 100\%,\ i = 1, 2, \cdots, N \tag{7-10}$$

$$\mathrm{RE\_Ave} = \frac{1}{N}\sum_{i=1}^{N}(\mathrm{RE}_i) \tag{7-11}$$

$$\mathrm{RE\_Max} = \max(\mathrm{RE}_i,\ i = 1, 2, \cdots, N) \tag{7-12}$$

$$\mathrm{RE\_Std.} = \sqrt{\frac{1}{N}\sum_{i=1}^{N}(\mathrm{RE}_i - \mathrm{RE\_Ave})^2} \tag{7-13}$$

$$\mathrm{AE}_i = |y_{i,p} - y_{i,t}|,\ i = 1, 2, \cdots, N \tag{7-14}$$

$$\mathrm{AE\_Ave} = \frac{1}{N}\sum_{i=1}^{N}(\mathrm{AE}_i) \tag{7-15}$$

$$\mathrm{AE\_Max} = \max(\mathrm{AE}_i,\ i = 1, 2, \cdots, N) \tag{7-16}$$

$$\mathrm{AE\_Std.} = \sqrt{\frac{1}{N}\sum_{i=1}^{N}(\mathrm{AE}_i - \mathrm{AE\_Ave})^2} \tag{7-17}$$

式中，RE_i 为数据 i 的相对误差值；RE_Ave 为相对误差均值；RE_Max 为最大相对误差；RE_Std. 为相对误差标准差；AE_i 为数据 i 的绝对误差值；AE_Ave 为绝对误差均值；AE_Max 为最大绝对误差；AE_Std. 为绝对误差标准差；N 为评价模型的测试集数据总量；$y_{i,p}$ 为模型在测试集的输出预测；$y_{i,t}$ 为测试集数据的标签值。

（二）性能跟踪预测对比

表7-6给出了不同预测参数在训练集中的取值范围。

表 7－6 预测参数在训练集中的取值范围

参 数 名 称	单位	取 值 范 围
排水温度	℃	16.666～52.450
前轴承温度	℃	21.891～58.728
后轴承温度	℃	21.145～62.204
进水阀开度	%	0.003～81.340
前轴承振动值	mm	−0.006～3.135
后轴承振动值	mm	−0.006～2.768

进水阀开度、前/后轴承振动值在训练集中的取值范围最小值理论上应该为 0，表 7－6所示小数乃至负数出现的原因为传感器受环境因素干扰。

表 7－7 给出了基于 FDPe 的性能参数映射模型在验证集上对排水温度、前轴承温度、后轴承温度、进水阀开度、前轴承振动值及后轴承振动值的预测性能指标。

表 7－7 基于 FDPe 的性能参数映射模型在验证集上对六参数的预测性能指标

目标参数	RE/%			AE		
	Ave	Max	Std.	Ave	Max	Std.
排水温度	0.414	9.079	0.456	0.134	2.445	0.149
前轴承温度	0.572	3.117	0.445	0.205	1.017	0.165
后轴承温度	0.746	3.967	0.588	0.244	1.244	0.174
进水阀开度	2.366	15.236	2.161	0.540	3.250	0.527
前轴承振动值	6.934	54.101	7.124	0.055	0.758	0.058
后轴承振动值	6.938	121.714	7.917	0.043	0.367	0.041

图 7－24～图 7－29 给出了不同性能参数在验证集上的跟踪曲线对比图。

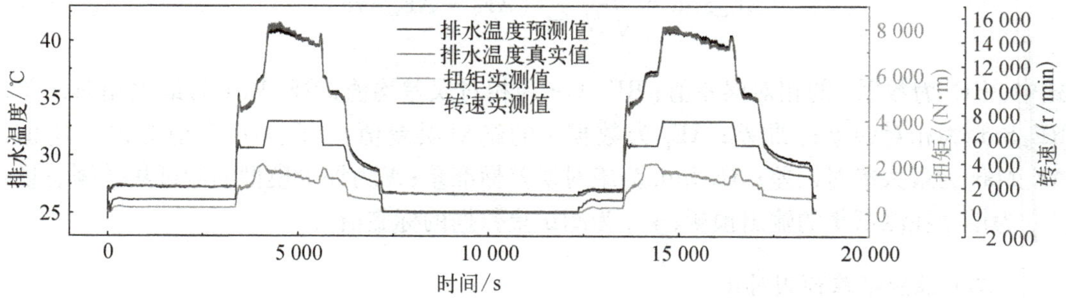

图 7－24 排水温度真实/预测值对比图

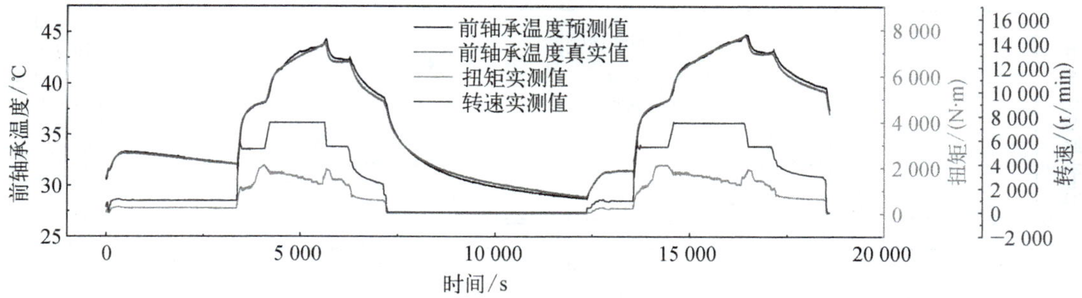

图 7－25　前轴承温度真实/预测值对比图

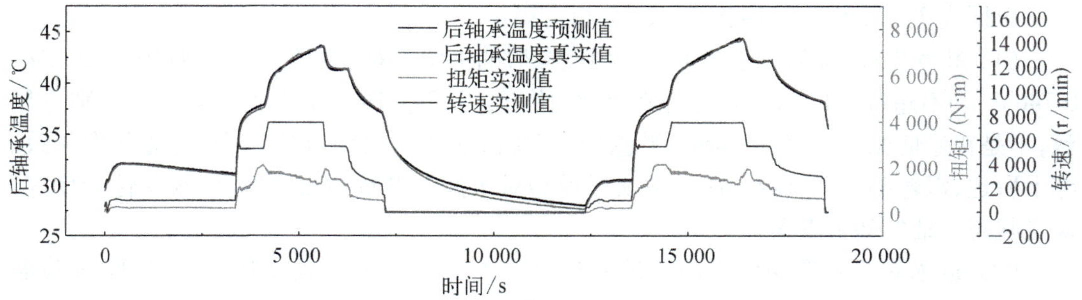

图 7－26　后轴承温度真实/预测值对比图

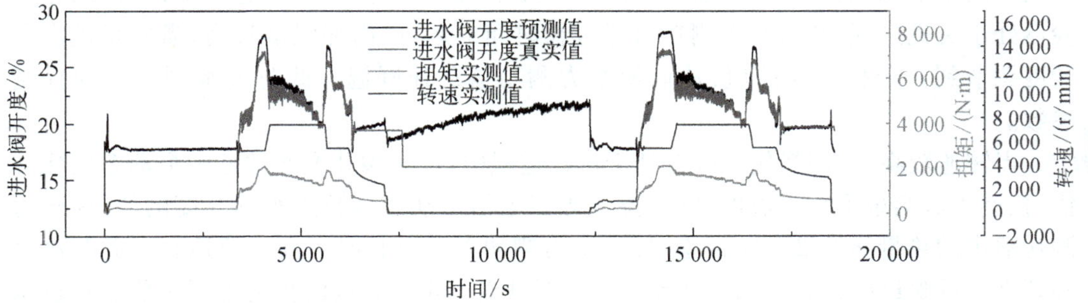

图 7－27　进水阀开度真实/预测值对比图

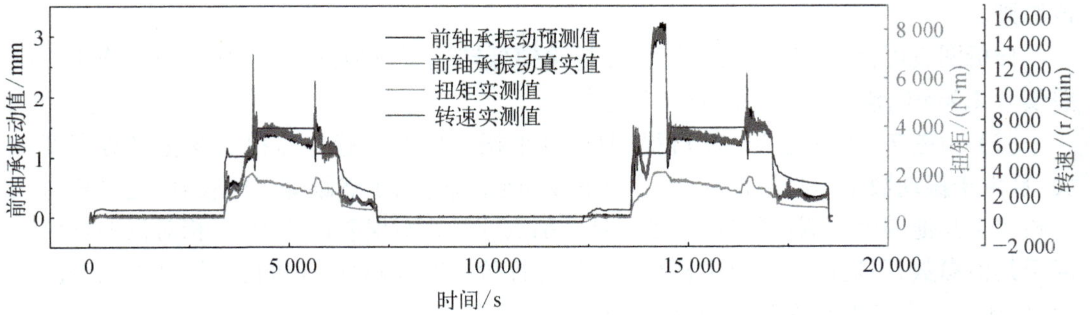

图 7－28　前轴承振动真实/预测值对比图

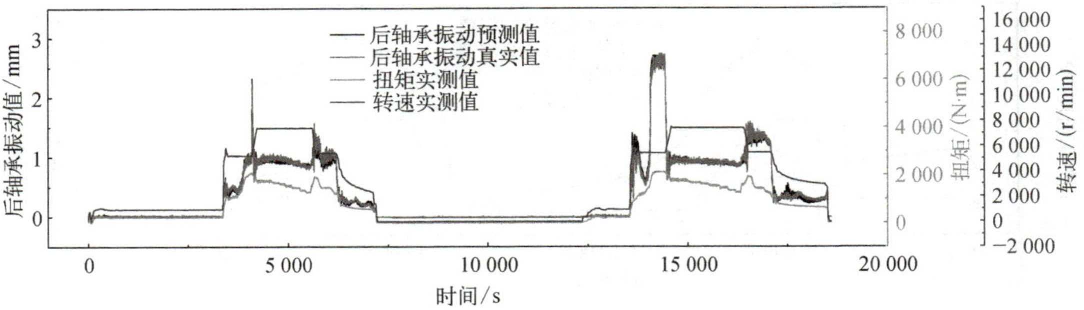

图 7－29　后轴承振动真实/预测值对比图

根据表 7－8、图 7－24～图 7－29 分析可得：

（1）排水温度、前后轴承温度三个温度参数的平均相对误差分别为 0.414%、0.572%、0.746%，均不超过 1%，标准差也都在 0.5%附近，不超过 1%，可见峰值误差由个别点导致，不是普遍情况，且预测值曲线（黑色）与真实值曲线（红色）高度贴合，走势基本一致。综上所述，涡轮部件试验台性能参数映射模型对于温度参数预测精度高、跟踪性能良好，满足状态评估的基本需求。

（2）进水阀开度在涡轮级性能试验过程中不仅是控制参数，同时也是反映试验器状态的性能参数。当转速较低时，即涡轮试验器处于待机或关机过程中，研究人员通常将进水阀开度设为常值。这是因为当涡轮试验器处于待机过程中时，转速通常保持一个较低的水平，此时水力测功器吸收的功率较小，因而不需要增加进水量，而当涡轮试验器处于关机过程中时，水力测功器经过长时间的运行，内部温度较高，需要将进水阀开度调节到一个相对高的值，从而使水力测功器迅速降温。此时进水阀开度为控制参数。

当转速较高时，即涡轮试验器处于运行过程中，进水阀开度通常是一个动态变化的值，控制中心会根据排水温度、轴承温度等多个信号动态调整进水阀开度的值，使水力测功器中的热量能够被及时带走，确保水力测功器可以长时间高负荷运转。此时进水阀开度为反映试验器状态的性能参数。本章针对进水阀开度的预测主要聚焦于对进水阀开度作为性能参数时的预测，因此在计算误差时仅关注转速高于 2 000 r/min 时进水阀开度预测值与真实值的相对/绝对误差，后文所有有关进水阀开度的误差计算均遵循该原则。

分析图表可得，对于进水阀开度，在排除掉低转速干扰数据之后，其预测平均相对误差仅为 2.366%，满足状态评估的基本需求。

（3）由图 7－24～图 7－29 可得，前后轴承振动值变化趋势与扭矩变化趋势高度相关，且由于振动数据本身的特殊性，其上下波动范围较大，虽然跟踪性能较好，但是相对误差相较于其他四个预测参数较大，尤其是个别点处的相对误差比较大，其相对误差峰值远高于其他参数，不适用于仅使用相对误差作为评价标准，因此在评价前后轴承振动预测性能时，还应综合考虑其绝对误差值的大小。

（4）前后轴承振动误差平均绝对误差分别为 0.055、0.043，相对于其在训练数据中的峰值3.135和2.768,分别只约占1.75%和1.55%,可见其整体预测精度相对可靠,但是其峰值误差较大,容易对研究人员评判状态造成干扰,因此误差有待进一步降低。

(三)模型算法误差分析

表7-8给出了使用改进优化算法前后性能参数映射模型对各参数预测性能的各项指标值,即权重自适应损失函数优化效果对比。图7-30给出了使用改进优化算法前后各参数相对误差分布箱线图。图7-31通过对验证集上各点相对误差随转速变化的比较和展示,较为直观地给出了不同参数在使用改进优化算法前后特殊节点对应的峰值误差变化。

表7-8　权重自适应损失函数优化效果对比表

是否使用优化算法	目标参数	RE/%			AE		
		Ave	Max	Std.	Ave	Max	Std.
是	排水温度	0.573	4.226	0.418	0.181	1.314	0.144
	前轴承温度	0.641	3.094	0.490	0.242	1.014	0.204
	后轴承温度	0.573	3.489	0.388	0.201	1.087	0.139
	进水阀开度	2.555	10.396	1.972	0.553	2.021	0.424
	前轴承振动值	6.704	33.207	6.590	0.053	0.512	0.056
	后轴承振动值	6.793	61.382	7.021	0.041	0.323	0.042
否	排水温度	0.414	9.079	0.456	0.134	2.445	0.149
	前轴承温度	0.572	3.117	0.445	0.205	1.017	0.165
	后轴承温度	0.746	3.967	0.588	0.244	1.244	0.174
	进水阀开度	2.366	15.236	2.161	0.540	3.250	0.527
	前轴承振动值	6.934	54.101	7.124	0.055	0.758	0.058
	后轴承振动值	6.938	121.714	7.917	0.043	0.367	0.041

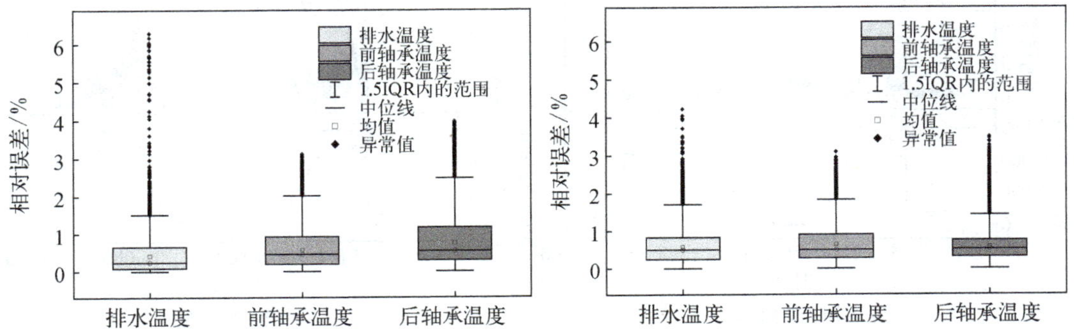

(a) 使用算法优化前　　(b) 使用算法优化后

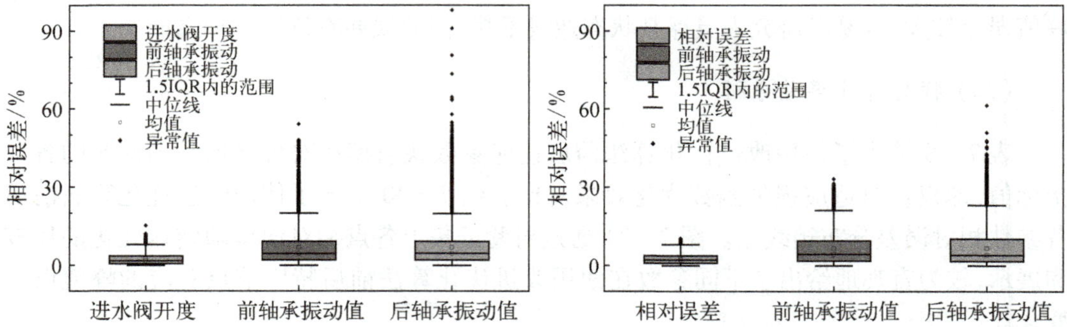

(c) 使用算法优化前　　(d) 使用算法优化后

图 7-30　使用优化算法前后各参数相对误差分布箱线图

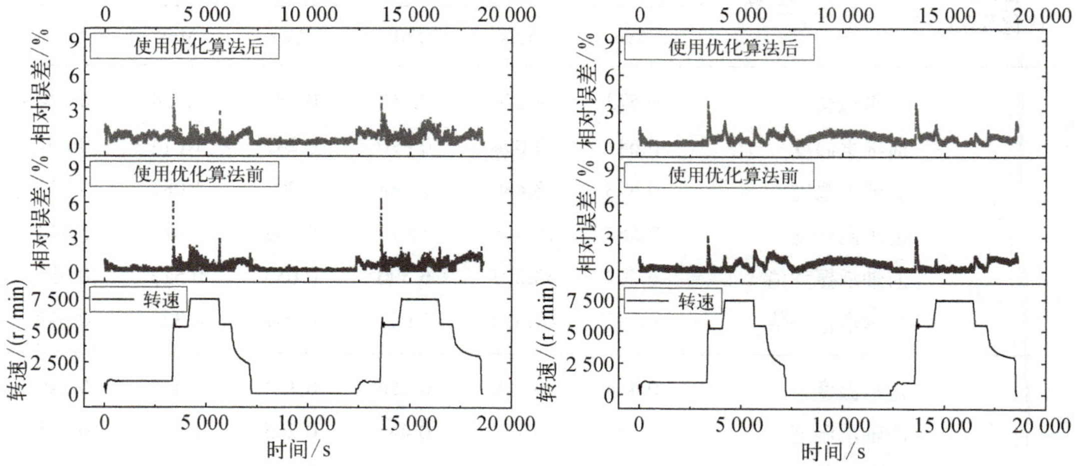

(a) 排水温度　　(b) 前轴承温度

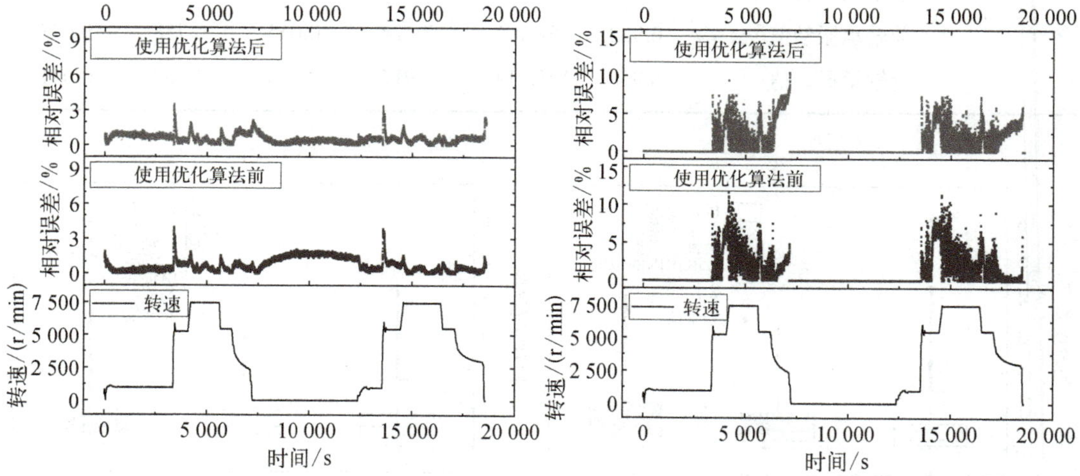

(c) 后轴承温度　　(d) 进水阀开度

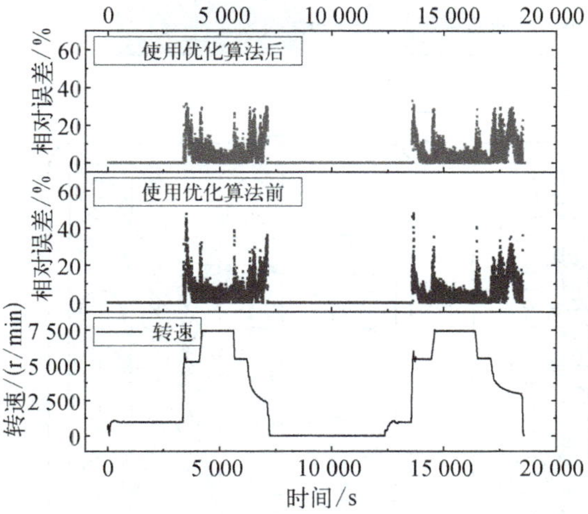

(e) 前轴承振动值

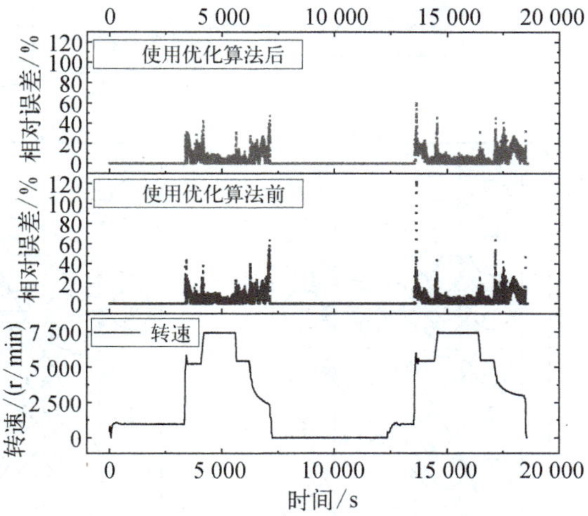

(f) 后轴承振动值

图 7-31　相对误差随转速变化对比图

五、模型对比与消融实验

(一) 方法思路及原理

消融实验是一种在科学研究中广泛使用的实验方法,旨在通过逐步削减或消除某个系统组成部分,以评估其对整体系统功能和性能的影响。消融实验的目的是通过逐步消除特定的因素或变量,来揭示系统的关键组成部分或机制,以及它们对系统整体功能的贡献。

本章提出的 FDPe 主要由参数输入层、核心层(映射耦合)、回归映射层和输出层四部分组成,其中映射耦合层是该网络架构的核心。为了验证该结构的有效性,本小节开展消融实验,通过对网络核心层进行替换,分别使用纯 FCNN 和纯 LSTM 结构进行输入参数的耦合映射,对 FDPe 架构的有效性进行验证。

图 7-32 给出了不同神经网络核心结构示意图。

图 7-32 所示三种结构: ① FCNN 参数并联映射(所有参数打包成一个向量输入 FCNN 完成映射),使用全连接耦合作为基线模型;② LSTM 参数结构嵌入映射(所有参数按照信息流动顺序排列输入 LSTM 完成映射),使用 LSTM 耦合作为对比模型;③ FDPe 部件分级解析物理结构嵌入映射(所有参数按照部件结构分解,逐步分级输入 FCNN - LSTM -部件解耦映射网络,完成映射),LSTM 耦合,即本节提出的 FDPe 模型。

由于三种模型结构使用不同的方法对输入参数进行高维空间的映射耦合,因此其参数输入方式也各不相同。图 7-33 给出了不同神经网络模型参数输入方式示意图。

如图 7-32 所示,对于 FCNN 全连接结构,将所有输入参数打包成一个向量进行输入,对于 LSTM 结构按轴向及水流方向物理层次关系进行排列,按照顺序分别进行输入,对于 FDPe 结构,则按轴向及水流方向物理层次关系根据部件参数分别进行打包,按照不同部件先使用全连接层和 LSTM 层分别进行映射,再根据双向 LSTM 网络进行耦合输入。

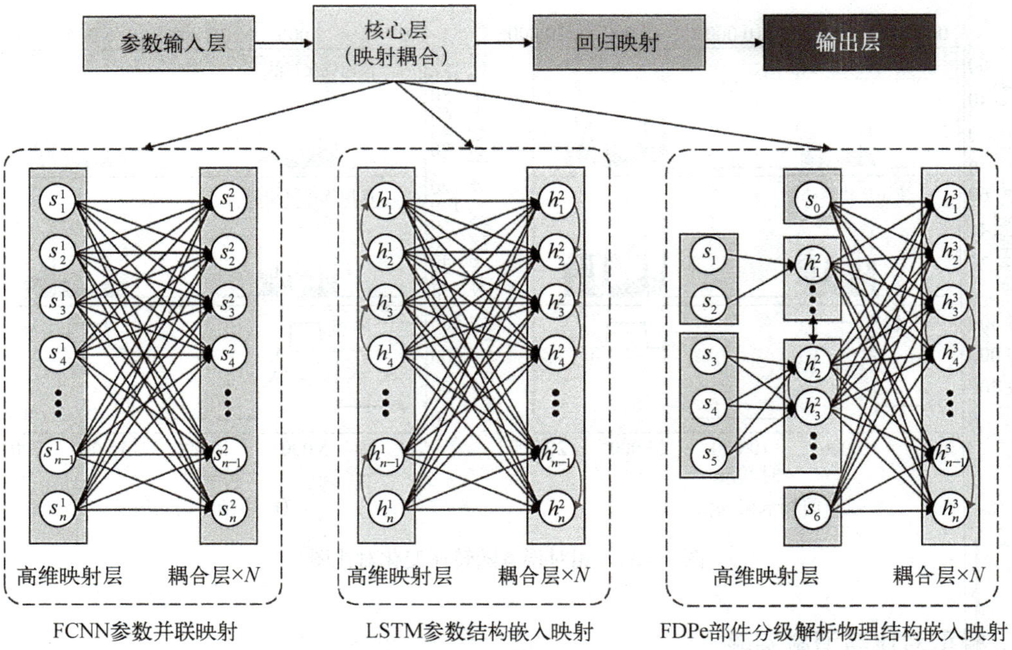

图 7-32　不同神经网络核心结构示意图

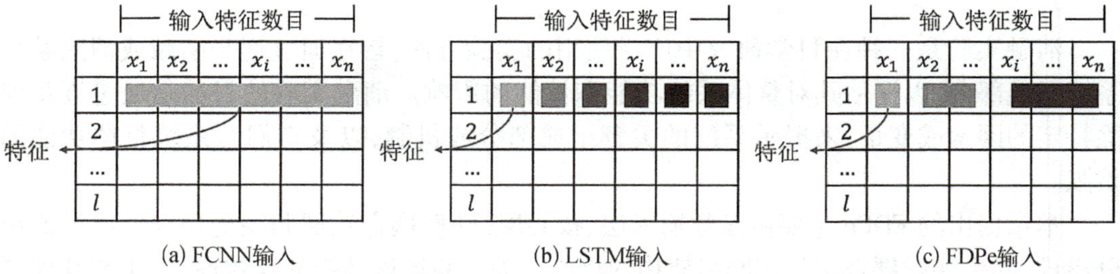

图 7-33　不同神经网络模型参数输入方式示意图

(二) 模型比较与分析

表 7-9 给出了三种神经网络模型结构参数。表 7-10 给出了不同神经网络模型在测试集上对六参数的预测精度指标。图 7-34 所示为三种验证模型在模型性能指标统计值上的雷达图。图 7-35 给出了验证模型在测试集中的平均相对误差统计直方图。

表 7-9　三种神经网络模型结构参数

模型名称	模　型　结　构
FCNN	Linear (n, h) - Linear $(h, h) \times L$-Linear $(h, 1)$
LSTM	LSTM (n, h, L) - Linear $(h \times t, 1)$
FDPe	contiguous (LSTM $(n_1, h, 1)$, Linear (n_2, h) ⋯) - LSTM (n, h, L) - Linear $(h \times t, 1)$

表 7-10　不同神经网络模型在测试集上对六参数的预测精度指标

模型名称	目 标 参 数	RE/%			AE		
		Ave	Max	Std.	Ave	Max	Std.
FCNN	排水温度	2.661	8.991	1.657	0.832	2.494	0.530
	前轴承温度	2.332	9.132	1.838	0.883	3.565	0.734
	后轴承温度	2.135	7.280	0.884	0.730	2.300	0.295
	进水阀开度	5.831	20.137	4.212	1.005	3.520	0.668
	前轴承振动值	8.675	59.465	7.200	0.086	0.673	0.088
	后轴承振动值	12.424	162.025	12.424	0.070	0.543	0.060
LSTM	排水温度	2.152	8.399	1.402	0.651	2.501	0.430
	前轴承温度	2.042	13.407	1.638	0.761	4.284	0.651
	后轴承温度	1.714	9.595	1.537	0.634	3.134	0.612
	进水阀开度	5.157	22.444	4.543	1.167	4.781	1.145
	前轴承振动值	9.061	48.968	6.743	0.091	0.813	0.084
	后轴承振动值	11.332	137.495	8.563	0.088	0.607	0.066
FDPe	排水温度	0.573	4.226	0.418	0.181	1.314	0.144
	前轴承温度	0.641	3.094	0.490	0.242	1.014	0.204
	后轴承温度	0.573	3.489	0.388	0.201	1.087	0.139
	进水阀开度	2.555	10.396	1.972	0.553	2.021	0.424
	前轴承振动值	6.704	33.207	6.590	0.053	0.512	0.056
	后轴承振动值	6.793	61.382	7.021	0.041	0.323	0.042

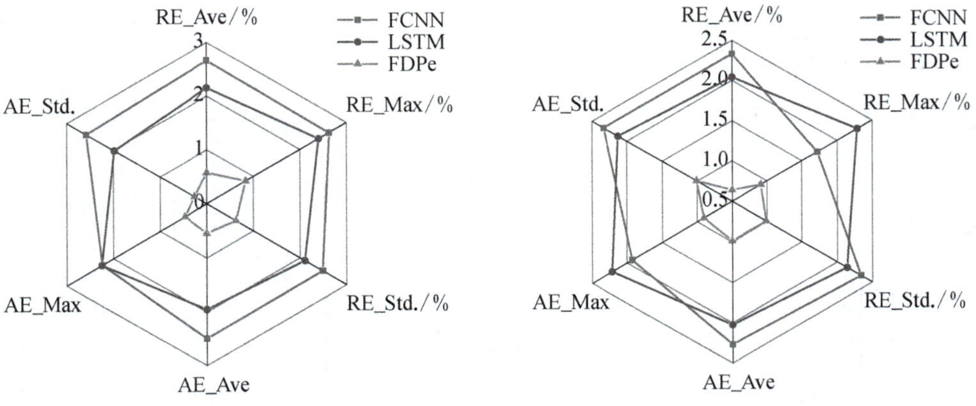

(a) 排水温度　　(b) 前轴承温度

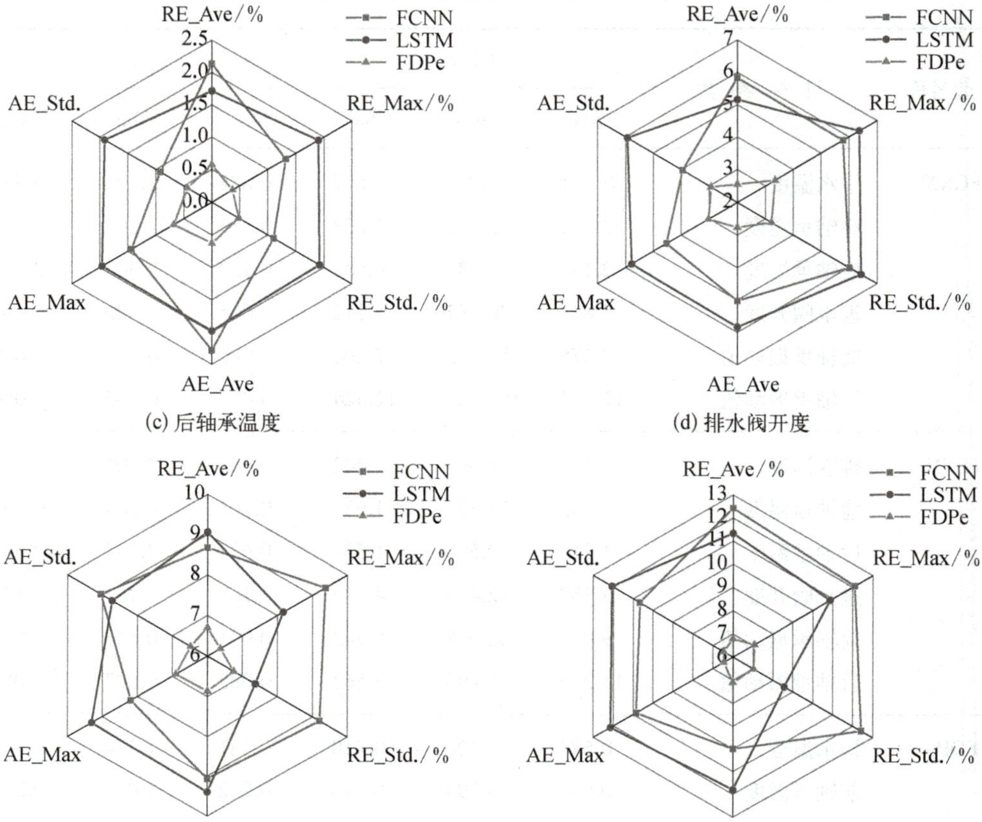

(c) 后轴承温度　　(d) 排水阀开度

(e) 前轴承振动　　(f) 后轴承振动

图 7-34　模型性能指标统计值雷达图

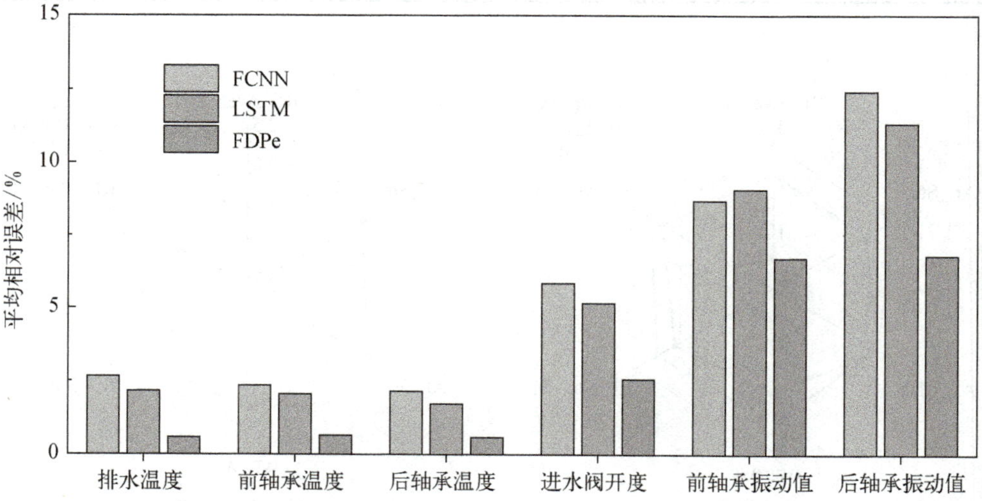

图 7-35　验证模型在测试集中的平均相对误差统计直方图

由表 7－10 可得，对于六项关键性能参数预测精度指标，本节提出的 FDPe 架构模型均取得最佳表现，由图 7－34、图 7－35 可得，对于大部分目标参数，LSTM 映射结构的预测精度略高于 FCNN，而除振动参数外，本节提出的 FDPe 映射结构的精度均远高于 FCNN 和 LSTM 映射结构，振动参数的各项误差值也都明显较低。通过消融实验验证可得，本节提出的 FDPe 部件分级解析物理结构嵌入映射结构在参数耦合、分级映射方面相较纯 FCNN 和纯 LSTM 结构具有明显优势。

六、模型检验与分析

在某次涡轮试验过程中，当试验进行到 11 000 s 左右（约 3.06 h）时，后轴承出现异常温度升高，直到 11 400 s 左右（约 3.17 h），后轴承温度急剧上升，达到峰值 83℃，超过预设限值，工作人员紧急停止试验，并逐渐降低转速。事后检修发现，后轴承已经因温度过高而发生了变形，造成了结构性损伤。图 7－36 给出了后轴承超温数据真实值预测值对比图。

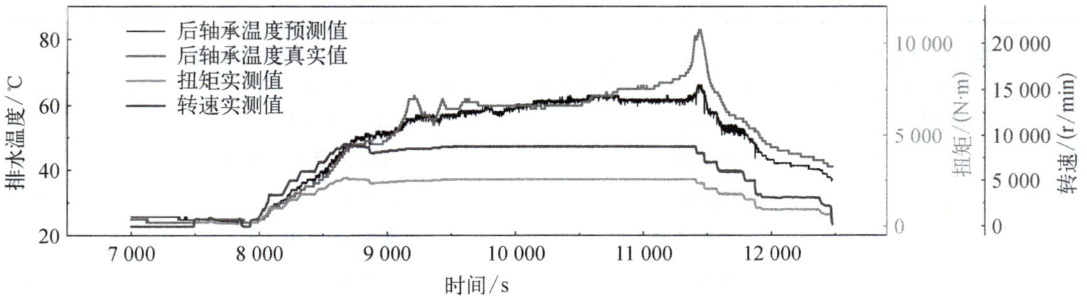

图 7－36　后轴承超温数据真实值预测值对比图

使用该故障数据对训练好的涡轮部件试验台性能参数映射模型进行验证，预测结果如图 7－36 所示，在故障发生的 6 min 之前就出现了明显的状态偏离，从 11 000 s 到 11 400 s，后轴承温度与性能参数预测模型给出的正常工作温度偏差不断加大直至超温，此外在 9 300 s 左右也发生过后轴承温度异常升高的现象。当后轴承温度超温达到 83℃时，模型给出的偏差也达到峰值 25.333%，已知该模型在测试集数据上的峰值误差为 3.489%，根据第二节给出的偏差定义：偏差＝模型误差+状态偏差，可粗略计算得出试验台工作状态偏差约 20%。

根据故障数据验证结果显示，本节提出的涡轮部件试验台性能参数映射模型可以完成对试验台工作状态的准确评估，且对于可能发生的故障具备一定程度的前兆预测能力，完全满足对试验台进行状态监测与健康管理的技术需求。

第四节　涡轮部件试验台状态监测系统设计与实施

本节将设计开发基于性能参数映射模型的涡轮部件试验台状态监测系统。该系统旨在实时监测和记录航空发动机涡轮部件试验台的运行状态参数，以评估设备性能、检测故障和优化试验过程。通过与性能参数映射模型的结合，系统能够及时获取涡轮部件试验台的运行数据,并进行实时状态评估与监测预警。该系统具备基于 Oracle 和 PL/SQL 搭建的涡轮部件试验台运行参数数据库、基于 PyTorch 搭建的后端预测程序以及基于 LabWindows/CVI 搭建的前端 UI 界面,具备快速、高效以及可扩展性等诸多优势,为工程师和研究人员提供了一个全面了解设备状态和性能的平台,有助于及时发现和解决潜在问题,提高设备的可靠性和性能。

本节将从系统总体设计、数据库设计、后端预测程序设计以及系统详细设计与实现四个方面对涡轮部件试验台状态监测系统进行全面介绍,并通过系统的应用成效验证其研发意义。

一、系统开发环境

本节使用 Windows 操作系统进行开发,相关开发及运行环境参数详见表 7-11。

表 7-11　系统开发与运行环境

类　别	项　目	运行环境
软件	UI 界面	NI CVI 2017
	数据库	Oracle 及 PL/SQL
	预测程序	PyTorch
	操作系统	Windows 10
	编程语言	C、Python
硬件	CPU	Intel i5 四核 2.0 GHz 处理器
	内存	8 G
	硬盘	500 G
	采集板卡(两张)	阿尔泰 PCI8210 阿尔泰 USB5632-D

二、系统总体设计

涡轮部件试验台状态监测系统设计包括需求分析、系统框架设计、系统实现三个阶段,如图 7-37 所示。

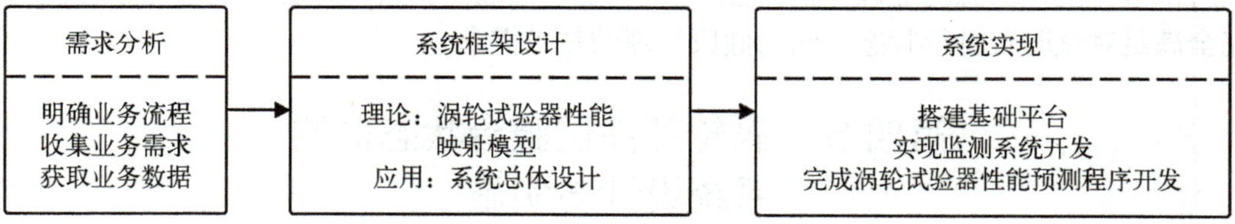

图 7-37　系统设计路线

1) 需求分析

需求分析阶段旨在确定涡轮部件试验台状态监测系统的功能需求、性能要求和技术约束条件等，明确涡轮部件试验台性能预测的业务流程，分析预测重点和难点。在这个阶段，需要考虑数据来源、预测精度、系统可用性、用户需求等问题。

2）系统框架设计

在需求分析阶段确定了系统需求后，需要结合涡轮部件试验台性能映射模型设计状态监测系统的框架。这个阶段需要考虑算法选择、数据预处理、模型选择、结果展示等信息。

3）系统实现

在完成系统框架设计后，从数据采集、算法实现、界面设计、系统测试等方面考虑，搭建基础平台，实现涡轮部件试验台状态监测系统的具体业务功能。系统包括数据采集与管理模块、性能参数预测模块、状态监测与阈值报警模块三部分。

（一）系统需求分析

涡轮部件试验台状态监测系统通过控制系统中的采集卡进行采集记录试验器各个运行参数，以达到监视试验器运行状态的目的。监测程序采集记录的运行参数数据可以实时传递给性能预测程序，同时获取预测程序的预估结果并进行显示，实现预测数据与采集监视数据的同步显示，其具体工作流程如图 7－38 所示。

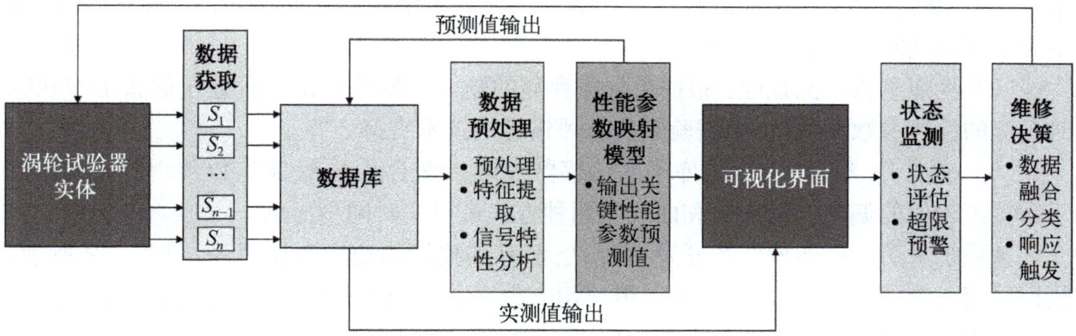

图 7－38　基于性能映射模型的状态监测系统工作流程图

根据实际试验需求分析可得，涡轮部件试验台状态监测系统须具备如下功能：

（1）通过控制采集卡实现 48 路数据采集监视、实时显示及存储于数据库，数据显示刷新率可设（10 Hz、5 Hz、2 Hz、1 Hz、0.5 Hz、0.2 Hz、0.1 Hz）；

（2）48 路采集监视通道分为 2 组，每组可连接一个测功器，并具有最多 6 路预测参数的显示存储；

（3）支持工程值自动转换，可对采集原始值和工程值的转换关系系数进行便捷的修改配置维护，显示数值为转换后的工程值；

（4）存储采集数据时可附带测功器编号、试验时间以及测试信息；

（5）根据传感器采集的数据对能反映系统运行状态的性能参数进行预测；

（6）采集监视数据和预测数据能够实时进行存储及显示，显示方式有曲线波形显示和数值显示；波形显示以运行时间为 X 轴，工程值为 Y 轴绘制曲线图；

（7）曲线图可随采集时间实时滚动刷新，刷新率可设（10 Hz、5 Hz、2 Hz、1 Hz、0.5 Hz、0.2 Hz、0.1 Hz）；曲线窗口宽度对应时间默认 120 s，用户可进行修改设置（60 s、120 s、

300 s、600 s)；

(8) 曲线图可自由配置选择需要显示的参数、每个参数的曲线颜色、上下极值等；

(9) 能够自由配置预测的性能参数并实时显示预测值和曲线图，性能预测值和实测值可同步显示；

(10) 可显示预测值和实测值的相对差，并对差值设置预警值，达到预警值时以醒目方式进行报警；

(11) 可对工程值设置高限、超高限、低限、超低限报警阈值，采集监视过程中发现达到不同预警值时能够以不同且醒目的方式进行报警——高限/低限时数字背景黄色闪烁，超高限/超低限时数字背景红色闪烁；

(12) 能够载入已存储的试验数据，并显示存储的各个参数工程值和预测值。

(二) 系统总体框架

涡轮部件试验台状态监测系统总体结构包括三部分，即数据库、性能参数预测程序以及前端 UI 界面。

(1) 数据库：接收涡轮试验控制器分流传输到状态监测系统的传感器信号，将其根据对应关系转化为实际工程值并进行存储。在数据库中建立存储预测模型输入、输出数据表格，供性能预测模型载入和写入。

(2) 性能参数预测程序：根据数据库存储的输入数据给出试验台处于健康工作状态时对应的性能参数预估值，为试验器状态评估提供技术支持。

(3) 前端 UI 界面：将数据库中的传感器采集参数工程值、性能参数预测值及其相对于真实工程值的偏离度以数据和曲线图两种方式进行实时同步显示。

该系统采用三层架构体系开发，每一层都有其独特的功能和作用，如图 7－39 所示。数据层用于存储和管理数据，业务逻辑层用于数据的处理和分析，应用层用于展示和应用预测结果。这种架构体系能够有效地实现涡轮部件试验台的状态监测，为试验的正常进行提供技术支持。

各层具体分析如下。

(1) 数据层：主要是存放对数据类的访问，即对数据库的添加、删除、修改、更新等基本操作，本系统中存放了对的 Order 类、User 类、Vehicle 类这些基础数据类的访问，尽量保证函数的原子性，包括对 Order 类、User 类、Vehicle 类的添加、删除、修改和查询的操作，为上一层的业务逻辑层提供数据服务。

(2) 业务逻辑层：根据本系统的业务需求，如图 7－39 所示的传感器信号采集与转换、试验台性能参数预测、参数监测与预警、数据交互及测试信息记录等业务，创建 SQL 语句，调用其他类，获取最后的结果，业务逻辑层需要调用数据层完成某个功能需求，为系统提供技术支撑。

(3) 应用层：涡轮部件试验台状态监测系统的最上层，主要利用下层提供的服务展示和应用预测结果，实现人机交互。该层通过可视化方式展示历史数据和可靠的预测结果，并提供预测结果的查询、图表化展示和导出等功能，以便用户能够有效地利用预测结果做出决策。

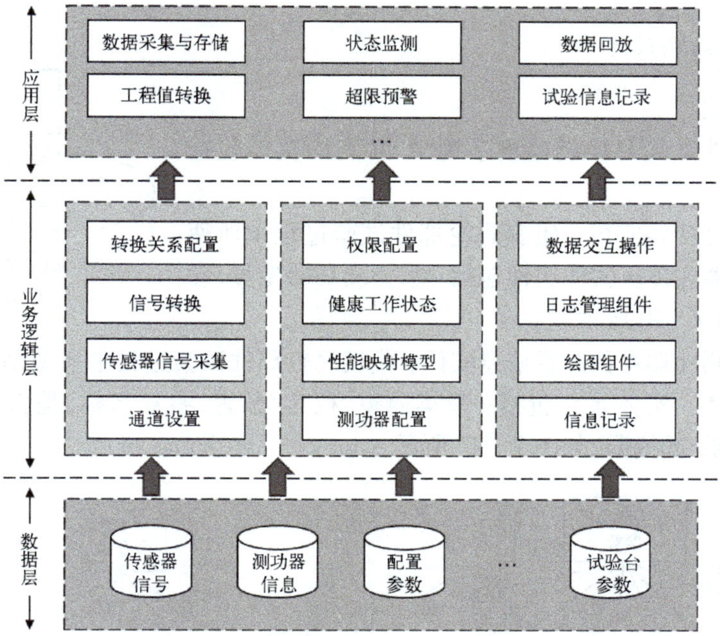

图7-39　系统总体框架

三、数据库设计与搭建

（一）功能需求分析

1. 数据存储功能

为了将涡轮部件试验台状态监测系统所有系统配置信息和试验数据均统一存储在数据中，需要对数据库存储提出一定的要求，保证数据库存储的定义完整性，包含所存储参数的完整信息，对参数信息进行存储，为后续的处理和使用提供数据基础。通过对涡轮部件试验台运行过程的关键参数进行分析，对数据库的结构进行设计，对数据采集类型进行定义，实现数据库总体优化设计。

数据库需要存储的数据有：

（1）涡轮部件试验台控制器分流而来的0~10 V电压信号；

（2）根据对应转换关系转换而来的工程值；

（3）根据一定采样频率提取的涡轮试验参数工程值；

（4）涡轮部件试验台性能预测模型预载数据；

（5）不同涡轮部件试验台参数说明；

（6）涡轮部件试验台测试试验记录信息。

2. 命令/数据中转功能

（1）命令中转：涡轮部件试验台性能监测程序通过修改数据库中的COMMAND表，控制涡轮部件试验台性能预测模型开始和中断运行。

（2）数据中转：根据一定的采样频率将数据库存储的涡轮部件试验台工程值提取到中间表中，作为涡轮部件试验台性能预测模型的输入，从而实现预测参数的均匀输出。

（二）概念结构设计

1. 实体描述

在涡轮部件试验台性能监测系统中，常见的实体包括如下。

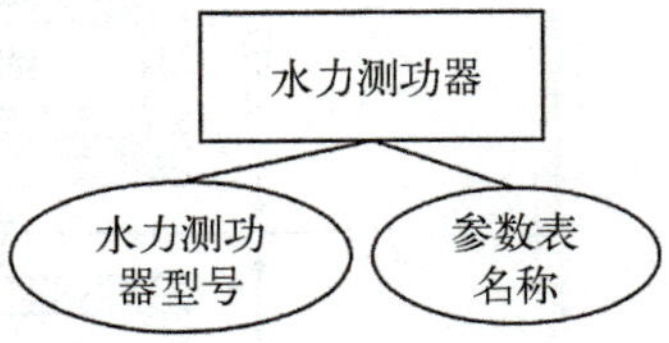

图 7－40　水力测功器实体 E－R① 图

（1）水力测功器实体：代表涡轮部件试验过程中所使用的水力测功器实体。实体属性包括：水力测功器型号，参数表名称，如图 7－40 所示。

（2）水力测功器参数配置信息实体：代表涡轮部件试验过程中所使用的水力测功器的配置信息实体。实体属性包括：采集通道，权重/偏置，参数名称，是否预测，单位，低限/超低限，高限/超高限，如图 7－41 所示。

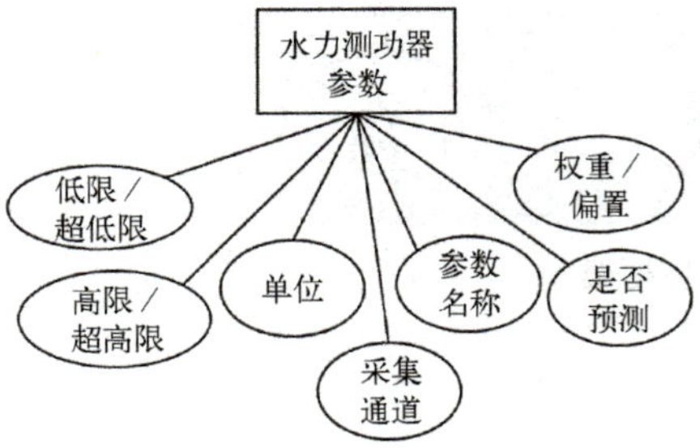

图 7－41　水力测功器参数配置信息实体 E－R 图

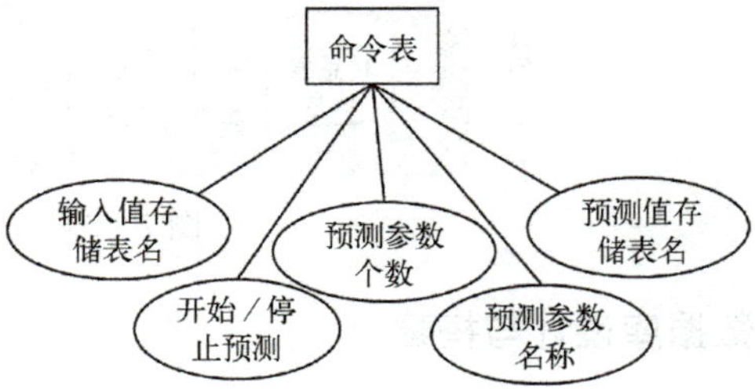

图 7－42　命令信息实体 E－R 图

（3）命令信息实体：代表状态监测系统与性能参数映射模型之间的命令信息中转平台实体。实体属性包括：开始/停止预测，输入值存储表名，预测值存储表名，预测参数个数，预测参数名称，如图 7－42 所示。

（4）涡轮部件试验台运行参数信息实体：代表涡轮部件试验过程中控制器采集并储存的参数实体（包含传感器采集的电压值以及根据经验公式转换而来的工程值）。实体属性包括：进水温度，排水温度，进水阀开度，排水阀开度，前轴承温度，后轴承温度，转速，扭矩，进水压力，后轴承振动参数，前轴承振动参数，如图 7－43 所示。

（5）涡轮部件试验台性能预测参数信息实体：代表性能映射模型输出的反映涡轮部件试验台工作状态的运行参数的预估值。实体属性包括：排水温度，前轴承温度，后轴承温度，扭矩，后轴承振动参数，前轴承振动参数，如图 7－44 所示。

2. 实体关系描述

在涡轮部件试验台性能监测系统中，存在多个实体及其之间的关系，以下是一些实体关系描述。

（1）命令信息与水力测功器的关系（一对多）：

一个命令信息可以对应多台水力测功器，每次试验都会产生一个命令信息，而每台水力测功器只对应一个命令信息。

① 实体-关系（entity-relationship，E－R）。

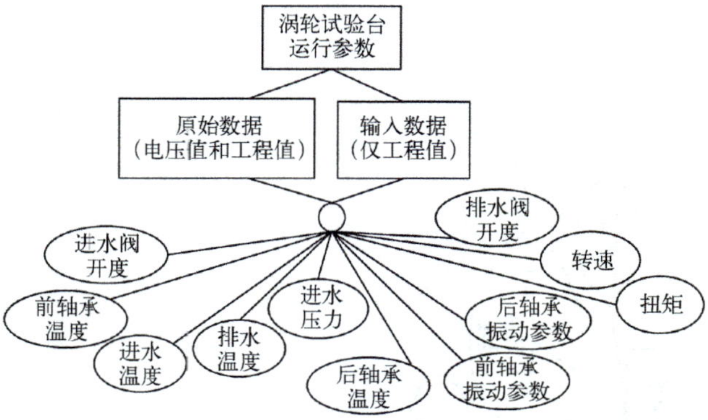

图 7－43　涡轮部件试验台运行参数信息实体 E－R 图

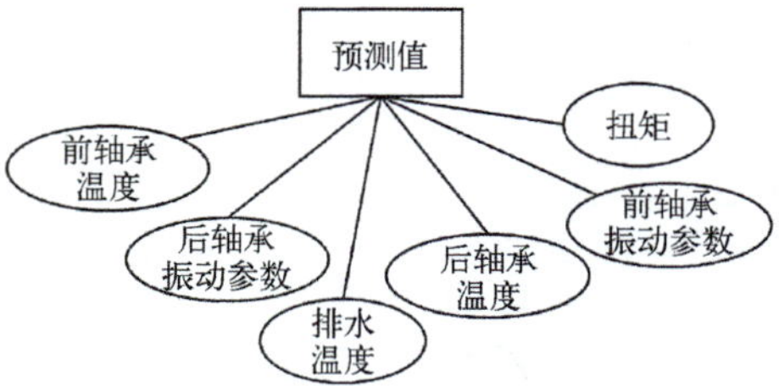

图 7－44　涡轮部件试验台性能预测参数信息实体 E－R 图

命令信息中转实体的主键作为水力测功器实体的外键，用于建立命令信息与水力测功器之间的关联。

（2）水力测功器与涡轮部件试验台运行参数信息的关系（一对多）：

一台水力测功器可以对应多次涡轮部件试验，每次试验都会使用一台水力测功器并存储多条涡轮部件试验台运行参数信息，而每条涡轮部件试验台运行参数信息只对应具体的一台水力测功器。

水力测功器实体的主键作为涡轮部件试验台运行参数信息的外键，用于建立水力测功器实体与涡轮部件试验台运行参数信息之间的关联。

（3）水力测功器与涡轮部件试验台性能预测参数信息的关系（一对多）：

一台水力测功器可以对应多次涡轮部件试验，每次试验都会使用一台水力测功器并存储多条涡轮部件试验台性能预测参数信息，而每条涡轮部件试验台性能预测参数信息只对应具体的一台水力测功器。

水力测功器实体的主键作为涡轮部件试验台性能预测参数信息的外键，用于建立水力测功器实体与涡轮部件试验台性能预测参数信息之间的关联。

以上是一些实体关系描述。在数据库设计中，可以使用实体关系图来清晰地表示各个实体之间的关系。这有助于系统设计人员和开发人员理解实体之间的关联，确保数据库的一致性和完整性。实体关系描述的准确性和清晰性对于系统的正确运行和数据的正确管理至关重要，图 7－45 所示为该系统的 E－R 图。

（三）逻辑结构设计

将实体和关系转换为关系模型，即数据库中的表。通过将 E－R 图中的实体和关系转化为关系模型（表），我们可以在数据库中创建相应的表，并使用关系型数据库管理系统来存储和操作数据。这种关系模型的设计有助于确保数据的一致性和完整性，并支持有效的数据检索和操作。

1）水力测功器参数说明表（CEGONGQI_INFO）：水力测功器名称（CEGONGQI_NAME）[主键]、采集通道编号（CHAN）、采集标志（ENABLE）、信号名称（NAME）、信号说明（DESCS）、工程值转换系数 1（KX）、工程值转换系数 2（B）、超高限报警阈值（CHAOGAO）、高限报警

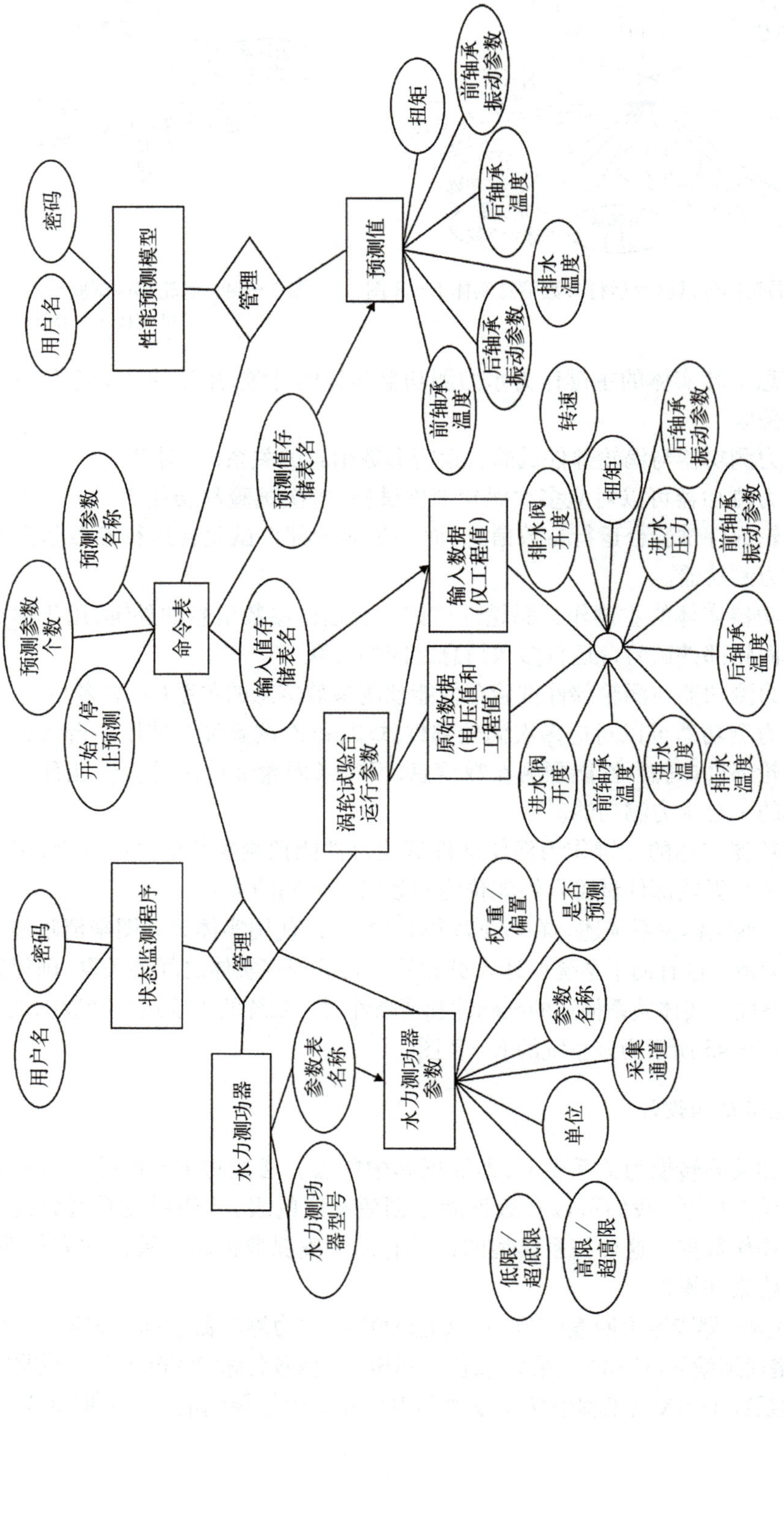

图 7－45 涡轮部件试验台性能监测系统 E－R 图

阈值(GAOXIAN)、低限报警阈值(DIXIAN)、超低限报警阈值(CHAODI)、相对差报警阈值(CHA)、工程值单位(DANWEI)、预测标志(YUCE)

水力测功器参数说明表存储每一个测功器的信号采集通道配置、采集的信号名称、信号说明、工程值转换关系以及报警阈值、是否需要预测的标志等信息。每一台水力测功器配置有一个水力测功器参数说明表，目前系统中存储有三个水力测功器信息。表7－12所示为水力测功器参数说明表(CEGONGQI_INFO)的详细数据库结构设计，包括字段名、数据类型、长度、数据说明。

表7－12　水力测功器参数说明表

字段名	类　　型	数据说明
CEGONGQI_NAME	Varchar2(16)	水力测功器名称
CHAN	Number	采集通道编号，勿改
ENABLE	Number	采集标志，1采集，0不采集
NAME	Varchar2 (30)	连接的信号名称
DESCS	Varchar2 (30)	信号说明
KX	Binary_Double	工程值转换系数
B	Binary_Double	工程值转换零位
CHAOGAO	Binary_Double	超高限报警阈值
GAOXIAN	Binary_Double	高限报警阈值
DIXIAN	Binary_Double	低限报警阈值
CHAODI	Binary_Double	超低限报警阈值
CHA	Binary_Double	相对差报警阈值
DANWEI	Varchar2 (16)	工程值单位
YUCE	Number	预测标志，1预测，0不预测

2）命令表(COMMAND)：控制命令(COMMAND)[主键]、当前中间数据表名(TABLE_INFO)、当前预测数据表名(TABLE_PRE)、预测参数数量(YUCENUMS)、预测参数1名称(NAME1)、预测参数2名称(NAME2)、预测参数3名称(NAME3)、预测参数4名称(NAME4)、预测参数5名称(NAME5)、预测参数6名称(NAME6)

命令表为系统软件内部使用，用于采集程序和预测程序间的数据传递和命令交互。表7－13所示为命令表(COMMAND)的详细数据库结构设计，包括字段名、数据类型、长度、数据说明。

表7－13　命令表

字段名	类　　型	数据说明
COMMAND	Number	控制命令
TABLE_INFO	Varchar2 (30)	当前中间数据表名

续 表

字段名	类型	数据说明
TABLE_PRE	Varchar2 (30)	当前预测数据表名
YUCENUMS	Number	预测参数数量
NAME1	Varchar2 (30)	预测参数 1 名称
NAME2	Varchar2 (30)	预测参数 2 名称
NAME3	Varchar2 (30)	预测参数 3 名称
NAME4	Varchar2 (30)	预测参数 4 名称
NAME5	Varchar2 (30)	预测参数 5 名称
NAME6	Varchar2 (30)	预测参数 6 名称

3) 测试记录表(TESTLOG):试验日期(DATETIME)[主键]、测功器名称(CEGONGQINAME)、测试信息(TESTDESC)、原始数据表名(YUANDATANAME)、中间数据表名(ZHONGJIANNAME)、预测数据表名(YUCEDATANAME)、采集通道索引(ACQCHAN)、预测通道索引(YUCECHAN)

测试记录表记录存储每一次试验记录信息,包括试验日期、测功器名称、测试信息以及试验数据表名等。表 7-14 所示为测试记录表(TESTLOG)的详细数据库结构设计,包括字段名、数据类型、长度、数据说明。

表 7-14 测试记录表

字段名	类型	数据说明
DATETIME	Varchar2 (20)	试验日期
CEGONGQINAME	Varchar2 (16)	测功器名称
TESTDESC	Varchar2 (1024)	测试信息
YUANDATANAME	Varchar2 (30)	原始数据表名
ZHONGJIANNAME	Varchar2 (30)	中间数据表名
YUCEDATANAME	Varchar2 (30)	预测数据表名
ACQCHAN	Number	采集通道索引
YUCECHAN	Number	预测通道索引

4) 试验数据表(XXXX_XXXX):原始数据表(XXXX_XXXX_RAWDATA)、工程值表(XXXX_XXXX_PJEVALUE)、预测值表(XXXX_XXXX_PREDATA)

(1) 原始数据表(XXXX_XXXX_RAWDATA):时间(TIME)[主键]、进水温度、排水温度、前轴承温度、后轴承温度、转速、扭矩、进水阀开度、排水阀开度、进水压力、前滑油流量、后滑油流量、前密封水流量、后密封水流量、总密封水流量、滑油压力、液压油流量、前轴承振动值、后轴承振动值。以上参数的电压值和工程值。

(2) 工程值表(XXXX_XXXX_PJEVALUE):时间(TIME)[主键]、进水温度、排水温

度、前轴承温度、后轴承温度、转速、扭矩、进水阀开度、排水阀开度、进水压力、前滑油流量、后滑油流量、前密封水流量、后密封水流量、总密封水流量、滑油压力、液压油压力、前轴承振动值、后轴承振动值。以上参数的工程值。

（3）预测值表（XXXX_XXXX_PREDATA）：时间（TIME）［主键］、排水温度、前轴承温度、后轴承温度、扭矩、前轴承振动值、后轴承振动值。以上参数的工程值、预测值及相对误差。

试验数据表记录所有试验数据，表名XXXX_XXXX由使用的测功器编号和涡轮部件试验的具体日期决定。每次试验共产生水力测功器原始数据表、工程值表和预测值表3个数据表，这三个数据表分别用来存储记录试验产生的原始电压数据和换算出来的工程值数据及预测数据。在试验数据表中，所有参数名称均以XXX、XXX_INFO、XXX_INFO_PRE和XXX_CHA命名，其中XXX为水力测功器参数说明表配置的信号名称，相应的数据为采集的原始电压值；XXX_INFO存储换算出来的工程值；XXX_INFO_PRE为预测程序实时计算出的预测值；XXX_CHA为实际采集换算的工程值和预测值之间的相对差。表7－15～表7－17所示为试验数据表（XXXX_XXXX）的详细数据库结构设计，包括字段名、数据类型、长度、数据说明。

表7－15　原始数据表

字段名	类　型	数据说明
TIME	Binary_Double	时间
WATER_IN_TEMP	Binary_Double	进水温度（电压值）
WATER_IN_TEMP_INFO	Binary_Double	进水温度（工程值）
WATER_OUT_TEMP	Binary_Double	排水温度（电压值）
WATER_OUT_TEMP_INFO	Binary_Double	排水温度（工程值）
FWD_DYNO_BEARING	Binary_Double	前轴承温度（电压值）
FWD_DYNO_BEARING_INFO	Binary_Double	前轴承温度（工程值）
AFT_DYNO_BEARING	Binary_Double	后轴承温度（电压值）
AFT_DYNO_BEARING_INFO	Binary_Double	后轴承温度（工程值）
SPEED	Binary_Double	转速（电压值）
SPEED_INFO	Binary_Double	转速（工程值）
TORQUE	Binary_Double	扭矩（电压值）
TORQUE_INFO	Binary_Double	扭矩（工程值）
INLET_VALUE_FB	Binary_Double	进水阀开度（电压值）
INLET_VALUE_FB_INFO	Binary_Double	进水阀开度（工程值）
OUTLET_VALUE_FB	Binary_Double	排水阀开度（电压值）
OUTLET_VALUE_FB_INFO	Binary_Double	排水阀开度（工程值）
WATER_PRESSURE	Binary_Double	进水压力（电压值）
WATER_PRESSURE_INFO	Binary_Double	进水压力（工程值）
FWD_OIL_FLOW	Binary_Double	前滑油流量（电压值）
FWD_OIL_FLOW_INFO	Binary_Double	前滑油流量（工程值）

续 表

字 段 名	类　型	数 据 说 明
AFT_OIL_FLOW	Binary_Double	后滑油流量(电压值)
AFT_OIL_FLOW_INFO	Binary_Double	后滑油流量(工程值)
FWD_WATER_FLOW	Binary_Double	前密封水流量(电压值)
FWD_WATER_FLOW_INFO	Binary_Double	前密封水流量(工程值)
AFT_WATER_FLOW	Binary_Double	后密封水流量(电压值)
AFT_WATER_FLOW_INFO	Binary_Double	后密封水流量(工程值)
ALL_WATER_FLOW	Binary_Double	总密封水流量(电压值)
ALL_WATER_FLOW_INFO	Binary_Double	总密封水流量(工程值)
OIL_PRESSURE	Binary_Double	滑油压力(电压值)
OIL_PRESSURE_INFO	Binary_Double	滑油压力(工程值)
HYD_OIL_PRESSURE	Binary_Double	液压油流量(电压值)
HYD_OIL_PRESSURE_INFO	Binary_Double	液压油流量(工程值)
VIBRATION_1	Binary_Double	前轴承振动值(电压值)
VIBRATION_1_INFO	Binary_Double	前轴承振动值(工程值)
VIBRATION_2	Binary_Double	后轴承振动值(电压值)
VIBRATION_2_INFO	Binary_Double	后轴承振动值(工程值)

表 7-16　工程值表

字 段 名	类　型	数 据 说 明
TIME	Binary_Double	时间
WATER_IN_TEMP_INFO	Binary_Double	进水温度
WATER_OUT_TEMP_INFO	Binary_Double	排水温度
FWD_DYNO_BEARING_INFO	Binary_Double	前轴承温度
AFT_DYNO_BEARING_INFO	Binary_Double	后轴承温度
SPEED_INFO	Binary_Double	转速
TORQUE_INFO	Binary_Double	扭矩
INLET_VALUE_FB_INFO	Binary_Double	进水阀开度
OUTLET_VALUE_FB_INFO	Binary_Double	排水阀开度
WATER_PRESSURE_INFO	Binary_Double	进水压力
FWD_OIL_FLOW_INFO	Binary_Double	前滑油流量
AFT_OIL_FLOW_INFO	Binary_Double	后滑油流量
FWD_WATER_FLOW_INFO	Binary_Double	前密封水流量
AFT_WATER_FLOW_INFO	Binary_Double	后密封水流量
ALL_WATER_FLOW_INFO	Binary_Double	总密封水流量
OIL_PRESSURE_INFO	Binary_Double	滑油压力

续　表

字段名	类　型	数据说明
HYD_OIL_PRESSURE_INFO	Binary_Double	液压油压力
VIBRATION_1_INFO	Binary_Double	前轴承振动值
VIBRATION_2_INFO	Binary_Double	后轴承振动值

表 7 - 17　预测值表

字段名	类　型	数据说明
TIME	Binary_Double	时间
WATER_OUT_TEMP_INFO	Binary_Double	排水温度工程值
WATER_OUT_TEMP_INFO_PRE	Binary_Double	排水温度预测值
WATER_OUT_TEMP_INFO_CHA	Binary_Double	排水温度相对误差
FWD_DYNO_BEARING_INFO	Binary_Double	前轴承温度工程值
FWD_DYNO_BEARING_INFO_PRE	Binary_Double	前轴承温度预测值
FWD_DYNO_BEARING_CHA	Binary_Double	前轴承温度相对误差
AFT_DYNO_BEARING_INFO	Binary_Double	后轴承温度工程值
AFT_DYNO_BEARING_INFO_PRE	Binary_Double	后轴承温度预测值
AFT_DYNO_BEARING_CHA	Binary_Double	后轴承温度相对误差
TORQUE_INFO	Binary_Double	扭矩真实值
TORQUE_INFO_PRE	Binary_Double	扭矩预测值
TORQUE_INFO_CHA	Binary_Double	扭矩相对误差
VIBRATION_1_INFO	Binary_Double	前轴承振动真实值
VIBRATION_1_INFO_PRE	Binary_Double	前轴承振动预测值
VIBRATION_1_CHA	Binary_Double	前轴承振动相对误差
VIBRATION_2_INFO	Binary_Double	后轴承振动真实值
VIBRATION_2_INFO_PRE	Binary_Double	后轴承振动预测值
VIBRATION_2_CHA	Binary_Double	后轴承振动相对误差

四、后端预测程序设计

后端预测程序使用 Python 语言基于 PyTorch 深度学习框架搭建而成，并使用 Pyinstaller 工具库打包应用，其功能包含数据库读取数据、数据集分割、数据预处理、网络参数配置、模型训练、测试、验证及部署应用的全过程。图 7 - 46 给出了后端预测程序全工作流程图。

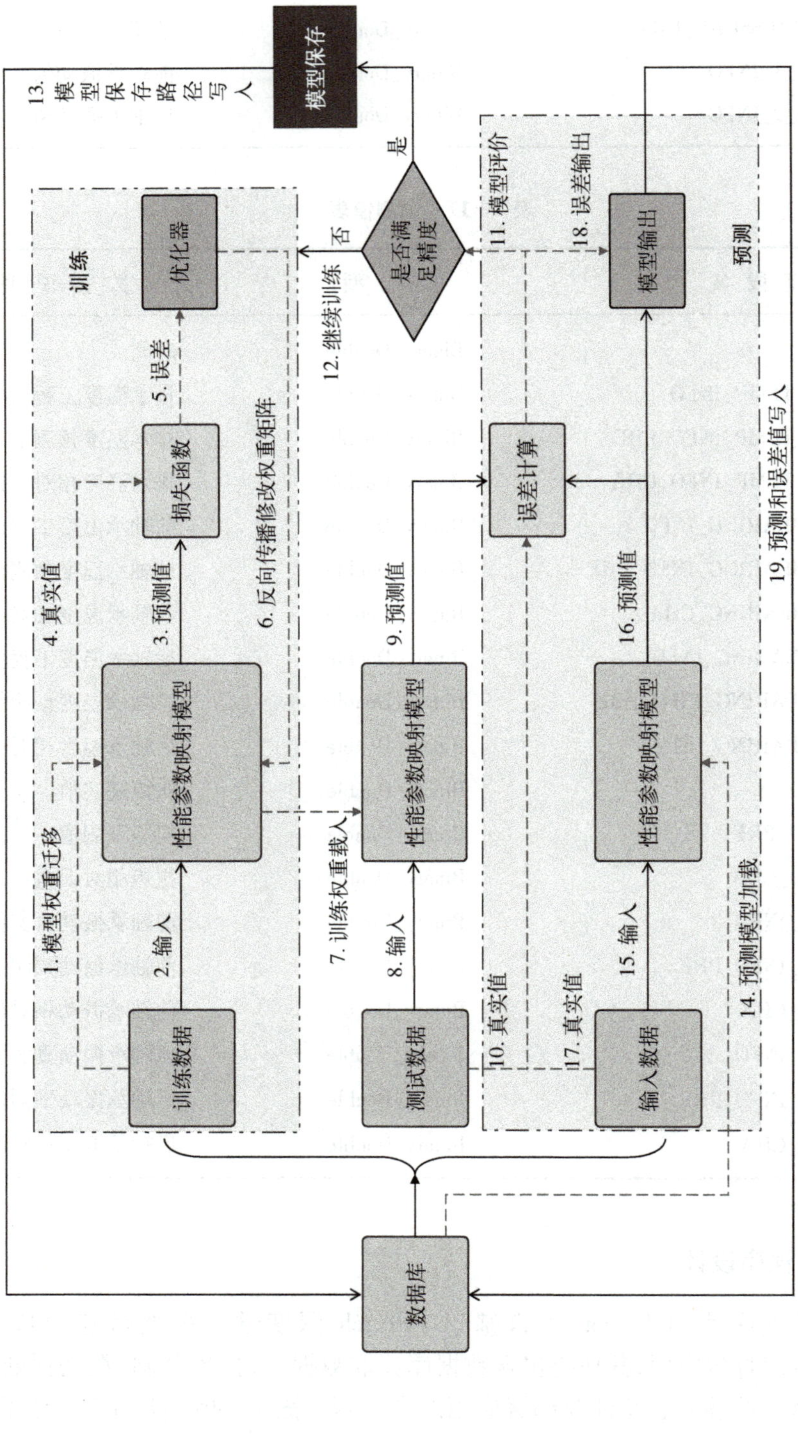

图 7-46 后端预测程序全工作流程图

本小节介绍的后端预测程序所涉及的神经网络模型采用本章提出的基于数据与物理嵌入融合驱动的神经网络架构及基于权重自适应损失函数的改进优化算法进行训练，具体训练测试过程不再赘述，主要描述后端预测程序的预测功能，即模型的部署应用过程。

第五节　水力测功器性能数字试验

涡轮部件试验台设备繁多，种类复杂，水力测功器是涡轮部件试验台的核心组成设备之一。目前应用于航空发动机的大型高速水力测功器通常从英、美等国购买，其内部系统组成复杂，系统运行机理与设计技术受到国外企业封锁，系统机理与参数间关系尚不明确，造成维修风险大、维护困难且费用高。除此之外，随着水力测功器的长时间运行，由于机械结构的磨损和老化，设备不可避免地会出现性能衰退，其当前特性曲线与出厂时出现较大偏差，如果放任不管可能会对正常的试验测试造成干扰。

本节聚焦于水力测功器组成复杂、运行风险高、维护难度大等问题，论述基于数字孪生的水力测功器安全运行与健康管理技术，以试验数据为驱动，完成水力测功器运行状态的准确映射和实时评估，以孪生体为依托构建水力测功器故障模型，掌握水力测功器预测性维护模型构建方法，通过数字试验探究，获取水力测功器真实工作包线及工作特性，提升涡轮试验安全性和经济性，为涡轮部件试验数字化转型打下基础。

一、数字试验方案设计

（一）水力测功器原理介绍

图7－47所示为典型水力测功器结构原理图。

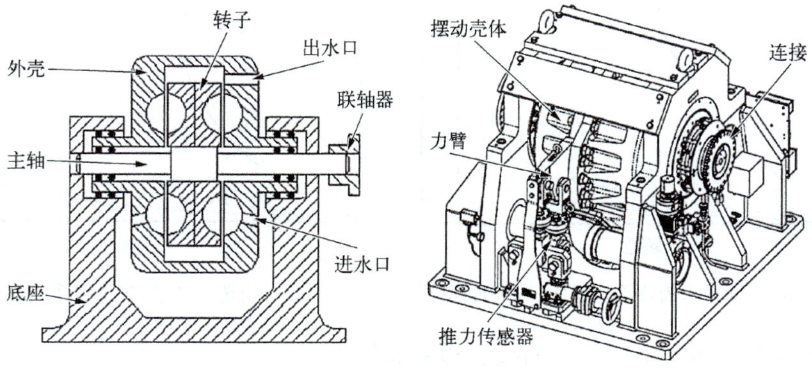

图7－47　水力测功器结构原理图

水力测功器是涡轮试验器的常用设备之一，它是一种利用水对旋转的转子形成摩擦力矩吸收并传递动力机械的输出功率的装置，主要用来测定发电机、电动机、内燃机、燃气轮机和泵等机械的轴功率特性。水力测功器通过水力传动系统提供负载，并在试验中模拟涡轮部件在高速旋转、高温、高压等复杂工况下的工作环境，以验证被测部件的性能和可靠性。相较于其他形式的测功器，水力测功器具有单位质量吸功能力强、转动惯量小、转速功率测量范围宽、调节便利、稳定性高等优点，因而被广泛应用于航空发动机和燃气轮机的测试试验中。

水力测功器基本工作原理如下所示。

涡轮部件固定在转轴上，与转轴一起在外壳内旋转，构成了测功器的转子。转子由轴承支撑在外壳内，而外壳又由外轴承支撑在测功器底座上，它可以绕轴线自由摆动。水流通过进水阀进入机壳内部。当涡轮的旋转带动整个转子在机壳中转动时，水也开始受到转盘的摩擦力牵引而旋转。受离心力的影响，水流被抛向机壳内侧，从而生成了一个环状的水流并增加了其动量矩。另一方面，机壳接收到水的冲力后开始绕轴线摆动。当水击打机壳内壁，水受到内壁的摩擦阻力作用而减速，从而损失动能，并在水压力的作用下向机壳中心回流，形成环状的涡流水圈，进而导致水温上升。由于水环与机壳内壁的摩擦，机壳旋转速度会相对于转子的旋转速度减慢，因此，水流对转子施加一个阻力矩。该阻力矩通过联轴器直接对涡轮施力，形成其负荷，即涡轮所需承担的功率损失。这个负荷可以通过调整进出水量来进行控制。水环的厚度越大，意味着阻力矩越大，从涡轮吸收的功率也越多。

（二）水力测功器特性曲线介绍

图7－48、图7－49给出了典型高速水力测功器扭矩、功率特性曲线。曲线图形 *OABCDE* 所包围的区域表示了该型水力测功器所能吸收的功率范围。*OA*、*AB*、*BC*、*CE*、*OD*、*OE* 六段曲线代表了水力测功器的六种典型临界工作状态，虚线三角形代表燃机工作包线特性曲线，通常来说，水力测功器的工作特性曲线需要完全包含被测部件的工作特性曲线。

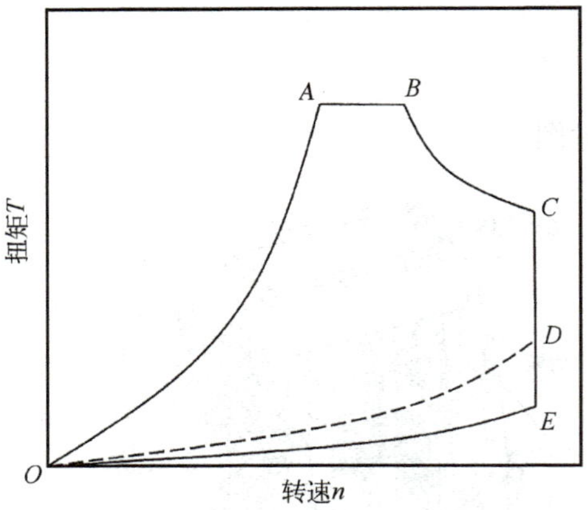

图7－48　高速水力测功器扭矩特性曲线

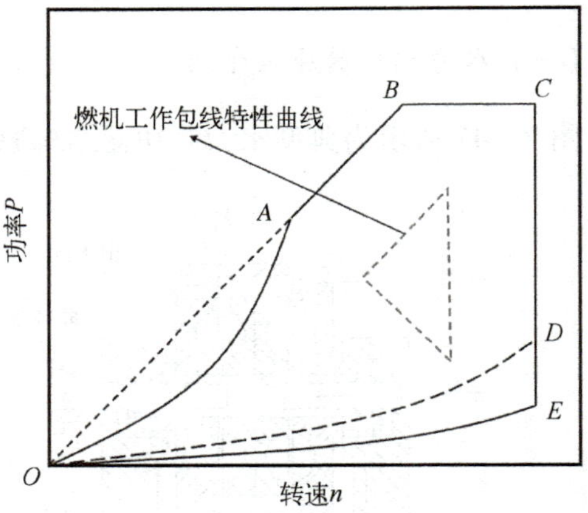

图7－49　高速水力测功器功率特性曲线

以下为水力测功器工作特性曲线各边界具体含义。

1）*OA* 段——结构特性段（平方抛物线）

相当于测功器充满水时（水层厚度最大）所吸收的功率，最后达到测功器转动部分允许的最大制动扭矩，测功器满水线，由转子直径、进水压力确定。

$$P_{max} = K(R^5 - r^5)\left(\frac{n}{60}\right)^c \tag{7-18}$$

式中，P_{max} 表示测功器充满水时（水层厚度最大）所吸收的功率；K 表示比例常数，其值由测功器的具体结构、工作介质等决定；R 表示测功器转子外半径，是影响测功器吸收功率能力的重要结构参数；r 表示测功器转子内半径，与 R 共同通过（R^5-r^5）体现转子结构尺寸对吸收功率的综合作用；n 表示测功器的转速，是影响吸收功率的关键运行参数；c 表示指数常数，其值与测功器工作特性、流体力学特性等有关。

2）*AB* 段——最大扭矩特性段

测功器转子和轴允许的最大转矩，转速进一步增加时需要减少测功器内的水层厚度。由测功器轴承规格、轴径、轴材料强度、材料热处理、扭转刚度确定。

3）*BC* 段——最大吸收功率特性段

为测功器排水温度达到最大允许值（通常为 55℃ ~ 65℃）的限制功率，水温再高，工作时会产生气泡，影响测功器的稳定性，此时需进一步减少水层厚度。限制功率由测功器外部冷却水量、进出水温差、热平衡确定。

4）*CE* 段——极限转速特性段

对应测功器允许的最大转速，受测功器转动部分的最大离心负荷所限制，由测功器轴承类型、润滑、密封、动平衡精度、转子动力学、临界转速、主轴材料强度确定。

5）*OD* 段——最低吸收功率特性段

为充水状态下最佳控制时的最小吸收功率线，由测功器进水压力、进水流量、进排水阀门开度、进排水结构、定转子结构确定。

6）*OE* 段——空载制动段

无水时由于空气的阻力和转子轴承的摩擦所引起的制动扭矩。

根据影响因素，本小节将水力测功器工作特性曲线边界分为三类。

（1）*OA*、*OE*，这两条曲线对应的工作边界分别对应测功器处于满水和无水两种工作状态，其包含的类扇形范围是水力测功器能够运行的所有工作状态的集合，代表水力测功器理论工作边界，主要由结构设计因素决定。受限于物理规律，水力测功器不能在 *OA* 曲线左方或 *OE* 曲线下方的任何一个点运行，无论其工作状态正常与否。

（2）*AB*、*CE*，这两条曲线对应的工作边界分别对应测功器出厂建议最大扭矩和最大转速工作边界，主要受限于测功器轴径、轴材料强度、材料热处理方式、轴承类型、规格、润滑、密封以及转子动力学等因素，当测功器工作状态靠近这两条边界时，往往伴随着转速、扭矩等参数的不断剧烈波动、轴承温度升高、振动增大等现象，处于不稳定工作状态边缘。

（3）*BC*、*OD*，这两条曲线对应的工作边界分别对应最高、最低吸收功率特性段，主要受限于测功器水系统参数，如进排水压力、流量、温度、阀门开度等，受测功器运行参数影响最大。

（三）数字工程模型

鉴于国内航空发动机试验领域所采用的水力测功器主要依赖国外进口，一旦发生故障，其修复流程繁琐且耗时，影响涡轮试验的正常开展。此外，随着使用年限的增加，水力测功器内部性能逐渐下降，其出厂时的工作包线无法准确反映其真实的最大工作范围。由于测功器的理论工作包线较为宽泛，受被测对象需求和轴系振动等因素的制约，一般无法在使用过程中充分验证其真实包线边界。

为确保水力测功器在涡轮试验过程稳定正常工作，本小节基于水力测功器工作特性曲线，通过对水力测功器的转子转速（SPEED）、扭矩（TORQUE）、进水温度（WATER_IN_

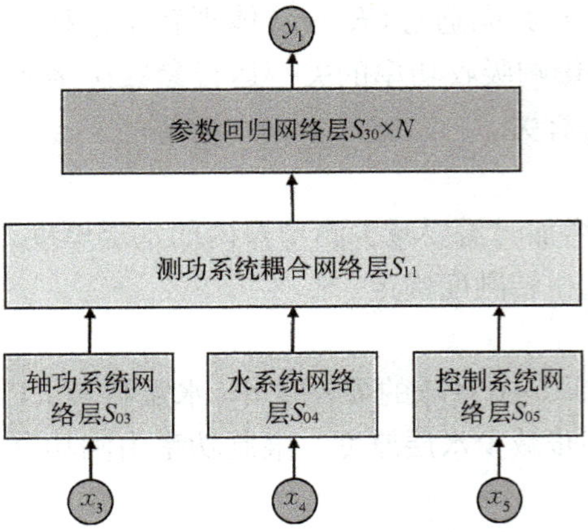

图 7－50　水力测功器数字工程模型架构

TEMP）、排水温度（WATER_OUT_TEMP）以及进水阀开度（INLET_VALUE_FB）进行分析，采用架构驱动的数字工程技术构建了高精度、具有动态极速响应的目标水力测功器数字试验模型。利用该数字试验模型对水力测功器的运行过程进行模拟，旨在使目标参数逐渐接近工作边界，从而确定真实试验工况下测功器的实际工作边界。

图 7－50 给出了用于开展数字试验所设计的水力测功器数字工程模型架构。

该水力测功器的数字工程模型架构是基于涡轮部件试验台性能参数映射模型及架构简化得来。在保留测功系统的同时，简化合并了其他部件的耦合和输入，以实现精度高和动态响应快等特点。

该数字工程模型旨在通过水力测功器轴功系统参数（转速、扭矩）、水系统参数（进水压力、温度）及控制系统参数（取决于不同的控制规律，分别为：输入功率、测功器进水阀开度）对能反映水力测功器工作特性边界的性能参数（主要为排水温度、进水阀开度）进行预测，在保证试验安全的原则下，根据性能参数阈值对真实工作特性曲线边界进行数字试验探究。

（四）数字试验步骤

真实涡轮试验过程中的控制规律主要为以下两种。

（1）转速控制模式：通过调节涡轮的进排气控制输入功率，间接控制转速，此时进水阀阀位通过 PID 控制系统进行动态调整，确保排水温度、轴承温度不超温，该模式一般适用于涡轮试验过程中。

（2）阀位控制模式：通过给定进水阀阀位，增加或减少测功器内的水层厚度，使转速可以快速上升或下降，该模式一般适用于测功器启停或者待机过程中。

参考真实涡轮试验控制规律，图 7－51 给出了理想情况下的水力测功器真实工作包线探究数字试验设计方案。

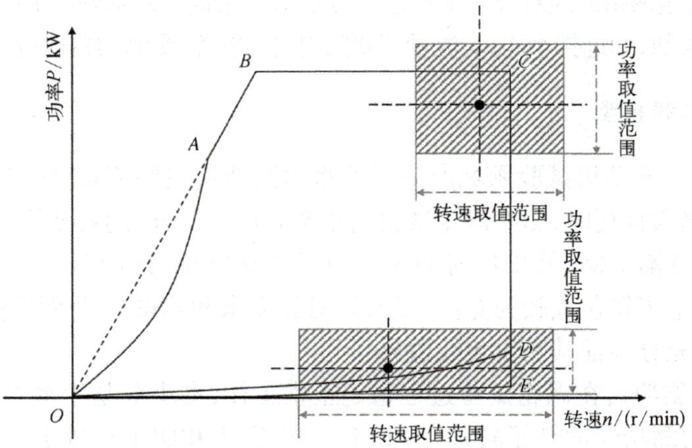

图 7－51　理想情况下的水力测功器真实工作包线探究数字试验设计方案

具体试验方案思路如下所示。

(1) 在水力测功器出厂工作特性曲线边界附近划定一片区域作为参与数字试验的水力测功器工作状态选取范围(图7-51所示阴影部分)。

(2) 在工作状态选取范围内选取具体工作点作为水力测功器数字工程模型输入,根据具体工作特性边界定义,选取数字工程模型输出判断该点工作状态是否正常、是否处于工作包线以内。

(3) 重复第(2)步操作,对范围内的所有工作点进行遍历,即可找出一条水力测功器稳定工作边界。

图7-52给出了数字试验的预估结果,由两条工作包线预测曲线 *BC*(最高吸收功率特性段)、*OD*(最低吸收功率特性段)和两条由结构、强度、材料等设计因素决定的阈值限制曲线 *AB*(最大扭矩特性段)、*CE*(极限转速特性段)合围起来构成的半开放区域即为水力测功器稳定工作状态范围。本节所设计的数字试验主要针对受运行参数影响最大的 *BC*、*OD* 两条边界进行预测探究。

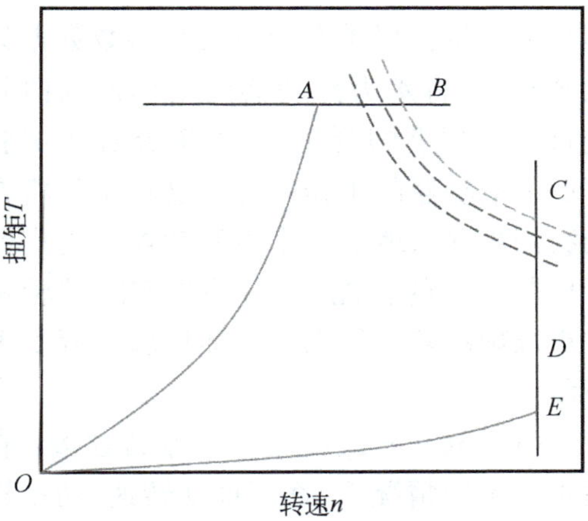

(a) 扭矩特性曲线

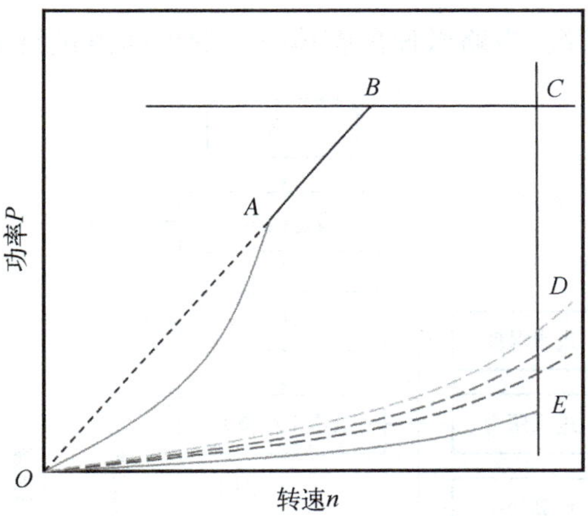

(b) 功率特性曲线

图7-52 数字试验预估结果图

二、数字试验结果评估

(一) 数字试验流程

图7-53给出了实际数字试验设计方案,在真实的涡轮试验过程中,涡轮试验件的工作特性曲线往往被水力测功器工作特性曲线完全包围,因此在相关涡轮试验的数据中,对应的水力测功器工作数据往往不会触及其工作特性曲线边界,其工作状态往往分布在中心偏下的位置,整体分布呈椭圆形,越靠近中间的试验数据越密集,边界附近的工作状态点往往零星分布或基本没有,如图7-53中蓝色虚线所示。

由于水力测功器数字工程模型的训练数据集分布的限制,数字工程模型对应输出参数的精度存在不均衡的情况。具体而言,对于接近工作范围中间的数据输入,模型的输出可信度更高。因此,在进行数字试验时,本小节根据训练数据集中工作状态的分布

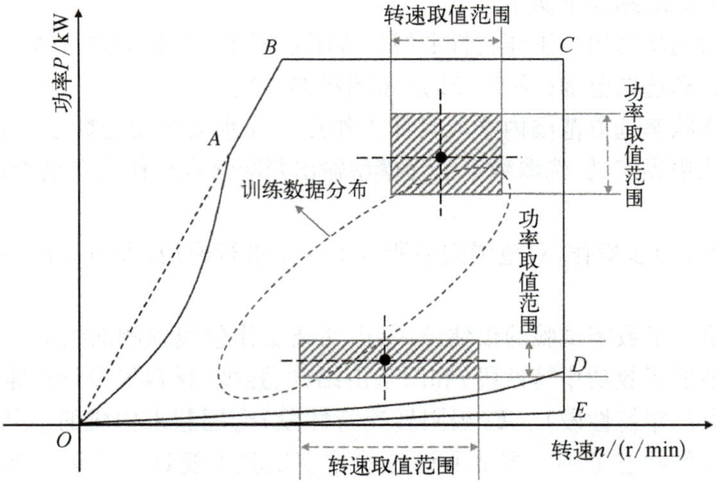

图 7－53　实际数字试验设计方案

情况，在略微偏离整体分布的区间内进行工作点的选取。以求在现有运行参数数据集的基础上，将水力测功器的工作范围向外进行一定程度的延拓，从而探究真实试验工况下测功器的工作边界。这项工作将帮助我们更深入地了解水力测功器在更广泛工作范围内的性能表现，并为实际试验提供更准确的参考依据。具体试验流程如下所示。

(1) *BC*——最高吸收功率特性段：在扭矩一定的情况下，逐渐推动转速，功率逐渐上升直到排水温度升高到 58℃，可认为此时处于水力测功器在当前扭矩下最高吸收功率点，逐步增大扭矩，多次重复实验，可找到一条排水温度为 58℃的曲线，为工作特性曲线右上包线。

(2) *OD*——最低吸收功率特性段：在扭矩一定的情况下，逐渐推动转速，功率逐渐上升直到进水阀开度升高到 15%，可认为此时处于水力测功器在当前扭矩下最低吸收功率点，逐步增大扭矩，多次重复实验，可找到一条进水阀开度为 15%的曲线，为工作特性曲线下包线。

图 7－54 给出了水力测功器真实工作包线探究数字试验流程图。

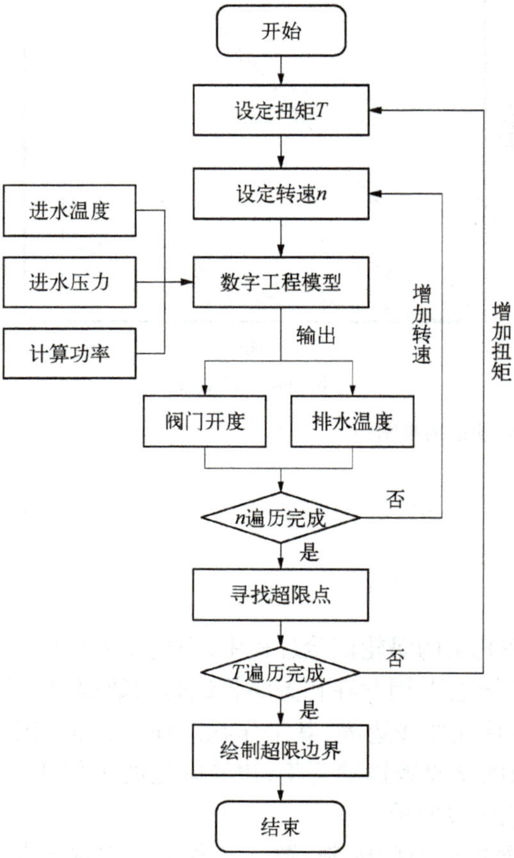

图 7－54　水力测功器真实工作包线探究数字试验流程图

(二) 试验结果及分析

根据上述试验流程，本小节选定进口水温为 22℃，转速为 1 000~12 000 r/min，功率为 0~12 000 kW（可与转速通过换算公式计算出扭矩）代入水力测功器数字工程模型中，得到对应的排水温度、进水阀开度值。通过数据筛选，绘制排水温度为 57℃、58℃及 59℃的等温度线，进水阀开度为 14%、15%及 16%的等开度线，如图 7－55、图 7－56 所示。数字工程模型对应不同数据清洗训练的模型预测精度对比结果如表 7－18 所示，可以看到，整体误差在 3%以内，基本满足数字试验需求。

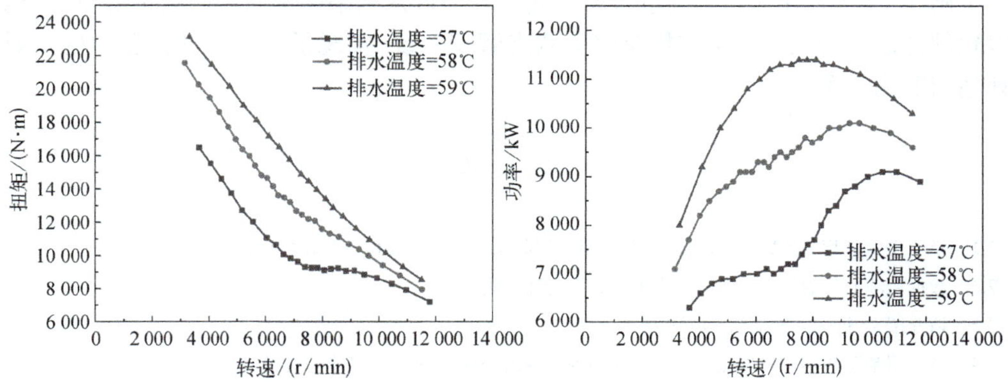

(a) 扭矩特性曲线　　(b) 功率特性曲线

图 7－55　实际工作包线预测值——排水温度为 57℃、58℃、59℃等温度线

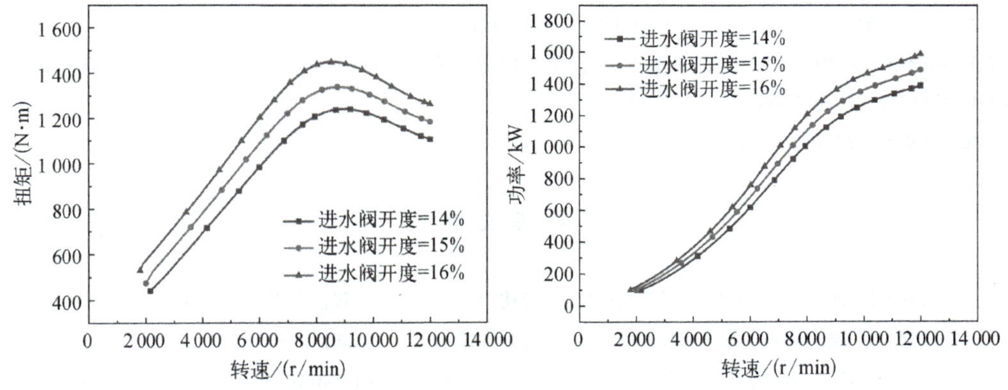

(a) 扭矩特性曲线　　(b) 功率特性曲线

图 7－56　实际工作包线预测值——进水阀开度为 14%、15%、16%等开度线

表 7－18　水力测功器性能映射模型预测精度

目 标 参 数	全部样本点误差	排除失稳段的样本点误差
排水温度	1.621%	0.571%
进水阀开度	2.617%	1.984%

在图 7－55、图 7－56 中，节点并不代表实际样本点数量，为达到更好的可视化效果仅显示了部分数据，排水温度为 58℃的等温度线为水力测功器的右上工作包线，进水阀开度为 15%的等开度线为水力测功器的右下工作包线，其较为符合水力测功器工作的实际情况，为调节仪器的工作划定了安全线，具有一定的参考价值。

第六节　本 章 小 结

本章以涡轮部件试验台为对象，对试验数据和试验器物理机理融合驱动的建模技术进行了阐述，给出适用于机械转动设备的物理知识嵌入网络架构以及网络训练算法，构建了涡轮部件试验台在线运维监控及健康状态管理系统，实现了涡轮部件试验台的实时状态评估与监测预警。

习　题

7.1　说明皮尔逊相关系数方法的原理，并介绍使用此原理绘制参数相关性分析热力图的方法。

7.2　数据清洗的目的是什么？介绍常见的数据清洗方法。

7.3　请介绍 k－折交叉验证法及其优点。

7.4　请介绍基于数据与物理嵌入融合驱动的神经网络（FDPe）架构的基本原理及其架构框图。

7.5　根据基于数据与物理嵌入融合驱动的神经网络架构方法，建立涡轮部件试验台性能参数映射模型架构。

7.6　比较机理模型、数据驱动模型和基于数据与物理嵌入融合驱动的神经网络模型的优缺点。

7.7　请说明设计基于权重自适应损失函数的改进优化算法的目的及其原理。

7.8　针对自适应权重损失函数，介绍对应的神经网络训练方法具体流程。

7.9　请介绍常见评估模型性能的计算方法，包括采用相对误差（relative error, RE）和绝对误差（absolute error, AE）的均值（Ave）、最大值（Max）、标准差（Std.）。

7.10　什么是消融实验？其目的是什么？

参 考 文 献

[1]　彭宇，刘大同，彭喜元．故障预测与健康管理技术综述[J]．电子测量与仪器学报，2010，24(1)：1－9.

[2]　彭宇，刘大同．数据驱动故障预测和健康管理综述[J]．仪器仪表学报，2014，35(3)：481－495.

[3]　Vachtsevanos G, Lewis F, Roemer M, et al. Intelligent fault diagnosis and prognosis for engineering systems[M]. New York: John Wiley & Sons, Inc., 2006.

[4]　张宝珍．预测与健康管理技术的发展及应用[J]．测控技术，2008(2)：5－7.

[5]　Vichare N M, Pecht M G. Prognostics and health management of electronics[J]. IEEE Transactions on Components and Packaging Technologies, 2006, 29(1): 222－229.

[6]　Johnson S B, Gormley T J, Kessler S S, et al. System health management: With aerospace applications[M]. New York: John Wiley & Sons, Inc., 2011.

[7]　Schwabacher M A. A survey of data driven prognostics[C]. Infotech@ Aerospace, Arlington, 2005.

[8]　Si X S, Wang W, Hu C H, et al. Remaining useful life estimation — A review on the statistical data driven approaches [J]. European Journal of Operational Research, 2011(1): 213.

[9] Mrad N. State of development of advanced sensor systems for structural health monitoring applications[EB/OL]. https://api.semanticscholar.org/CorpusID: 12745742[2023-12-20].

[10] Cheng S F, Azarian M H, Pecht M G. Sensor systems for prognostics and health management[J]. Sensors, 2010, 10(6): 5774-5797.

[11] Schumann J, Rozier K Y, Reinbacher T, et al. Towards real-time, on-board, hardware-supported sensor and software health management for unmanned aerial systems[J]. International Journal of Prognostics and Health Management, 2015, 6(21): 1-27.

[12] Balaban E, Saxena A, Bansal P, et al. Modeling, detection, and disambiguation of sensor faults for aerospace applications[J]. IEEE Sensors Journal, 2009, 9(12): 1907-1917.

[13] Simon D L, Garg S, Hunter G W, et al. Sensor needs for control and health management of intelligent aircraft engines[C]. ASME Turbo Expo 2004: Power for Land, Sea, and Air, Vienna, 2004.

[14] Lee J, Ni J, Djurdjanovic D, et al. Intelligent prognostics tools and e-maintenance[J]. Computers in Industry, 2006, 57(6): 476-489.

[15] Huang R, Xi L, Li X, et al. Residual life predictions for ball bearings based on self-organizing map and back propagation neural network methods[J]. Mechanical Systems and Signal Processing, 2007(1): 21.

[16] Baraldi P, Cadini F, Mangili F, et al. Model-based and data-driven prognostics under different available information[J]. Probabilistic Engineering Mechanics, 2013, 32: 66-79.

[17] 吕琛,马剑,王自力.PHM技术国内外发展情况综述[J].计算机测量与控制,2016,24(9): 1-4.

[18] 吕镇邦,孙倩,王娟,等.PHM模型的工程化验证方法研究[J].计算机测量与控制,2016,24(9): 281-283.

[19] 熊大顺,李颖晖,杨健,等.预测与健康管理系统验证与确认方法研究[J].计算机测量与控制,2013,21(8): 2142-2145.

[20] 马飒飒,许爱华,张群兴,等.无人机安全监控与健康管理系统研究[J].航空维修与工程,2009(4): 63-65.

[21] 杨立峰,王亮,冯佳晨.基于PHM技术的导弹维修保障[J].海军航空工程学院学报,2010,25(4): 447-450.

[22] 王晗中,杨江平,王世华.基于PHM的雷达装备维修保障研究[J].装备指挥技术学院学报,2008(4): 83-86.

[23] 何晶靖,谢劲松,吕瑞,等.健康监控和故障预测的机载硬件平台设计[C].大型飞机关键技术高层论坛暨中国航空学会2007年学术年会,深圳,2007.

[24] Zhang J, Jing B, He L M. Wireless sensor networks prototype system for PHM[C]. 2010 8th World Congress on Intelligent Control and Automation, Jinan, 2010.

[25] 文振华,左洪福,李耀华.气路颗粒静电监测技术及实验[J].航空动力学报,2008,23(12): 2321-2326.

[26] 李耀华,左洪福,刘鹏鹏.某型航空涡轮轴发动机尾气静电监测探索性实验[J].航空学报,2010,31(11): 2174-2181.

[27] 孙见忠,左洪福,詹志娟,等.涡轴发动机尾气静电监测信号影响因素分析[J].航空学报,2012,33(3): 412-420.

[28] 陈志雄,左洪福,詹志娟,等.滑油系统全流量在线磨粒静电监测技术研究[J].航空学报,2012,33(3): 446-452.

[29] 段发阶,方志强,孙宇扬,等.叶尖定时旋转叶片实时振动测量技术[J].光电工程,2005(3): 28-31.

[30] 段发阶,张玉贵,欧阳涛,等.航空发动机旋转叶片振动监测系统研究[J].光学与光电技术,2008(1): 48-51.

[31] Zhuang F, Qi Z, Duan K, et al. A comprehensive survey on transfer learning[J]. Proceedings of the IEEE, 2020, 109(1): 43-76.

[32] Lagaris I E, Likas A, Fotiadis D I. Artificial neural networks for solving ordinary and partial differential equations[J]. IEEE Transactions on Neural Networks, 1998, 9(5): 987-1000.

[33] Raissi M, Perdikaris P, Karniadakis G E. Physics-informed neural networks: A deep learning framework for solving forward and inverse problems involving nonlinear partial differential equations[J]. Journal of Computational Physics, 2019, 378: 686 - 707.

[34] Zhu Y, Zabaras N, Koutsourelakis P S, et al. Physics-constrained deep learning for high-dimensional surrogate modeling and uncertainty quantification without labeled data[J]. Journal of Computational Physics, 2019, 394: 56 - 81.

[35] Chen Y, Huang D, Zhang D, et al. Theory-guided hard constraint projection (HCP): A knowledge-based data-driven scientific machine learning method[J]. Journal of Computational Physics, 2021, 445: 110624.

[36] You S, Ding D, Canini K, et al. Deep lattice networks and partial monotonic functions[C]. 31st International Conference on Neural Information Processing Systems, Long Beach, 2017.

[37] Gupta A, Shukla N, Marla L, et al. How to incorporate monotonicity in deep networks while preserving flexibility? [EB/OL]. https://api.semanticscholar.org/CorpusID: 208548692[2023 - 12 - 20].

[38] Rosca M, Weber T, Gretton A, et al. A case for new neural network smoothness constraints[C]. ICBINB@ NeurIPS 2020, Vancouver, 2020.

[39] Ravi S N, Dinh T, Lokhande V S, et al. Explicitly imposing constraints in deep networks via conditional gradients gives improved generalization and faster convergence[J]. Proceedings of the AAAI Conference on Artificial Intelligence, 2019, 33(1): 4772 - 4779.

[40] Berrada L, Zisserman A, Kumar M P. Smooth loss functions for deep top-k classification[EB/OL]. https://doi.org/10.48550/arXiv.1802.07595[2023 - 12 - 20].

[41] Hosseini-Asl E, Zurada J M, Nasraoui O. Deep learning of part-based representation of data using sparse autoencoders with nonnegativity constraints[J]. IEEE Transactions on Neural Networks and Learning Systems, 2015, 27(12): 2486 -2498.

[42] Ayinde B O, Hosseini-Asl E, Zurada J M. Visualizing and understanding nonnegativity constrained sparse autoencoder in deep learning[C]. Artificial Intelligence and Soft Computing: 15th International Conference, ICAISC 2016, Zakopane, 2016.

[43] Cheng H T, Koc L, Harmsen J, et al. Wide & deep learning for recommender systems[EB/OL]. https://doi.org/10.48550/arXiv.1606.07792[2023 - 12 - 20].

[44] Ruder S. An overview of multi-task learning in deep neural networks[EB/OL]. https://arxiv.org/pdf/1706.05098v1 [2023 - 12 - 20].

[45] Li B, Hou Y, Che W. Data augmentation approaches in natural language processing: A survey[J]. Ai Open, 2022, 3: 71 - 90.

[46] Cho K, van Merrienboer B, Gulcehre C, et al. Learning phrase representations using RNN encoder-decoder for statistical machine translation[C]. Conference on Empirical Methods in Natural Language Processing (EMNLP 2014), Playa del Carmen, 2014.

[47] Sutskever I, Vinyals O, Le Q V. Sequence to sequence learning with neural networks[M]. Cambridge: MIT Press, 2014.

[48] Badrinarayanan V, Kendall A, Cipolla R. SegNet: A deep convolutional encoder-decoder architecture for image segmentation[J]. IEEE Transactions on Pattern Analysis and Machine Intelligence, 2017, 39(12): 2481 -2495.

[49] Goodfellow I, Pouget-Abadie J, Mirza M, et al. Generative adversarial nets[C]. 27th International Conference on Neural Information Processing Systems, Montreal, 2014.

[50] Radford A, Metz L, Chintala S. Unsupervised representation learning with deep convolutional generative adversarial

networks[EB/OL]. https://arxiv.org/pdf/1511.06434[2023-12-20].
[51] 梁俊杰,韦舰晶,蒋正锋.生成对抗网络 GAN 综述[J].计算机科学与探索,2020,14(1):1-17.
[52] He K, Zhang X, Ren S, et al. Deep residual learning for image recognition[C]. 2016 IEEE Conference on Computer Vision and Pattern Recognition, Las Vegas, 2016.
[53] He K, Zhang X, Ren S, et al. Identity mappings in deep residual networks[C]. Computer Vision-ECCV 2016: 14th European Conference, Amsterdam, 2016.
[54] Bahdanau D, Cho K, Bengio Y. Neural machine translation by jointly learning to align and translate[EB/OL]. https://arxiv.org/pdf/1409.0473[2023-12-20].
[55] Vaswani A, Shazeer N, Parmar N, et al. Attention is all you need[C]. 31st International Conference on Neural Information Processing Systems, Long Beach, 2017.
[56] Hu J, Shen L, Sun G. Squeeze-and-excitation networks[C]. IEEE/CVF Conference on Computer Vision and Pattern Recognition, Salt Lake City, 2018.
[57] Zhao M, Zhong S, Fu X, et al. Deep residual shrinkage networks for fault diagnosis[J]. IEEE Transactions on Industrial Informatics, 2019, 16(7): 4681-4690.
[58] Ioffe S, Szegedy C. Batch normalization: Accelerating deep network training by reducing internal covariate shift[C]. 32nd International Conference on International Conference on Machine Learning, Lile, 2015.
[59] Ba J L, Kiros J R, Hinton G E. Layer normalization[EB/OL]. https://doi.org/10.48550/arXiv.1607.06450[2023-12-20].
[60] Ulyanov D, Vedaldi A, Lempitsky V. Instance normalization: The missing ingredient for fast stylization[EB/OL]. https://doi.org/10.48550/arXiv.1607.08022[2023-12-20].
[61] Wu Y, He K. Group normalization[M]. Berlin: Springer, 2018.
[62] 吴法勇,马宏伟,等.航空发动机涡轮试验[M].北京:科学出版社,2022.

嵌入物理知识的数字孪生方法用于航空发动机全寿命周期内的性能衰退监测

第 8 章

嵌入物理知识的数字孪生方法用于航空发动机全寿命周期内的性能衰退监测

飞机发动机的性能状态对于飞行安全和性能至关重要[1,2]。飞机发动机经常在高温、高转速、高海拔、高湿度和高负荷的恶劣条件下运行。小涵道比发动机在这些极端条件下,性能衰退会加剧,严重时甚至可能引发发动机故障或重大事故。发动机性能衰退的常见原因包括污垢、腐蚀、侵蚀、磨损和损坏[3]。这些因素对发动机部件,如压气机叶片、涡轮叶片和叶尖间隙,产生不利影响,导致部件效率和性能衰退[4,5]。最终,这种衰退反映在飞机发动机的整体效率和性能上。因此,实时和准确地监控发动机的性能状态以及性能衰退程度,对于发动机安全预警、性能优化、维护计划和发动机寿命延长等具有重要意义[6-8]。

为了实现发动机性能状态的实时和准确监控,必须选择表征发动机性能状态的指标并建立相应的性能衰退模型。目前,建立衰退模型的主要方法可以分为三类:物理模型、数据驱动模型和混合模型[9,10]。纯物理模型在实际应用中监控性能衰退存在某些局限性[11];由于缺乏对详细物理机制的考虑,纯数据驱动方法在工程应用中引发了关于模型可解释性的担忧[12,13];混合模型尝试融合物理模型和数据驱动模型的优势,以应对各自的不足。因此本章将对数据驱动技术和发动机物理结构相结合的建模方法进行详细的阐述。

第一节　物理模型简介

首先,简单介绍一下飞机发动机各部件的工作原理,以及这些部件的衰退对发动机性能的影响,为开发发动机性能衰退监控方法和创建衰退模型奠定基础。一台小涵道比双转子涡扇发动机主要包括 10 个工作部件:进气道、风扇[也称低压压气机(LPC)]、外涵道、高压压气机(HPC)、燃烧室、高压涡轮(HPT)、低压涡轮(low pressure turbine, LPT)、混合室、加力燃烧室和喷管,如图 8-1 所示。

以下是各部件功能的简化描述以及气流通过这些部件时的变化:每个部分的总压标识为 P_{ti},静压为 P_i,总温为 T_{ti},静温为 T_i。各部分的序号如图 8-1 所示,例如:压气机出口部分的序号是 3。

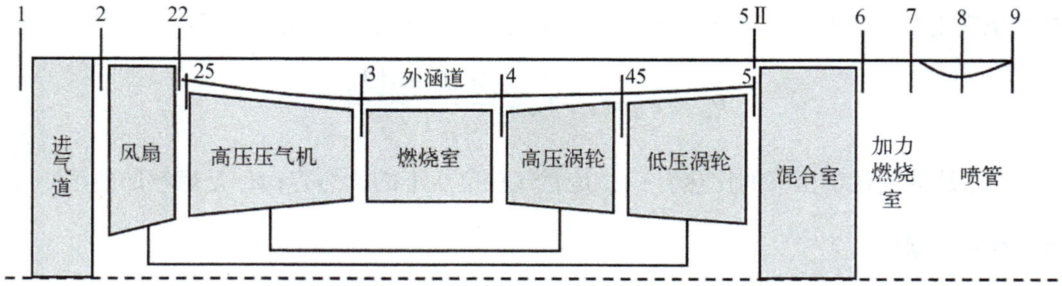

图 8－1　双转子涡轮风扇发动机结构

一、进气道

空气通过进气道进入发动机,在此过程中减速并增压,以满足所需的气流速度。进气道的关键性能参数是总压恢复系数 σ_i。空气在进气道内经历的变化如下:

$$P_{t2} = P_0\left(1 + \frac{\kappa - 1}{2}Ma_0^2\right)^{\frac{\kappa}{\kappa-1}}\sigma_i, \quad T_{t2} = T_0\left(1 + \frac{\kappa - 1}{2}Ma_0^2\right)$$

式中, Ma_0 是飞行马赫数; κ 是空气的比热比。

二、风扇

从进气道流出的空气进入风扇,风扇对空气进行增压。随后,离开风扇的空气分为两股:一股进入外涵道,另一股进入压气机。风扇压比 π_{fan} 是指风扇出口总压与进气道出口总压的比值,风扇效率 η_{fan} 表示在风扇进口总温度和风扇压比 π_{fan} 保持恒定的条件下,风扇的理想(等熵)压缩功与实际压缩功的比值。这两个参数是风扇的最关键性能参数。空气在风扇内经历的变化如下:

$$P_{t25} = P_{t22} = P_{t2}\pi_{\text{fan}}, \quad T_{t25} = T_{t22} = T_{t2}[1 + (\pi_{\text{fan}}^{\frac{\kappa-1}{k}} - 1)/\eta_{\text{fan}}]$$

三、压气机

风扇出口空气进入压气机,压气机的工作方式与风扇相似,对空气进行增压。压气机压比 π_{HPC} 是指压气机出口总压与入口总压的比值,压气机效率 η_{HPC} 表示在压气机进口总温度和压气机压比 π_{HPC} 保持恒定的条件下,压气机的理想(等熵)压缩功与实际压缩功的比值。这两个参数是压气机的最重要性能参数。空气在压气机内经历的变化如下:

$$P_{t3} = P_{t25}\pi_{\text{HPC}}, \quad T_{t3} = T_{t25}[1 + (\pi_{\text{HPC}}^{\frac{\kappa-1}{k}} - 1)/\eta_{\text{HPC}}]$$

四、燃烧室

来自压气机出口的空气进入燃烧室,与燃料混合并燃烧,形成高温气体。燃烧室的关键性能参数包括燃烧效率 η_b、燃油空气比 f 和总压恢复系数 σ_b。η_b 指的是燃烧室进出口气体实际温升与理论温升的比值; f 表示可燃混合物中燃料与空气的质量流量比; σ_b 指的是燃烧室出口总压与入口总压的比值。气体在燃烧室内经历的变化如下：

$$P_{t4} = P_{t3}\sigma_b, \quad T_{t4} = \frac{f\eta_b H_u + c_p T_{t3}}{c_{pg}(1+f)}$$

式中，c_p 是空气在定压下的比热容；c_{pg} 是燃气在定压下的比热容；H_u 是燃料的热值。

五、高压涡轮

来自燃烧室的高温燃气进入高压涡轮（HPT），并在 HPT 上做功。随后，高压涡轮驱动同轴压气机对空气做功。高压涡轮的效率 η_{HPT} 指的是高压涡轮实际产生的功率与理想条件下产生的功率之比。落压比 π_{HPT} 表示高压涡轮入口总压与出口总压的比值。这两个参数是高压涡轮的两个最关键性能参数。燃气在此过程中经历相应的变化：

$$P_{t45} = P_{t4}/\pi_{HPT}, \; T_{t45} = T_{t4}\left[1 - \left(1 - \pi_{HPT}^{-\frac{\kappa_g - 1}{\kappa_g}}\right)\eta_{HPT}\right]$$

式中，κ_g 是燃气的比热比。

六、低压涡轮

来自高压涡轮（HPT）的气体进入低压涡轮（LPT），并在 LPT 上做功。低压涡轮驱动同轴风扇或低压压气机（LPC）对空气做功。低压涡轮的效率 η_{LPT} 指的是低压涡轮实际产生的功率与理想条件下产生的功率之比。落压比 π_{LPT} 表示低压涡轮入口总压与出口总压的比值。这两个参数是低压涡轮的两个最关键性能参数。燃气在此过程中经历相应的变化。

$$P_{t5} = P_{t45}/\pi_{LPT}, \; T_{t5} = T_{t45}\left[1 - \left(1 - \pi_{LPT}^{-\frac{\kappa_g - 1}{\kappa_g}}\right)\eta_{LPT}\right]$$

七、外涵道

从风扇出口流出的空气进入外涵道，空气在外涵道内经历的变化如下：

$$P_{t5\,\mathrm{II}} = \sigma_{\mathrm{II}} P_{t22}, \quad T_{t5\,\mathrm{II}} = T_{t22}$$

式中，σ_{II} 是外涵道的总压恢复系数。

八、混合室

混合室将来自外涵道和低压涡轮（LPT）出口的气体混合在一起。

$$P_{t6} = \sigma_m \frac{P_{t5} + B_m p_{t5\,\mathrm{II}}}{1 + B_m}, \quad c_{p6} = \frac{c_{pg} + B_m c_p}{1 + B_m}, \quad T_{t6} = T_{t5}\frac{c_{pg}}{c_{p6}}\frac{1 + B_m c_p T_{t22}/(c_{pg} T_{t5})}{1 + B_m}$$

式中，σ_m 是混合室的总压力恢复系数；B_m 是涵道比；c_{p6} 是混合室中气体的比热容。

九、加力燃烧室

在加力燃烧室内部，燃料被喷入并与来自混合室的气体混合。随后，这种混合物被点燃以进行燃烧。

$$P_{t7} = \sigma_{b,\,ab} P_{t6}, \quad T_{t7} = \frac{W_{f,\,ab}\eta_{b,\,ab}H_u + W_6 c_{p6} T_{t6}}{(W_6 + W_{f,\,ab})c_{p7}}$$

式中，$W_{f,\,ab}$ 是进入加力燃烧室的燃料流量；W_6 是来自混合室的气体流量；$\eta_{b,\,ab}$ 是燃烧效率；c_{p7} 是加力燃烧室中气体的比热容。

十、尾喷管

来自加力燃烧室的气体进入尾喷管，在尾喷管中膨胀并以高速度排出，从而通过反作用推进产生推力。假设完全膨胀，则出口静压 P_9 等于大气压。相应的属性变化如下：

$$P_{t9} = \sigma_n P_{t7},\ T_{t9} = T_{t7},\ Ma_9 = \sqrt{\frac{2}{\kappa_g - 1}\left[\left(\frac{P_{t9}}{P_9}\right)^{\frac{\kappa_g - 1}{\kappa_g}} - 1\right]},$$

$$T_9 = T_{t9}\left(1 + \frac{\kappa_g - 1}{2}Ma_9^2\right)^{-1},\ c_9 = \sqrt{\kappa_g R T_9}\,Ma_9$$

最后，可以计算出总体发动机性能参数，如单位推力 F_S：

$$c_0 = \sqrt{\kappa R T_0}\,Ma_0, \quad F_S = c_9 - c_0$$

十一、发动机性能分析

上述计算过程代表计算发动机设计点性能的简化过程。在大多数情况下，需要进行迭代计算，以评估发动机在非设计点的性能，这涉及压气机与涡轮之间的功率平衡，以及各个部件不同区域的流量平衡[14]。然而，上述简化的设计点计算过程，表明了部件性能会直接影响发动机性能。部件性能由发动机的工作状态决定，如压力比和效率，这些状态与转子速度和流量等变量密切相关，如图 8-2 所示。

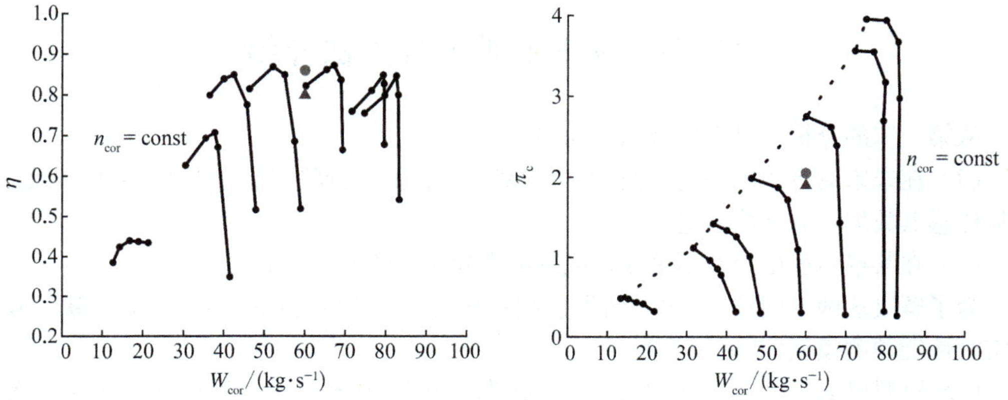

图 8-2　压气机特性曲线图

当发动机在特定条件下运行时，压气机的工作点是唯一确定的，如图 8－2 中的红点所示。然而，如果压气机由于污垢等因素导致性能衰退，即使在相同的环境和状态条件下，其工作点可能会发生偏移。与原始状态（没有性能衰退）的发动机相比，性能衰退的发动机可能会表现出效率和压比的降低，如图 8－2 中的蓝点所示。这会导致压气机出口总压力的下降，随后各个部件不同截面的总压力也会下降，尾喷管中的可用压差减少，从而导致射流速度和推力的降低。类似的分析可以应用于其他部件性能衰退对发动机总体性能的影响。总之，即使在相同的运行条件下，部件性能的下降会导致发动机整体性能的衰退。

因此，影响发动机性能的因素可以分为两类：发动机运行状态和性能衰退。发动机的运行状态由环境参数 θ_{env}（如 p_0 和 T_0）和状态参数 θ_{state}（如转子速度）共同决定。当这两类参数完全相同时，发动机的工作状态是一致的。在此基础上，进一步评估发动机性能衰退的程度。例如，假设参数 $\theta_{\text{performance}}^{\text{target}}$ 用于评估特定的发动机性能。理论上，通过在相同工作条件下收集一段时间内发动机运行的 $\theta_{\text{performance}}^{\text{target}}(t_0)$，…，$\theta_{\text{performance}}^{\text{target}}(t_{i+1})$，…，$\theta_{\text{performance}}^{\text{target}}(t_n)$ 的参数值，可以绘制出参数 $\theta_{\text{performance}}^{\text{target}}$ 随时间变化的曲线。这将生成一个性能参数下降曲线，代表发动机性能随时间下降的演变曲线。然而，这条曲线的准确性取决于各时间点的参数 $\theta_{\text{performance}}^{\text{target}}$ 是否在完全一致的发动机工作状态下生成。这可以用下面这个公式表示，其中性能衰退量 $D(t_i)$ 的计算在确保环境和状态参数一致的情况下进行：

$$D(t_i)=\frac{\theta_{\text{performance}}^{\text{target}}(t_0)-\theta_{\text{performance}}^{\text{target}}(t_i)}{\theta_{\text{performance}}^{\text{target}}(t_0)}\times 100\%$$

$$\text{s.t.}\begin{cases}\theta_{\text{env}}(t_0)=\theta_{\text{env}}(t_i)\\ \theta_{\text{state}}(t_0)=\theta_{\text{state}}(t_i)\end{cases}$$

在实际情况中确保这些约束的有效性是具有挑战性的。例如，不可能保证发动机在整个使用寿命期间、在全加力状态下运行时的高度、环境温度和湿度条件完全相同。此外，在发动机的整个生命周期内，某些监测参数无法测量或难以准确测量。例如，飞行中的推力难以精确测量，这也影响了性能衰退的评估。

第二节　实时衰退监控方法介绍

从第一节的分析中可以发现两个问题：

（1）在未来运行中的任何时候，保持与基线一致的运行状态非常困难，这使得无法直接从传感器数据计算性能衰退。

（2）在某些情况中存在不可测量或难以准确测量的性能参数。

为了解决这两个问题，构建了两类模型：发动机基线状态（baseline state，BLS）模型和实时性能预测模型（实时模型）。

BLS 模型仅表示发动机的基线性能状态。在这种模型中，输出是目标性能参数 $\theta_{\text{performance}}^{\text{target}}$，输入包括环境参数 θ_{env} 和状态参数 θ_{state}。构建如下映射关系：

$$\text{concatenate}(\theta_{\text{env}},\ \theta_{\text{state}}) \Rightarrow \theta_{\text{performance}}^{\text{target}}$$

其中,concatenate( )表示按照特征维度拼接合并多个矩阵的函数工作。

实时模型用于预测发动机的实时性能状态,考虑性能衰退的影响:在这种模型中,输出是目标性能参数 $\theta_{\text{performance}}^{\text{target}}$,输入是环境参数 θ_{env}、状态参数 θ_{state} 和部分性能参数 $\theta_{\text{performance}}^{1,2,3,\cdots}$。构建如下映射关系:

$$\text{concatenate}(\theta_{\text{env}},\ \theta_{\text{state}},\ \theta_{\text{performance}}^{1,2,3,\cdots}) \Rightarrow \theta_{\text{performance}}^{\text{target}}$$

本节将详细介绍这两个模型。

一、基线模型

发动机性能衰退监测方法的整体概念如图 8-3 所示。

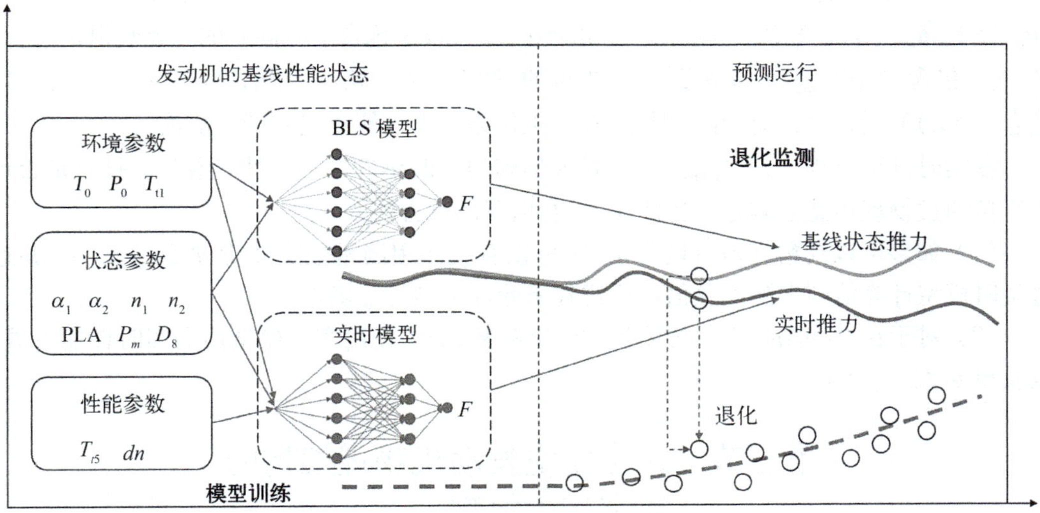

图 8-3　航空发动机性能衰退监测方法整体概念图

假设在时刻 t 获得了发动机的性能参数,并且知道时间 t 的工作状态,即其对应的环境和状态参数。在这种情况下,若能计算出相同条件下初始发动机的性能参数,通过对比,便可准确得出发动机在 t 时刻的性能衰退程度。这解决了前文提到的无法确保完全一致的工作状态而导致无法直接对比的问题。因此,基于工作期间 $(t_s \to t_0)$ 的初始发动机运行数据,为这一发动机初始状态构建了一个模型 M_0:

$$M_0\colon \{(\theta_{\text{env}}(t_s \to t_0) + \theta_{\text{state}}(t_s \to t_0)) \Rightarrow \theta_{\text{performance}}^{\text{target}}(t_s \to t_0)\}$$

其中,M_0 反映了在初始性能状态下发动机性能、环境和状态参数之间的关系。在 M_0 中输入后续时间的发动机环境和状态参数,得到 $M_0[t_i,(\theta_{\text{env}}(t_i),\ \theta_{\text{state}}(t_i))]$,代表 t_i 时刻在该工作条件下初始发动机的性能。通过将 $M_0[t_i,(\theta_{\text{env}}(t_i),\ \theta_{\text{state}}(t_i))]$ 与实际发动机性能 $\theta_{\text{performance}}^{\text{target}}(t_i)$ 进行比较,可以计算时间 t_i 时的性能衰退量,如下所示:

$$D(t_i) = \frac{\theta_{\text{performance}}^{\text{target}}(t_i) - M_0[t_i,(\theta_{\text{env}}(t_i),\ \theta_{\text{state}}(t_i))]}{M_0[t_i,(\theta_{\text{env}}(t_i),\ \theta_{\text{state}}(t_i))]} \times 100\%$$

模型 M_0 的精度直接影响性能衰退量计算的准确性。

二、实时模型

BLS 模型仅反映初始发动机的性能，而实时模型则侧重于准确预测未来各个时刻的发动机性能。为了预测实时性能，包括发动机的实时性能衰退，必须在模型输入中添加反映发动机性能衰退的相关参数。

假设通过参数 $\theta_{\text{performance}}^{\text{target}}$ 评估发动机的性能状态，则实时模型的输入应包括环境参数、状态参数以及一些能反映性能衰退且与 $\theta_{\text{performance}}^{\text{target}}$ 强相关的性能参数 $\theta_{\text{performance}}^{1,2,3,\cdots}$。选择发动机在一段时间（$t_s \to t_0$）的运行数据，并建立实时性能预测模型 $M_{\text{real-time}}$。

$$M_{\text{real-time}}: \{(\theta_{\text{env}}(t_s \sim t_0) + \theta_{\text{state}}(t_s \sim t_0) + \theta_{\text{performance}}^{1,2,3,\cdots}(t_s \sim t_0)) \Rightarrow \theta_{\text{performance}}^{\text{target}}(t_s \sim t_0)\}$$

将相应的环境参数、状态参数和性能参数输入 $M_{\text{real-time}}$ 中，以获得 $M_{\text{real-time}}[t_i, (\theta_{\text{env}}(t_i), \theta_{\text{state}}(t_i), \theta_{\text{performance}}^{1,2,3,\cdots}(t_i))]$。由于 $\theta_{\text{performance}}^{1,2,3,\cdots}(t_i)$ 包含了时间 t_i 的性能衰退信息，而 $M_{\text{real-time}}$ 包含了 $\theta_{\text{performance}}^{1,2,3,\cdots}$ 与 $\theta_{\text{performance}}^{\text{target}}$ 之间的映射关系，$M_{\text{real-time}}[t_i, (\theta_{\text{env}}(t_i), \theta_{\text{state}}(t_i), \theta_{\text{performance}}^{1,2,3,\cdots}(t_i))]$ 就是发动机在 t_i 时刻，在该工作条件下性能衰退后的性能值。

在实时计算方程中，$\theta_{\text{performance}}^{\text{target}}(t_i)$ 是收集到的 t_i 时刻的发动机性能参数。针对是否可以直接通过物理传感器测量该性能参数，有以下两种方法[15]：

（1）如果可以高精度地直接测量，则可以直接使用测量数据作为 $\theta_{\text{performance}}^{\text{target}}(t_i)$，并通过实时模型计算值与实际测量值进行比较来验证模型的准确性。

（2）对于在某些场景中不可测量的性能参数，需要使用实时模型预测实时性能参数，以获得 $\theta_{\text{performance}}^{\text{target}}(t_i)$。

第三节　融合航空发动机物理架构的数字孪生模型

性能衰退评估方法的可靠性和准确性与模型密切相关。因此，模型的开发至关重要。本节将概述案例模型中采用的模型结构、数据处理和模型训练。

一、模型结构

模型结构对精度和可靠性至关重要。本节使用了基于数据驱动的深度学习模型，并结合双转子涡扇发动机的物理结构来构建这两个模型，使其更具可解释性。物理模型建模方法为深度学习建模提供了两个指导原则：首先，每个部件具有特定的物理过程，例如，HPC 的压缩过程和燃烧室的燃烧过程是不同的；其次，航空发动机的整体性能与部件之间的协同工作相关。这两个特点启发在深度学习建模中为每个部件建立独立的网络模型。通过为每个部件网络设计独立的输入，来区分部件网络之间的功能。此外，通过设计部件网络之间的数据传输方向，表征了部件之间的协同工作。图 8－4 展示了基于 LSTM 和全连接层构建的航空发动机数字孪生模型架构。该模型主要由两个部分组成：物理规律匹配网络和性能映射网络。

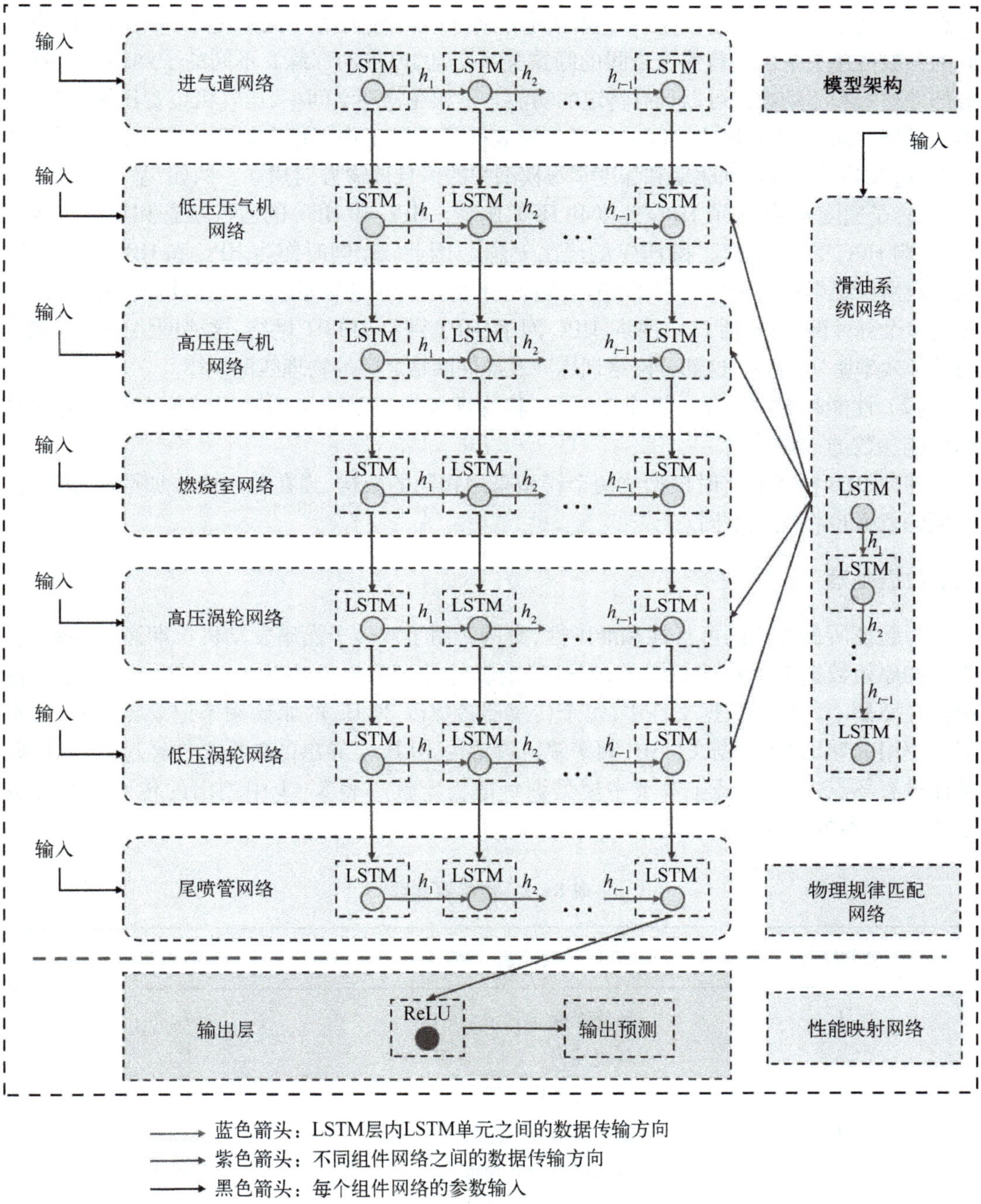

图 8-4　基于 LSTM 和全连接层构建的航空发动机数字孪生模型架构

（1）物理规律匹配网络基于 LSTM 构建。基于发动机主要工作部件，建立了相应的数字孪生子网络，包括进气口、LPC、HPC、燃烧室、HPT、LPT、尾喷管和滑油网络。上述网络的建立遵循了发动机的实际物理结构，部件网络之间的特征传递和融合以形成部件之间的物理连接关系，形成了物理规律匹配网络。关于上述部件网络之间的数据传输，每个时间步的数据都传递到下一个连接的部件。在网络中，仅在尾喷管网络中将最后一个时间步的单元状态传递到性能映射网络。在训练模型时，不同的子网络具有不同的输入。不同子网络之间的参数传递关系由实验数据之间的隐藏关系驱动，以推动训练。不同的子网络通过特定的部件输入和驱动数据可以具有特定的功能。正如在物理空间中，压气机负责压缩空气，而不是燃烧。同样，部件网络之间的信息传递表征了不同工作部件在物理空间中的协同工作关系，这些关系通过数据驱动和深度学习模型中的信息传输方向建立。例如，基于协同工作关系，转子速度 n_2 代表了 HPC 速度和 HPT 速度。HPC 和 HPT 的运行状态和速度直接相关，影响 HPC 的压比 π_{HPC} 和 HPT 的压比 π_{HPT}。因此，n_2 同时作为 HPC 和 HPT 网络的输入。润滑系统影响转子的效率，润滑高压转子和低压转子的轴承。因此，润滑网络的输出连接到多个部件网络，包括 LPC 网络、HPC 网络、HPT 网络和 LPT 网络，这些网络的工作状态与转子效率密切相关。这部分网络训练涉及部件网络之间的物理匹配规律。

（2）性能映射网络是一个全连接层，将物理规律匹配网络的输出特征向量映射到目标性能参数的最终输出。

即使 BLS 模型和实时模型这两个模型采用相同的架构，当在输入中添加性能参数时，模型的意义也将完全不同。

二、数据处理

为验证所提方法的可行性和准确性，案例使用了双转子涡扇发动机长期运行的数据。收集的原始数据为十六进制格式，经过特定软件处理后已导出为 txt 文件供案例分析使用。在原始十六进制数据文件中，每个传感器参数以 20 Hz 的原始频率记录。然而，在本节中使用的导出 txt 数据文件中，频率统一设置为 10 Hz。导出的数据文件经过软件处理，确保没有坏点，从而保证了本节中模型训练的稳定性。表 8－1 中列出的传感器监控数据，将上述参数分为以下三类。

表 8－1　传感器参数

参数序号	参　数　名　称	参数符号
1	环境温度	T_0
2	环境压力	P_0
3	发动机进口总温	T_{t1}
4	低压进口导叶角度	α_1
5	高压进口导叶角度	α_2
6	低压转子物理转速	n_1
7	高压转子物理转速	n_2
8	油门杆角度	PLA
9	滑油压力	P_m
10	尾喷管喉部直径	D_8
11	低压涡轮出口总温	T_{t5}
12	推力	F

（1）环境参数：T_0，P_0，T_{t1}。

（2）状态参数：α_1，α_2，n_1，n_2，PLA，P_m，D_8。

（3）性能参数：T_{t5}，F，dn。其中 dn 是转子速度的差值，是判断发动机性能状态的重要指标。

$$dn = n_2 - n_1$$

（一）参数筛选

发动机推力是航空发动机最重要的性能参数之一，被选为评估发动机性能的目标性能参数。推力是气体质量流量 W_g 和单位推力 F_S 的乘积：

$$F = W_g F_S = (W_a + W_f) F_S$$

式中，W_g 是空气流量 W_a 和燃料流量 W_f 的总和。根据第二小节中提到的发动机工作原理，在上述参数中，环境参数和状态参数都会对发动机推力产生影响：

（1）在环境参数中，T_0、P_0、T_{t1} 影响进气流量 W_a 和发动机的单位推力 F_S，直接影响发动机推力。

（2）在状态参数中，α_1 和 α_2 影响风扇和压气机的进口面积，从而影响空气流量 W_a、风扇压比、压气机压比和最终单位推力 F_S。n_1 和 n_2 决定了两个转子的工作状态，影响风扇和压气机的压比，从而影响单位推力 F_S。PLA 决定发动机的运行状态和燃料流量 W_f 的大小，从而影响单位推力 F_S。P_m 影响转子的润滑，可以间接反映功率损失。D_8 决定尾喷管中气体的膨胀状态，直接影响推力。

（3）性能参数 T_{t5} 和 dn 直接反映了发动机的整体性能，提供了性能衰退的信息。采用 Spearman 相关系数方法计算这三个参数之间的相关性，以验证这两个参数与发动机推力之间的相关性。变量 X 和 Y 之间的 Spearman 相关系数 ρ 表示如下：

$$\rho = \frac{\sum_{i=1}^{n} (x_i - \bar{x})(y_i - \bar{y})}{\sqrt{\sum_{i=1}^{n} (x_i - \bar{x})^2 \sum_{i=1}^{n} (y_i - \bar{y})^2}}$$

其中，n 是采样数量，绝对值接近 1 的 ρ 表示两变量间的相关性更强。结果如图 8－5 所示。三个参数间的相关系数绝对值均大于 0.9，表明三个参数的监测数据间存在强相关性。验证了将 T_{t5} 和 dn 加入输入可以反映发动机的整体性能水平并影响实时模型的推力输出。

经过上述分析，可以确定两个模型的相应输入参数。

（1）在 BLS 模型中，输入包括：T_0、P_0、T_{t1}、α_1、α_2、n_1、n_2、PLA、P_m、D_8，输出为 F。

（2）在实时模型中，输入包括：T_0、P_0、T_{t1}、α_1、α_2、n_1、n_2、PLA、P_m、D_8、T_{t5}、dn，输出为 F。

将上述参数分别输入各组件网络，例如，将 α_1 输入 LPC 网络而不是 HPC 网络。关于 BLS 模型和实时模型的各部件输入参数，列在表 8－2 中。

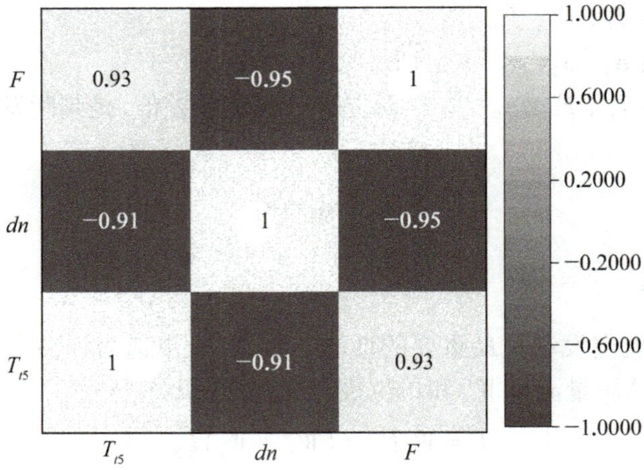

图 8-5 T_{t5}、dn、F 三个参数之间的 Spearman 相关系数计算结果

表 8-2 BLS 模型和实时模型的各部件输入参数

部 件 网 络	BLS 模型	实时模型
进气道网络	T_0, P_0	T_0, P_0
LPC 网络	n_1, α_1	n_1, α_1
HPC 网络	n_2, α_2	n_2, α_2, dn
燃烧室网络	PLA	PLA
HPT 网络	n_2	n_2, dn
LPT 网络	n_1	n_1, T_{t5}
尾喷管网络	D_8	D_8
滑油网络	P_m	P_m

（二）数据增强

本节中建立的两类模型为深度学习模型，这些模型的训练算法通常使用梯度下降算法[15]。梯度下降算法的一般过程如下。

（1）计算样本误差，即模型输出与样本真实值之间的损失。

（2）通过链式法则将损失反传至模型的每个节点，并计算相应的梯度。

（3）使用梯度更新公式来更新相应节点。

因此，计算样本误差是更新模型的基础，直接影响模型的准确性。为了在训练过程中计算样本损失，所有样本首先被分成包含 K 个样本的小批次。使用随机梯度下降（SGD）[16]计算损失：

$$\text{SGD}: L(\text{random}(\text{Sample}_K, \cdots, \text{Sample}_K))$$

其中，L 表示损失函数的计算。SGD 随机从 K 个样本中选择一个样本来计算其损失，该损失作为模型此轮迭代的损失。如果训练数据中每个特征的样本量分布极不均匀，则损失会更偏向于样本量较大的数据特征。在这里，损失偏向于样本量较大的发动机状态。为了提高模型在不同工作状态下的准确性，可以对发动机的原始工作数据进行重构和增强，并调整数据中各状态参数的分布，使其均匀，以避免因训练样本不足而导致模型在某些状态下的欠拟合。

在发动机的实际工作数据中，由于固定的工作程序或工作限制，无法保证发动机处于各种工作状态的时间相同，导致根据发动机工作状态生成的数据分布不理想。所选发动机有六种工作状态。通常，使用 PLA 将工作发动机划分为不同状态：启动或停止状态 S_1、慢车状态 S_2、中间状态 S_3、最大工作状态 S_4、小加力状态 S_5 和全加力状态 S_6。每种状态都有相应的 PLA 区间。

$$S_i \in [\mathrm{PLA}_i^{\min},\ \mathrm{PLA}_i^{\max}]$$

通过这个区间，可以计算初始发动机工作数据中每种状态的数据量比例，计算方法如下：

$$P_i = \frac{m_i}{n} \times 100\%$$

其中，m_i 表示状态 S_i 中所有数据的总样本量；n 表示样本的总数。

在一个典型发动机工作过程中，PLA 随时间的变化如图 8－6 所示。通过将 PLA 按升序排列，发现其呈现出明显的阶梯变化模式。根据每种工作状态的 PLA 区间，可以将发动机划分为不同的阶段，如图 8－7 所示。

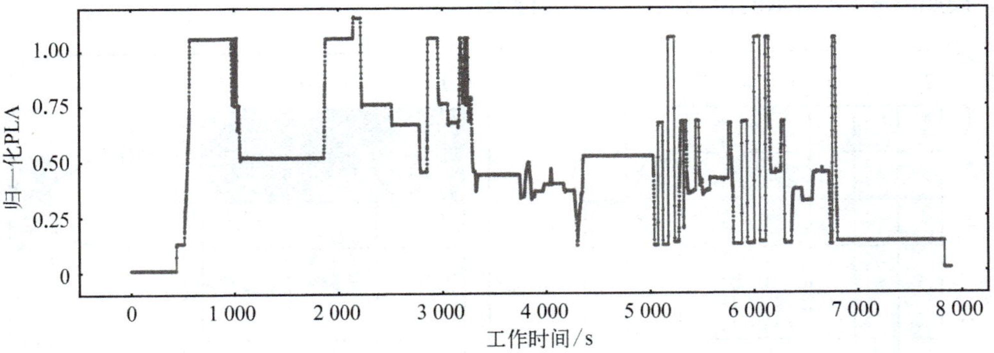

图 8－6　在发动机的一个典型工作循环中，PLA 的变化

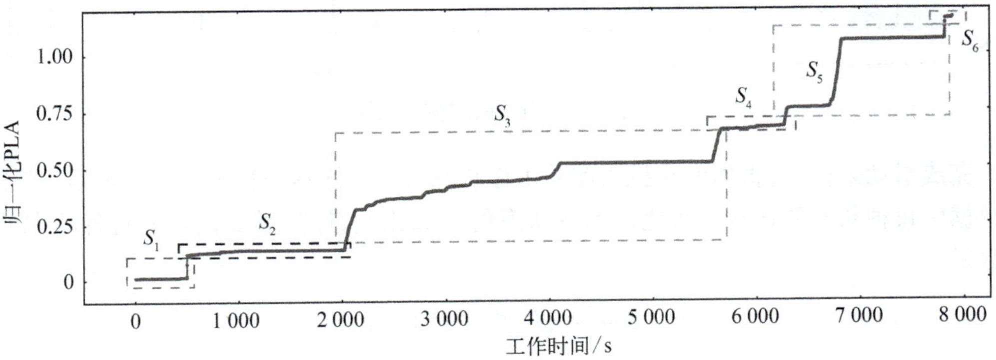

图 8－7　发动机油门杆升序排列结果

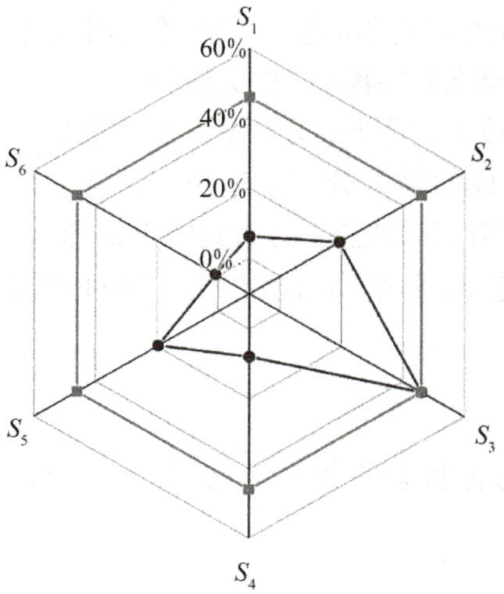

图 8-8 发动机不同工作状态的样本数量占比

每种状态的样本数量占比可以计算出来，如图 8-8(紫色线)所示。结果发现，各状态参数的比例分布极不均匀，大量数据集中在中间状态 S_3。这种不均匀的数据分布可能对模型训练过程产生不利影响。因此，本节给出了一种基于发动机状态的原始工作数据重构和增强的方法。

首先，需要计算发动机各状态的期望分布比例。将原始数据样本中比例最高的发动机状态作为各状态的目标比例。

$$P_i^{\text{target}} = \max(P_1, P_2, \cdots, P_n)$$

其中，P_i^{target} 是每种状态样本量的目标比例，如图 8-8(红色线)所示。各状态的目标比例之和大于 1，表明除原始样本量外，还需要增加每种状态的样本量。随后，根据时间步的设置，将数据张量划分为特定的时间步。两种模型中使用了 LSTM 算法，这是一种处理时间序列数据的算法[17]。如果不先划分时间步张量而直接重构原始数据，将导致数据时间混乱和时间信息的缺失。假设时间步为 2，当前时间的 F 计算不仅使用当前时刻的各种输入参数，还使用前一个时刻的输入。按照图 8-9 所示的滑动时间窗口进行采样。

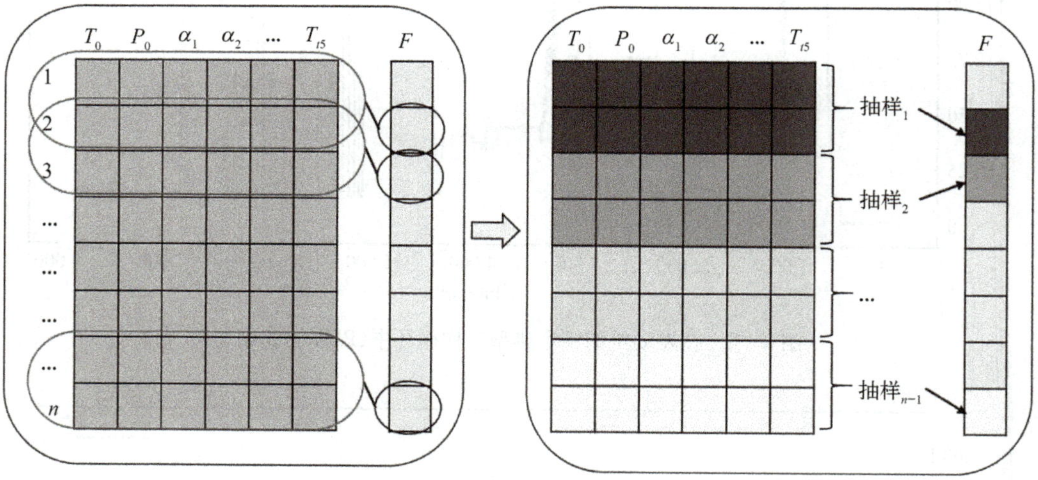

图 8-9 滑动时间窗口取样

完成滑动采样后，根据发动机当前的工作状态对每个样本进行了标记。最后，基于原始数据中每种状态的样本分布比例和各状态的目标比例，计算需要调整的每种状态的样本数量。

$$\Delta m_i = (P_i^{\text{target}} - P_i) \cdot n$$

其中，n 是原始数据的总样本量；Δm_i 是每种状态需要调整的样本数量，需要通过从原始样本中随机复制的方法来增加样本量。

（三）数据归一化

在选择的模型输入中，不同参数的量级差异显著。如果将原始数据直接输入模型进行训练，将导致模型收敛困难并降低准确性。因此，有必要对数据进行归一化。选择Min－Max归一化方法：

$$\overline{X_i}=\frac{X_i-X_{\min}}{X_{\max}-X_{\min}}\cdot(a-b)+b$$

式中，$\overline{X_i}$是归一化后的值；X_i是原始值；$X_{\max}$是原始最大值；$X_{\min}$是原始最小值；a是目标归一化区间的最大值；b是目标归一化区间的最小值。

三、模型训练

在完成数据处理后，将数据输入两个模型中分别进行训练。收集的数据包括发动机连续运行600 h的数据，每秒收集10个数据点，总计约21 600 000条工作数据。选择前50 h的数据作为训练数据，涵盖了接下来550 h的所有工作状态和条件。假设发动机在前50 h内没有出现性能衰退。两个模型都使用相同的超参数设置进行了五次训练：训练算法为RMSProp，损失函数为均方误差（MSE），总迭代次数为500，批量大小为512，学习率为0.001。所有训练均使用Python3.7编程语言进行。模型训练和测试在配置为“Intel（R） Xeon（R） CPU E5－2695 v4 @2.10GHz”且内存为128 GB的CPU上进行。记录了两个模型在5次训练中的时间。在BLS模型的5次训练中，每次训练的平均时间为50 717.76 s，而在实时模型的5次训练中，每次训练的平均时间为56 421.64 s。训练时间在该CPU上超过了14 h。然而，当在64 GB内存的I9－13900K CPU上进行相同训练时，训练时间缩短至3.6 h。此外，在具有24 GB内存的NVIDIA 4090 GPU上，通过增加批量大小，训练时间进一步缩短至0.3 h。

第四节　案例测试结果

在本节中，对所建立的模型的测试结果以及应用于实际发动机工作数据的衰退监测方法进行论述。首先，对BLS模型和8层LSTM模型进行了比较分析，以验证BLS模型的准确性。8层LSTM模型与BLS模型之间的唯一区别在于其结构设计，而输入参数和超参数设置在两者之间保持一致。随后，将实时模型与另一8层LSTM模型进行比较，以评估实时模型的准确性。与之前的比较类似，8层LSTM模型与实时模型之间的唯一差异在于结构设计，而输入参数和超参数设置保持一致。这些模型都使用了前50 h的发动机运行数据进行训练。之后，利用在五次训练中准确度最高的BLS模型和实时模型，计算了发动机在接下来的550 h内的推力衰退。衰退计算结果随后与通过传统衰退监测方法获得的结果进行了比较。

一、基线模型精度

对 BLS 模型的准确性验证将采用两种不同训练和测试数据比例的设置。

（1）在前 50 h 的数据中，75%的数据用于训练，25%的数据用于测试。此设置用于验证模型的准确性。

（2）在前 50 h 的数据中，100%的数据用于训练，并对整个数据集进行自我测试。此方法旨在评估 BLS 模型在前 50 h 内准确描述发动机推力水平的能力。

（一）75%样本数据训练的基线模型精度

在此训练设置中，前 50 h 数据的前 75%（即前 37.5 h 的工作数据）用于训练，剩余的 12.5 h 工作数据用于模型测试。训练的模型包括 BLS 模型和 8 层 LSTM 模型。模型的准确性通过两个指标进行评估：平均绝对相对误差（mean absolute relative error, MARE）和最大绝对相对误差（$E_{\max}$）。

$$\text{MARE} = \frac{1}{n} \cdot \sum_{i=1}^{n} \left| \frac{y_i^{\text{pre}} - y_i^{\text{experimental}}}{y_i^{\text{experimental}}} \right| \times 100\%$$

$$E_{\max} = \max\left(\left| \frac{y_i^{\text{pre}} - y_i^{\text{experimental}}}{y_i^{\text{experimental}}} \right| \times 100\% \right)$$

式中，y_i^{pre} 表示模型计算出的归一化推力值；$y_i^{\text{experimental}}$ 表示归一化的实验推力值。MARE 直观地反映了模型在测试发动机工作阶段的全局预测误差水平，是总体预测准确性的指标。$E_{\max}$ 表示模型在极端情况下预测值与真实值之间的偏差程度，体现了最坏情况下的准确性。MARE 和 $E_{\max}$ 越小，模型的准确性和鲁棒性越高。

BLS 模型和 8 层 LSTM 模型各训练了 5 次，两个模型的 MARE 和 $E_{\max}$ 结果如图 8－10 所

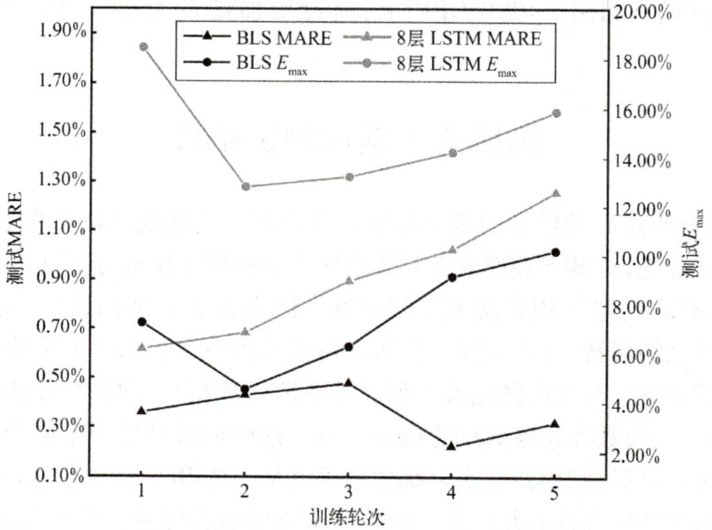

图 8－10　75%样本数据训练的基线模型精度

示。在 5 次训练的模型测试结果中,BLS 模型的 MARE 始终低于 0.50%,对应的 E_{max} 始终低于 11.00%,最低 MARE 为 0.22%,最低 E_{max} 为 4.53%。而 8 层 LSTM 模型的 MARE 超过了 0.50%,E_{max} 超过了 12.00%,最低记录的 MARE 为 0.62%,最低 E_{max} 为 12.79%。这一观察结果表明,本节提出的 BLS 模型在预测准确性和预测误差方面均优于 8 层 LSTM 模型。

（二）100%样本数据训练的基线模型精度

基于上述对 BLS 模型的介绍,并使用前 50 h 发动机工作的 100%数据进行模型训练,期望训练后的模型能够准确表示前 50 h 的发动机推力水平。为测试模型是否能准确描述前 50 h 的发动机推力水平,采用了自我测试方法,即将前 50 h 的全部数据再次输入训练好的模型进行测试。类似地,BLS 模型和 8 层 LSTM 模型均进行了 5 次训练和 5 次测试。

计算了每个模型在 5 次训练后的 MARE 和 E_{max} 值,如图 8－11 所示。在 5 次训练的 BLS 模型测试结果中,MARE 低于 0.50%,而 E_{max} 低于 8.00%,最低 MARE 为 0.32%,最低 E_{max} 为 4.50%。在 8 层 LSTM 模型的 5 次测试结果中,MARE 始终超过 0.50%,而 E_{max} 超过 9.50%,最低 MARE 观察值为 0.54%,最低 E_{max} 为 9.77%。这表明,本节提出的 BLS 模型相比于 8 层 LSTM 模型展示了更高的预测准确性和更低的预测误差。因此,它能有效地表示前 50 h 内发动机的推力水平。在随后的推力衰退计算中,将使用在前 50 h 内准确度最高的 100%数据训练的 BLS 模型作为基准模型。

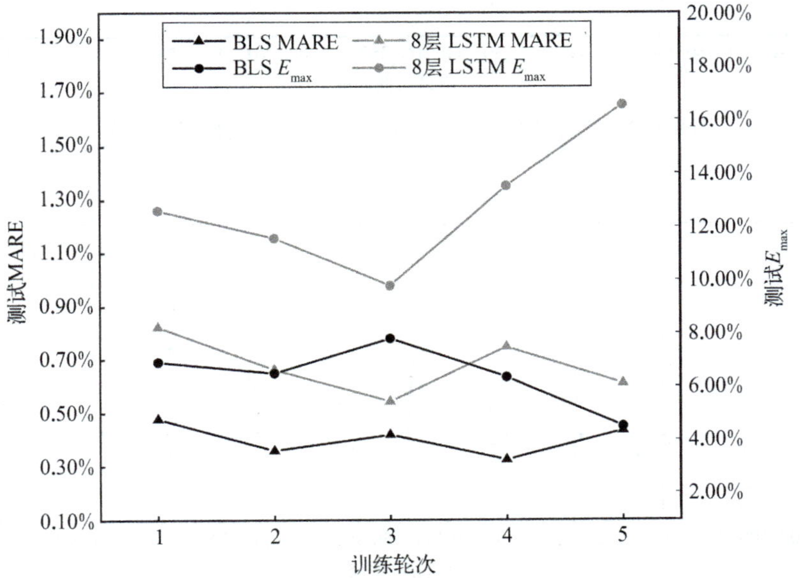

图 8－11　100%样本数据训练的基线模型精度

二、实时模型精度

实时模型使用前 50 h 的发动机运行数据进行训练,并在随后的 550 h 运行数据上进行测试。训练的模型包括本章提出的实时模型和一个 8 层 LSTM 模型，两者具有相同的输入参数和一致的超参数，仅在模型结构上有所不同。这两种模型均进行了 5 次训练和 5 次测试。需要验证实时模型是否满足预测发动机推力的精度要求。类似地，使用 MARE 和 E_{max} 计算预测误差和模型的误差，详细描述见第 4 章第三节。每 50 h 进行一次精度验证，如图 8－12 和图 8－13 所示。在测试结果中，可以发现：

（1）在所有实时模型测试中，MARE 均低于 0.70%，而 E_{max} 均低于 10.00%。然而，8 层 LSTM 模型的测试结果中，大多数测试结果的 MARE 超过了 1.00%，E_{max} 超过了 10.00%，部分 E_{max} 甚至超过了 30.00%。这表明，本章提出的实时模型在预测发动机推力上具有更高的准确性。

（2）在实时模型的测试结果中，MARE 和 E_{max} 随时间的变化相对稳定，表明实时模型的预测精度在发动机工作时间增加时没有显著下降。然而，8 层 LSTM 模型的测试 MARE 和 E_{max} 随着发动机运行时间的增加显示出明显的上升趋势。

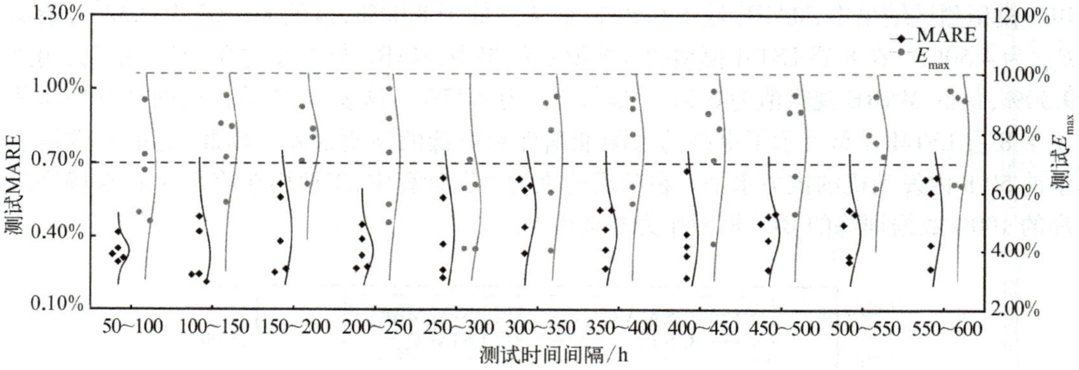

图 8－12 实时模型在后续 550 h 工作数据上的预测误差分布

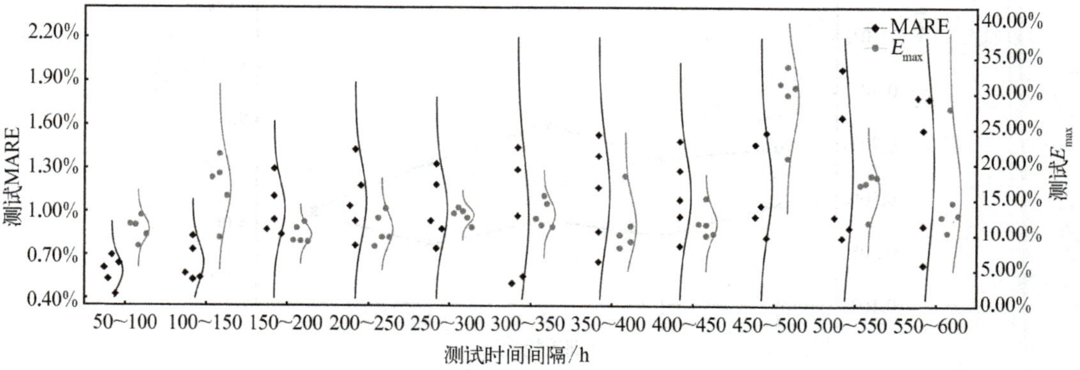

图 8－13 8 层 LSTM 模型在后续 550 h 工作数据上的预测误差分布

计算了两种模型训练 5 次的平均 MARE 和 E_{max}，如图 8－14 所示，更清晰地确认了上述两个发现。

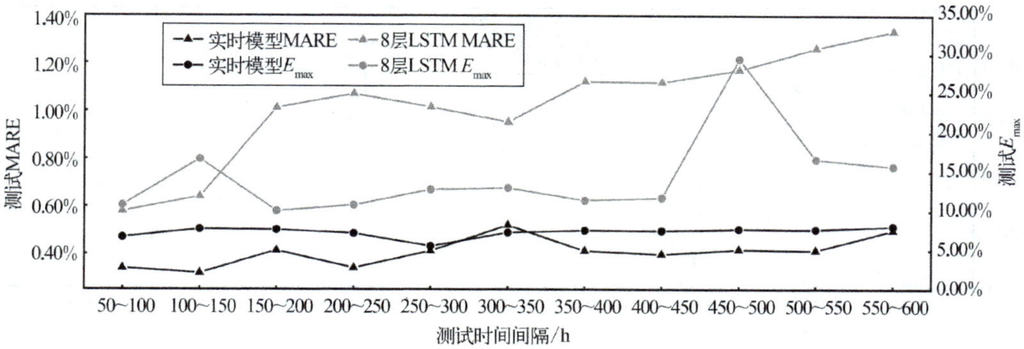

图 8-14 在后续的 550 h 内,5 次训练的平均 MARE 和 E_{max}

三、发动机性能衰退计算结果

为了验证该方法的准确性,进行了与传统衰退计算方法的比较。传统的衰退计算方法为在未来时刻 t_i 下,当发动机处于全加力状态时,测量推力值,然后根据发动机在该状态下的环境温度和压力,将其转换为标准海平面大气压下的修正推力结果:

$$F_{cor}(t_i) = k_{T_0} \cdot k_{P_0} \cdot k_{other} \cdot F_{experimental}(t_i)$$

其中,$F_{cor}(t_i)$ 是在时间 t_i 计算的修正推力;k_{T_0} 是基于环境温度计算的系数;k_{P_0} 是基于环境压力计算的系数;k_{other} 是基于其他因素(如推力架角度)计算的系数;$F_{experimental}(t_i)$ 是由推力传感器测得的实验值。衰退的计算公式为

$$D(t_i) = \frac{F_{cor}(t_0) - F_{cor}(t_i)}{F_{cor}(t_0)} \times 100\%$$

$F_{cor}(t_0)$ 是发动机在全新状态下的修正推力。本章提出的衰退计算方法为

$$D(t_i) = \frac{F_{BLS}(t_i) - F_{real-time}(t_i)}{F_{BLS}(t_i)} \times 100\%$$

其中,$F_{BLS}(t_i)$ 是在 t_i 时刻由 BLS 模型计算得到,为发动机在初始状态下的推力;$F_{real-time}(t_i)$ 是在 t_i 时刻由实时模型计算的发动机推力,包括性能衰退的实时推力。

基于上述方法,评估了该发动机的推力衰退性能。首先,使用 BLS 模型和实时模型预测了在接下来的 550 h 内,每 50 h 的发动机推力。由于每次发动机运行的时间通常不超过 5 h,因此在每个 50 h 的工作时间间隔内有多个发动机运行阶段。尽管对每个 50 h 间隔内的所有运行阶段进行了测试,但由于空间有限,为了方便展示,选择展示每个 50 h 间隔内某次的无量纲结果作为代表。图 8-15 为两个模型在第 50 h 到第 100 h 的运行数据。在图 8-15 中的红色虚线区域,可以直观地看到绿色曲线高于紫色曲线,这表明 BLS 模型预测的推力值高于实时模型预测的推力值。这意味着在相同的环境和状态条件下,全新状态下的发动机推力大于实时状态下的推力,两者之间的差异表示实时推力衰退值。其余时间间隔的测试结果如图 8-16 所示。在每个测试结果中,红色虚线区域表示推力衰退更明显的区域。然后,使用以下公式计算每 50 h 的发动机推力下降:

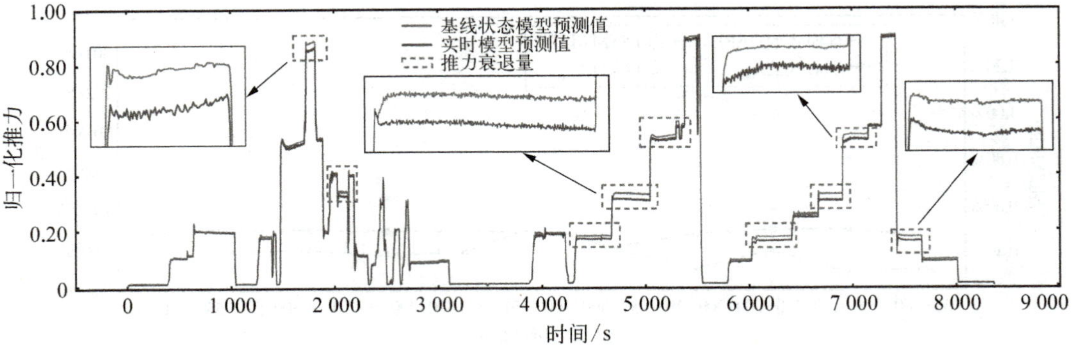

图 8－15　发动机在 50~100 h 之间的运行数据

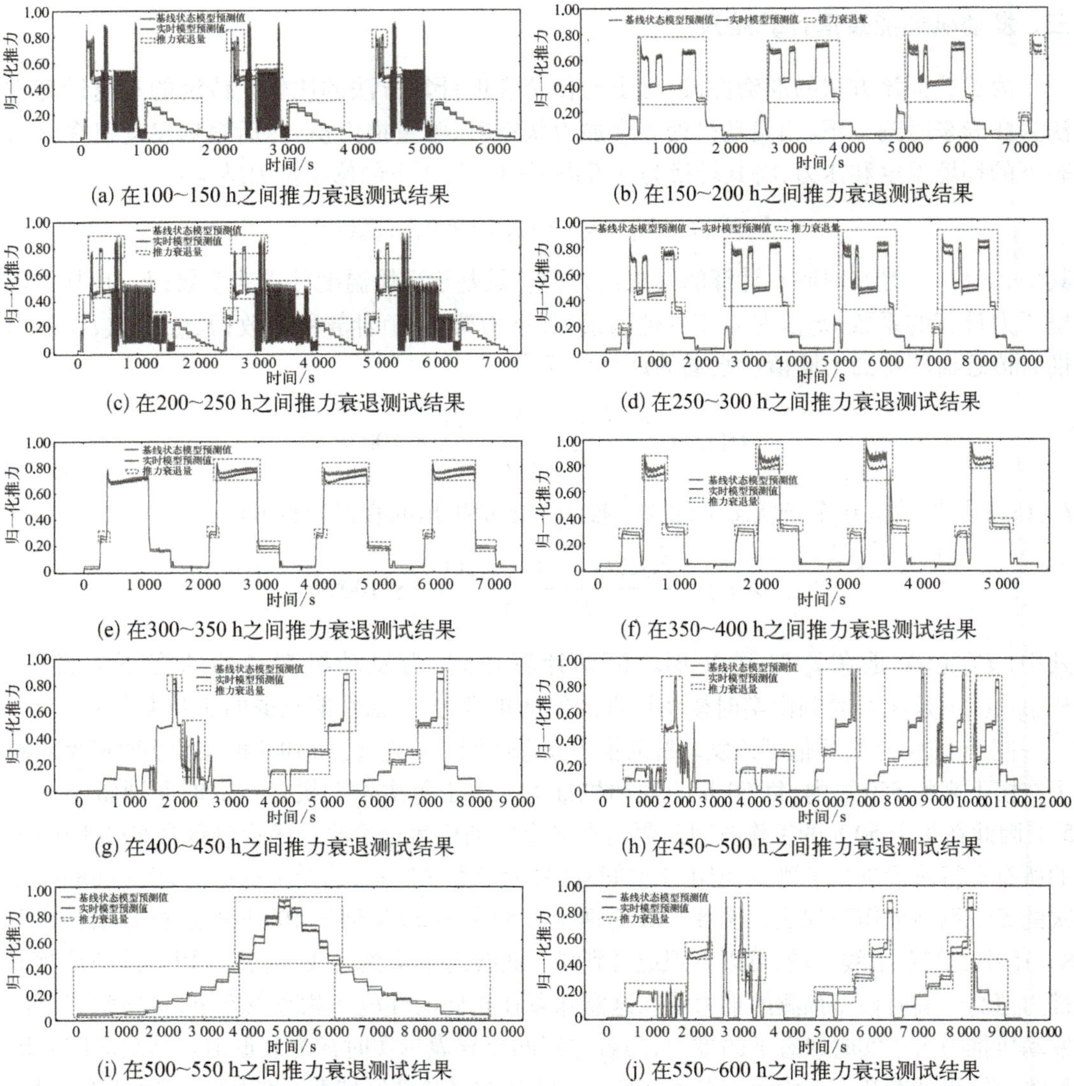

(a) 在100~150 h之间推力衰退测试结果
(b) 在150~200 h之间推力衰退测试结果
(c) 在200~250 h之间推力衰退测试结果
(d) 在250~300 h之间推力衰退测试结果
(e) 在300~350 h之间推力衰退测试结果
(f) 在350~400 h之间推力衰退测试结果
(g) 在400~450 h之间推力衰退测试结果
(h) 在450~500 h之间推力衰退测试结果
(i) 在500~550 h之间推力衰退测试结果
(j) 在550~600 h之间推力衰退测试结果

图 8－16　100~600 h 推力衰退的测试结果

$$D(t_s \sim t_k) = \frac{1}{k-s+1}\sum_{i=s}^{i=k} D(t_i)$$

其中，$k-s+1$ 表示在从 t_s 时刻开始到 t_k 时刻结束的 50 h 采样间隔内的总采样点数。

每 50 h 计算的衰退量由图 8－17 中的红点表示，并与使用传统方法获得的衰退拟合曲线进行比较。在图 8－17 中，黑色曲线代表通过传统方法获得的理论发动机衰退曲线。这条曲线是由发动机制造商提供的理论衰退曲线。由于衰退量是专有信息，图中未显示具体的数值和幅度。可以观察到，两种方法计算的衰退值之间存在一些差异，但整体趋势是一致的。为了更好地描述本章提出的衰退监测方法的可靠性，选择了 R^2 作为评估指标。R^2 广泛用于评估衰退监测方法，如用于剩余使用寿命预测任务[18-23]。R^2 的具体计算公式如下：

$$R^2 = 1 - \frac{\sum_{i=1}^{n}(D_i - \hat{D}_i)^2}{\sum_{i=1}^{n}(D_i - \overline{D})^2}$$

其中，D_i 代表理论衰退曲线得出的衰退值；$\hat{D}_i$ 代表本模型计算的衰退值；$\overline{D}$ 代表理论衰退曲线衰退值的均值；n 代表被比较的衰退值数量。在本案例中，n 为 11。

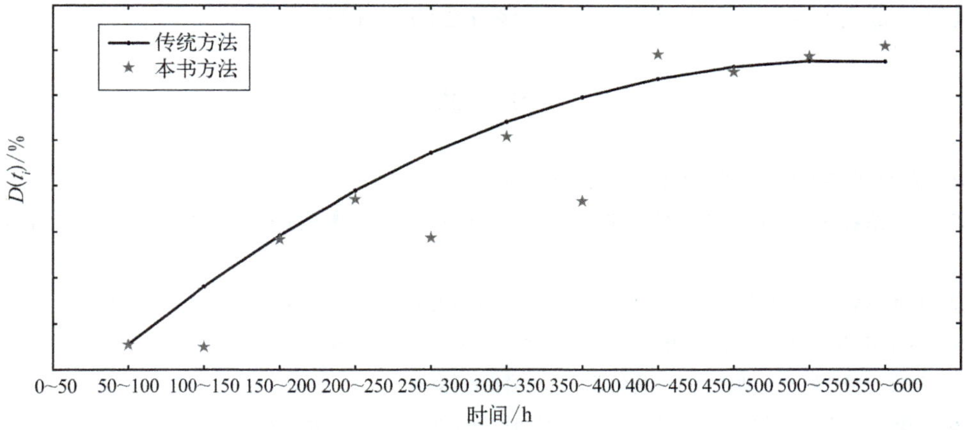

图 8－17　发动机的推力在 50~600 h 内下降

R^2 越接近 1，表示两组数据之间的拟合效果越好。本节中计算的 R^2 为 0.762 3，表明计算的衰退值具有中等偏高的可靠性[22,23]。在分析两种方法计算的衰退值差异时，识别出三个主要原因：

(1) 传统方法仅在特定状态下计算发动机衰退值，并通过转换近似于类似条件下的基准值。然而，本节中的衰退值计算涵盖了发动机整个运行时间，表示了整个过程中的平均衰退值，从而提供了性能衰退的更全面视角。

(2) 本节确保在一致的工作条件下进行衰退值计算，从而使得与基准值的比较更加准确。

(3) 由于传统方法中一些参数不可用，本节的验证和比较基于发动机制造商提供的理论衰退曲线。在实际的 600 h 工作过程中，可能会发现并及时修复发动机问题。这些修复工作可能会导致发动机衰退的某些恢复，影响实际观察到的整体推力衰退情况。

第五节 本 章 小 结

本章全面回顾了双轴涡扇发动机的工作原理、总体性能和性能衰退机制。在此基础上，提出了一种发动机实时性能衰退监控方法，建立了 BLS 和实时模型。这两种模型采用数据驱动的方法，结合 LSTM、全连接层和发动机物理结构。与传统的衰退监测方法相比，该方法可以确保推力衰退监测的全面性，即包括发动机的所有工作状态，并确保在相同的环境和状态参数下进行推力衰退计算。在模型训练过程中，基于发动机工作状态增强了原始数据，以提高训练精度。通过对运行 600 h 的发动机数据进行案例分析，得出以下结论：

（1）BLS 模型对 0~50 h 数据的测试误差表现出低于 0.5%的 MAPE 和低于 8%的 E_{max}。同时，实时模型在 50~600 h 的预测误差表现出低于 0.7%的 MARE 和低于 10%的 E_{max}。这些结果表明两种模型均具有较高的精度。

（2）使用 BLS 模型和实时模型计算了 50~600 h 的推力衰退，并将其与传统方法获得的理论衰退曲线进行了比较。结果显示，两种方法展现出一致的衰退趋势和相似的衰退量，其衰退量之间的 R^2 为 0.762 3，验证了该方法的可行性。

习 题

8.1 请介绍航空发动机各部件的衰退对发动机性能的影响。

8.2 请介绍航空发动机基线状态模型（BLS 模型）和实时性能预测模型（实时模型）的映射关系，并说明你对其的理解。

8.3 在预测航空发动机推力时，基线模型和实时模型相应的输入参数包括哪些？请说明选取的理由。

8.4 请介绍 Min - Max 数据归一化方法，并说明数据进行归一化的原因。

8.5 请介绍融合航空发动机物理架构的数字孪生模型具体结构。

8.6 在融合航空发动机物理架构的数字孪生建模时，为什么要进行数据增强？如何进行数据增强？

8.7 平均绝对相对误差（MARE）和最大绝对相对误差（E_{max}）如何计算？并说明你对其的理解。

8.8 为什么航空发动机基线状态模型的验证要采用两种数据集比例（75%和 100%的训练集比例），说明你对两者侧重点的理解。

8.9 为了保证实时性能预测模型的精度，还能提出哪些优化措施？实时性能预测模型的精度对衰退评估的结果有什么影响？

8.10 航空发动机性能传统衰退计算方法和本书提出的计算方法分别是什么？新方法有何优点？

参 考 文 献

[1] Hanachi H, Mechefske C, Liu J, et al. Performance-based gas turbine health monitoring, diagnostics, and prognostics: A survey[J]. IEEE Transactions on Reliability, 2018, 67: 1340 - 1363.

[2] Kim S, Im J H, Kim M, et al. Diagnostics using a physics-based engine model in aero gas turbine engine verification tests[J]. Aerospace Science and Technology, 2023, 133: 108102.

[3] Kurz R, Brun K. Gas turbine tutorial-maintenance and operating practices effects on degradation and life[R]. Texas A&M University Turbomachinery Laboratories, 2007.

[4] Gil-García J M, Solís A, Aranguren G, et al. An architecture for on-line measurement of the tip clearance and time of arrival of a bladed disk of an aircraft engine[J]. Sensors, 2017, 17: 2162.

[5] Yang P, Yue W, Li J, et al. Review of damage mechanism and protection of aero-engine blades based on impact properties[J]. Engineering Failure Analysis, 2022, 140: 106570.

[6] de Giorgi M G, Menga N, Ficarella A. Exploring prognostic and diagnostic techniques for jet engine health monitoring: A review of degradation mechanisms and advanced prediction strategies[J]. Energies, 2023, 16: 2711.

[7] Chen Q, Sheng H, Zhang T. A novel direct performance adaptive control of aero-engine using subspace-based improved model predictive control[J]. Aerospace Science and Technology, 2022, 128: 107760.

[8] Zhen L, Zhong S, Lin L. An aero-engine life-cycle maintenance policy optimization algorithm: Reinforcement learning approach[J]. Chinese Journal of Aeronautics, 2019, 32: 2133-2150.

[9] Volponi A J, Rajamani R. Hybrid models for engine health management[J]. Machine Learning and Knowledge Discovery for Engineering Systems Health Management, 2012(2012): 395-422.

[10] Kim S, Kim K, Son C. Transient system simulation for an aircraft engine using a data-driven model[J]. Energy, 2020, 196: 117046.

[11] Chao M A, Kulkarni C, Goebel K, et al. Fusing physics-based and deep learning models for prognostics[J]. Reliability Engineering and System Safety, 2022, 217: 107961.

[12] Protopapadakis G, Apostolidis A, Kalfas A I. Explainable and interpretable AI-assisted remaining useful life estimation for aeroengines[C]. ASME Turbo Expo 2022: Turbomachinery Technical Conference and Exposition, Rotterdam, 2022.

[13] Costa N, Sánchez L. Variational encoding approach for interpretable assessment of remaining useful life estimation[J]. Reliability Engineering and System Safety, 2022, 222: 108353.

[14] Baig M F, Sayeed N. Model-based reasoning for fault diagnosis of twin-spool turbofans[J]. Proceedings of the Institution of Mechanical Engineers, Part G: Journal of Aerospace Engineering, 1998, 212: 109-116.

[15] Ruder S. An overview of gradient descent optimization algorithms[EB/OL]. https://doi.org/10.48550/arXiv.1609.04747[2023-12-20].

[16] Bottou L. Stochastic gradient descent tricks[M]//Montavon G, Orr G B, Muller K-R. Neural networks: Tricks of the trade.2nd ed.Berlin: Springer, 2012.

[17] Hochreiter S, Schmidhuber J. Long short-term memory[J]. Neural Computation, 1997, 9: 1735-1780.

[18] Shi J, Yu T, Goebel K, et al. Remaining useful life prediction of bearings using ensemble learning: The impact of diversity in base learners and features[J]. Journal of Computing and Information Science in Engineering, 2021, 21: 021004.

[19] You K S, Qiu G Q, Gu Y K. Optimizing prior distribution parameters for probabilistic prediction of remaining useful life using deep learning[J], Reliability Engineering & System Safety, 2024, 242: 109793.

[20] Zhou Z, Bai M, Long Z, et al. An adaptive remaining useful life prediction model for aeroengine based on multi-angle similarity[J]. Measurement, 2024, 226: 114082.

[21] Alomari Y, Andó M, Baptista M L. Advancing aircraft engine RUL predictions: An interpretable integrated approach of feature engineering and aggregated feature importance[J]. Scientific Reports, 2023, 13: 13466.

[22] Xu W, Jiang Q, Shen Y, et al. New RUL prediction method for rotating machinery via data feature distribution and spatial attention residual network[J]. IEEE Transactions on Instrumentation and Measurement, 2023, 72: 1-9.
[23] Ren L, Qin H, Xie Z, et al. Aero-engine remaining useful life estimation based on multi-head networks[J]. IEEE Transactions on Instrumentation and Measurement, 2022, 71: 1-10.

第 9 章

物理架构驱动的深度学习及补偿方法在航空发动机健康管理中的应用

物理架构驱动的深度学习及补偿方法在航空发动机健康管理中的应用

航空发动机的健康状态直接并显著地影响飞行安全。故障预测与健康管理(PHM)对于确保航空发动机的安全运行至关重要[1]。性能预测是PHM的基础,准确预测表征航空发动机性能的参数至关重要。准确地实时预测航空发动机排气温度(EGT)可以作为一种备用的虚拟传感器,防止物理传感器失效并确保对发动机涡轮部件健康状态的准确监测。此外,通过预测这一参数,可以确定发动机的排气温度裕度,从而推断出发动机的剩余使用寿命(RUL)。

当前提高航空发动机性能预测精度的方法主要有两种:一是采用更优的深度学习算法或模型架构,提升单个模型的预测精度;二是建立融合方法,整合多个子模型的优势,提高整体预测精度。在融合方法中,多个模型的组合预测精度通常优于单个模型。因此,本章结合了两种途径,首先开发一个具有较高预测精度的基础模型,在此基础上通过融合方法进一步提高模型的预测精度。同时本章还给出了基于泰勒展开公式的两种网络融合方法,用于预测EGT。本章依次对基础预测模型、补偿模型、模型训练及在线EGT预测、测试结果进行详细描述。

第一节　基础预测模型

一、长短期记忆网络

LSTM是一种循环神经网络(RNN)[2],非常适合处理序列数据。它由多个LSTM单元相互连接构成,单元结构如图9-1所示。传统的RNN在处理长时间依赖关系时面临显著挑战,因为在计算远端节点间的连接时涉及雅可比矩阵的乘积,这会导致梯度消失或梯度爆炸问题,从而在模型训练过程中出现问题。LSTM通过引入门结构有效缓解了这些问题。

一个LSTM单元包含三个门,分别是遗忘门、输入门和输出门。三个门的计算公式如下所示:

$$f_t = \sigma(h_{t-1},\ x_t) = \sigma(\omega_{f,h} \cdot h_{t-1} + \omega_{f,x} \cdot x_t + b_f)$$

$$i_t = \sigma(h_{t-1},\ x_t) = \sigma(\omega_{i,h} \cdot h_{t-1} + \omega_{i,x} \cdot x_t + b_i)$$

$$o_t = \sigma(h_{t-1},\ x_t) = \sigma(\omega_{o,h} \cdot h_{t-1} + \omega_{o,x} \cdot x_t + b_o)$$

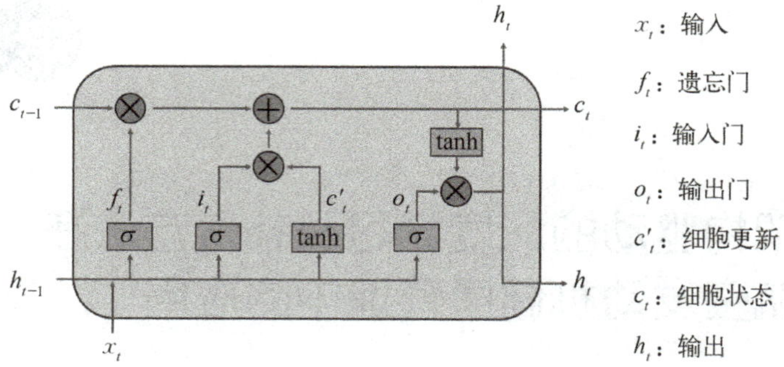

图 9－1　LSTM 单元结构

三个门的激活向量决定了通过它们的信息量。从上面的公式可以看出，门的激活向量仅取决于前一时间的输出 h_{t-1} 和当前时间的输入 x_t。

LSTM 单元的内部计算包括三个步骤：计算内部输入 c'_t，更新细胞状态 c_t，计算细胞输出 h_t。三部分的公式如下所示：

$$c'_t = \tanh(\omega_{c,h} \cdot h_{t-1} + \omega_{c,x} \cdot x_t + b_c)$$

$$c_t = f_t \odot c_{t-1} + i_t \odot c'_t$$

$$h_t = o_t \odot \tanh(c_t)$$

二、基础预测模型结构

在物理模型不可用或难以建立的场景中，例如，股票预测，通常通过采用数据驱动的深度学习框架来解决相关问题。对于飞机发动机，通过匹配各部件之间的方程来建立理想的物理模型。因此，仿造发动机部件级建模方法，设计了一种基于物理架构驱动的深度学习框架。通过设计匹配每个部件网络之间的连接关系，使深度学习框架能够学习各部件之间的物理工作规律。

该框架的核心思想是以模拟飞机发动机物理架构的方式连接每个部件网络。根据发动机内的主要气流路径，空气依次流过进气道、风扇、低压压气机（LPC）、高压压气机（HPC）、燃烧室、高压涡轮（HPT）、低压涡轮（LPT）和尾喷管。因此，这八个部件网络按顺序设计，每个部件网络具有该部件的特定监测参数作为独立输入。例如，风扇部件的风扇转速输入风扇部件网络，而不是输入 HPC 部件网络。具有飞机发动机物理结构意义的深度学习框架如图 9－2 所示。

如图 9－2 所示，深度学习模型分为两个部分：物理规律匹配网络和性能映射网络。

物理规律匹配网络由各部件网络组成，每个部件网络基于 LSTM 构建。在训练模型时，不同的部件网络接收不同的输入参数和驱动数据，表示物理空间中各部件的具体工作过程。例如，燃烧室网络接收燃油流量作为输入，表示物理空间中燃烧室的运行状态。此外，部件网络之间存在数据传输，由实验数据中的隐含关系驱动，表示物理空间中各部件的共同工作关系。例如，根据共同工作关系，转子速度 n_2 既表示 HPC 速度也表示 HPT 速度。HPC 和 HPT 的运行状态直接与其速度相关，影响 HPC 的压力比和 HPT 的压降比。

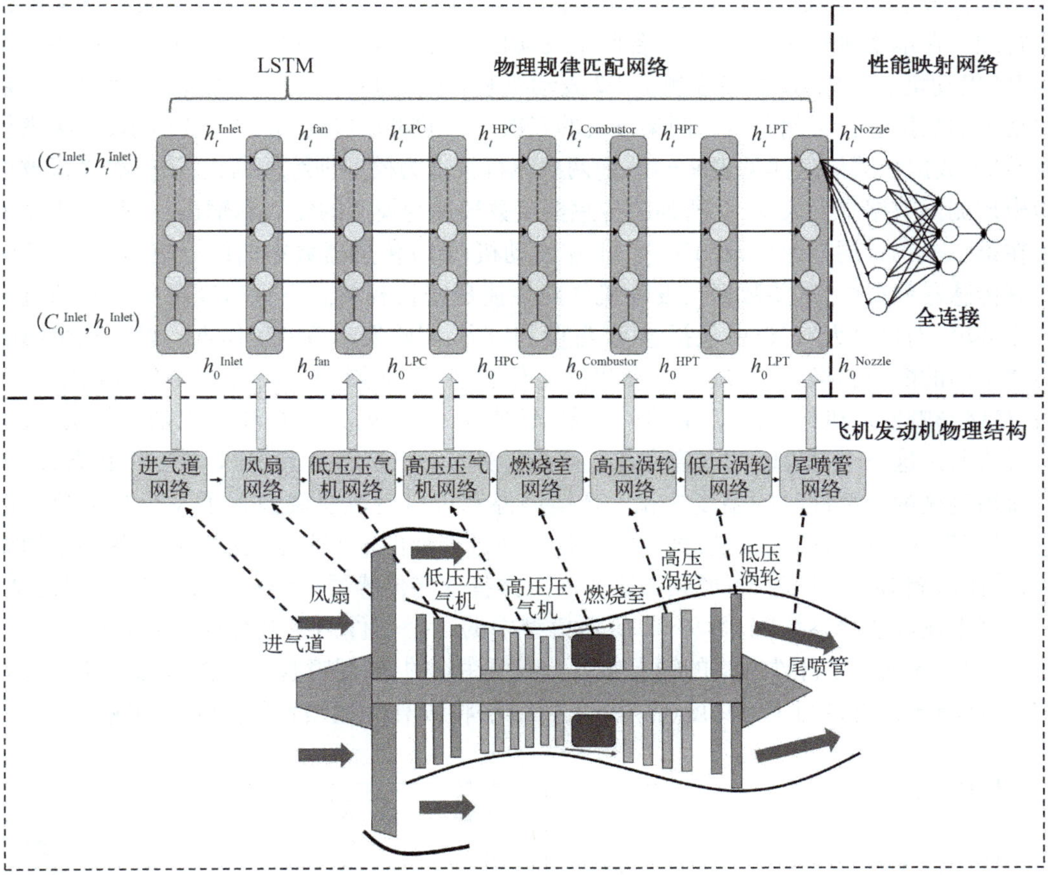

图 9－2　具有飞机发动机物理结构意义的深度学习框架

因此，n_2 既作为 HPC 也作为 HPT 网络的输入。物理规律匹配网络的训练涉及匹配部件网络之间的物理匹配规律。

性能映射网络通过两个全连接层将物理规律匹配网络的输出映射到目标性能参数。

深度学习框架的网络深度取决于飞机发动机部件的数量。对于发动机中添加的每个新部件，分别向网络中添加具有物理和结构意义的对应部件网络。这构成了开发的基本预测模型。在随后的案例中，基础补偿模型的物理规律匹配网络中的每个 LSTM 层的输出维度设置为 16，总共 8 个 LSTM 层。在性能映射网络中，两个全连接层的输出维度设置为 64 和 1，激活函数分别为“ReLU”和“Linear”。模型中的可训练参数总数为 17 665。

三、数据处理

使用民用涡扇发动机的运行监测数据验证各模型预测的精度。数据来源于两架商用飞机（A1 和 A2）的三次实际飞行的快速访问记录仪（quick access recorder，QAR）。QAR 是一种数据采集系统，设计用于记录飞行中的各种参数和信息，以便后续分析和监控，确保飞机的安全和性能。QAR 系统可以记录广泛的飞行参数，包括但不限于：飞行高度、速度、姿态、发动机参数、系统状态、气象条件等。QAR 的发动机相关参数可用于发动机健康管理。在本案例中,每架飞机配备两个发动机。飞机 A1 配备左侧的 B1 发动机和右侧的 B3 发动机。飞机 A2 配备左侧的 B2 发动机和右侧的 B4 发动机。因此,共使用了四台发动机的数据进行案例分析。两架飞机的三次飞行的飞行包线如图 9-3 所示,三次飞行的 QAR 数据相关信息详见表 9-1。前两次飞行被选为模型训练数据集,第三次飞行被选为模型测试数据集。表 9-2 所列的传感器参数被选为模型的输入和输出。图 9-4 显示了在第二次飞行周期中记录的飞机 A1 左发动机(B1)传感器数据曲线。在 QAR 记录的所有传感器数据中,这些数据与发动机气路性能最密切相关。飞行高度决定了发动机的工作环境,而进气大气条件,包括温度、湿度和压力,影响发动机的工作点。燃油流量影响燃烧室内的能量转换,直接决定发动机的工作状态,从而影响发动机各部分的温度和压力,最终影响发动机排气温度(EGT)。低压转速 n_1 表征风扇、LPC 和 LPT 的工作状态,影响气流通过这三个部件时的温度变化。高压转速 n_2 表征 HPC 和 HPT 的工作状态,影响气流通过这两个部件时的温度变化。环境静温和进口气流总温包含了飞行马赫数的信息,影响进入发动机的气流量,直接影响各发动机部件的工作状态,进而影响各部分的温度,从而影响 EGT。同时,参照相关研究[3,4],选择这些传感器数据来开发 EGT 预测模型。在选择上述传感器参数后,图 9-2 所示模型中的每个部件网络被分配其各自的输入参数。表 9-3 列出了部件网络的输入参数。需要注意的是,尾喷管的工作状态与环境压力相关,环境压力直接与飞行高度(H)相关。因此,将 H 作为尾喷管部件网络的输入。

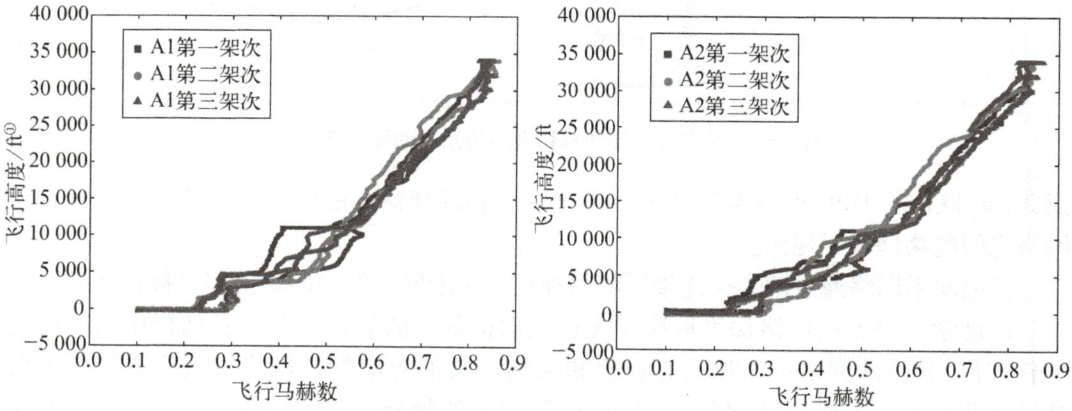

图 9-3 两架飞机的飞行包线

表 9-1 两架飞机三个飞行架次的数据相关信息

数 据 集	样本数量	传感器频率	起飞时间	飞行时长	训练或测试集
A1 第一架次	34 389	1 Hz	2015/04/07 18:39	9.55 h	Training
A1 第二架次	36 569	1 Hz	2015/04/09 06:03	10.16 h	Training

① 1 ft = 3.048×10^{-1} m。

续　表

数 据 集	样本数量	传感器频率	起飞时间	飞行时长	训练或测试集
A1 第三架次	35 924	1 Hz	2015/04/12 16: 39	9.98 h	testing
A2 第一架次	35 360	1 Hz	2015/04/01 18: 47	9.82 h	Training
A2 第二架次	35 088	1 Hz	2015/04/07 06: 08	9.75 h	Training
A2 第三架次	34 701	1 Hz	2015/04/08 18: 32	9.64 h	testing

表 9－2　传感器参数

序号	参 数 名 称	符号
1	飞行高度	H
2	燃油流量	W_f
3	低压转速	n_1
4	高压转速	n_2
5	环境静温	T_0
6	进口气流总温	T_1
7	排气温度	EGT

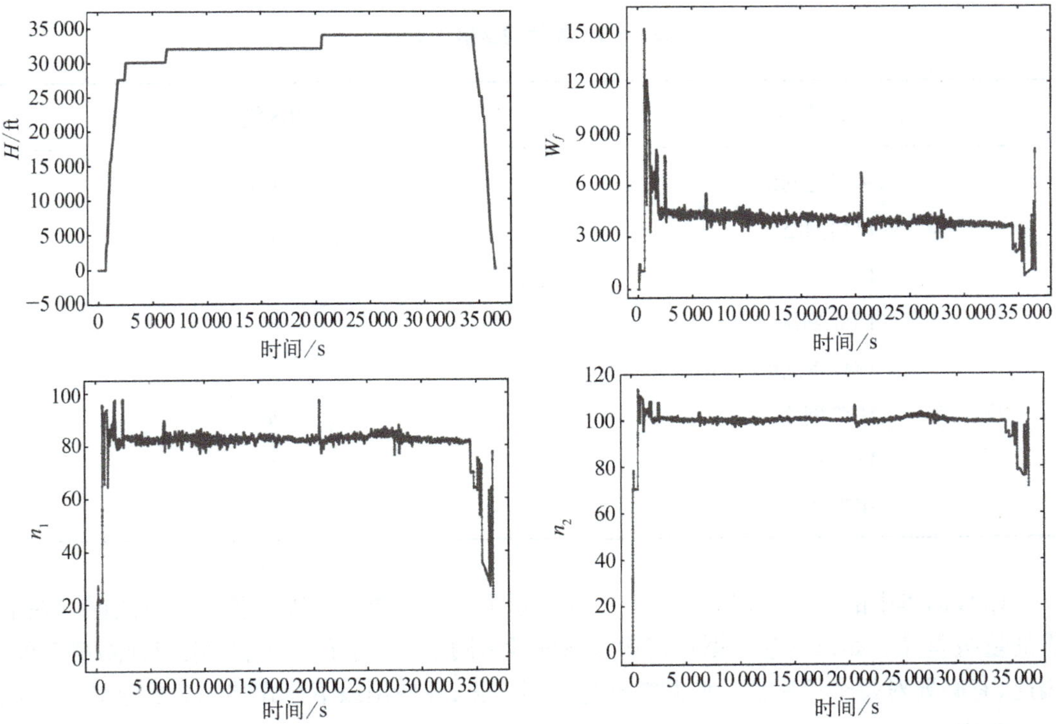

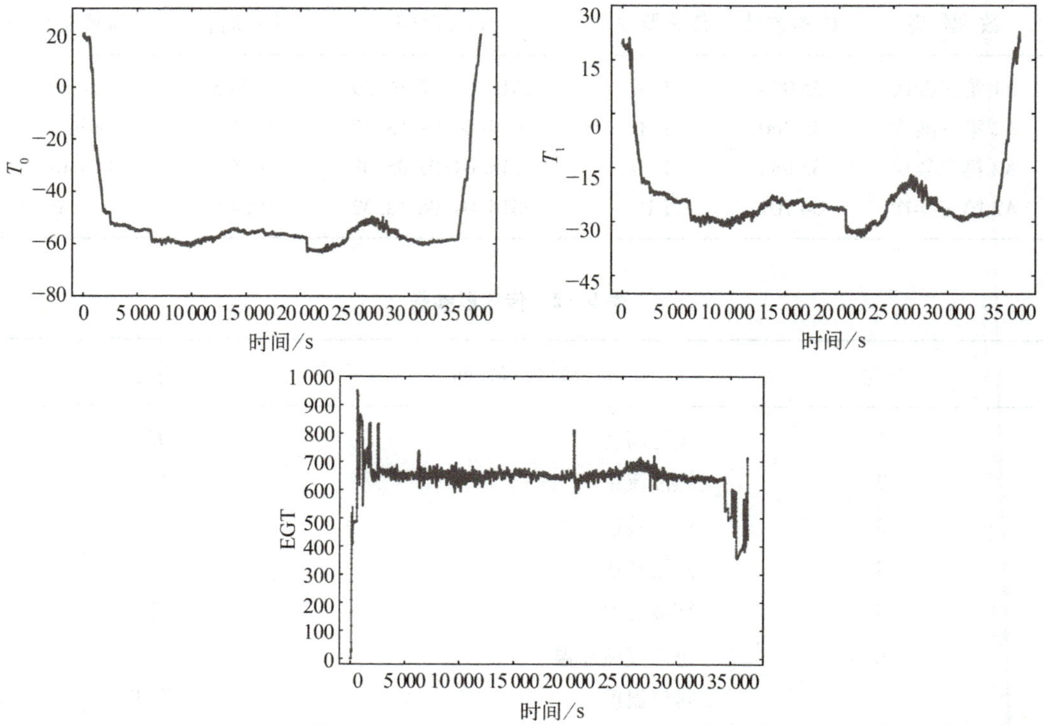

图 9-4　七个传感器参数的样例曲线

表 9-3　部件网络输入参数

部件网络	BLS 模型
进气道网络	H, T_0, T_1
风扇网络	n_1
LPC 网络	n_1
HPC 网络	n_2
燃烧室网络	W_f
HPT 网络	n_2
LPT 网络	n_1
尾喷管网络	H

以数据集中的一行数据为例，图 9-5 显示了每个参数的量级。各数据点之间存在显著的量级差异。如果这些数据直接输入深度学习网络中，会导致训练困难和预测精度差。因此，有必要对每个传感器的监测数据进行归一化，并使用以下公式将其数量级统一在同一范围内：

$$X' = \frac{X - X_{\min}}{X_{\max} - X_{\min}} \cdot (a - b) + b$$

其中, X' 表示归一化后的数据; X 表示原始数据; $X_{\max}$ 是原始数据的最大值; $X_{\min}$ 是原始数据的最小值; a 是归一化区间的最大值; b 是归一化区间的最小值。

选择 EGT 作为预测目标,其他变量作为模型输入。

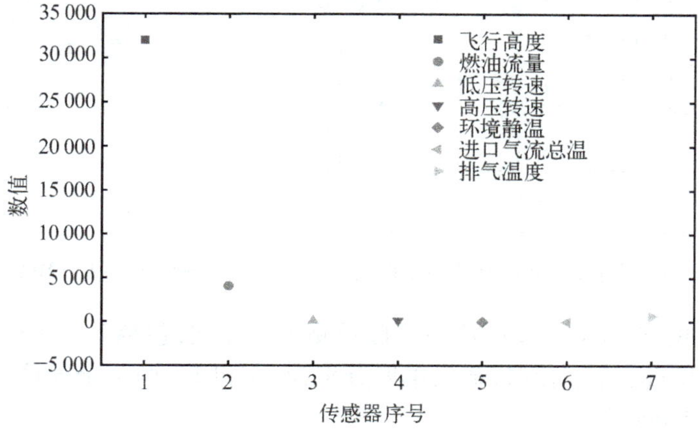

图 9－5　参数量级示意图

第二节　补 偿 模 型

当仅使用一个深度学习模型来预测飞机发动机性能参数时,总会存在预测误差,这可以通过泰勒展开公式来解释。假设预测目标和其他传感器数据 $x_1, x_2, \cdots, x_n$ 之间的真实关系为 F, 而单一模型的输出为 f, 则 F 的泰勒展开公式为

$$F(x_1, x_2, \cdots, x_n) = f(v_1, v_2, \cdots, v_n) + \sum_{i=1}^{n} (x_i - v_i) \frac{\partial f}{\partial x_i} + \frac{1}{2!} \sum_{i,j=1}^{n} (x_i - v_i)(x_j - v_j) \frac{\partial^2 f}{\partial x_i \partial x_j} + O^n$$

有必要使 f 尽可能接近 F。然而,由于传感器误差和发动机性能衰退,每个传感器的 $(x_i - v_i)$ 都不为零,导致一个误差项。为了提高模型的总体预测精度,开发了补偿模型以拟合无法消除的误差项。

一、误差补偿模型架构

开发了三种不同框架的补偿模型:第一种框架与基本预测模型框架一致,第二种是基于 LSTM 的补偿模型框架,如图 9－6 所示,第三种是基于多层感知器(multilayer perceptron, MLP)的补偿模型框架,如图 9－7 所示。为了便于描述,下文将三种模型简称为“Base”“LSTM”和“MLP”。三种补偿模型的结构和相关超参数设置如下。

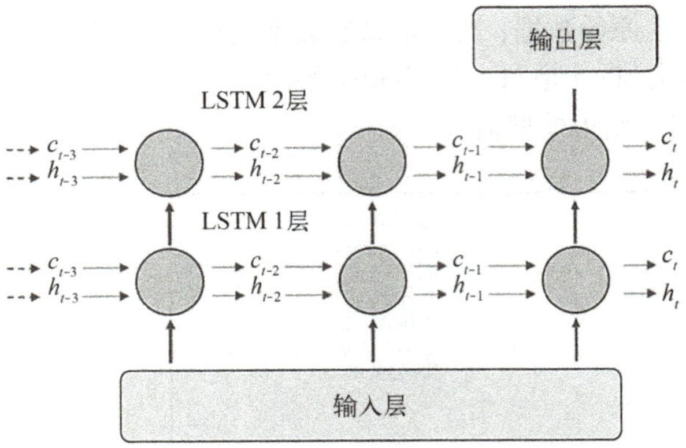

图 9－6　基于 LSTM 的补偿模型框架

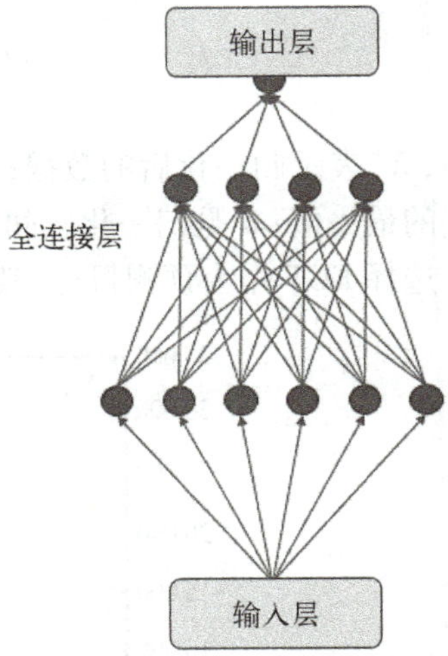

图 9－7　基于 MLP 的补偿模型框架

“Base”补偿模型与图 9－2 所述的基础预测模型相同，包括 8 个 LSTM 层，每层的输出维度为 16，以及两个全连接层，输出维度分别为 64 和 1。两个全连接层的激活函数分别为“ReLU”和“Linear”。

“LSTM”补偿模型包括 4 个 LSTM 层，每层的输出维度为 16，以及一个全连接层，输出维度为 1。全连接层的激活函数为“Linear”。

“MLP”补偿模型包含 5 个全连接层。前 4 层的输出维度为 16，激活函数为“ReLU”。最后一个全连接层的输出维度为 1，激活函数为“Linear”。

误差补偿模型主要补偿由于传感器误差和发动机性能衰退导致的预测误差。传感器误差主要通过发动机参数之间的关系影响最终的预测误差。除了传感器误差外，预测还受到发动机随时间衰退引起的误差的影响。MLP 算法非常适合拟合变量之间的关系。LSTM 算法适合拟合变量之间的关系并考虑时间的变化。这两种算法被选择用于构建三种补偿模型，以拟合预测误差的两个主要组成部分并进行比较。

二、补偿模型融合方法

如图 9－8 所示，开发了两种融合方法。

（一）全局补偿方法

第一种补偿模型的融合方法称为“全局补偿方法（global compensation method，GCM）”，在基本预测模型训练好后，使用其对训练数据集进行预测。计算预测值与真实数据之间的差异，得到误差，并将该误差作为补偿模型的训练标签。随后，对补偿模型进行训练。全局补偿方法的训练过程的误差传递示意如图 9－9 所示。基础预测模型和补偿模型都有独立的损失项，每个模型的网络参数分别使用误差反向传播和梯度下降算法进行调整。

$$\text{BasicModel}:\ \theta_i = \theta_i - \eta_1 \cdot \frac{\partial \text{loss}(\text{EGT})}{\partial \theta_i}$$

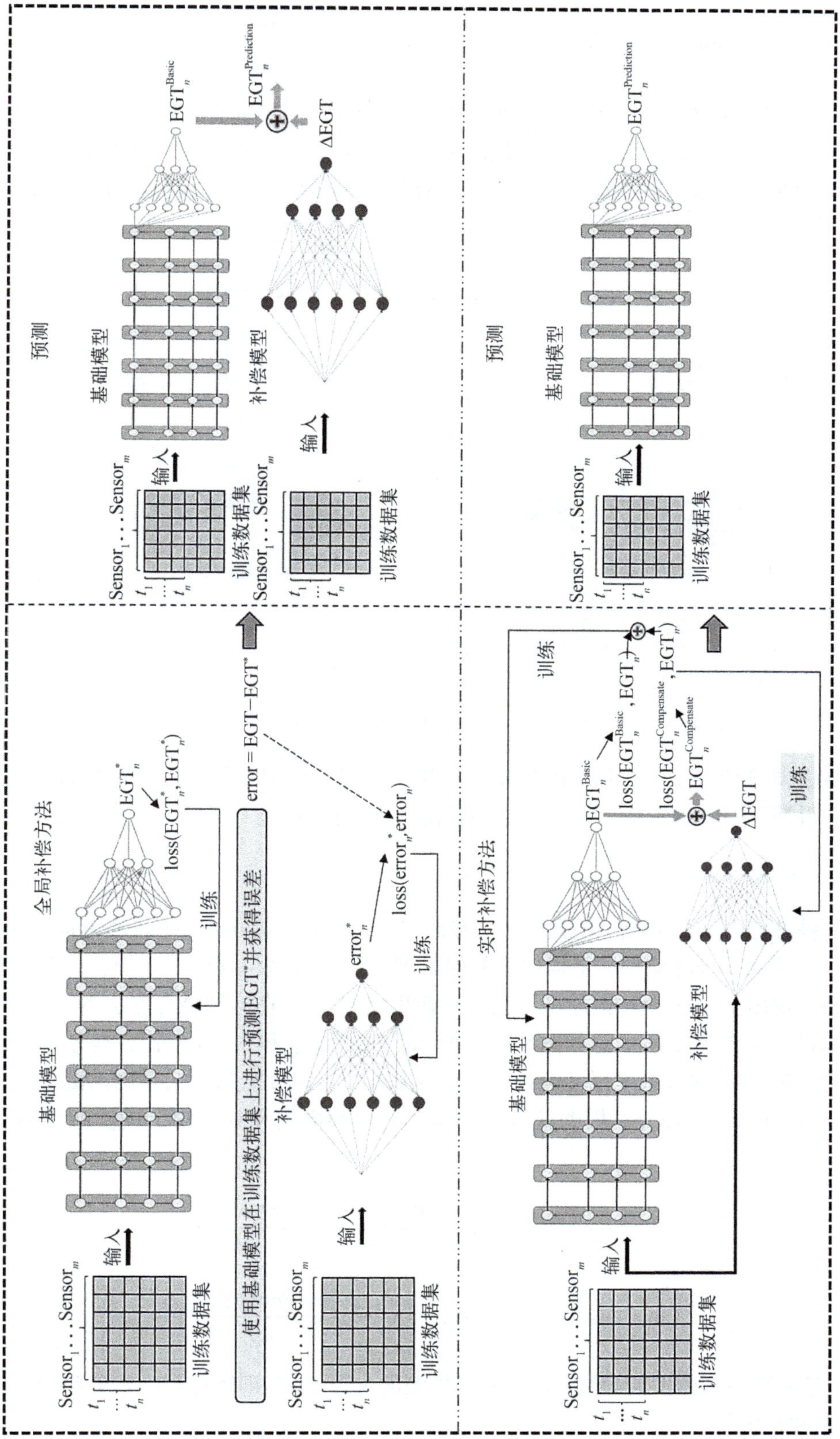

图 9－8　补偿模型的两种融合方法

$$\text{CompensationModel}:\ \gamma_i = \gamma_i - \eta_2 \cdot \frac{\partial \text{loss}[\text{error}(\text{EGT})]}{\partial \gamma_i}$$

其中，θ_i 是基础预测模型的参数；γ_i 是补偿模型的参数；η_1 是基础预测模型在训练过程中的学习率；η_2 是补偿模型在训练过程中的学习率；loss(EGT) 是基础预测模型预测值与实验 EGT 之间的损失；loss(error(EGT)) 是补偿模型预测值与目标补偿误差值之间的损失。

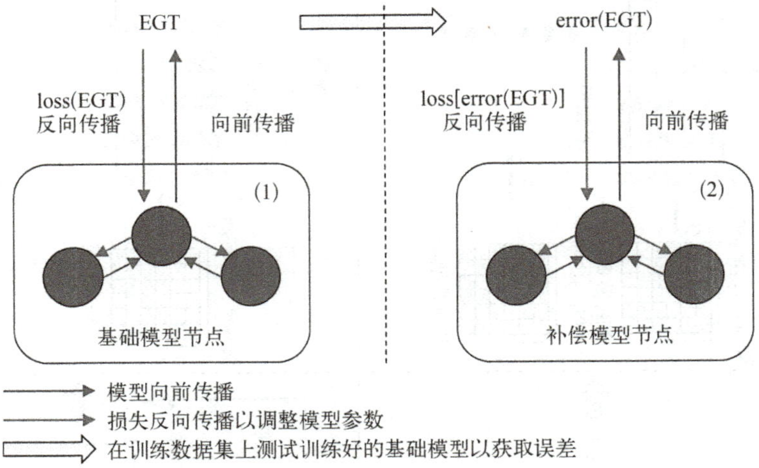

图 9－9　全局补偿方法的训练过程的误差传递示意图

训练后，在预测阶段，从基础预测模型和补偿模型中分别获得输出，并将这两个输出相加以获得补偿后的预测值。补偿模型的输出代表补偿效果。

（二）实时补偿方法

第二种补偿模型的融合方法称为“实时补偿方法（real-time compensation method，RtCM）”，涉及基础预测模型和补偿模型的同时训练。该模型包含两个输出：一个是基础补偿模型的输出 y_1，另一个是 y_1 与补偿模型输出之和 y_2。在这种融合方法下，实时补偿方法训练过程的误差传递示意如图 9－10 所示。在训练过程中，从实验数据分别计算两个输出的损失，得到两个损失值 loss(y_1) 和 loss(y_2)。在训练过程中，基础预测模型获得 loss(y_1) 和 loss(y_2)，而补偿模型获得 loss(y_2)。基础模型和补偿模型的参数更新公式如下：

$$\text{BasicModel}:\ \theta_i = \theta_i - \eta \cdot \left(\frac{\partial \text{loss}(y_1)}{\partial \theta_i} + \frac{\partial \text{loss}(y_2)}{\partial \theta_i}\right)$$

$$\text{CompensationModel}:\ \gamma_i = \gamma_i - \eta \cdot \frac{\partial \text{loss}(y_2)}{\partial \gamma_i}$$

其中，θ_i 是基础预测模型的参数；γ_i 是补偿模型的参数；η 是训练过程中基础预测模型和补偿模型的学习率。

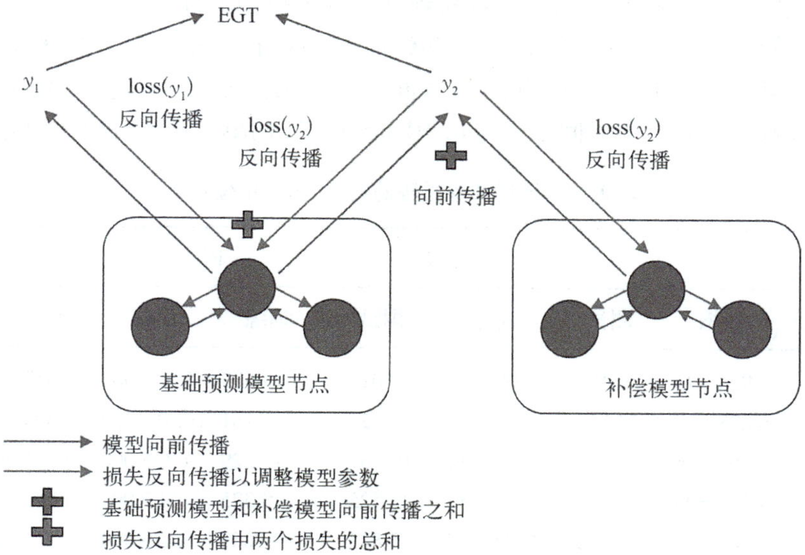

图 9－10　实时补偿方法训练过程的误差传递示意图

在这种融合方法中,补偿模型的补偿效果直接耦合到基础预测模型输出 y_1,因为基础预测模型的训练直接获得训练补偿模型的 loss(y_2)。在预测阶段,基础预测模型的输出是包括补偿效果的预测结果。

第三节　模型训练及在线 EGT 预测

一、模型训练

为了比较两种融合方法和三种补偿模型对补偿效果的影响,模型训练和测试在上述提到的四台发动机数据的数据集上进行。在模型训练过程中,两种融合方法的超参数保持一致。

训练优化算法采用深度学习工作中常用的 RMSProp 算法[5-7]。

在误差调整公式中,学习率为 0.001,这是 RMSProp 算法中常用的默认值。设置过高的学习率可能会导致梯度爆炸,而设置过低的学习率可能会导致训练过程缓慢或陷入局部最优。学习率为 0.001 是一个合理的中间值,有效地平衡了高效训练和避免梯度爆炸问题[8]。

除学习率外,RMSProp 算法的其他三个参数也设置为默认值,即衰减率:0.9;动量:0.0;epsilon:1×10^{-7}。这些默认值有助于确保使用 RMSProp 时训练的稳定性和效率[9]。

损失函数采用均方误差(MSE)函数。

训练迭代次数设为 500,批处理大小为 128。所有 LSTM 层的时间步长设为 4。这三个超参数设置通过在基础预测模型上进行的超参数调优过程被认为是最适合的。

编程语言为 Python3.7,所有训练和测试都在配备 13 代 Intel(R) Core(TM) i9－13900HX2.20GHzCPU 和 32GB 内存的计算机上进行。在所有实验中,记录了单次训练和单次测试的总耗时,如表 9-4 所示。观察到基础预测模型的训练时间少于 1 h。当使用相同的补偿模型时,GCM 的训练时间比 RtCM 长,但都在 2 h 以内。根据表 9-1 和表 9-4,可以计算出每个模型的单点预测时间:基础预测模型的单点预测时间平均为 0.155 ms,GCM 的单点预测时间平均为 0.291 ms,RtCM 的单点预测时间平均为 0.164 ms。

表 9-4　不同实验过程的耗费时间(单位:s)

	B1		B2		B3		B4	
	训练	测试	训练	测试	训练	测试	训练	测试
Base	2 924.995	6.151	2 874.739	5.011	2 893.673	5.887 000	2 853.985	4.924 0
GCM+Base	6 828.863	12.763	6 873.231	9.124	6 799.781	10.615 000	6 695.849	9.459 0
GCM+LSTM	5 763.416	9.976	5 664.734	10.537	5 743.329	9.855 000	5 656.293	10.930 0
GCM+MLP	4 123.806	9.794	4 059.159	9.525	4 085.325	9.309 000	4 043.716	11.429 0
RtCM+BASE	4 182.927	6.392	4 018.997	5.873	4 107.669	6.679 000	4 111.723	6.199 7
RtCM+LSTM	3 299.134	5.982	3 858.653	5.927	3 317.512	5.906 000	3 798.241	5.864 0
RtCM+MLP	3 044.003	5.375	2 839.002	5.283	2 983.581	4.741 682	2 982.274	5.228 0

二、在线 EGT 预测

一旦模型训练完成,首先会在测试数据集上验证模型的准确性,详见第四节。在确保准确性满足实际需求后,训练好的模型将用于实时 EGT 预测。EGT 在线实时预测流程如图 9-11 所示。第一步,实时采集飞机发动机的六个传感器参数,包括 H、T_0、T_1、n_1、n_2 和 W_f。第二步,对采集到的传感器数据在各参数的最大值和最小值范围内进行归一化。第三步,将归一化后的参数对应输入通过 GCM 或 RtCM 训练的模型,得到预测值 $y^{\text{prediction}}$。第四步,将预测值 $y^{\text{prediction}}$ 在 EGT 的最大值和最小值范围内进行反归一化,以获得实时预测的 EGT 值。

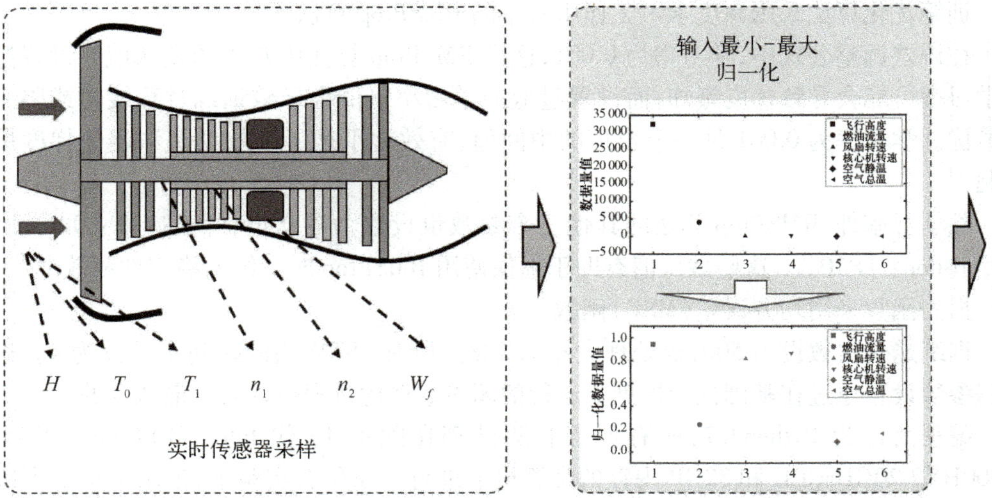

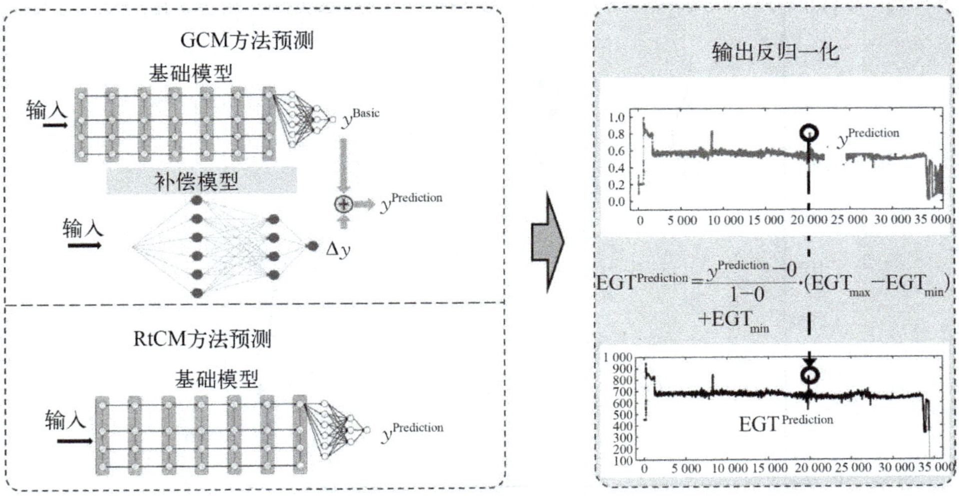

图 9－11　EGT 在线实时预测流程图

第四节　测 试 结 果

使用了两个指标来评估模型的预测精度：平均绝对相对误差（MARE）和最大绝对相对误差（E_{max}），分别代表预测精度的平均水平和最差水平。

$$\text{MARE} = \frac{1}{n}\sum_{i=1}^{n} \mid (y^i - \text{true}^i)/\text{true}^i \mid \times 100\%$$

$$E_{max} = \max_{1 \leqslant i \leqslant n} \mid (y^i - \text{true}^i)/\text{true}^i \mid \times 100\%$$

其中，y^i 代表时间点 i 的预测 EGT；true^i 代表时间点 i 的实验 EGT。

一、基础预测模型的结果

为了验证基础预测模型的预测精度，在四台发动机的每个数据集上分别进行了 5 次模型训练。进行 5 次训练的目的是减轻深度学习模型训练中的随机性对后续结论的影响。此外，通过检查 5 次测试结果的分布可以评估模型的稳定性。在 5 次训练中，测试预测误差最低的一次被选为后续补偿模型训练的基础预测模型，并作为比较补偿效果的基准。随后，对每个测试数据集进行了预测，基础预测模型在每个测试数据集上的 5 次训练结果误差分布如图 9－12 所示。图中的分布曲线使用正态分布拟合。

如图 9－12 所示，基础预测模型在所有测试数据集上都实现了可靠的预测精度，MARE 低于 1.5%，E_{max} 低于 17%。对于每个数据集，5 次训练的预测误差分布集中，表明训练中的超参数设置导致了模型的稳定收敛。此外，为验证物理架构驱动的深度学习模型的有效性，将其在相同数据集上的测试结果与多层 LSTM 模型进行了比较。该多层 LSTM 模型的架构、超参数设置和训练参数与图 9－2 所示的物理架构驱动的深度学习模

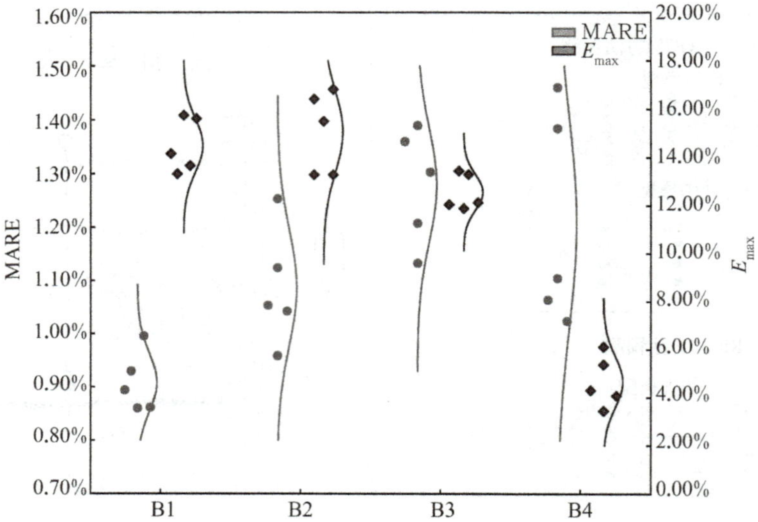

图 9-12　基础预测模型在 4 个数据集上的 5 次训练结果误差分布

型相同。具体来说,它由 8 个 LSTM 层和 2 个全连接层组成。每个 LSTM 层的输出维度为 16,全连接层的输出维度分别为 64 和 1,激活函数分别为"ReLU"和"Linear"。两者的关键区别在于,多层 LSTM 模型未区分独立的部件网络,所有输入参数都输入第一个 LSTM 层中。

多层 LSTM 模型在 4 个数据集上也分别进行了 5 次训练。计算了每个数据集上 5 个训练模型的测试结果并取平均值。这些结果与图 9-12 中计算的物理架构驱动的深度学习模型的平均测试结果进行了比较。具体比较结果如表 9-5 所示。可以看出,本章提出的模型在所有 4 个数据集上都实现了较低的 MARE,表明全局预测精度更高。具体而言,在数据集 B1、B3 和 B4 上,提出的模型实现了较低的 E_{max}。尽管在数据集 B2 上的 E_{max} 略高,但这并不影响提出模型具有更高准确性的结论。这是因为 E_{max} 反映了所有测试样本中最差的预测精度,而 MARE 反映了全局预测精度。

表 9-5　本章中多层 LSTM 模型和基础模型之间的平均测试结果

	B1		B2		B3		B4	
	MARE	E_{max}	MARE	E_{max}	MARE	E_{max}	MARE	E_{max}
Base	0.91%	14.50%	1.09%	15.06%	1.28%	12.57%	1.21%	4.67%
Multi-LSTM	1.12%	30.02%	1.30%	13.86%	1.57%	41.64%	1.58%	11.12%

基础预测模型的精度已经达到通过改变模型框架难以显著提高精度的程度,这消除了由基础预测模型框架本身的较大误差引起的补偿效果误导判断。从基础预测模型的预测结果来看,基础预测模型预测结果完全满足这一要求。因此,后续对补偿模型的分析是合理的。

二、补偿模型结果

（一）排气温度预测结果

由于进行了大量测试，基础预测模型和补偿模型共训练了 44 个模型，每个数据集上进行了 11 次模型训练，包括 5 次基础预测模型训练和 6 次补偿模型训练，其中包含了 2 种融合方法下的 3 个补偿模型。因此，从 4 个数据集中获得了总共 44 个预测结果。随机选择了 4 组测试结果进行展示，如图 9－13～图 9－16 所示。

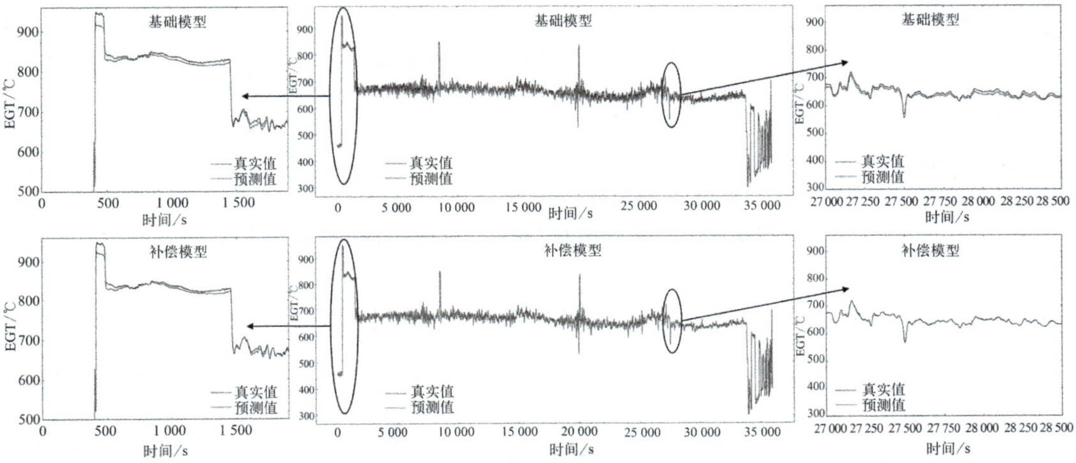

图 9－13　数据集 B1 上 RtCM 和 MLP 补偿模型获得的 EGT 结果的比较

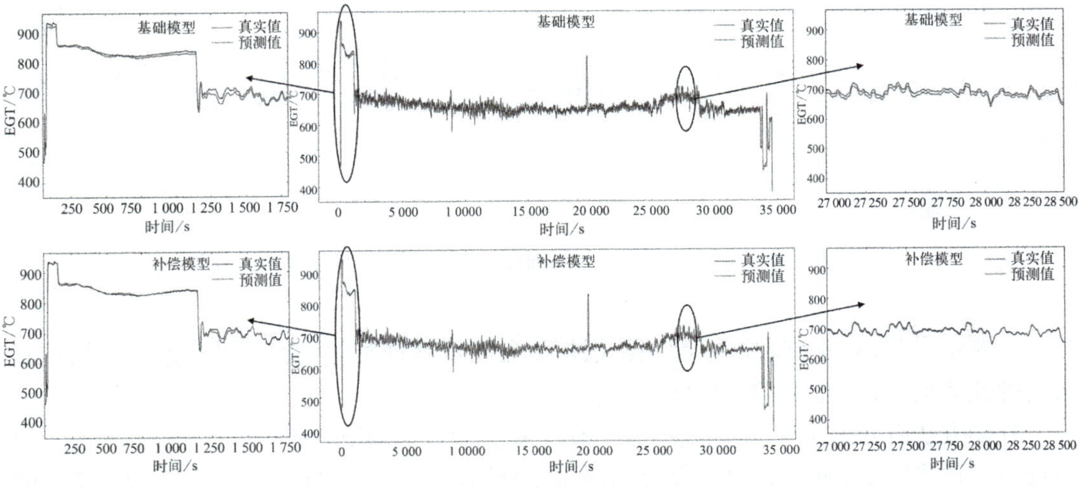

图 9－14　数据集 B2 上 GCM 和 MLP 补偿模型获得的 EGT 结果的比较

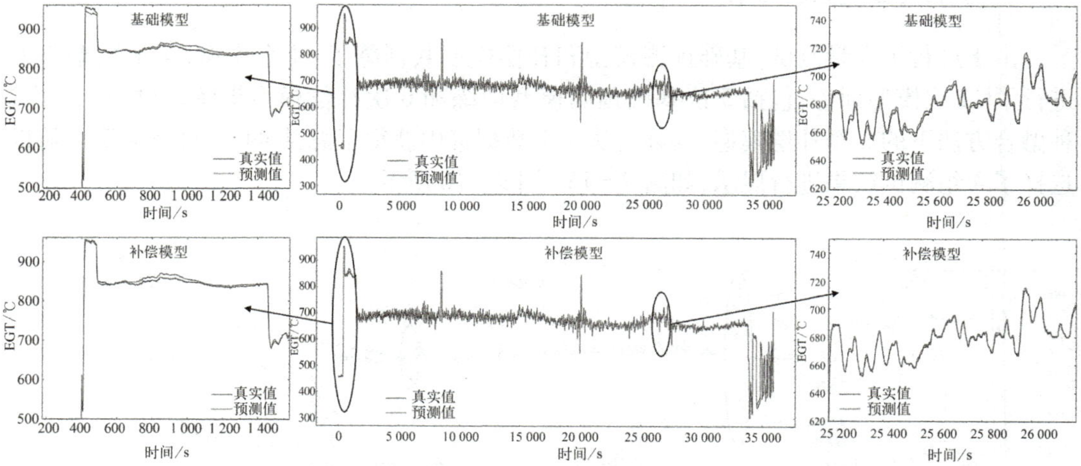

图 9-15　数据集 B3 上 RtCM 和 LSTM 补偿模型获得的 EGT 结果的比较

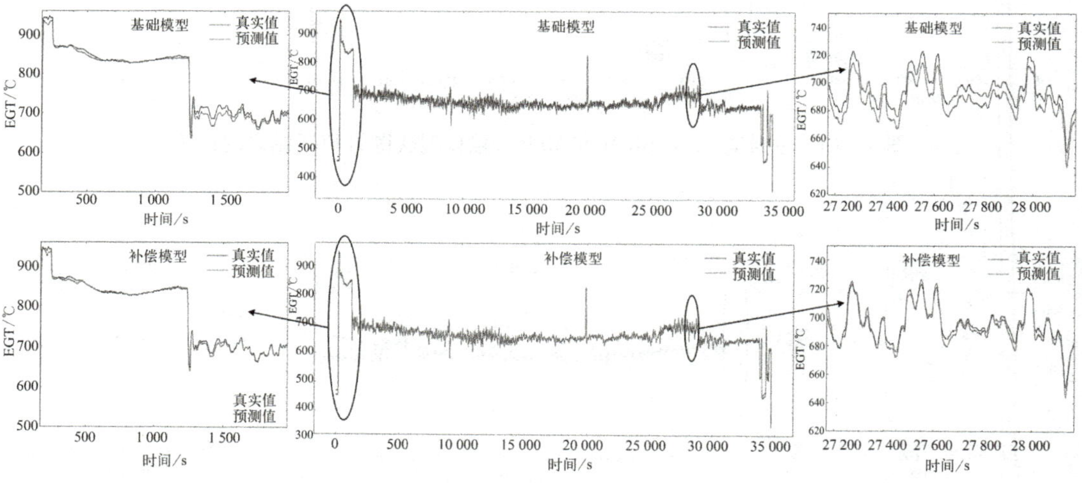

图 9-16　数据集 B4 上 GCM 和基础补偿模型获得的 EGT 结果的比较

预测结果显示，基础预测模型和补偿模型在测试数据集的稳态和过渡态阶段均具有较高的预测精度，并且补偿模型的效果显著。

补偿方法有效减少了预测误差，并提供了对实验数据的更好拟合。因此，引入补偿模型提高了预测精度，减少了 EGT 预测的误差。分别计算了 4 个数据集中 EGT 预测结果的平均绝对误差。B1 的平均绝对误差为 2.18℃，B2 的平均绝对误差为 1.75℃，B3 的平均绝对误差为 2.21℃，B4 的平均绝对误差为 1.13℃。所有测试的详细结果见表 9-6 和表 9-7。表中列出了 4 个数据集上使用两种不同融合方法的三种补偿模型的预测结果。

表 9-6　全局补偿方法下的预测结果

数据集	补偿模型	基础预测模型的 MARE	补偿后的 MARE	S_{MARE}	基础预测模型的 E_{max}	补偿后的 E_{max}	$S_{E_{max}}$
B1	Base	0.860%	**0.322%**	**62.581%**	15.745%	14.717%	6.528%
	LSTM	0.860%	0.362%	57.859%	15.745%	**14.200%**	**9.814%**
	MLP	0.860%	0.437%	49.183%	15.745%	14.736%	6.410%
B2	Base	0.959%	0.408%	57.400%	16.816%	15.064%	10.417%
	LSTM	0.959%	0.366%	61.785%	16.816%	**15.048%**	**10.513%**
	MLP	0.959%	**0.277%**	**71.085%**	16.816%	15.462%	8.052%
B3	Base	1.133%	0.556%	50.863%	13.301%	12.967%	2.511%
	LSTM	1.133%	**0.380%**	**66.422%**	13.301%	**12.734%**	**4.263%**
	MLP	1.133%	0.545%	51.894%	13.301%	13.476%	-1.317%
B4	Base	1.024%	0.184%	81.999%	5.377%	4.840%	9.988%
	LSTM	1.024%	**0.166%**	**83.822%**	5.377%	**2.745%**	**48.941%**
	MLP	1.024%	0.383%	62.571%	5.377%	4.847%	9.846%

表 9-7　实时补偿方法下的预测结果

数据集	补偿模型	MARE	E_{max}
B1	Base	0.816%	**10.943%**
	LSTM	0.698%	14.395%
	MLP	**0.694%**	15.451%
B2	Base	0.852%	**13.313%**
	LSTM	**0.730%**	18.497%
	MLP	0.817%	15.274%
B3	Base	1.376%	14.046%
	LSTM	**0.751%**	13.521%
	MLP	1.063%	**10.558%**
B4	Base	**0.779%**	5.260%
	LSTM	1.050%	4.649%
	MLP	0.841%	**3.234%**

（二）补偿模型架构的对比

相对误差减少量被用作评估补偿模型补偿效果的评价指标。

$$S_{\mathrm{MARE}}=\frac{\Delta\mathrm{MARE}}{\mathrm{MARE}}\times 100\%$$

$$S_{E_{\max}}=\frac{\Delta E_{\max}}{E_{\max}}\times 100\%$$

其中，ΔMARE 表示补偿效果带来的 MARE 减少量；$\Delta E_{\max}$ 表示补偿效果带来的 $E_{\max}$ 减少量；MARE 和 $E_{\max}$ 分别表示基础预测模型的预测误差。S_{MARE} 和 $S_{E_{\max}}$ 分别表示 MARE 和 $E_{\max}$ 相对于基础预测模型的减少百分比，代表精度的提升百分比。S_{MARE} 和 $S_{E_{\max}}$ 越大，补偿模型在提升精度方面的效果越显著。

在 GCM 中，补偿模型在训练基础预测模型之后进行训练，确保两个训练过程相互独立。因此，对于相同的数据集，给定三种不同的补偿模型，固定一个经过良好训练的基础预测模型。然而，在 RtCM 中，基础预测模型和补偿模型的训练是同时进行的，基础预测模型的输出直接包含了补偿效果。因此，不能确保基础预测模型具有相同的精度。为了比较三种补偿模型的补偿效果，只使用 GCM 进行 S_{MARE} 和 $S_{E_{\max}}$ 的比较。对于每个数据集，选择前五次基础预测模型训练中误差最小的模型作为 GCM 的基础预测模型。

基于上述分析计算了每个补偿模型在相应数据集上的 S_{MARE} 和 $S_{E_{\max}}$。更多信息见表 9－6 和表 9－7。图 9－17 展示了结果的分布情况。

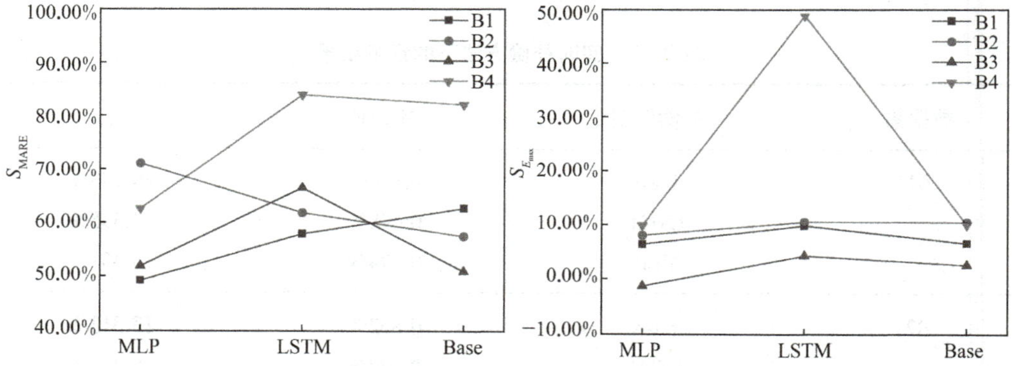

图 9－17　GCM 方法下的 S_{MARE} 和 $S_{E_{\max}}$ 分布

S_{MARE} 和 $S_{E_{\max}}$ 表明，这两个指标越大，补偿效果越好。得出的结论如下。

（1）在大多数实验中，三种补偿模型都能有效地减少 MARE 和 $E_{\max}$，改善了预测精度。在 12 次独立训练实验中，S_{MARE} 的范围从最大值 83.822%到最小值 49.183%，均值为 63.123%；$S_{E_{\max}}$ 的范围从最大值 48.941%到最小值−1.317%，均值为 10.497%。

（2）仅在 B3 发动机数据集中，MLP 补偿模型稍微增加了 $E_{\max}$，$S_{E_{\max}}$ 为负。在 12 次实验中，只有一例 $S_{E_{\max}}$ 为负；在该情况下，S_{MARE} 为正，表明整体预测精度有所提升，但部分个别点的预测精度略有下降，需进一步研究。

（3）通过比较不同补偿模型的 S_{MARE}，可以观察到 LSTM 补偿模型的补偿效果相对稳定。此外，通过 $S_{E_{\max}}$ 的对比，可以明显看出 LSTM 补偿模型在降低 $E_{\max}$ 方面更有效，表明其补偿性能更佳。

（三）融合方法的对比

在 RtCM 中，基础补偿模型的预测与补偿效果耦合，无法通过 S_{MARE} 和 $S_{E_{max}}$ 进行评估。因此，直接比较了两种融合方法下的预测结果，包括补偿效果，如图 9－18 所示。图中，黑色实线表示基础预测模型在每个数据集上的预测误差。每个数据集有三个红点，表示使用 GCM 方法的三种补偿模型（Base、LSTM、MLP）补偿后的预测误差。三个蓝点表示使用 RtCM 方法的三种补偿模型补偿后的预测误差。

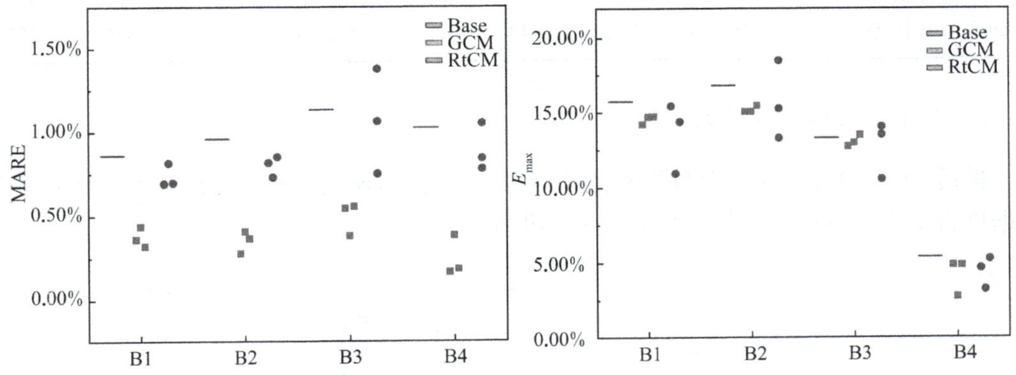

图 9－18　模型经过补偿以后的 MARE 和 E_{max} 结果

通过比较 MARE，两种融合方法均展示出了有效的补偿效果。然而，GCM 的总体预测误差较小，补偿效果更好。此外，通过 E_{max} 的对比显示，RtCM 中的一些模型实现了更低的 E_{max}，RtCM 在减少峰值误差方面更为有效，例如，在 B1 和 B2 数据集中使用的 MLP 补偿模型，以及在 B3 数据集上使用的 Base 补偿模型。图 9－18 显示，在预测阶段，GCM 需要分别获取基础预测模型和补偿模型的输出，然后将其加在一起以获得增加补偿效果以后的预测结果。然而，RtCM 只需要基础预测模型的输出即可直接得出增加补偿效果以后的预测结果。在基础预测模型架构一致的情况下，RtCM 具有较好的时效性预测优势。

三、附加测试结果

（一）不同模型的结果

为了验证所提出的基于物理架构驱动的深度学习和补偿方法在预测航空发动机 EGT 中的有效性，使用了上述提到的 4 个数据集，并与两种现有的先进方法进行了比较。第一个对比的方法是使用了增强尺度感知高效变换器（ESAE－Transformer）模型[10]，在 QAR 数据集上实现了 EGT 预测的最佳测试结果。在参考文献[10]中，ESAE－Transformer 模型在 128 维度下实现了最低预测误差。因此，使用 128 维度的 ESAE－Transformer 模型对 4 个数据集 B1、B2、B3 和 B4 进行了对比验证。第二个对比的方法是 Transformer 模型，其参数与 ESAE－Transformer 模型相同。两个模型在每个数据集上训练了 5 次，选择了 5 次测试中 MARE 最小的结果来代表这两个模型的测试结果。这些结果与本工作中提出的方法在每个数据集上获得的最佳结果进行了比较，如表 9－8 所示。可以观察到，在 4 个数据集中，所提出的方法实现了较小的 MARE，表明所提出的方法具有更高的全局预测精度，达到了最先进的性能。

表 9-8 ESAE-Transformer 模型、Transformer 模型和本工作中的模型之间的最佳测试结果

	B1		B2		B3		B4	
	MARE	E_{max}	MARE	E_{max}	MARE	E_{max}	MARE	E_{max}
本工作中的模型	0.32%	14.72%	0.28%	15.46%	0.38%	12.73%	0.17%	2.75%
ESAE-Transformer 模型	0.59%	14.36%	0.38%	19.30%	0.78%	14.56%	0.36%	9.53%
Transformer 模型	0.42%	14.55%	0.49%	12.57%	0.54%	18.59%	0.37%	10.55%

（二）不同数据集的测试结果

最后，为了验证方法的有效性和泛化能力，对小涵道比发动机的实际飞行和地面测试数据进行了广泛测试。比较结果见图 9-19~图 9-21。

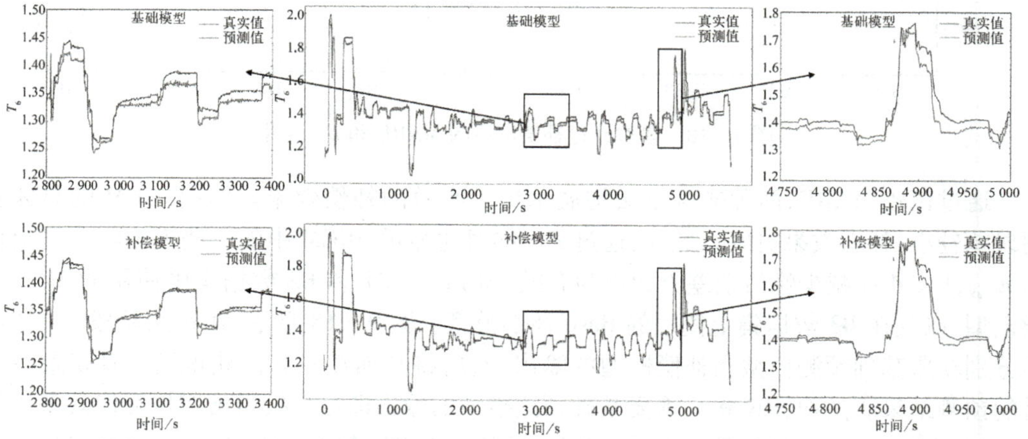

图 9-19 RtCM 和 LSTM 补偿模型对小涵道比发动机 A 的飞行数据的无量纲 T_6 结果的比较

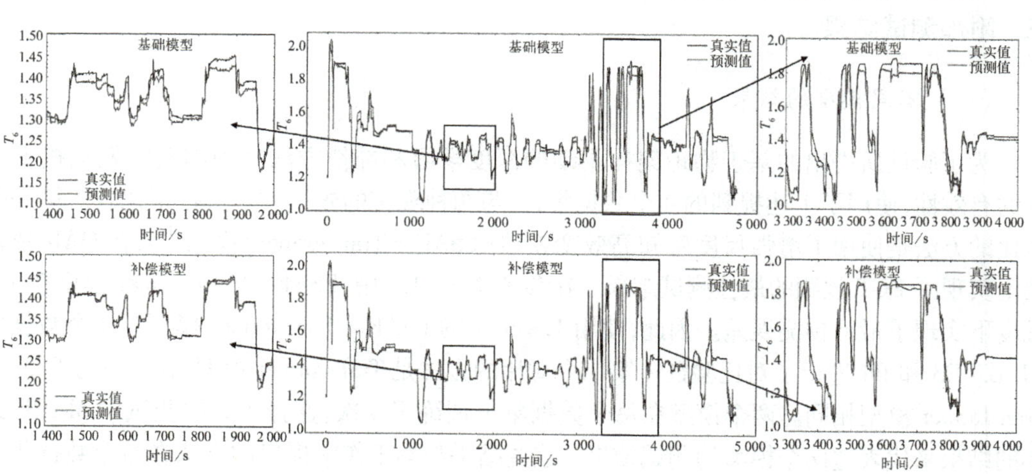

图 9-20 RtCM 和 LSTM 补偿模型对小涵道比发动机 B 的飞行数据的无量纲 T_6 结果的比较

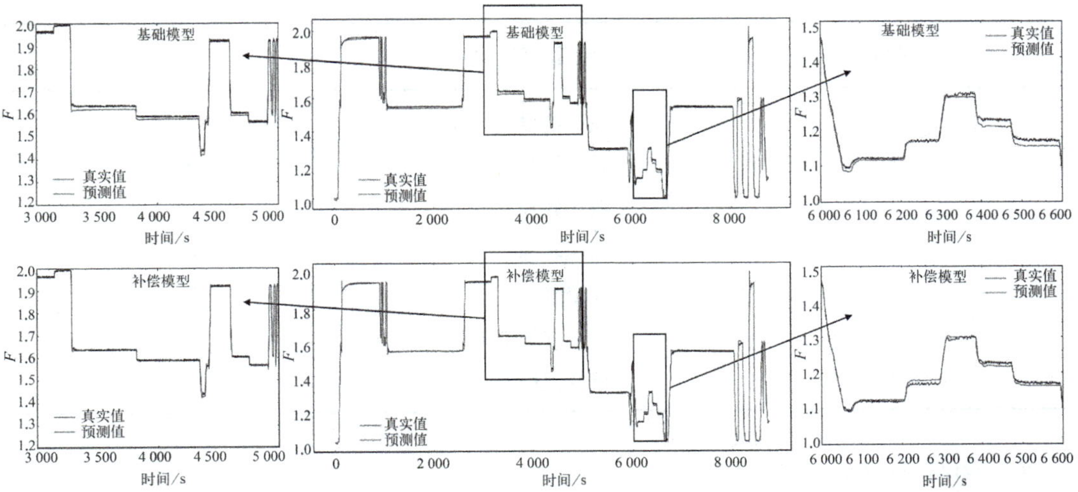

图 9－21　GCM 和 LSTM 补偿模型对小涵道比发动机 C 的地面试车数据的无量纲推力 F 结果的比较

第五节　本 章 小 结

本章基于 LSTM 算法，结合航空发动机的物理拓扑结构，建立了一个以六个机载传感器数据为输入的基本 EGT 预测模型。该模型在四台大涵道比涡扇发动机的实际飞行数据上进行了测试，最大的 MARE 值为 1.50%和最大的 E_{max}值为 17.00%。

随后，基于 LSTM 和 MLP 算法，开发了三种补偿模型：Base、LSTM 和 MLP。这三种模型分别采用了全局补偿和实时补偿方法进行训练。测试结果表明，全局补偿方法有效减少了全局预测误差，实现了 MARE 最大减少 83.822%的效果，所有测试中补偿后的 MARE 值均低于 0.56%。实时补偿方法有效降低了局部峰值误差，并提供了更好的预测时效性。在四个大涵道比涡扇发动机测试数据集中，最佳模型的 MARE 低于 0.50%，E_{max}低于 4.00%。同时，全局补偿方法下的 LSTM 补偿模型实现了更稳定的补偿效果。

四台发动机测试数据集上的最佳 EGT 预测模型的平均绝对误差不超过 2.21℃，展示了较高的精度，表明引入补偿模型提高了 EGT 预测精度。此外，全局补偿方法在减少全局预测误差方面更为有效，而实时补偿方法在减少局部峰值误差和提供更好的预测时效性方面表现更佳。

习　题

9.1　LSTM 的基本原理是什么？它是如何解决传统 RNN 在长序列学习中遇到的问题？

9.2　基于 LSTM 算法，结合航空发动机的物理拓扑结构，建立一个以六个机载传感器数据为输入的基本 EGT 预测模型。传感器参数见表 1。

表1 传感器参数

序号	参数名称	符号
1	飞行高度	H
2	燃油流量	W_f
3	低压转速	n_1
4	高压转速	n_2
5	环境静温	T_0
6	进口气流总温	T_1
7	排气温度	EGT

9.3 设计基础预测模型的出发点是什么？

9.4 请解释设计补偿模型的目的。

9.5 误差补偿模型可以补偿哪些类型的误差？

9.6 请介绍“Base”补偿模型架构及其使用特点。

9.7 请介绍“LSTM”补偿模型架构及其使用特点。

9.8 请介绍“MLP”补偿模型架构及其使用特点。

9.9 请详细介绍补偿模型融合方法中的全局补偿方法。

9.10 请详细介绍补偿模型融合方法中的实时补偿方法。

参考文献

[1] Xu J, Wang Y, Xu L.PHM-Oriented integrated fusion prognostics for aircraft engines based on sensor data[J]. IEEE Sensors Journal, 2013, 14: 1124－1132.

[2] Elman J L.Finding structure in time[J]. Cognitive Science, 1990, 14: 179－211.

[3] Ma S, Wu Y, Zheng H, et al.A hybrid of NARX and moving average structures for exhaust gas temperature prediction of gas turbine engines[J]. Aerospace, 2023, 10: 496.

[4] Pan W H, Feng Y W, Lu C, et al.Analyzing the operation reliability of aeroengine using quick access recorder flight data[J]. Reliability Engineering and System Safety, 2023, 235: 109193.

[5] Li Y, Chen Y, Hu Z, et al.Remaining useful life prediction of aero-engine enabled by fusing knowledge and deep learning models[J]. Reliability Engineering and System Safety, 2023, 229: 108869.

[6] Szrama S, Lodygowski T.Aircraft engine remaining useful life prediction using neural networks and real-life engine operational data[J]. Advances in Engineering Software, 2024, 192: 103645.

[7] Iqbal N, Wang H, Zheng Z, et al.Reinforcement learning-based heuristic planning for optimized energy management in power-split hybrid electric heavy duty vehicles[J]. Energy, 2024, 302: 131773.

[8] Bengio Y.Practical recommendations for gradient-based training of deep architectures[M]. Berlin: Springer, 2012.

[9] Tieleman T, Hinton G.Neural networks for machine learning[R]. University of Toronto Technical Report, 2012.

[10] Liu S, Zhou N, Song C, et al.Exhaust gas temperature prediction of aero-engine via enhanced scale-aware efficient transformer[J]. Aerospace, 2024, 11(2): 138.